"十三五"江苏省高等学校重点教材（编号：2018-2-187）

BIOCHEMISTRY

生物化学

蔡志强　朱 劼　主编

U0205721

化学工业出版社

·北京·

内容提要

《生物化学》由 13 章组成，包括：静态生物化学部分，介绍构成生物体的基本物质（如蛋白质、核酸、酶、脂类、糖等）的组成、结构、性质和功能；动态生物化学部分，介绍物质变化（物质代谢）及能量变化（能量代谢）、信息传递以及在生物体内的代谢规律与生物体的生长、繁殖、遗传、衰老、死亡、运动等复杂的生命现象的关系；机能生物化学部分，介绍生物化学近年来在生物大分子物质的合成、结构与功能、重组 DNA 技术、基因编辑技术、基因组学、转录组学、蛋白质组学、代谢组学、生物膜结构与功能、物质在生物体内代谢调控和合成生物学等领域取得的较大的进展。为了顺应现代社会和生物技术的发展，本书增加了相关新学科和技术的介绍，以使读者对这些与生物化学密切相关的学科和技术有初步了解。

《生物化学》可作为高等学校生物技术、生物工程、制药工程、药学、食品科学与工程、食品质量与安全、应用化学及环境科学等专业本科生或研究生教学教材，同时对从事生物医药、食品、酶制剂及其他生物技术和环境保护等领域的生产、管理、研究和开发的科技人员也有一定的参考价值。

图书在版编目（CIP）数据

生物化学/蔡志强，朱劼主编. —北京：化学工业出版社，2020.8（2024.6 重印）

ISBN 978-7-122-36837-9

Ⅰ.①生… Ⅱ.①蔡…②朱… Ⅲ.①生物化学 Ⅳ.①Q5

中国版本图书馆 CIP 数据核字（2020）第 080159 号

责任编辑：马泽林 徐雅妮　　　　　　　　　文字编辑：刘洋洋 陈小滔
责任校对：刘 颖　　　　　　　　　　　　　装帧设计：韩 飞

出版发行：化学工业出版社（北京市东城区青年湖南街 13 号 邮政编码 100011）
印　　装：涿州市般润文化传播有限公司
787mm×1092mm　1/16　印张 17¼　字数 420 千字　2024 年 6 月北京第 1 版第 3 次印刷

购书咨询：010-64518888　　　　　　　售后服务：010-64518899
网　　址：http://www.cip.com.cn
凡购买本书，如有缺损质量问题，本社销售中心负责调换。

定　　价：49.00 元　　　　　　　　　　　　　　　版权所有 违者必究

前　言

生物化学是一个比较"年轻"的学科，它是在化学、生物学和生理学中孕育成长的。19世纪末至20世纪初，在有机化学、生理学、生物学、物理化学、分析化学等学科的研究和发展的基础上，生物化学才逐渐发展成为一门独立的学科。目前，生物化学已是生命科学领域中的基础学科，是现代生命科学发展最快的前沿学科之一。进入21世纪以来，生命科学的发展速度和所取得的巨大的成果以及"人类基因组计划"的完成和基因测序技术创新性升级，促进了新学科和技术如基因组学、蛋白质组学、代谢组学、转录组学、生物信息学、基因编辑技术和合成生物学等的诞生，这些新学科和技术的发展依赖于生物化学的基础，同时又促进生物化学的快速发展和延伸，为生命科学领域的科技革命及社会发展做出了重大贡献。

生物化学是研究生命现象及其化学本质的科学，以化学的理论和方法作为主要手段，在分子水平上探讨、研究构成生物体的基本物质（如蛋白质、核酸、酶、脂类、糖等）的组成、结构、性质和功能，阐述物质变化（物质代谢）及能量变化（能量代谢）、信息传递以及在生物体内的代谢规律与生物体的生长、繁殖、遗传、衰老、死亡、运动等复杂的生命现象的关系。为了顺应现代社会和生物技术的发展，本书还增加了相关新学科和技术的介绍，以使读者对这些与生物化学密切相关的学科和技术有初步了解。

生命过程所需要的各种生物化学反应，会在同一个生物体内进行，在同一时间内可能有多种生物化学反应同时进行。生物化学反应之间互相联系，这是生物化学的一个特点。另一个特点是，生物体内进行的生物化学反应受到生命过程的调控。所以学生在学完了全书的知识后，要能将各章的知识联系起来，特别是实践中应用这些知识时更需要融会贯通。

本书共分13章，由蔡志强、朱劼主编，第1、4、13章由蔡志强编写，第2章由王利群编写，第3章由何玉财编写，第5、12章由郭静编写，第6、7章由杨林松编写，第8、9、10、11章由朱劼编写。

本书的编写得到了江苏省教育厅、常州大学教务处和常州大学制药与生命科学学院的支持，特此感谢。

由于生物化学领域每年都有大量新的研究成果涌现，加上笔者水平和经验有限，书中难免有疏漏之处，敬请读者批评指正。

编者

2020 年 2 月于常州

目　录

1 绪 论

本章学习目标

1. 掌握生物化学的基本概念和研究内容。

2. 了解生物化学的学习方法，了解生物化学的发展及在生物工程专业中的地位、作用和任务。

1.1 生物化学的概念和内容

生物化学（biochemistry），顾名思义，就是研究生命的化学，是研究生物机体的化学及其变化规律的科学，是生物学（biology）和化学（chemistry）相互渗透和交叉的一门学科。从其研究内容和发展趋势而言，它是在分子水平上研究生命现象和生命本质，特别是研究生物大分子相互作用、相互影响以表现生命活动现象及规律的科学。其主要研究内容有三个方面：一方面研究构成生物体的基本物质（糖类、脂类、蛋白质、核酸）及对生物体内的生化反应起催化和调节作用的酶、维生素和激素等的分子结构、性质和功能，这部分内容通常称为静态生物化学；另一方面研究糖类、脂类、蛋白质和核酸在生命活动过程中进行的化学变化，也就是新陈代谢及在代谢过程中能量的转换和调节规律，这部分内容通常称为动态生物化学；第三个方面是研究生物体内遗传信息的传递与表达。

1.2 生物化学发展简史

最早的自然科学就是数、理、化、天、地、生。生指的是生物学，研究内容是当时条件下一些力所能及的关于生物的形态观察和分类等。

随着各学科的发展，学科间在理论知识和技术上相互渗透，尤其是化学和物理学的渗透，1864 年德国化学家霍佩赛勒（E. F. Hoppe-Seyler，1825—1895）第一次提出"生理化学"这一概念，并在生物化学史上第一次分离和结晶了血红蛋白和纯卵磷脂。1877 年他又创办了世界上最早的一种生物化学期刊《生理化学杂志》（*Zeibschrift für Physiologische*

Chemie，1877），认为生理化学这门新学科有别于生理学。直至 1903 年，另一位德国科学家 Carl Neuberg（1877—1956）首次改用生物化学（biochemistry）这一名词。

1897 年布克纳兄弟（Hans Buchner 和 Edward Buchner）用没有完整细胞的酵母菌提取液，将葡萄糖转化为酒精，并将这种能把糖变成酒精的酶称为"酒化酶"。该实验证明化学物质转换并不需要完整的细胞，仅仅需要细胞中的某些成分。这个发现打开了现代生物化学的大门，即生命体的新陈代谢反应过程可以在体外研究。

1875 年，德国化学家埃米尔·费歇尔（Emil Fischer，1852—1919）发现了苯肼，并对糖类、嘌呤类有机化合物的研究取得了突出的成就，因而荣获 1902 年的诺贝尔化学奖。他对科学发展的贡献，归纳起来主要有以下四个方面：①对糖类的研究；②对嘌呤类化合物的研究；③对蛋白质，特别是氨基酸及多肽的研究；④在化工生产和化学教育上的贡献。由此可见，他的研究领域集中在与生物有密切关系的有机物质方面。因此他也被尊称为生物化学之父。

1904 年，克努普（F. Knoop）制备了一系列的 ω-苯基脂肪酸，即在距羧基最远的一个碳原子上导入一个苯环作为标记，并将其喂狗，然后检查狗尿中含苯环的化合物。因为苯环不能被动物氧化代谢，结果发现烃链碳原子凡是偶数的脂肪酸均生成苯乙酸，凡是奇数的脂肪酸均生成苯甲酸。因此提出了脂肪酸体内氧化的"β-氧化学说"。

1926 年，美国化学家詹姆斯·巴彻勒·萨姆纳（James Batcheller Sumner）从刀豆中分离并制成脲酶结晶（这也是第一个被结晶的酶），通过实验证明它是蛋白质。在随后的 20 世纪 30 年代里，美国生物化学家诺思罗普（John Howard Northrop）又分离出胃蛋白酶、胰蛋白酶及胰凝乳蛋白酶的结晶，并证实它们都是蛋白质，从而确立了酶的蛋白质本质。

德裔英国生物化学家克雷布斯（Hans A. Crebs，1900—1981）1932 年发现了哺乳动物体内尿素合成的途径，1937 年又提出了三羧酸循环理论，并解释了机体内所需能量的产生过程和糖、脂肪、蛋白质的相互联系及相互转变机理，因此于 1953 年荣获诺贝尔奖。由克雷布斯发现的三羧酸循环不仅是葡萄糖、脂肪和蛋白质在体内彻底氧化的共同途径，也是三大营养素在代谢上相互联系、相互转变的途径。

1944 年，美国微生物学家艾弗里（O. Avery）通过实验证实生命的遗传物质是 DNA。德裔美国生物化学家弗里茨·阿·李普曼（Fritz Albert Lipmann，1899—1986）是辅酶 A 的发现者。辅酶 A 是生物体内普遍存在的一种物质，因此李普曼于 1953 年荣获诺贝尔奖。英国化学家桑格尔（F. Sanger）用 1945—1955 年的十年时间，完成了牛胰岛素的氨基酸组成结构的分析，这是第一个蛋白质组成结构的分析，于 1958 年获诺贝尔化学奖。

1953 年沃森（Watson）和克里克（Crick）提出了 DNA 双螺旋三维结构模型，1962 年与 Wilkins 共享诺贝尔生理学或医学奖，后者通过对 DNA 分子的 X 射线衍射研究证实了 Watson 和 Crick 的 DNA 模型。这一模型的建立，揭开了生物遗传信息传递的秘密，从遗传物质结构和变化的角度解释了遗传性状突变的原因，标志着遗传学完成了由"经典"向"分子"时代的过渡。1961—1965 年，美国生物化学家马歇尔·沃伦·尼伦伯格（Marshall Warren Nirenberg）破译了全部遗传密码，于 1969 年获诺贝尔奖。

1965 年 9 月 17 日，中国科学家在世界上首次完成人工合成胰岛素。这是世界上第一个人工合成的蛋白质。这一成果促进了生命科学的发展，开辟了人工合成蛋白质的时代。1978 年 F. Sanger 提出了测定核苷酸顺序的双脱氧链终止法，并于 1980 年再次荣获诺贝尔奖。

1982 年切赫（T. R. Cech）等在四膜虫中发现了具有催化活性的 RNA-Ribozyme。经过科学家十多年的研究，核酶已被发展成为一项新型技术并广泛应用于动植物抗病、人类疾病防治等领域的研究，显示出了广阔的应用前景。与常见的蛋白质组成的酶相似，RNA 酶能加速细胞内的化学反应。

1985 年，美国科学家凯利·穆利斯（Kary Banks Mullis）发明了 PCR（polymerase chain reaction，聚合酶链式反应）技术，并于 1993 年荣获诺贝尔奖。

1997 年英国伊恩·维尔穆特（Ian Wilmut）等运用羊的体细胞（乳腺细胞）克隆出了羊——克隆羊多莉。克隆是人类在生物科学领域取得的一项重大技术突破，反映了细胞核分化技术、细胞培养和控制技术的进步。

人类基因组计划（human genome project，HGP）在 1990 年正式启动，由美国、英国、法国、德国、日本和我国科学家共同完成，人类基因组计划与曼哈顿计划和阿波罗计划并称为三大科学计划。2003 年，中、美、日、德、法、英等 6 国科学家宣布人类基因组序列图绘制成功，人类基因组计划的所有目标全部实现。并由此带动了一批崭新的生命科学中新学科和新技术的诞生和发展，如基因组学（genomics）、蛋白质组学（proteomics）、代谢组学（metabonomics）、转录组学（transcriptomics）、生物信息学（bioinformatics）等。

人类历史上首例试管婴儿于 1978 年在英国出生。英国生理学家罗伯特·爱德华兹（Robert G. Edwards）因为在试管婴儿方面的研究获得 2010 年诺贝尔生理学或医学奖。试管婴儿技术有助于消除全球 10% 不育症夫妇所面临的困扰。

进入 21 世纪以来，基因编辑技术，尤其是 CRISPR/Cas9 系统的应用发展迅速。2013 年，华人科学家张锋等使用 CRISPR 系统成功在人类细胞和小鼠细胞中实现了基因编辑。这项技术现已推广应用到了生物、医学、农业以及环境等多个领域，尤其是在遗传病的治疗、疾病相关基因的筛查与检测、肿瘤治疗以及动植物的改造、病原微生物防治等领域有着巨大的潜力。

2015 年，中国药学家屠呦呦因在研制青蒿素等抗疟药方面的卓越贡献，与爱尔兰科学家威廉·坎贝尔（William C. Campbell）和日本科学家大村智（Satoshi Ōmura）被诺贝尔奖委员会授予当年的诺贝尔生理学或医学奖，以表彰他们在疟疾治疗研究中取得的成就。这是中国科学家在中国本土进行的科学研究首次获诺贝尔科学奖，是中国医学界迄今为止获得的最高奖项。

生物化学从成为一门独立的学科至今虽然时间不长，但是发展速度惊人。相信 21 世纪生物化学将以不可比拟的势态发展和进步，新的生命科学研究的蓝图将逐步展现在每一个从事生命科学研究工作者面前。生物化学将在促进生命科学发展中发挥更大的作用，更多新的生物化学研究成果必将涌现，为人类生活的改善和进步做出更大贡献。

1.3　生物化学与生物医药类相关学科的关系

生物化学是生物技术发展的最重要基础学科之一，它的快速发展极大地促进了生物技术和合成生物技术的开发与应用。21 世纪全球面临的问题很多，如人口、健康、生物医药、环境污染、可持续发展、新能源等，而这些问题的解决将有赖生物技术发挥重要作用。

生物工程是生物技术与化学工程相结合的产物。生物化学工程技术为生物技术提供了高效率的反应器、新型分离介质、工艺控制技术和后处理技术。生物技术的水平有了大的提高，应用范围也更加广阔。随着现代生物技术、基因工程、酶工程等技术的发展，生物技术不仅可提供大量廉价的制药、化工原料和产品，而且还将有可能革新某些化工产品的传统工艺，出现少污染、省能源的新工艺，甚至一些不为人知的性能优异的化合物也将被生物催化合成。合成生物技术兴起和快速发展在国际上已从医药领域逐步转向大宗生物化学品领域。

生物工程和生物化学工程（生物化工）的发展至今已经历了半个多世纪，最早主要是生产抗生素；随后，是为氨基酸发酵、甾体激素的生物转化、维生素的生物法生产、单细胞蛋白生产及淀粉糖生产等工业服务。自20世纪80年代起，随着现代生物技术的兴起，生物医药行业又利用重组微生物、动植物细胞大规模培养等手段生产药用多肽、蛋白、疫苗、干扰素等。如今，生物化工的应用已涉及农业生产、化轻原料生产、医药卫生、食品、环境保护、资源和能源的开发等各领域。随着生物化工上游技术——生物工程技术和合成生物技术的进步以及化学工程、信息技术和生物信息学（bioinformatics）等学科技术的发展，生物化工将迎来又一个崭新的发展时期。合成生物学是生命科学在21世纪刚刚出现的一个分支学科、交叉学科，涉及生物化学、分子生物学、基因工程、工程学及计算科学等多个领域。这些学科的发展使得在改造生命和创造生命方面的研究越发深入。

生物化学是一门边缘学科，研究的是生命的化学，所以与其他相关学科必然有着千丝万缕的联系。它们互相渗透，相互促进，共同发展。生物化学与生物医药、生物工程和化学工程等相关学科之间的联系是非常广泛的，在此仅举出部分例子加以说明。

① 有机化学和生理学　生物化学是从有机化学和生理学发展起来的。直至今日，生物化学与有机化学和生理学之间仍然关系紧密。了解生物分子的结构及性质并进行合成，仍然是有机化学和生物化学的共同课题；从分子水平上解释生理现象，显然是生理学和生物化学的一个共同目的。从现在的趋势来看，生理学是在更多地采用生物化学的方法，使用生物化学的指标，以解释许多生理现象。

② 微生物学及免疫学　微生物是生物化学的研究对象，而生物化学是研究微生物形态、分类、生理的理论基础，蛋白质的结构是分类学的重要依据，可以弥补形态分类的不足。在研究病原微生物的代谢、病毒的化学本质，以及防治措施等方面，无不用到生物化学的知识和技术。现代免疫学是研究抗原、抗体及它们之间的相互作用的学科，而抗体就是免疫球蛋白。就免疫学而言，不论是体液免疫还是细胞免疫，都必须从分子水平上才能阐明其机理。

③ 遗传学　遗传学研究生命活动中遗传信息的传递、表达及变异。核酸是信息的载体，通过蛋白质来表达，而蛋白质和核酸的结构、性质、功能、代谢等要用生物化学来研究。分子遗传学的诞生推动了经典遗传学的发展，让我们知道了基因是什么，基因的信息是怎样通过蛋白质的作用体现的，从而在基因药物、作物品种改良、创造新的生物等方面有了更大进步。

④ 生物物理学　生物物理学是从生物化学发展起来的。生物物理学主要应用物理学的理论和方法来研究生物体内各种生物分子的性质和结构以及能量的转变，如生物发电及发光。生物物理学与生物化学总是相辅相成的。随着量子化学的发展，生物体内化学反应的机理，特别是酶促反应的机理，将来必定要应用生物分子内及作用物分子内电子结构的改变来加以说明。

⑤ 医学　生物化学的起源与医学有关，而今生物化学又是医学所依赖的重要基础学科，在医药卫生方面被广泛应用。从分子水平上探讨病因、作出诊断、寻求医治方法等无不用到生物化学的理论和技术。肿瘤的治疗，不论是放射疗法还是化学疗法，都是使肿瘤细胞中重要的生物分子如DNA、RNA或蛋白质被改变、破坏或使它们的生物合成被抑制。放射疗法主要是对DNA起作用，而抗肿瘤药物如抗代谢物、烷化剂、有丝分裂抑制剂及抗生素等，

有的在 DNA 生物合成中起作用，有的在 RNA 生物合成中起作用，还有的在蛋白质生物合成中起作用。只要这三种生物分子中的任何一种有生物合成障碍，肿瘤细胞都会遭到不同程度的破坏。用生物化学的方法及指标作为诊断的手段方面，最为人们所熟知的莫若肝炎诊断中的血液谷丙转氨酶指标。总之，生物化学在临床医学及卫生保健上的应用举不胜举。

⑥ 农业科学　生物化学是农业科学的基础。栽培学中要运用生化理论阐明作物在不同栽培条件下新陈代谢特点、产物养分积累的时期等，从而深化栽培理论；作物遗传、育种、昆虫防治、病理、土壤农化等无不与生物化学理论相关，所以生物化学是农业科学的重要理论基础之一。

⑦ 合成生物学　合成生物学（synthetic biology)是生物科学在 21 世纪刚刚兴起的一个分支学科，合成生物学与传统生物学通过解剖生命体以研究其内在构造的办法不同，合成生物学的研究方向完全是相反的，人们将"基因"连接成网络，让细胞来完成设计人员设想的各种任务。合成生物学将催生下一次生物技术革命。目前，科学家们已经不局限于非常辛苦地进行基因剪接，而是开始构建遗传密码，以期利用合成的遗传因子构建新的生物体。合成生物学在未来几年有望取得迅速发展。据估计，合成生物学将在很多领域具有极好的应用前景，这些领域包括更有效的疫苗的生产、新药和改进的药物研究、以生物学为基础的制造业、利用可再生能源生产可持续能源、环境污染的生物治理、可以检测有毒化学物质的生物传感器等。

习　题

问答题

1. 什么是生物化学？它的研究对象和目的是什么？
2. 什么是分子生物学？它与生物化学的关系是什么？
3. 当代生物化学研究的主要内容是什么？生物化学与医学、生物医药的关系是什么？
4. 生物化学的发展包括哪些阶段？你认为哪些成果对生物化学学科的发展贡献较大？
5. 当代生物化学研究的主要内容是什么？生物化学与医学、生物医药的关系是什么？
6. 生物化学在你所学专业领域中有哪些应用？请列举 1～2 例。

2　蛋白质化学

本章学习目标

1. 掌握氨基酸的结构、种类和理化性质。
2. 掌握蛋白质的化学组成、基本结构和理化性质。
3. 了解蛋白质分子量的测定。

2.1　蛋白质通论

18 世纪中叶，奥多阿多·贝卡利（Odoardo Beccari）首次报道了从面粉中能分离得到一种黏性很高的物质，现在知道是谷蛋白。19 世纪中期，荷兰化学家莫特（G. J. Mulder）从动植物组织中也得到了这种物质，并命名为"protein"（取自希腊文 proteios，即"第一重要"的意思），中文译为蛋白质。

"生命是蛋白质的存在方式"，100 多年前，恩格斯就预见到了蛋白质与生命现象的密切联系。100 多年的科学实践充分证实和发展了恩格斯的伟大预见。

2.1.1　蛋白质的化学组成

蛋白质的元素组成是指蛋白质分子中所含的各种元素的多少。许多蛋白质已经获得结晶的纯品，通过对这些蛋白质纯品的元素分析，发现它们的元素组成与糖和脂质不同，除含有 C、H、O 外，还含有 N 和少量的 S。有些蛋白质还含有一些其他元素，主要是 P、Fe、Cu、I、Zn 和 Mo 等。蛋白质组成元素的质量分数见表 2-1。

表 2-1　蛋白质组成元素的质量分数

元素	质量分数/%	元素	质量分数/%
C	50	H	7
O	23	S	0～3
N	16	其他	微量

蛋白质的平均含氮量为 16%，这是蛋白质元素组成的一个特点，也是实验室中利用凯氏（Kjeldahl）定氮法测定蛋白质质量的计算基础，蛋白质质量＝蛋白氮质量×6.25，式中6.25 称为蛋白质系数，即 16% 的倒数，为 1g 氮所代表的蛋白质质量（g）。

2.1.2 蛋白质的分类

分类是把科学知识系统化的一个有用的手段。在生物化学发展的早期就进行过蛋白质的分类，以便找出它们的共同点和不同之处，从而认识和了解它们的系统知识。但大多是根据蛋白质的溶解行为、来源、凝聚能力等方面的差异来分类的。这种分类法在蛋白质研究中起过一定的作用，但有较大的局限性。作为一种化学物质，最合理的分类原则是根据蛋白质的结构分类。随着生物化学研究的深入，对蛋白质物理、化学性质的了解越来越多，尤其是最近 20 多年来，许多蛋白质的结构也已经搞清楚。但是对于整个生物界大约 100 亿种不同蛋白质而言，这仅仅是冰山一角。因此，目前对蛋白质常用的分类方法有以下几种。

2.1.2.1 根据分子形状分类

蛋白质按其分子轴径比（分子的长度与直径之比）可分为两类。

（1）球状蛋白质 球状蛋白质（globular protein）的形状近似球形或椭圆形，分子轴径比小于 10，实际上许多球状蛋白质的轴径比接近 1∶1，其多肽链折叠紧密，亲水的氨基酸侧链位于分子外部，疏水的侧链位于分子内部，因此水溶性好。大多数蛋白质属于球状蛋白质，如血红蛋白、肌红蛋白、生物催化剂酶、各种抗体等。

（2）纤维状蛋白质 纤维状蛋白质（fibrous protein）具有较简单的、规则的线性结构，呈细棒状或纤维状，分子轴径比大于 10。这类蛋白质在生物体内主要起结构作用，大多数不溶于水，如胶原蛋白、角蛋白、弹性蛋白等。有的纤维状蛋白质溶于水，如肌球蛋白（myosin）、血纤维蛋白原（fibrinogen）等。

一般来说，纤维状蛋白质大多为结构蛋白质，球状蛋白质多为功能蛋白质。

2.1.2.2 根据生物学功能分类

蛋白质按其在生物体内的功能可分为结构蛋白质和功能蛋白质两大类。结构蛋白质主要包括起保护和支持作用的蛋白质，如胶原蛋白、角蛋白、弹性蛋白和丝蛋白等。功能蛋白质包括生命过程中一切有生理活性的蛋白质或它们的前体，如酶、酶原、激素蛋白、受体蛋白、膜蛋白等。

2.1.2.3 根据组成分类

根据组成可将蛋白质分成两类。

（1）单纯蛋白质 单纯蛋白质（simple protein）是仅由氨基酸组成的蛋白质，水解后的产物只有氨基酸。根据理化性质的不同，单纯蛋白质包括以下几种。

① 清蛋白和球蛋白。清蛋白（白蛋白，albumin）和球蛋白（globulin）广泛存在于动、植物组织中，二者在水中的溶解度不同，清蛋白溶于水，球蛋白微溶于水，但溶于稀盐溶液。二者在化学组成上也有区别，清蛋白含甘氨酸少，血清清蛋白（serum albumin）几乎

不含甘氨酸，乳清蛋白（lactalbumin）含 0.4%，卵清蛋白含 1.6%，而球蛋白通常含 3.5%左右的甘氨酸。

②谷蛋白和醇溶蛋白。谷蛋白（glutelin）和醇溶蛋白（prolamine）是植物性蛋白，常共存于谷类种子（麦类、大米）中。它们是面筋的主要成分。这两种蛋白质都不溶于水，但可溶于稀酸及稀碱溶液中。醇溶蛋白可溶于 70%～80%乙醇中，而谷蛋白则不溶，借此可将二者分开。

③精蛋白和组蛋白。精蛋白（spermatin）和组蛋白（histone）都是碱性蛋白质，分子量较低。这两种蛋白质含有大量的碱性氨基酸，它们是构成细胞核成分的主要蛋白质。

④硬蛋白。各种支柱组织（骨骼、软骨、腱、毛、发、丝等）中所含的蛋白质总称为硬蛋白（scleroprotein）。它们显著的特点是不溶于水、盐溶液及稀酸、稀碱，也不溶于一般有机溶剂，这类蛋白质大多是纤维状蛋白质。

硬蛋白又可分为角蛋白（keratin）（指甲、蹄、角、皮肤、毛发角蛋白）、胶原蛋白（collagen）（皮胶原、骨胶原蛋白）、弹性蛋白（elastin）（筋腱、韧带弹性蛋白）、丝蛋白［包括丝心蛋白（fibroin）和丝胶蛋白（sericin）］。

角蛋白含有大量的胱氨酸，因此，毛、发、角、指甲等是制造胱氨酸的原料。

（2）结合蛋白质　结合蛋白质（conjugated protein）除含有氨基酸外，还含有糖、脂类、核酸、磷酸以及色素等其他化学成分。因此，结合蛋白质由两部分组成：一部分含有各种氨基酸，为蛋白质部分；另一部分为非蛋白质部分，称为辅基（prosthetic group）或配体（ligand）。如果非蛋白质部分与蛋白质以共价键连接，必须水解蛋白质才能释放它；如果是非共价键连接，则可通过蛋白质变性把它除去。大多数辅基通过非共价键与蛋白质部分结合。

①色蛋白。色蛋白（chromoprotein）的辅基是含金属的色素。这些辅基有的含铁（如血红蛋白、细胞色素、肌红蛋白等），有的含镁（如叶绿蛋白含叶绿素），有的含铜（如无脊椎动物的血液中的血蓝蛋白），等等。

②核蛋白。核蛋白（nucleoprotein）由蛋白质和核酸组成。核蛋白分布广泛，存在于所有细胞中。

③糖蛋白。糖蛋白（glycoprotein）的辅基是糖或糖的衍生物。糖蛋白广泛存在于动物、植物、真菌、细菌及病毒中，具有多种重要的生理功能。糖蛋白的分子量大小悬殊，糖含量一般占 1%～85%。在糖蛋白中，蛋白质部分与糖之间以共价键结合。

根据糖蛋白分子中所含的氨基己糖含量的不同，习惯上把氨基己糖含量在 4%以上的糖蛋白叫作黏蛋白（mucoprotein），氨基己糖含量低于 4%的叫糖蛋白。蛋白多糖（proteoglycan）也是一种糖蛋白，存在于多种组织和体液中，但含糖量比一般糖蛋白高（可达 95%），故实为含蛋白质的多糖。血浆中的各种球蛋白，如 α-球蛋白、β-球蛋白、γ-球蛋白、纤维蛋白原等都是糖蛋白。

④脂蛋白。蛋白质与脂肪或类脂结合就形成脂蛋白（lipoprotein）。在脂蛋白中，脂类和蛋白质之间以非共价键结合。脂蛋白中的蛋白质部分称为脱辅基蛋白或载脂蛋白（apoprotein）。脂蛋白多存在于乳汁、血液、生物膜和细胞核中，与脂质代谢、运输等功能有关，如血浆脂蛋白、膜脂蛋白等。

⑤磷蛋白。磷蛋白（phosphoprotein）的辅基为磷酸基，磷酸基一般与蛋白质分子中丝氨酸或苏氨酸的羟基通过酯键相结合。最主要的磷蛋白有乳中的酪蛋白（casein）及卵黄中的卵黄蛋白（vitellin）等。

⑥ 金属蛋白。直接与金属结合的蛋白质叫金属蛋白（metalloprotein），如铁蛋白（ferritin）含 Fe，乙醇脱氢酶含 Zn，黄嘌呤氧化酶含 Mo 和 Fe。

⑦ 黄素蛋白。黄素蛋白（flavoprotein）含黄素，辅基为黄素单核苷酸（FMN）和黄素腺嘌呤二核苷酸（FAD），广泛存在于一切生物体中，如琥珀酸脱氢酶含 FAD，NADH 脱氢酶含 FMN，二氢乳清酸脱氢酶和亚硫酸盐还原酶含 FAD 和 FMN。

2.1.3　蛋白质的生物学功能

生物界中蛋白质的种类估计在 $10^{10}\sim10^{12}$ 数量级。造成蛋白质种类如此众多的原因主要是 20 种参与蛋白质组成的氨基酸在肽链中的排列顺序不同。根据排列组合原理，由 20 种氨基酸组成的二十肽，其序列异构体有 20! 种，达到 10^{18} 数量级。肽链中氨基酸的排列差异是蛋白质生物学功能多样性和物种特异性的结构基础。蛋白质的生物学功能主要有以下几种。

（1）催化功能　作为生物新陈代谢的催化剂——酶，是蛋白质中最大的一类，也是蛋白质最重要的生物功能之一。生物体内各种化学反应几乎都是在相应的酶催化下进行的。

（2）调节功能　能调节其他蛋白质执行其生物功能的蛋白质称为调节蛋白。一部分激素属于调节蛋白，如胰岛素调节人和动物体内的血糖代谢。另一类调节蛋白参与基因表达的调控，它们起激活（正调控因子）或抑制（负调控因子）RNA 转录的作用，如原核生物乳糖操纵子中的阻遏物。

（3）结构功能　结构蛋白建造和维持生物体的结构，保护和支持细胞和组织，是蛋白质的重要功能之一。结构蛋白多数为不溶性纤维状蛋白，如构成动物毛发、蹄、角、指甲的 α-角蛋白，骨、腱、韧带、皮肤中的胶原蛋白。

（4）运输功能　蛋白质的运输功能由转运蛋白实现。转运蛋白把特定物质从体内一处运输到另一处，如血红蛋白通过血液流动把氧气从肺转运到其他组织，血清蛋白把脂肪酸从脂肪组织转运到各器官中。另一类转运蛋白是膜转运蛋白，它们在膜内形成通道，被转运的物质经过它进出细胞，如葡萄糖转运蛋白。

（5）贮存功能　蛋白质中的氨基酸在生物体需要时可提供氮素，例如血清蛋白为动物胚胎发育提供氮素，乳汁中的酪蛋白是哺乳类幼仔生长发育的主要氮源，植物种子中的贮存蛋白为种子发芽提供氮素。

（6）运动功能　收缩和游动蛋白质可使肌肉收缩和细胞游动，如形成细胞收缩系统的肌动蛋白（actin）和肌球蛋白（myosin）以及微管的主要成分——微管蛋白（tubulin）都属于这一类蛋白。另一类运动蛋白质为马达蛋白（motor protein），可驱使小泡、颗粒和细胞器沿微管移动。

（7）防御和保护功能　在具有防御功能的蛋白质中，最典型的例子是脊椎动物体内的免疫球蛋白，即抗体。淋巴细胞在抗原刺激下产生抗体，抗体能专一地与相应的抗原结合，以排除外源异种蛋白对生物体的干扰。保护蛋白如血液凝固蛋白、凝血酶原和血纤维蛋白原等参与凝血过程。

（8）支架功能　支架蛋白也称接头蛋白（adaptor protein），在细胞应答激素和其他信号分子的复杂途径中起协调和通信作用。支架蛋白结构中的特定组件组织（modular organization）以蛋白-蛋白的相互作用识别并结合其他蛋白质中某些结构元件。

2.2 蛋白质的基本结构单位——氨基酸

氨基酸 (amino acid) 是组成蛋白质的基本结构单位。通过酸、碱或酶的水解作用可以将蛋白质降解为氨基酸。分析蛋白质的水解产物可知，作为天然蛋白质结构成分的氨基酸只有 20 种。这 20 种氨基酸也称为编码氨基酸。

2.2.1 氨基酸的一般结构特征

组成蛋白质的 20 种氨基酸有共同的结构形式，即所有氨基酸在同一个 α-碳原子上有一个羧基和一个氨基，并有一个氢原子和碳原子共价连接，如图 2-1 所示。各种氨基酸的不同之处在于和 α-碳原子相连的侧链 R 基结构不同。

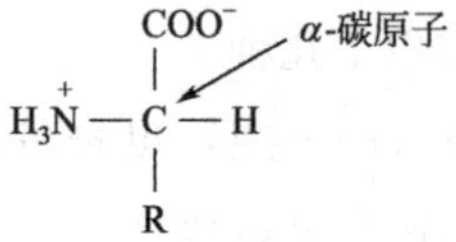

不同的氨基酸其侧链 R 基的结构、大小、电荷都不同，R 基会影响它们在水中的溶解度和化学性质。R 基的碳链含有的碳原子分别编序为 β、γ、δ、ε……。组成蛋白质的 20 种氨基酸常称为标准氨基酸或基本氨基酸。除了这 20 种氨基酸外，在蛋白质水解液中还可以分离得到一些其他氨基酸，但它们都是在蛋白质合成后经修饰而产生的，如羟脯氨酸、羟赖氨酸、胱氨酸等。生物体内还含有许多其他氨基酸，但它们不存在于蛋白质中。

图 2-1 α-氨基酸的结构通式

从上述氨基酸的共有结构中可以看出，除了侧链 R 基结构的特有性质外，氨基酸还具有下列 3 个结构特点。

① 除甘氨酸（侧链 R 基为 H）外，所有氨基酸的 α-碳原子上连接的 4 个基团都不同，所以 α-碳原子是不对称碳原子 (asymmetric carbon atom)，含有 α-碳原子的氨基酸分子为手性 (chirality) 分子。

② 凡是手性分子都具有构型 (configuration)。由于氨基酸 α-碳原子上 4 个不同的基团只有两种不同的空间排列，这种排列不能重叠，但互为镜像，称为对映体 (enantiomorph)。两种对映体又称为立体异构体 (stereomer)。它们的溶解度、熔点等物理性质完全相同，但旋光方向相反。因为具有手性中心的分子是光学活性分子，它们能将平面偏振光旋转，不同的立体异构体具有不同的旋转方向。

③ 生物化学中立体异构体的分类与命名是根据不对称碳原子上的 4 个取代基的绝对构型进行的。为此选择含一个手性碳原子的三碳甘油醛作为参考进行比较。凡是和 L-甘油醛的立体构型相似的氨基酸就是 L-氨基酸，凡是和 D-甘油醛的立体构型相似的氨基酸就是 D-氨基酸。可见氨基酸分型不是依据对偏振光平面转动的方向来区分的，而是以 α-氨基在空间的排布来区分的。

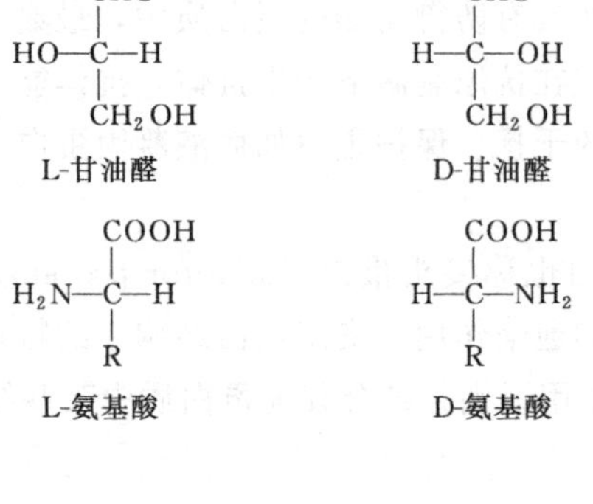

L-甘油醛　　　　D-甘油醛

L-氨基酸　　　　D-氨基酸

含一个手性中心的所有生物分子，在生物体内都只存在一种立体异构形式，D 型或 L 型。天然蛋白质分子中的氨基酸都是 L 型立体异构体，只有少量细菌细胞壁的氨基酸和某些抗生素中的氨基酸是 D 型。为什么蛋白质选择了 L-氨基酸，目前尚无满意的解释，可能与蛋白质的进化有关。一个分子中如果含有 n 个不对称碳原子，则可能存在 2^n 个不同的构型。苏氨酸、异亮氨酸都含有 2 个不对称碳原子（α-碳原子和 β-碳原子），故有 4 种异构体。

苏氨酸的 4 种异构体中 L-苏氨酸与 D-苏氨酸为对映异构体，它们的化学性质相同，偏振光旋转角度相等，但方向相反；L-苏氨酸与 L-别-苏氨酸（或 D-别-苏氨酸）则是非对映异构体，两者化学性质不同，它们的偏振光旋转性质也无关系。

应当注意：L 和 D 只表示 4 个基团空间的相互位置，与旋光值的正负是两码事。有机化学中经常将旋光值的正（＋）或负（－）标出来，但生物化学工作者一般不这样表示。因为蛋白质所含氨基酸都是 L 型的，因此有时连 L 型也不标出。

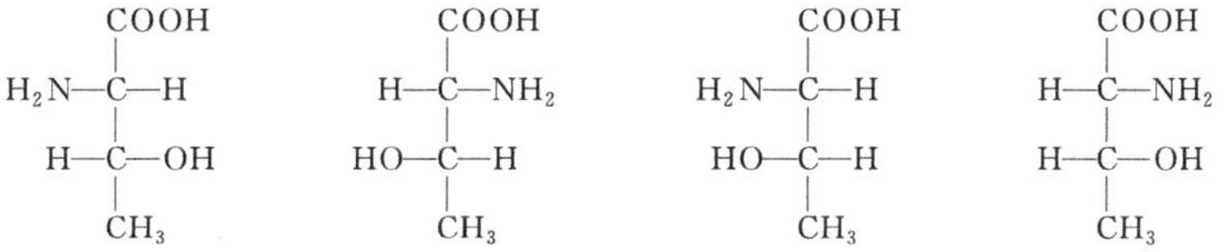

L-苏氨酸　　　　　　D-苏氨酸　　　　　　L-别-苏氨酸　　　　　　D-别-苏氨酸

2.2.2　氨基酸的分类

组成蛋白质的 20 种常见氨基酸的分类主要有 3 种方法。

2.2.2.1　根据氨基酸的酸碱性质分类

（1）中性氨基酸　分子中含一个氨基和一个羧基，有 15 种，其中包括两种酸性氨基酸产生的酰胺。

（2）酸性氨基酸　分子中含一个氨基和两个羧基，有 2 种，即谷氨酸和天冬氨酸。

（3）碱性氨基酸　分子中含一个羧基、两个或两个以上氨基或亚氨基，有 3 种，即精氨酸、赖氨酸和组氨酸。

2.2.2.2　根据氨基酸侧链 R 基的化学结构分类

可分为脂肪族氨基酸（15 种）、芳香族氨基酸（3 种）和杂环族氨基酸（2 种）。

2.2.2.3　根据氨基酸侧链 R 基的极性性质分类

可分为极性氨基酸（polar amino acid）和非极性氨基酸（nonpolar amino acid）两大类。实际上所有氨基酸都是极性的，因为每种氨基酸至少有两个可解离的功能基（—COOH 和—NH₂），但它们在肽和蛋白质中彼此结合生成不带电荷的酰胺基（—CO—NH—）。这时只留下侧链功能基提供肽和蛋白质分子的大部分极性或非极性特性。因此讨论侧链 R 基的极性性质非常重要。极性氨基酸又可根据它们在中性 pH 环境下是否带电荷分为三类：极性不带电荷、极性带正电荷和极性带负电荷。组成蛋白质的 20 种标准氨基酸按 R 基分类如图 2-2 所示。

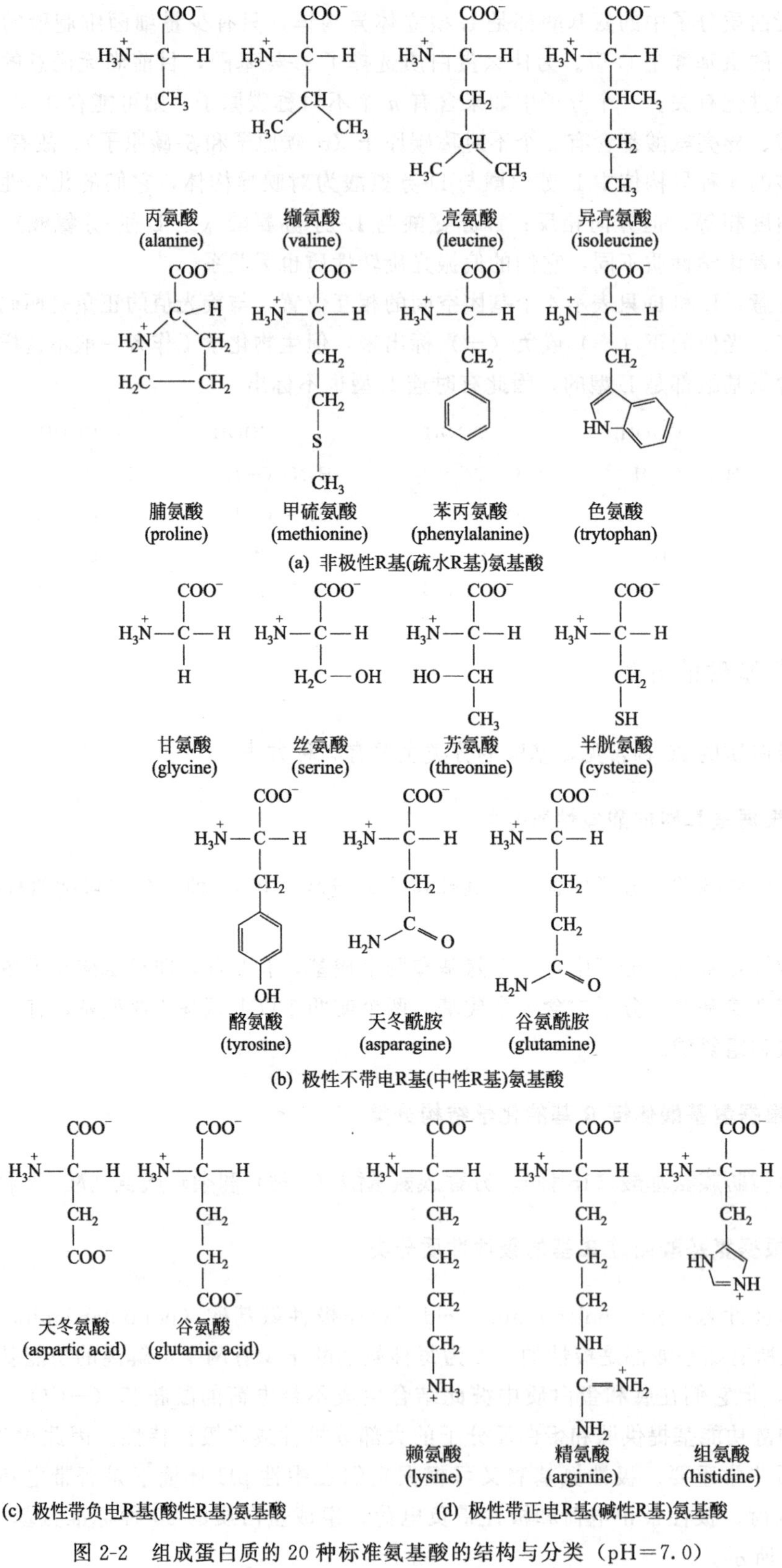

图 2-2　组成蛋白质的 20 种标准氨基酸的结构与分类 （pH＝7.0）

(a) 非极性R基(疏水R基)氨基酸

丙氨酸 (alanine)　缬氨酸 (valine)　亮氨酸 (leucine)　异亮氨酸 (isoleucine)

脯氨酸 (proline)　甲硫氨酸 (methionine)　苯丙氨酸 (phenylalanine)　色氨酸 (trytophan)

(b) 极性不带电R基(中性R基)氨基酸

甘氨酸 (glycine)　丝氨酸 (serine)　苏氨酸 (threonine)　半胱氨酸 (cysteine)

酪氨酸 (tyrosine)　天冬酰胺 (asparagine)　谷氨酰胺 (glutamine)

(c) 极性带负电R基(酸性R基)氨基酸

天冬氨酸 (aspartic acid)　谷氨酸 (glutamic acid)

(d) 极性带正电R基(碱性R基)氨基酸

赖氨酸 (lysine)　精氨酸 (arginine)　组氨酸 (histidine)

（1）非极性 R 基氨基酸中含有脂肪烃侧链或芳香环等。此类氨基酸包括丙氨酸、缬氨酸、亮氨酸、异亮氨酸、苯丙氨酸、甲硫氨酸、脯氨酸、色氨酸共 8 种。非极性 R 基氨基酸在水中的溶解度比极性 R 基氨基酸小，其中丙氨酸的 R 基疏水性最小，介于非极性 R 基氨基酸和极性不带电荷 R 基氨基酸之间。

（2）极性不带电荷 R 基氨基酸中含有不解离的极性基团，比非极性 R 基氨基酸易溶于水，能与水形成氢键。此类氨基酸共有 7 种，包括含羟基的丝氨酸、苏氨酸和酪氨酸，含酰胺基的天冬酰胺和谷氨酰胺，含巯基的半胱氨酸，以及甘氨酸。甘氨酸的 R 基为 1 个氢原子，对强极性的氨基、羧基影响很小，其极性最弱，有时将它归入非极性 R 基氨基酸类中。

（3）极性带正电荷的氨基酸。此类氨基酸共有 3 种，即精氨酸、赖氨酸和组氨酸，为碱性氨基酸，在 pH 7 时带净正电荷。

（4）极性带负电荷的氨基酸。此类氨基酸共有 2 种，即谷氨酸和天冬氨酸，为酸性氨基酸，在 pH 7 时带净负电荷。

除了组成蛋白质的 20 种标准氨基酸外，还有一些非标准氨基酸。有的是由掺入蛋白质的某些氨基酸经过修饰后产生的衍生物，如赖氨酸和脯氨酸羟基化而成为羟脯氨酸和羟赖氨酸。丝氨酸的羟基很容易与磷酸形成酯键而成为磷酸丝氨酸。有些是某些生物合成的，虽然这些氨基酸不存在于蛋白质中，但在生物体内起着重要的作用。

在蛋白质研究工作中，为了方便叙述蛋白质序列与结构，氨基酸的英文名称常采用专业的缩写名。氨基酸的缩写名有两种：一种是三字符缩写名，它采用英文名称前 3 个字母；另一种是单字符缩写名，一般采用氨基酸英文名的第一个字母，但有些氨基酸的第一个字母相同，必须另用字母。如表 2-2 所示。

表 2-2　蛋白质中的 20 种标准氨基酸的名称与缩写

中文名称	英文全名	三字符缩写名	单字符缩写名
丙氨酸	alanine	Ala	A
精氨酸	arginine	Arg	R
天冬酰胺	asparagine	Asn	N
天冬氨酸	aspartic acid	Asp	D
半胱氨酸	cysteine	Cys	C
谷氨酰胺	glutamine	Gln	Q
谷氨酸	glutamic acid	Glu	E
甘氨酸	glycine	Gly	G
组氨酸	histidine	His	H
异亮氨酸	isoleucine	Ile	I
亮氨酸	leucine	Leu	L
赖氨酸	lysine	Lys	K
甲硫氨酸	methionine	Met	M
苯丙氨酸	phenylalanine	Phe	F
脯氨酸	proline	Pro	P
丝氨酸	serine	Ser	S
苏氨酸	threonine	Thr	T
色氨酸	tryptophan	Trp	W
酪氨酸	tyrosine	Tyr	Y
缬氨酸	valine	Val	V

2.2.3 氨基酸的重要理化性质

2.2.3.1 一般物理性质

α-氨基酸为无色晶体，氨基酸晶体由离子晶格组成，像 NaCl 晶体一样，维持晶体中质点的作用力是较强的异性电荷之间的静电吸引力，因此熔点较高（一般在 200℃ 以上，如甘氨酸的熔点为 233℃，酪氨酸的熔点为 344℃）。

各种氨基酸在水中的溶解度差别很大，能溶解于稀酸或稀碱，但不能溶解于有机溶剂。通常酒精能将氨基酸从其水溶液中沉淀析出。除甘氨酸外，其余都具有旋光性。

2.2.3.2 两性解离和等电点

同一氨基酸分子中既含有碱性的氨基（—NH$_2$），又含有酸性的羧基（—COOH），因此它是两性电解质（amphoteric electrolyte）。它的—COOH 可解离释放 H$^+$，其自身变为—COO$^-$，释放出的 H$^+$ 与—NH$_2$ 结合，使—NH$_2$ 变成—$\overset{+}{\text{NH}}_3$，此时氨基酸成为同一分子上带有正、负两种电荷的偶极离子（dipolar ion）或称兼性离子（zwitterion），这是氨基酸在水溶液中或在晶体状态时的主要存在形式。

氨基酸的氨基和羧基的解离情况以及氨基酸本身的带电情况取决于它所处的酸碱环境。当它处于酸性环境时，由于羧基结合质子而使氨基酸带正电荷；当它处于碱性环境时，由于氨基的解离而使氨基酸带负电荷；当它处于某一 pH 值时，氨基酸所带的正电荷和负电荷相等，即净电荷为零，此 pH 值称为氨基酸的等电点（isoelectric point），用 pI 表示。氨基酸的两性解离式为

$$
\begin{array}{ccccc}
\overset{+}{\text{NH}}_3 & & \overset{+}{\text{NH}}_3 & & \text{NH}_2 \\
| & & | & & | \\
\text{R—CH—COOH} & \underset{\text{H}^+}{\overset{\text{OH}^-}{\rightleftharpoons}} & \text{R—CH—COO}^- & \underset{\text{H}^+}{\overset{\text{OH}^-}{\rightleftharpoons}} & \text{R—CH—COO}^- \\
\text{酸性溶液中} & & \text{晶体或水溶液中} & & \text{碱性溶液中} \\
(\text{pH}<\text{pI}) & & (\text{pH}=\text{pI}) & & (\text{pH}>\text{pI})
\end{array}
$$

在生理 pH 值时，大多数氨基酸主要以两性离子的形式存在。

在等电点时，氨基酸由于静电作用，溶解度最小，容易沉淀。利用这一性质可以分离制备某些氨基酸。例如谷氨酸的生产，就是将微生物发酵液的 pH 值调节到 3.22（谷氨酸的等电点）而使谷氨酸沉淀析出。利用各种氨基酸的等电点不同，可以通过电泳法、离子交换法等在实验室或工业生产上进行混合氨基酸的分离或制备。

氨基酸两性电解质在水溶液中，既可被酸滴定，又可被碱滴定。对氨基酸进行酸碱滴定，可计算出各种解离基团的解离常数和氨基酸的等电点。例如，滴定可从等电甘氨酸溶液、甘氨酸盐酸盐或甘氨酸钠溶液开始。当 1 mol 甘氨酸溶于水时，溶液的 pH 值约为 6.0。如用标准 NaOH 溶液滴定，以加入的 NaOH 的物质的量对 pH 作图，得到滴定曲线的右段（图 2-3）。从滴定曲线的右段看出，随着滴定碱量的增加，溶液 pH 值由小变大，碱度上升，在 pH 9.60 处有一个拐点，表示甘氨酸的兼性离子有一半变成了阴离子，即—$\overset{+}{\text{NH}}_3$ 有一半被中和了。如用标准 HCl 溶液滴定，以加入的 HCl 的物质的量对 pH 作图，得到滴定曲线的左段。从滴定曲线的左段看出，随着滴定酸量增加，溶液 pH 值由大变小，酸度上升，在

pH 2.34 处有一个拐点，表示甘氨酸的兼性离子有一半变成了阳离子，即—COO⁻有一半被中和了。甘氨酸的滴定曲线如图 2-3 所示。

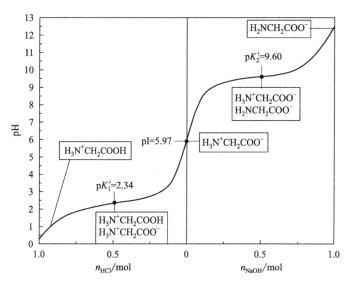

图 2-3　甘氨酸的酸碱滴定曲线（解离曲线）

那么，根据以上甘氨酸的滴定曲线，如何确定甘氨酸的 α-氨基和 α-羧基的解离常数以及甘氨酸的等电点 pI 呢？

甘氨酸在酸性溶液中，以 $\overset{+}{H_3N}—CH_2—COOH$ 的形式存在，具有两个可解离的 H^+，即—COOH 上的 H^+ 和 $—\overset{+}{NH_3}$ 上的 H^+，可以看作一个二元弱酸。它的分步解离如下：

$$\overset{+}{H_3N}—CH_2—COOH \overset{K_1'}{\rightleftharpoons} \overset{+}{H_3N}—CH_2—COO^- + H^+$$
$$A^+ \qquad\qquad\qquad A$$

$$\overset{+}{H_3N}—CH_2—COO^- \overset{K_2'}{\rightleftharpoons} H_2N—CH_2—COO^- + H^+$$
$$A \qquad\qquad\qquad A^-$$

式中，K_1'、K_2' 分别为甘氨酸的一级表观解离常数和二级表观解离常数；A、A^+、A^- 分别为甘氨酸的偶极离子、阳离子和阴离子。
则

$$K_1' = \frac{[A][H^+]}{[A^+]}, \quad K_2' = \frac{[A^-][H^+]}{[A]}$$

根据上式，当 $[A]=[A^+]$ 时，$K_1'=[H^+]$；当 $[A]=[A^-]$ 时，$K_2'=[H^+]$。即当 $[A]=[A^+]$ 时，$pK_1'=pH$；当 $[A]=[A^-]$ 时，$pK_2'=pH$。由此可见，pK' 是一种特定条件下的 pH 值。上述甘氨酸解离曲线中，右段拐点处 pH 值就是 α-氨基的 pK_2'，左段拐点处 pH 值就是 α-羧基的 pK_1'。

根据等电点的条件是净电荷为零，换句话说，此时氨基酸带正电荷的离子数目等于带负电荷的离子数目，即 $[A^+]=[A^-]$。

则 $\dfrac{[A][H^+]}{K_1'} = \dfrac{K_2'[A]}{[H^+]}$，即 $K_1'K_2'=[H^+]^2$

方程两边取负对数：$-2\lg[H^+]=-\lg K_1'-\lg K_2'$

即：$2pH=pK_1'+pK_2'$

令 pI 为等电点时的 pH，则：$pI=(pK_1'+pK_2')/2$

R 基不解离的氨基酸都具有类似甘氨酸的滴定曲线，等电点的计算方法也与甘氨酸相同。带有可解离 R 基的氨基酸，如碱性氨基酸和酸性氨基酸，有 3 个可解离基团，因此有 3 个 pK' 值，相当于三元酸，其滴定曲线比较复杂，pI 又如何计算呢？下面分别以酸性氨基酸天冬氨酸和碱性氨基酸赖氨酸为例来说明。

天冬氨酸的解离方程如下：

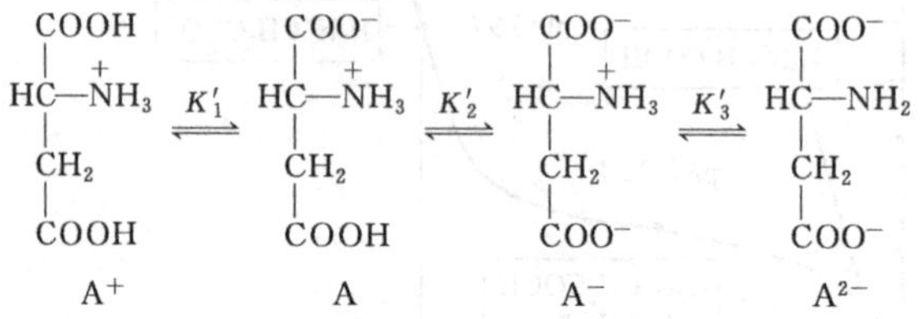

当天冬氨酸溶液处于等电点时，天冬氨酸主要以两性离子 A 的形式存在，并有少量 A^+ 和 A^- 存在，但 A^{2-} 极少，可以忽略不计。因此天冬氨酸的 pI 值主要与 pK_1' 和 pK_2' 有关，计算方法为

$$pI=(pK_1'+pK_2')/2=(2.09+3.86)/2=2.97$$

赖氨酸的解离方程为

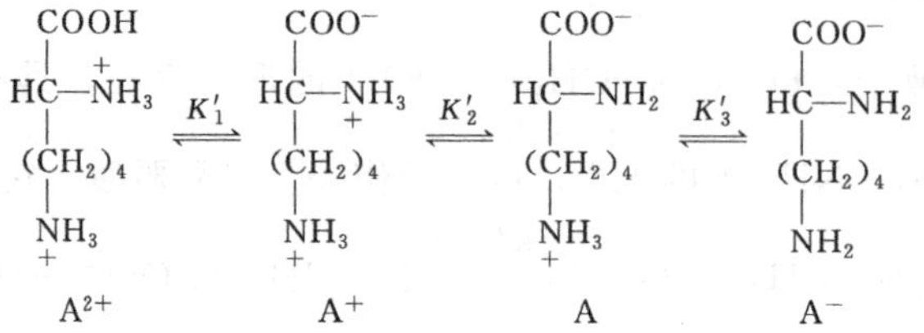

当溶液处于等电点时，赖氨酸主要存在形式也是两性离子 A，并有少量 A^+ 和 A^- 存在，但 A^{2+} 极少，可以忽略不计。因此赖氨酸的 pI 值主要与 pK_2' 和 pK_3' 有关，计算方法为

$$pI=(pK_2'+pK_3')/2=(8.95+10.53)/2=9.74$$

由此可见，带有可解离侧链基团的氨基酸的 pI 值，总是取净电荷为零的两性离子两侧解离反应 pK' 的算术平均值，参见表 2-3。

表 2-3　氨基酸等电点的计算方法

氨基酸类型	pI 计算方法
酸性氨基酸	两个最低 pK' 的算术平均值，即 $(pK_1'+pK_2')/2$
碱性氨基酸	两个最高 pK' 的算术平均值，即 $(pK_2'+pK_3')/2$
R 基无解离的氨基酸	两个 pK' 的算术平均值，即 $(pK_1'+pK_2')/2$

各种常见氨基酸的 pK' 及等电点 pI 见表 2-4。

表 2-4　氨基酸的 pK' 值及等电点 pI

氨基酸	pK_1'	pK_2'	pK_3'	pI
甘氨酸	2.34	9.60		5.97
丙氨酸	2.34	9.69		6.02

氨基酸	pK_1'	pK_2'	pK_3'	pI
缬氨酸	2.32	9.62		5.97
亮氨酸	2.36	9.60		5.98
异亮氨酸	2.36	9.68		6.02
丝氨酸	2.21	9.15		5.68
苏氨酸	2.63	10.43		6.53
天冬氨酸	2.09	3.86(β-COOH)	9.82($\overset{+}{N}H_3$)	2.98
天冬酰胺	2.02	8.80		5.41
谷氨酸	2.19	4.25(γ-COOH)	9.67($\overset{+}{N}H_3$)	3.22
谷氨酰胺	2.17	9.13		5.65
精氨酸	2.17	9.04($\overset{+}{N}H_3$)	12.48(胍基)	10.76
赖氨酸	2.18	8.95(α-$\overset{+}{N}H_3$)	10.53(ϵ-$\overset{+}{N}H_3$)	9.74
组氨酸	1.82	6.00(咪唑基)	9.17($\overset{+}{N}H_3$)	7.59
半胱氨酸	1.71	8.33(SH)	10.78($\overset{+}{N}H_3$)	5.02
甲硫氨酸	2.28	9.21		5.75
苯丙氨酸	1.83	9.13		5.48
酪氨酸	2.20	9.11($\overset{+}{N}H_3$)	10.07(OH)	5.66
色氨酸	2.38	9.39		5.89
脯氨酸	1.19	10.60		6.30

应注意的是，含一个氨基一个羧基的氨基酸其等电点不是绝对中性（pH 7.0），而是偏酸性（一般 pH 6.0 左右），这是由于羧基的解离程度大于氨基的解离程度。因此，在 pH 7.0 的纯水中，一氨基一羧基的氨基酸略呈酸性，只有在微酸性溶液中才能呈中性，即具有等电的性质。当然一氨基二羧基的氨基酸等电点要比中性氨基酸更小些，而一羧基二氨基的氨基酸等电点比中性氨基酸大些。

2.2.3.3 氨基酸的化学性质

氨基酸的化学性质主要是指它的 α-氨基、α-羧基以及侧链上的基团所参与的一些化学反应。像所有有机化合物一样，氨基酸的化学反应是它们功能基的特征。它们能与多种试剂起反应，这里只介绍几种重要的反应。

（1）与茚三酮的反应　当 α-氨基酸与水合茚三酮一起加热时，含游离氨基的氨基酸会生成紫色化合物，在波长 570nm 处有吸收峰。而由于脯氨酸的氨基为亚氨基结构，它与茚三酮的反应产物是黄色物质，在 440nm 波长处有吸收峰。其反应过程如下所示。α-氨基酸与茚三酮反应均产生颜色反应，在适当条件下，颜色的深浅与氨基酸的浓度成正比。通过与标准溶液进行比较，可用于氨基酸浓度的测定。它可以定性和定量测定微克数量级的氨基酸，是一种简单、精确和极灵敏的氨基酸测定方法。常用的氨基酸自动分析仪的显色剂也是茚三酮。

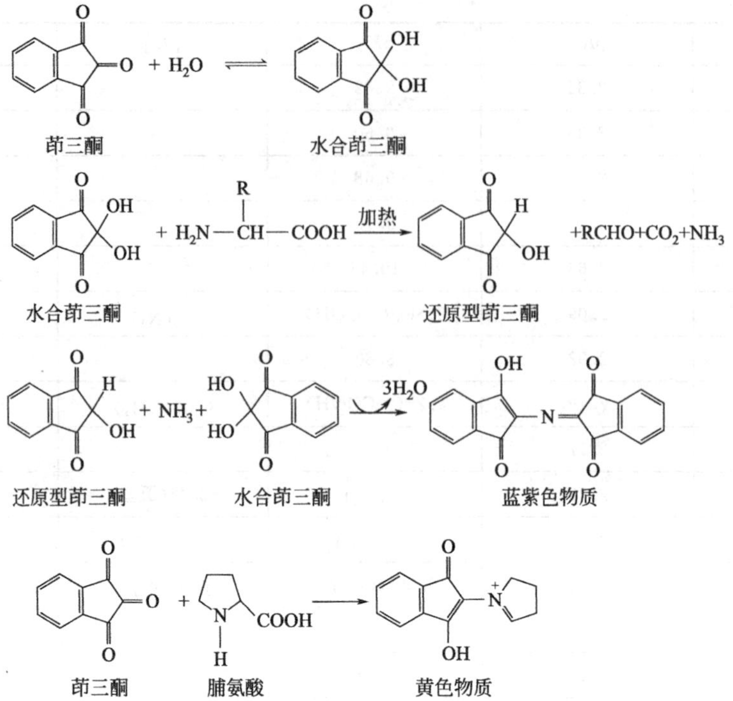

（2）与甲醛的反应　氨基酸在溶液中有如下平衡：

$$\overset{\overset{+}{NH_3}}{R-CH-COO^-} \rightleftharpoons \overset{NH_2}{R-CH-COO^-} + H^+$$

氨基酸分子在溶液中主要是两性离子，故不能用酸、碱滴定其含量。但氨基酸的氨基可与甲醛反应生成羟甲基氨基酸和二羟甲基氨基酸，使上述平衡向右移动，促使氨基酸分子的 $-\overset{+}{NH_3}$ 解离释放出 H^+，从而使溶液酸性增加，就可以酚酞作指示剂用 NaOH 来滴定。

由滴定所用的 NaOH 量就可以计算出氨基酸中氨基的含量，即氨基酸的含量。这就是生物化工产品、食品和发酵产物所含氨基氮的测定原理和方法，称为甲醛滴定法（formol titration）。蛋白质水解时放出游离的氨基，蛋白质合成时则游离氨基减少，故用此法测定游离氨基的含量，就能大体判断蛋白质水解或合成的进度。

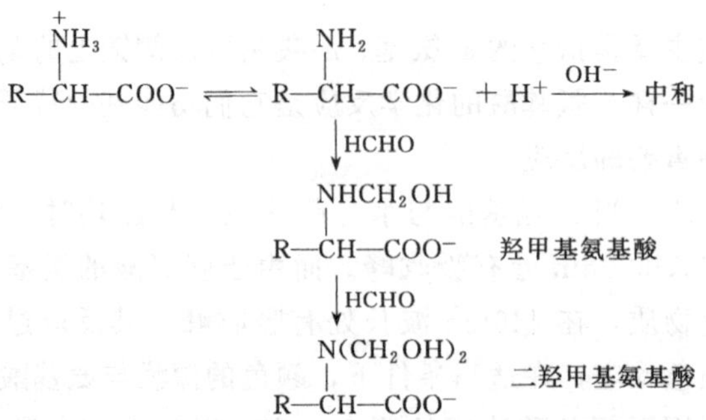

（3）与 2,4-二硝基氟苯的反应　在弱碱性溶液中，氨基酸的 α-氨基很容易与 2,4-二硝基氟苯（2,4-dinitrofluorobenzene，DNFB）作用，生成稳定的黄色 2,4-二硝基苯氨基酸（2,4-dinitrophenyl amino acid，DNP-氨基酸）。

这一反应在蛋白质化学的研究史上起过重要作用，由英国的 Frederick Sanger 发现，并用该反应阐明了胰岛素的一级结构，所以也称 Sanger 反应，而 DNFB 也被称为 Sanger 试剂。

$$O_2N- \!-F + H_2N-\overset{R}{\underset{}{CH}}-COOH \xrightarrow{pH\ 8\sim 9} O_2N-\!-NH-\overset{R}{\underset{}{CH}}-COOH + HF$$

DNFB　　　　　　　　　　　　　　　　　　　DNP-氨基酸

（4）与苯异硫氰酸酯的反应　在弱碱性条件下，氨基酸的 α-氨基可与苯异硫氰酸酯（phenyl isothiocyanate，PITC）反应生成相应的苯氨基硫甲酰氨基酸（PTC-氨基酸）。在酸性条件（HF 或三氟乙酸）下，PTC-氨基酸迅速环化形成稳定的苯乙内酰硫脲氨基酸（phenylthiohudantoin amino acid，PTH-氨基酸）。

PITC　　　　　　　　　　　　　PTC-氨基酸　　　　　　　　　　　PTH-氨基酸

多肽链 N 端氨基酸的 α-氨基也能发生此反应，生成 PTC-肽，在酸性溶液中释放出末端的 PTH-氨基酸和比原来少 1 个氨基酸残基的肽链。新暴露出来的 N 端氨基可以再次进行同样的反应。经过多次重复，N 端的氨基酸被依次释放出来，成为 PTH-氨基酸。由于 PTH-氨基酸在酸性条件下极稳定，并可溶于乙酸乙酯，因此在每一次反应结束以后用乙酸乙酯抽提，再经高压液相色谱就可以确定肽链 N 端氨基酸的种类，直到确定出一个完整的多肽链顺序。氨基酸自动顺序分析仪就是根据这个反应原理设计的。

除了以上几种化学反应外，氨基酸的 α-氨基和 α-羧基还能参与其他化学反应，侧链功能基团也能参与化学反应。这些化学反应可用于鉴别特定的氨基酸，也可对蛋白质进行分子修饰并改变蛋白质的功能。氨基酸参与的主要反应总结见表 2-5。

表 2-5　氨基酸参与的主要反应

反应类型	反应试剂	主要反应产物	用　途
氨基参与的反应	HNO_2	羟酸、N_2	Van Slyke 定氮
	甲醛	二羟甲基氨基酸	氨基酸滴定
	酰化试剂——苄氧酰氯、叔丁氧酰氯、对甲苯磺酰氯、丹磺酰氯等	酰化氨基	肽的人工合成、氨基的保护；丹磺酰氯可用于 N 端氨基酸的标记和微量氨基酸的定量
	2,4-二硝基氟苯（DNFB）	DNP-氨基酸	多肽和蛋白质 N 端氨基酸的鉴定（Edman 降解）
	苯异硫氰酸酯（PITC）	PTC-氨基酸	
	氨基酸氧化酶、转氨酶等	酮酸等	细胞内氨基酸的降解
羧基参与的反应	碱	氨基酸盐	
	醇	氨基酸酯	氨基酸羧基的保护和活化
	tRNA、氨酰-tRNA 合成酶、ATP 等	氨酰-tRNA	蛋白质的生物合成
	脱羧酶	胺	氨基酸的代谢

反应类型	反应试剂	主要反应产物	用　途
氨基和羧基同时参与的反应	茚三酮	紫色物质,Pro 为黄色物质	氨基酸的定性和定量
	肽酰转移酶等	肽	多肽和蛋白质的生物合成
侧链基团参与的反应 — 苯环(Tyr、Phe)	HNO₃(黄色反应)	黄色物质	蛋白质定性,鉴定 Tyr、Phe
酚基(Tyr)	Millon 试剂	红色物质	蛋白质定性和定量、鉴定 Tyr
	Folin 试剂(磷钼酸、磷钨酸)	蓝色物质	
	Pauly 试剂(重氮苯磺酸)	橘红色物质	
咪唑基(His)	Pauly 试剂(重氮苯磺酸)	橘红色物质	鉴定 His
吲哚基(Trp)	乙醛酸	紫红色物质	鉴定 Trp
胍基(Arg)	坂口试剂(α-萘酚、次溴酸钠)	红色物质	鉴定 Arg
巯基(Cys)	亚硝基亚铁氰酸钠	红色物质	鉴定 Cys 及胱氨酸
羟基(Thr、Ser)	乙酸或磷酸	酯	保护 Thr 和 Ser 的羟基,用于蛋白质人工合成

2.3　肽

2.3.1　肽的结构与功能

2 个以上的氨基酸通过 α-氨基和 α-羧基缩合,以酰胺键(amido bond 或 amido linkage)或肽键(peptide bond)连接起来的聚合物,称为肽(peptide)。肽除了可由蛋白质水解产生外,自然界中也存在许多天然的肽,它们具有不同的生理功能。

2 个以上的氨基酸构成肽是由 1 个氨基酸的 α-氨基与另一个氨基酸的 α-羧基缩合失去 1 分子水而形成的,所生成的化学键叫肽键。

$$H_2N-\underset{R_1}{CH}-COOH + H_2N-\underset{R_2}{CH}-COOH \xrightarrow{H_2O} H_2N-\underset{R_1}{CH}-\boxed{\underset{H}{\overset{O}{C}}-N}-\underset{R_2}{CH}-COOH$$

肽键实际上是一种酰胺键,一般用羰基 C 和酰胺 N 之间的单键表示。肽链中的每一个酰胺基被称为肽基(peptide group)或肽单位(peptide unit)。研究表明肽键具有以下性质。

(1) 具有部分双键的性质(40%),其键长为 0.133nm,短于一个典型的单键,长于一个典型的双键。肽键所具有的双键性质是酰胺 N 上的孤对电子与相邻羰基之间发生共振作用造成的。如图 2-4 所示。

(2) 与肽键相关的 6 个原子共处于一个平面,此平面结构被称为酰胺平面(amide plane)或肽平面(peptide plane)。

肽平面结构的形成是由于肽键具有双键的性质。而它的存在,使得肽链中的任何一个氨基酸残基只有 2 个角度可以旋转,即绕 $N-C_{\alpha}$ 单键的旋转和绕 $C_{\alpha}-C$ 单键的旋转。换句话说,肽链的每个氨基酸残基只有 2 个自由度。

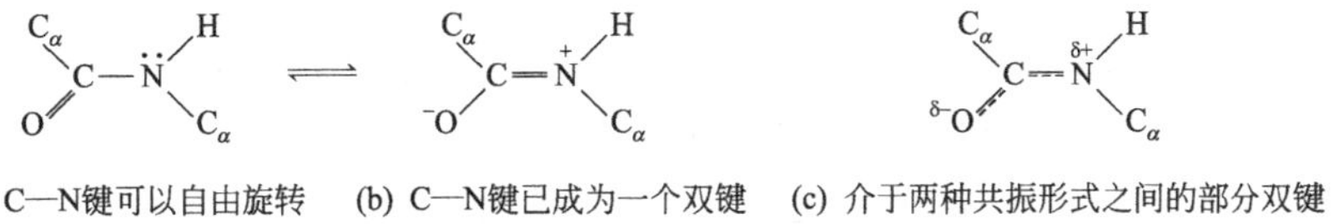

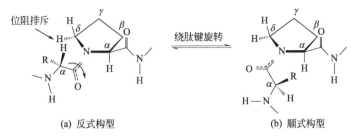

(a) C—N键可以自由旋转　(b) C—N键已成为一个双键　(c) 介于两种共振形式之间的部分双键

图 2-4　肽键的双键性质

（3）肽键中的酰胺 N 带部分正电荷，羰基 O 带部分正电荷，这也是酰胺 N 上的孤对电子与相邻羰基之间发生共振作用造成的。因此，肽键具有永久偶极。

（4）在肽平面内，两个 C_α 可处于顺式或反式构型。在反式构型的两个肽键中，两个 C_α 原子及其取代基团互相远离，而在顺式构型中它们彼此接近，引起 C_α 上的 R 基之间的空间位阻。因此，反式构型比顺式构型稳定。但是，如果肽键是由一种氨基酸的羧基与 Pro 的亚氨基形成的（X—Pro），那么这个肽键可能是反式的，也可能是顺式的，这是因为 Pro 残基的四氢吡咯环造成的空间位阻抵消了反式构型原有的空间位阻上的优势，如图 2-5 所示。

(a) 反式构型　　　　　　　(b) 顺式构型

图 2-5　X—Pro 之间的肽键的反式构型和顺式构型

2 个氨基酸由 1 个肽键连接而成的化合物称为二肽（dipeptide）；由 3 个氨基酸构成的肽称为三肽（tripeptide），以此类推。一般将 2～10 个氨基酸残基组成的肽称为寡肽（oligopeptide），含有 10 个以上氨基酸残基的肽称为多肽（polypeptide）。

除了少数环状肽链外，其他肽链都含有不对称的两端：其中含有自由 α-氨基的一端被称为氨基端（amino terminal）或 N 端，含有自由 α-羧基的一端称为羧基端（carboxyl terminal）或 C 端。但有一些肽链的 N 端氨基因甲酰化或乙酰化被封闭，也有一些肽链 C 端的羧基因酰胺化被封闭。

组成肽分子的每一个氨基酸因参与肽键的形成，已经不是原来完整的分子了，故称为氨基酸残基。按照惯例，在一个肽或蛋白质分子中，以氨基端的氨基酸为第一个氨基酸（残基），命名时从氨基端开始，在每一个氨基酸名称后加一"酰"字即可。例如，下列三肽命名为丙氨酰甘氨酰天冬氨酸。书写一条肽链的序列总是从 N 端到 C 端，即左边为 N 端，右边为 C 端。有时为了强调，可在 N 端和 C 端分别添加 H 和 OH。各氨基酸残基用三字母或单字母缩写表示。下图中的三肽可写为 Ala—Gly—Asp 或 H—Ala—Gly—Asp—OH 或 AGD。

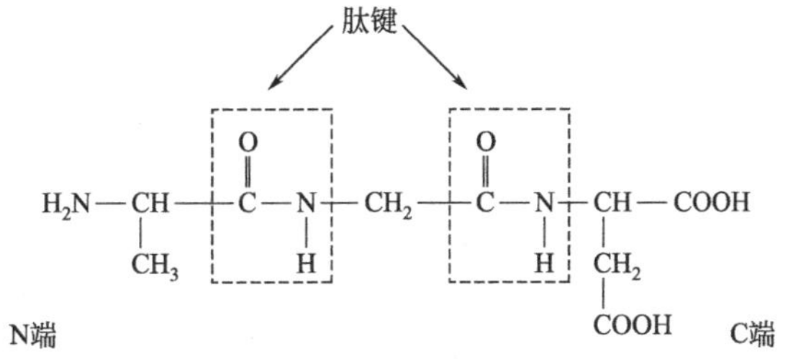

肽的酸碱性质主要取决于 R 基。肽链中 α-COOH 与 α-NH$_2$ 间的距离比氨基酸中 α-COOH 与 α-NH$_2$ 间的距离大，因此它们间的静电引力较弱，可离子化程度较氨基酸低。不同肽的大小也可以其离子化程度高低来鉴别，大肽链的离子化程度比小肽链的离子化程度低。即大肽完全质子化所需 pH 比小肽低。肽中 N 末端的 α-NH$_3^+$ 的 pK' 比游离氨基酸的小一些，而 C 末端的 α-COOH 的 pK' 比游离氨基酸的大一些。就侧链 R 基的 pK' 而言，两者差别不大。

2.3.2 天然活性肽

除了蛋白质部分水解可产生长短不一的各种肽段以外，生物体内还有许多具有特殊功能的活性肽（active peptide），一般为寡肽和较小的多肽。激素肽或神经肽都是活性肽，它们广泛分布于整个生物界。作为主要的化学信使，它们在沟通细胞内部、细胞与细胞之间以及器官与器官之间的信息方面起着重要作用。根据近年来对活性肽的研究，生物的生长发育、细胞分化、大脑活动、肿瘤病变、免疫防御、生殖控制、抗衰防老、生物钟规律及分子进化等均涉及活性肽。从活性肽组成来看，小则由 2、3 个氨基酸组成的二肽、三肽就能发挥作用，大则为上百个氨基酸并组成亚基而形成的糖蛋白。肽的种类繁多，下面选择介绍几种重要的天然活性肽。

2.3.2.1 谷胱甘肽

谷胱甘肽（glutathione）是一种三肽，广泛存在于动植物和微生物细胞中，在体内的氧化还原反应中起重要作用。谷胱甘肽由 L-谷氨酸、L-半胱氨酸和甘氨酸组成（注意：谷氨酸由 γ-羧基生成肽键，而在其他肽和蛋白质分子中谷氨酸由 α-羧基生成肽键）。

谷胱甘肽中含有游离的巯基（sulfhydryl group，—SH），具有还原性，所以也称为还原型谷胱甘肽（reduced glutathione），常用 GSH 表示。GSH 可以脱氢氧化成为氧化型谷胱甘肽，常用 GSSG 表示。它们的结构式与氧化还原反应如下。

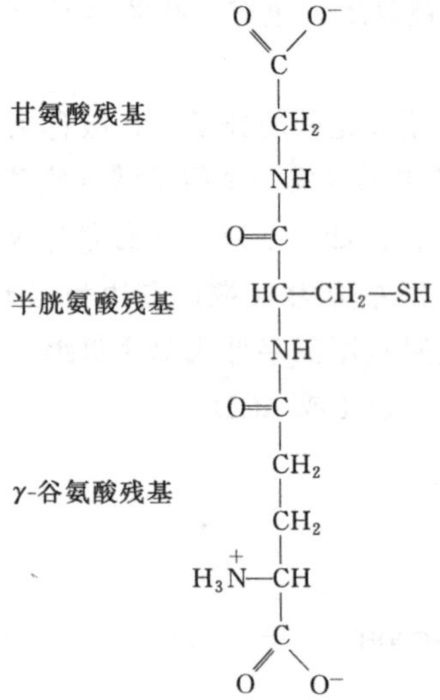

谷胱甘肽（GSH）
γ-谷氨酰半胱氨酰甘氨酸

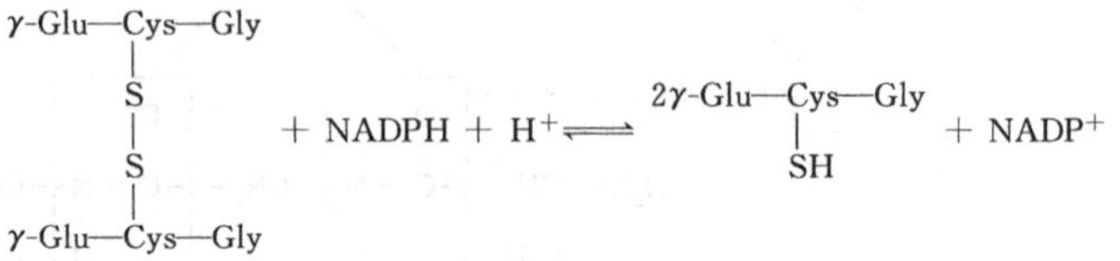

氧化型谷胱甘肽
（GSSG）

还原型谷胱甘肽
（GSH）

谷胱甘肽巯基的还原性能保护含巯基的蛋白质及以巯基为活性基团的酶的活性，还能保护血液中的红细胞不受氧化损伤，维持血红素中半胱氨酸处于还原态。正常情况下，GSH 与 GSSG 之比为 500∶1 以上。在运动细胞中谷胱甘肽的含量很高（约 5mol/L），因此谷胱甘肽是—SH 的"缓冲剂"（sulfhydryl buffer）。还原型谷胱甘肽与 H_2O_2 或其他有机氧化物反应还可起到解毒作用。

谷胱甘肽还参与氨基酸的跨膜转运，A. Meister 首先提出 γ-谷氨酰循环转运氨基酸的机制。如图 2-6 所示，谷胱甘肽与氨基酸在细胞质膜外表面发生反应形成 γ-谷氨酰氨基酸，γ-谷氨酰氨基酸通过细胞质膜，在细胞内释放氨基酸，并重新通过一系列化学反应形成谷胱甘肽，进行下一次氨基酸的跨膜转运。

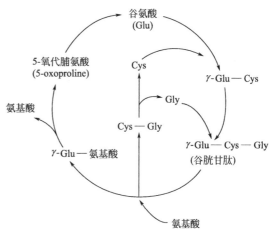

图 2-6　谷胱甘肽跨膜转运氨基酸的作用机制

2.3.2.2　神经肽

神经肽（nervonic peptide）是首先从脑组织中分离出来并主要存在于中枢神经系统（其他组织也有分布）的一类活性肽。重要的有脑啡肽（enkephalin）、内啡肽（endorphin）、强啡肽（dynorphin）等一系列脑肽和 P-物质。这些肽类都与痛觉有关，且具有吗啡一样的镇痛作用，所以把它们称作脑内产生的吗啡样肽（脑啡肽），或内源性吗啡样肽（内啡肽）。

（1）脑啡肽是 1975 年 J. Hughes 等从猪脑内发现并分离出来的，有两种，均为五肽，二者仅一个氨基酸残基不同，即：

　　　　　Tyr—Gly—Gly—Phe—Met　　甲硫氨酸脑啡肽
　　　　　Tyr—Gly—Gly—Phe—Leu　　亮氨酸脑啡肽

这两种脑啡肽都有镇痛作用。它们由同一前体——前脑啡肽原（preproenkephalin）（含 267 个氨基酸残基）转变而来。

（2）内啡肽有 3 种，即 α-、β-、γ-内啡肽，它们由同一前体——阿片促黑激素皮质素原（pro-opiomelanocortin）（含 265 个氨基酸残基）转变而来。其中 β-内啡肽（31 肽）的镇痛作用最强，而 α-内啡肽（16 肽）和 γ-内啡肽（17 肽）除具有镇痛作用外，还对动物行为起调节作用，但二者对动物的行为效应正好相反。

（3）强啡肽是 A. Goldstein 等从猪脑垂体中提取出来的几个具有格外强镇痛作用的吗啡样活性肽，其中强啡肽 A（17 肽）比亮氨酸脑啡肽的活性强 700 倍，比 β-内啡肽的活性强 50 倍。强啡肽和一种称为新内啡肽（neo-endorphin）（为 9 肽，其 N 端 5 肽为亮氨酸脑啡肽）的脑肽来自同一前体（含 256 个氨基酸残基）。

（4）P-物质（substance P）是由瑞典学者 Von Ealer Gaddum（1931 年）首先在马肠中发现的，它能引起肠平滑肌收缩、血管舒张、血压下降。因为当时不知其化学本质，故取名为 P-物质，仅表示是一种制剂（preparation）或粉状物（powder）。现已确知是肽类，而且与痛觉（pain）有关，刚好英文第一个字母也是"P"，所以这个名称就沿用下来了。P-物质是一种特殊的化学信使（chemical messenger），它是将外周感官神经冲动传入脊髓经转换后继续传至大脑的一种致痛物质。P-物质直到 20 世纪 70 年代初才得以纯化，为 11 肽，其结构为 Arg—Pro—Lys—Pro—Gln—Gln—Phe—Phe—Gly—Leu—Met—NH$_2$。

P-物质不仅是一种神经递质（neurotransmitter），与痛觉和调节血压有一定关系，而且参与控制呼吸、心脏跳动等非随意活动，还可刺激垂体分泌促黄体激素（luteotropic hormone）和生长激素（growth hormone）。

2.3.2.3 抗生素

抗生素（antibiotic）是一类抑制细菌和其他微生物生长或繁殖的物质。许多抗生素也是肽或肽的衍生物。抗生素由特定的微生物产生。从分子结构上看，不少抗生素有两个特点：其一是通常含有 D-氨基酸（蛋白质分子中不含 D 型氨基酸）；其二是某些抗生素为环状肽，因而没有游离末端。

这类物质中人们最熟悉的青霉素（penicillin）是青霉菌属（*Penicillium*）中某些菌株产生的抗生素。青霉素疗效显著，半个多世纪以来一直是临床上应用的主要抗生素。青霉素的主体结构可看作由 D-半胱氨酸和 D-缬氨酸以非肽键结合成的二肽衍生物。 青霉素发酵液中至少含有 5 种以上不同青霉素：青霉素 F、青霉素 G、青霉素 X、青霉素 K 及二氢青霉素 F 等。侧链 R 基不同，即为不同的青霉素，其结构通式如图 2-7 所示，如 R 为苄基，即为苄基青霉素（青霉素 G）。

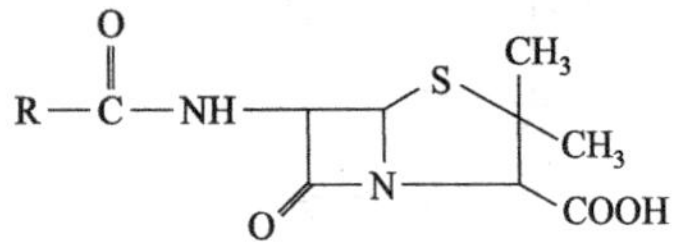

图 2-7　青霉素的结构通式

青霉素主要破坏细菌细胞壁肽聚糖的合成，引起溶菌。另外，短杆菌肽 S（gramicidin S）和短杆菌酪肽（tyrocidine）都是环状 10 肽，分子中含有两个 D-苯丙氨酸残基。这些环状肽主要作用于革兰阴性细菌的细胞膜，也作用于真核细胞的线粒体膜。

放线菌素 D（actinomycin D）的结构复杂，它由一个染料基以酰胺的方式分别连接在 2 个五肽的末端氨基处，五肽的末端羧基形成大的内酯环，如图 2-8 所示。放线菌素 D 通过与模板 DNA 相结合的方式阻碍转录而抑制细菌生长。放线菌素 D 对恶性葡萄胎、绒毛膜上皮癌、何杰金病等都有一定疗效，但因毒性太大，很少使用。

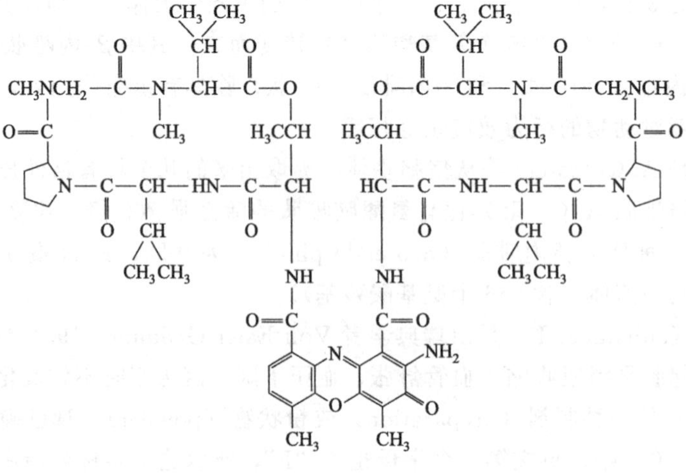

图 2-8　放线菌素 D 的结构式

2.4　蛋白质的分子结构

实验已经证明，蛋白质是由各种氨基酸通过肽键连接而成的多肽链，再由一条或一条以上的多肽链按各自特殊方式组合成具有完整生物活性的分子。随着肽链数目、氨基酸组成以及排列顺序的不同，就有不同的三维空间结构，也就形成了不同的蛋白质。

根据蛋白质结构的长期研究结果，已确认蛋白质的结构有不同的层次，为了认识方便，通常将其分为一级结构（primary structure）、二级结构（secondary structure）、三级结构（tertiary structure）及四级结构（quaternary structure）。一级结构又称为初级结构；二、三、四级结构称为高级结构或空间结构。

2.4.1　蛋白质的一级结构

曾经将蛋白质的化学结构（共价结构）与一级结构视为同一概念，即指肽链的数目、末端组成、氨基酸组成及排列和二硫键的位置。1969 年国际纯粹与应用化学联合会（International Union of Pure and Applied Chemistry，IUPAC）规定一级结构特指肽链中的氨基酸排列顺序。维系一级结构的主要化学键是肽键。

要了解蛋白质的结构，首先，必须知道某种蛋白质是由哪些氨基酸组成的、各种氨基酸在蛋白质中的含量如何；其次，必须了解这些氨基酸互相之间是怎样连接起来的，即它们的化学键的本质如何；再者，必须知道任何一种蛋白质所含的氨基酸排列顺序如何；最后，还须了解各种蛋白质长链的空间排布如何。

2.4.1.1　蛋白质的氨基酸组成

各种蛋白质的氨基酸组成种类和含量各不相同。经过纯化的蛋白质水解后，可通过对氨基酸的定性和定量分析了解氨基酸的组成情况。有时仅需要测定某一种氨基酸，例如测定赖氨酸的含量，即可将其作为谷物蛋白营养价值的一个指标。

在做蛋白质结构测定之前，要对氨基酸进行全分析。现在已有"氨基酸分析仪"，可以在几十分钟内做出一个蛋白质氨基酸组成的全分析。通常所用的氨基酸分析仪为酸水解，因此必须另做碱水解以测色氨酸的含量。另外，两种酰胺的酰胺基被水解，通过测定水解液的氨量，即可算出酰胺的量。

蛋白质的氨基酸组成可用残基质量分数来表示，也可用蛋白质分子中各种氨基酸的分子数来表示。

氨基酸的百分组成是按照分析时回收到氨基酸的质量计算的。实际上在蛋白质分子中是氨基酸残基，与自由氨基酸相差 1 个水分子，因此，表示蛋白质样品中残基的含量时应进行换算。例如，100g 胰岛素分析得到苯丙氨酸 8.6g，换算成残基量则为 $8.6\text{g} \times \dfrac{147}{165} = 7.7\text{g}$ [165 是苯丙氨酸的分子量，147 是苯丙氨酸残基的分子量，即 165－18（水的分子量）＝147]，这是用百分数来表示各组分的量。

通过实验分析得到蛋白质的各种氨基酸百分组成后，可以算出每种氨基酸的分子数。例如，胰岛素的分子量为 6000，胰岛素中丙氨酸占 4.6%，丙氨酸残基占 $4.6\% \times (71/89) =$ 3.66%（89 是丙氨酸的分子量，71 是丙氨酸残基的分子量），则丙氨酸残基在胰岛素中总分子量为：$6000 \times 3.66\% = 219$。所以胰岛素分子中丙氨酸残基的分子数为 $219/71 = 3$，即胰岛素分子中含有 3 个丙氨酸残基。由此法求得胰岛素分子中各种氨基酸残基的分子数见表 2-6。

表 2-6　胰岛素分子的氨基酸组成（残基数）

氨基酸	残基分子数/个	氨基酸	残基分子数/个	氨基酸	残基分子数/个
丙氨酸	3	甘氨酸	4	脯氨酸	1
精氨酸	1	组氨酸	2	丝氨酸	3
天冬酰胺	3	异亮氨酸	1	苏氨酸	
胱氨酸①	3	亮氨酸	6	酪氨酸	4
谷氨酸	4	赖氨酸	1	缬氨酸	5
谷氨酰胺	3	苯丙氨酸	3	合计 48 个残基	

① 如果算成半胱氨酸，则胰岛素分子中有 6 个半胱氨酸残基。

2.4.1.2　蛋白质分子结构中的化学键

确定蛋白质分子中的氨基酸残基数目后，必须确定氨基酸与氨基酸之间是怎样连接起来的，即在蛋白质分子中存在什么化学键。现已确定，在蛋白质分子中除了具有碳碳键（C—C）、碳氢键（C—H）、碳氧键（C—O）、碳硫键（C—S）、氧氢键（O—H）、硫氢键（S—H）等普通化学键（均为共价键）外，还具有一些特殊的化学键，即肽键、二硫键、酯键、离子键、氢键等。这些化学键使氨基酸与氨基酸之间，或肽链与肽链之间连接起来，从而构成蛋白质分子的初级结构和高级结构。

对于一般的化学键，可查阅无机化学和有机化学方面的书籍，这里不再赘述。肽键作为维系蛋白质结构最重要的化学键之一，在前面已经讲过。因此这里着重讨论二硫键、酯键、氢键、离子键等化学键。

（1）二硫键　二硫键（disulfide bond）（—S—S—）是连接不同肽链或同一肽链的不同部分的化学键。二硫键只能由含硫氨基酸形成，常见的是半胱氨酸被氧化成胱氨酸时即形成二硫键。形成二硫键的 2 个半胱氨酸残基的 α-碳原子之间的距离一般为 0.4~0.9nm。

二硫键是比较稳定的共价键，在蛋白质分子中起着稳定肽链空间结构的作用。二硫键数目越多，蛋白质分子对抗外界因素影响的稳定性就越大。例如，一般蛋白质在稀碱溶液中即被水解，而动物的毛、发、鳞、甲、角、爪中的角蛋白所含的二硫键最多，故角蛋白对外界物理及化学因素都极稳定。

（2）酯键　在蛋白质分子中，苏氨酸和丝氨酸的羟基可与氨基酸的羧基缩合成酯，生成酯键（ester bond）。在磷蛋白中，更常见的是磷酸与含羟基氨基酸的羟基缩合生成磷酸酯键（phosphoester bond）。这种键的形成不仅对维系某些蛋白质的结构是必需的，而且对其行使功能也是必不可少的。

（3）离子键　离子键（ionic bond）又称盐键（salt linkage）。这是一种具有相反电荷的两个基团之间的库仑作用，其作用力的大小取决于两个基团间的距离。键能一般在 41.8~83.7kJ/mol 的范围。蛋白质分子中的酸性氨基酸和碱性氨基酸在一定条件下可以形成离子。

如谷氨酸、天冬氨酸比其他氨基酸多1个羧基，在一定 pH 条件下，由于羧基解离而带负电荷；赖氨酸和精氨酸多1个氨基，氨基可与质子结合而带正电荷。当带正负电荷的基团相遇时，由于静电引力作用可形成盐键。

高浓度的盐、过高和过低的 pH 都可以破坏蛋白质分子中的离子键。如果溶液中的 pH 比羧基的 pK' 值低 $1\sim2$ 个 pH 单位，或者比氨基的 pK' 值高 $1\sim2$ 个 pH 单位，此时这些基团就不能形成离子键。这是强酸强碱使蛋白质变性的原因。

（4）配位键　配位键是两个原子之间形成的共价键，共用电子对由其中的一个原子提供。许多蛋白质分子含有金属离子，如铁氧还蛋白（ferredoxin）、固氮酶铁蛋白、细胞色素 c（cytochrome c）含有铁离子；胰岛素（insulin）含有锌离子等。金属离子与蛋白质的连接，往往是通过配位键。在一些含金属离子的色蛋白分子中，金属离子通过配位键参与维系蛋白质分子的高级结构。当用螯合剂（chelating agent）从蛋白质中除去金属离子时，蛋白质分子便解离成亚单位，高级结构遭到部分破坏，以致失去活性。

（5）氢键　氢键（hydrogen bond）是氢原子与两个电负性强的原子（如 F、O、N）相结合而形成的弱键。氢原子与一个电负性强的原子以共价键结合后，还可与第二个电负性强的原子结合，所形成的第二个化学键即为氢键。与氢原子共价结合的电负性原子称为氢供体，另一个电负性强的原子称为氢受体。氢键的一个重要特点是有方向性。当供体原子、氢和受体原子处于一直线时形成的氢键最强；反之，不在一直线上而有一定交角时，氢键则较弱。

在蛋白质分子中，一些基团可提供形成氢键所共用的氢原子，这些基团包括=NH（肽键、咪唑、吲哚）、—OH（丝氨酸、苏氨酸、酪氨酸、羟脯氨酸）、—NH_2 和—$\overset{+}{N}H_3$（α-氨基、精氨酸、赖氨酸）及—$CONH_2$（氨甲酰）；另外一些基团可以接受共用的氢，即含有可形成氢键的氧，包括—COO^-（α-羧基、天冬氨酸、谷氨酸）、$C=O$（肽键和酯键）。由于蛋白质分子中有较多的氢原子和氧原子，故可形成较多的氢键，无论是肽链与肽链之间，还是一条肽链的不同区段，都能形成氢键。

（6）范德瓦耳斯作用力　范德瓦耳斯作用力是原子、基团和分子之间的一种弱相互作用。任何两个原子（基团、分子）之间相距 $0.3\sim0.4nm$ 时，就存在一种非专一性的吸引力，这种相互作用就称为范德瓦耳斯（Van der Waals）作用力或范德瓦耳斯键。该作用力有三种表现形式：一是极性基团之间，偶极与偶极之间的相互吸引（取向力）；二是极性基团的偶极与非极性基团的诱导偶极之间的相互吸引（诱导力）；三是非极性基团瞬时偶极之间的相互吸引（色散力）。这种作用的强度依赖于两个分子（或基团）间的距离，其变化与距离的6次方成反比。总的趋势是相互吸引，但不相碰。因为当两个基团靠得很近时，电子云之间的斥力增大，使二者不能相碰。

这种作用在维系蛋白质分子的高级结构中是一种很重要的作用力。

（7）疏水作用　疏水作用（hydrophobic bond）是非极性侧链（疏水基团）在极性溶剂水中为避开水相而彼此靠近所产生的一种作用力，其本质也是范德瓦耳斯力，主要存在于蛋白质分子的内部结构中。

2.4.1.3　蛋白质一级结构的测定

在生物化学及其相关的领域中，许多问题都需要知道蛋白质的一级结构。氨基酸顺序分析是揭示生命的本质，阐明结构与功能的关系，研究酶的活性中心和酶蛋白高级结构的基础，也是研究基因克隆、表达和核酸顺序分析的重要内容。一旦搞清了某种蛋白质的一级结构，就为人工合成这种蛋白质创造了条件。多肽链中氨基酸排列顺序测定的开拓者是英国著名的生物化学家 F.Sanger，他用了十年的时间，于1953年首次报道了胰岛素的全部氨基酸排列顺序，从而揭开了蛋白质一级结构研究的序幕。在20世纪40年代，一级结构研究被认为是无从入手的大难题，组成蛋白质的氨基酸有20种，而一般蛋白质中都含有上百个氨基酸，如何确定它们之间的排列顺序？ F.Sanger 选择了胰岛素，胰岛素分子虽小，但具有代表性。目前蛋白质序列分析工作尽管其测定方法有了改进，序列测定的自动化程度也有了很大的提高，但基本的方法是相同的。

测定蛋白质分子的氨基酸顺序，要求分析的样品必须是均一的、已知分子量的蛋白质。测定的一般步骤如下：①测定肽链末端的数目，由此确定蛋白质分子是由几条肽链构成的；②将蛋白质分子中的几条肽链拆开，并分离出每条肽链；③肽链的一部分样品进行完全水解，测定其氨基酸组成，由此确定各种氨基酸成分的分子比；④对肽链的另一部分样品做末端分析，从而了解 N 端和 C 端的氨基酸组成；⑤肽链用酶催化或化学法部分水解得到一套大小不等的片段（第一套片段），并将各个片段分离出来；⑥测定第一套片段中每个片段的氨基酸顺序；⑦用另一种酶或化学试剂对第2步中所得的样品（即肽链）进行不完全水解，从而得到另一套片段（第二套片段），将各片段分离，并测定顺序；⑧比较两套片段的氨基酸顺序，拼凑出整个肽链的氨基酸顺序；⑨测定原来多肽链中二硫键的位置，从而确定出全部一级结构。

下面简单介绍其中几个重要步骤的原理。

（1）肽链末端分析　肽链末端有 N 端和 C 端，N 端测定常采用二硝基氟苯（DNFB）法、Edman 降解法、二甲基氨基萘磺酰氯（DNS）法，C 端测定常采用肼解法和羧肽酶法。

① 二硝基氟苯法　氨基酸的自由氨基可与卤素化合物发生取代反应，因此，用 2,4-二硝基氟苯可与肽链末端的自由氨基反应，生成 2,4-二硝基苯衍生物，即 DNP-肽链。新生成的 DNP-肽链中苯核与氨基之间的键比肽键稳定，不易被酸水解。因此，用酸水解 DNP-肽链，将肽链中的所有肽键破坏，生成一个 DNP-氨基酸（DNP-AA）和组成肽链的其他氨基酸的混合物。其反应如图 2-9 所示。

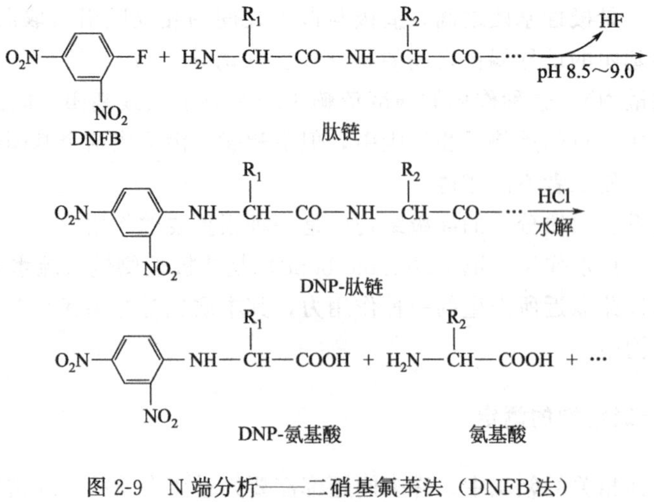

图 2-9　N 端分析——二硝基氟苯法（DNFB 法）

所生成的 DNP-氨基酸为黄色，可用乙醚或乙酸乙酯抽提，然后用纸层析、薄层层析或高效液相色谱（HPLC）做定性和定量测定，即可知道肽链的 N 端是何种氨基酸。

除末端氨基外，侧链氨基（如赖氨酸的 ε-氨基）及酚羟基（酪氨酸）等也能形成 DNP-衍生物，但反应较慢，且产物不溶于乙醚或乙酸乙酯。N 端如果是亚氨基（脯氨酸及羟脯氨酸），就不宜用此法，因为 DNP 和亚氨基酸间的键很不稳定。

② Edman 降解法　这种方法是瑞典科学家 P. Edman 建立的，如图 2-10 所示。

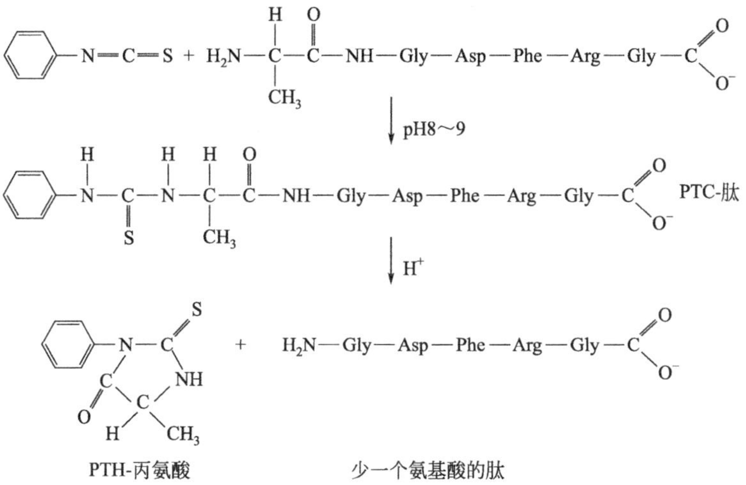

图 2-10　N 端分析——Edman 降解法

蛋白质多肽链 N 端氨基与苯异硫氰酸酯在弱碱性条件下反应生成苯氨基硫甲酰肽（phenylthiocarbamyl peptide，PTC-肽）。在酸性条件下，后者环化生成苯乙内酰硫脲氨基酸（PTH-氨基酸）及 N 端少了一个氨基酸的肽链。PTH-氨基酸极稳定，用乙酸乙酯抽提后经高压液相色谱鉴定可知 N 端是什么氨基酸。该法优点是可连续分析出 N 端十几个氨基酸。

③ 二甲基氨基萘磺酰氯法（DNS 法）　二甲基氨基萘磺酰氯（DNS-Cl）简称丹磺酰氯，可与多肽链 N 端氨基酸的氨基反应，生成丹磺酰肽（DNS-肽），后者经 6mol/L 盐酸水解生成 DNS-氨基酸（具有荧光）和其他游离的氨基酸（图 2-11）。用乙酸乙酯抽提，可得到

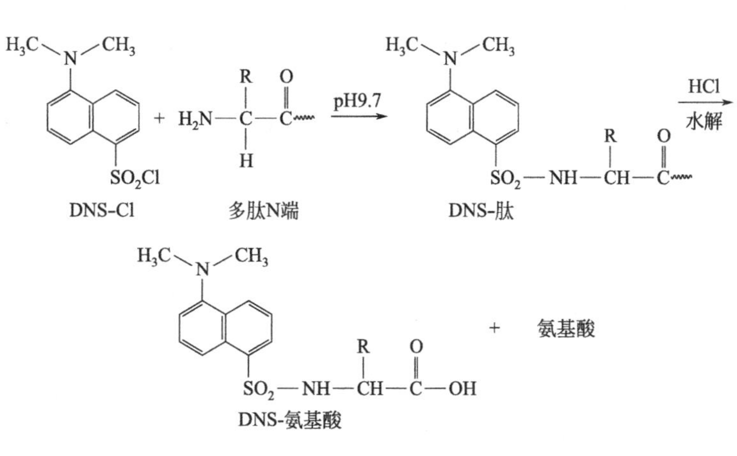

图 2-11　N 端分析——丹磺酰氯法（DNS 法）

DNS-氨基酸，用电泳或色谱等方法鉴定，或用荧光光度计检测。该法灵敏度高，比 DNFB 法灵敏度高 100 倍。

④ 肼解法（hydrazinolysis method） 多肽与肼（hydrazine）在无水条件下加热可以断裂所有的肽键，除 C 端氨基酸外，其他氨基酸都转变成相应的氨基酸酰肼。向反应体系中加入苯甲醛，氨基酸酰肼转变为二苯基衍生物（二亚苄衍生物），不溶于水；离心分离，C 端氨基酸在水相，于水相中加入 DNFB 试剂，C 端氨基酸转变成黄色的 DNP-氨基酸，然后用乙醚抽提后用色谱法加以鉴定，反应见图 2-12。

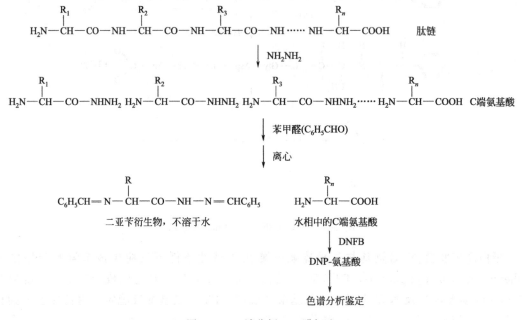

图 2-12　C 端分析——肼解法

肼解法的缺点是：肼解中天冬酰胺、谷氨酰胺和半胱氨酸被破坏，精氨酸转变为鸟氨酸，因此，由这些氨基酸组成的 C 端不能准确测定。

⑤ 羧肽酶法（carboxypeptidase method，CPE 法） 羧肽酶是一种专门水解肽链 C 端氨基酸的蛋白水解酶。已发现的羧肽酶有 A、B、C、Y 等几种，其中最常用是羧肽酶 A 和羧肽酶 B。肽链的水解速度与 C 端氨基酸的性质有关。将多肽或蛋白质在 pH 8.0（30℃）时与羧肽酶一起保温，按一定时间间隔取样分析，用色谱法测定释放出来的氨基酸，根据所测氨基酸的量与时间的关系，就可以知道 C 端氨基酸的排列顺序。图 2-13 为用羧肽酶 A 处理促肾上腺皮质激素（adrenocorticotropic hormone，一种激素肽）所得到的氨基酸含量与时间的关系曲线，由图可推测其 C 端顺序为：—Leu—Glu—Phe—COOH。

（2）肽链的拆分 经末端分析，若该种蛋白质由两条以上的肽链组成时应将其拆分开。如果肽链之间通过非共价键连接，可使用使蛋白质变性的试剂处理，如酸、碱、高浓度的盐等。如果肽链之间通过共价键（主要是二硫键）相连，如下所示，可采用过甲酸（performic acid）氧化或二硫苏糖醇（dithiothreitol，DTT）还原的方法拆开二硫键。若采用 DTT 还原的方法，还需使用碘乙酸进行乙酰化修饰，以防止产生的巯基（—SH）重新形成二硫键。

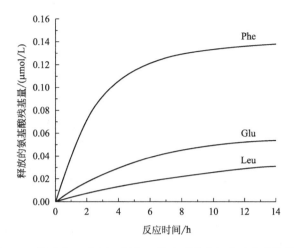

图 2-13 羧肽酶 A 作用于促肾上腺皮质激素氨基酸的释放曲线

如 Sanger 利用 2,4-二硝基氟苯法分析胰岛素的结构，得到一个 DNP-甘氨酸和一个 DNP-苯丙氨酸，可知胰岛素由两条肽链组成。用过甲酸氧化，电泳或色谱法分离得到两个肽段：一个含酸性氨基酸多，N 端为甘氨酸，称为 A 链；另一个含碱性氨基酸多，N 端为苯丙氨酸，称为 B 链。

（3）肽链中氨基酸排列顺序的确定　一般使用片段重叠法。一些专一性的蛋白水解酶或化学试剂能使蛋白质的多肽链在特定部位断裂，产生一些大小不同的重叠片段，分离纯化这些肽，测定每一个肽段的氨基酸顺序，根据这些重叠的片段，推断出完整肽链的氨基酸排列顺序。常用的断裂多肽链的方法有以下几个。

① 溴化氰（CNBr）裂解法　它专一性水解甲硫氨酸的羧基形成的肽键。溴化氰水解的结果产生以高丝氨酸内酯为末端的肽，高丝氨酸内酯是甲硫氨酸转变而来的。

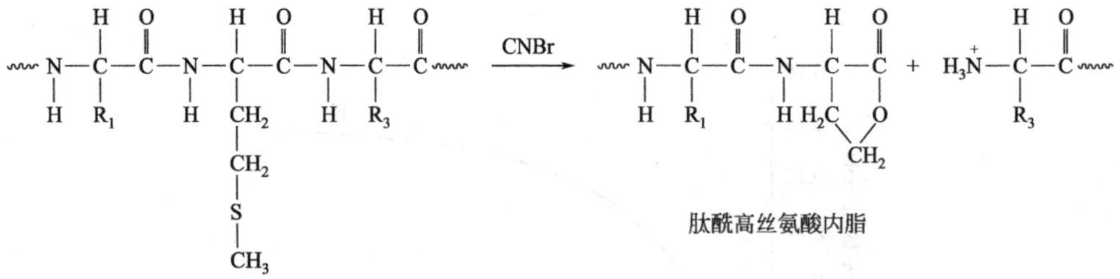

肽酰高丝氨酸内脂

② 胰蛋白酶水解法　胰蛋白酶专一性水解赖氨酸和精氨酸的羧基形成的肽键。但是，如果赖氨酸和精氨酸的羧基与脯氨酸相连，则该肽链不被胰蛋白酶切割。

③ 胰凝乳蛋白酶（糜蛋白酶）水解法　它专一性水解疏水性氨基酸，主要是酪氨酸、苯丙氨酸和色氨酸的羧基形成的肽键。若与它们的羧基相连的氨基酸为脯氨酸，则该肽链不被水解。

④ 胃蛋白酶水解法　它要求被断裂肽键两侧的氨基酸都是疏水性的氨基酸。

⑤ 金黄色葡萄球菌蛋白酶（谷氨酸蛋白酶）水解法　它专一性水解甘氨酸和天冬氨酸的羧基形成的肽键。

⑥ 梭状芽孢杆菌蛋白酶（精氨酸蛋白酶）水解法　它能水解精氨酸的羧基形成的肽键。

（4）确定二硫键的位置　如果一种蛋白质分子含有二硫键，还需要对二硫键进行准确定位。对二硫键定位的基本步骤是：保留目标蛋白质上的二硫键，直接用一种蛋白酶水解；找出含有二硫键的肽段以后，再用前面叙述的方法将二硫键拆开，然后分别测定两个肽段的顺序；再将它们的顺序与已测出的蛋白质一级结构进行比较，就能确定相应的二硫键的位置。因此，"找出"含二硫键的肽段成为确定二硫键位置的关键。

寻找含有二硫键肽段的最佳方法是对角线电泳（diagonal electrophoresis）。用胃蛋白酶或胰蛋白酶、胰凝乳蛋白酶在微酸性条件下对蛋白质进行部分降解（在此条件下二硫键比较稳定），将酶解液点样进行对角线电泳分析。当第一相电泳结束后，把电泳图谱放在过甲酸蒸气中熏一定的时间，然后把它贴于同样大小的另一张滤纸上，再进行第二相电泳分析。第二相电泳的方向与第一相电泳的方向垂直，其他条件如缓冲液的组成、pH和离子强度等与第一相电泳时的完全相同。这样，不含二硫键的肽段不受过甲酸的影响，性质不变，两次电泳的行为一样，电泳分离斑点应出现在对角线上；而含有二硫键的肽段因受到过甲酸的影响，二硫键断裂，相应的肽段被氧化为含磺酸基的肽段，电泳行为改变，因而将偏离对角线。肽斑可用茚三酮显示。

由于蛋白质的一级结构归根到底是基因表达的产物，因此测定脱氧核糖核酸（DNA）的核苷酸序列，就能间接分析出蛋白质多肽链中氨基酸的排列顺序。随着DNA序列测定技术的发展，许多蛋白质一级结构的测定工作已经完成。

2.4.2 蛋白质的二级结构

2.4.2.1 构型与构象

在讨论蛋白质的高级结构之前，有必要明确两个容易混淆的概念：构型与构象。

构型（configuration）是指在一个具有不对称结构的化合物中不对称中心上的几个原子或基团的空间排布方式。这种排布方式的改变会涉及共价键的形成或破坏，而与氢键无关，是一种二维的变化。例如单糖的 α、β 型，氨基酸的 L、D 型都是构型。

构象（conformation）是表示在一个分子结构中一切原子沿共价键（单键）转动时产生的不同空间排列，它通常与分子的不对称性无关。这种排列的变化会涉及氢键等次级键的形成和破坏，而不改变共价键，这是三维空间的变化，如多肽及蛋白质的高级结构即属于构象。

从理论上讲，一个分子中的每个原子都能沿着一定的共价单键转动，因此有许多不同的构象，多肽结构也一样。但据目前所知，一个蛋白质的多肽链在生物体内正常的温度和 pH 条件下，只有一种或很少几种构象，这种天然构象保证了它的生物活性，同时具有一定的稳定性。这一事实说明了天然蛋白质主链上的单键并不能随意自由旋转。蛋白质分子正像它的一级结构一样，其高级结构也是一定的。

2.4.2.2 蛋白质的二级结构

多肽链并不是简单地呈线形，而是按照一定方式有规则地旋转或折叠，这就是蛋白质的二级结构形式。它是指肽链主链骨架原子的相对空间位置，而不涉及侧链 R 基在空间的排列。维系二级结构的化学键主要是氢键。

蛋白质分子的二级结构是指多肽链中有规则重复的构象，仅限于主链原子的局部空间排列，不包括与肽链其他区段的互相关系及侧链构象。二级结构主要有 α-螺旋、β-折叠、β-转角、无规卷曲、π-螺旋、Ω 环等几种形式。

（1）α-螺旋　Linus Pauling 和 Robert Corey 于 20 世纪 40 年代末 50 年代初应用 X 射线衍射（X-ray diffraction）技术对角蛋白进行研究，提出了蛋白质分子构象的立体化学原则，并于 1951 年提出了蛋白质的 α-螺旋（α-helix）结构模型。α-螺旋有以下要点。

① 肽平面的键长键角一定　肽键所处的平面称为肽平面（peptide plane）。Pauling 根据 X 射线衍射数据指出，肽平面的各个原子所构成的键长键角在蛋白质构象中是恒定不变的（图 2-14）。

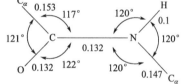

图 2-14　肽键的键长键角图
（键长单位：nm）

② 肽键的原子排列呈反式构型　由于肽键具有部分双键性质，因此两个 C_α 原子可以处于顺式构型，也可以处于反式构型。在顺式构型中，两个 C_α 原子及 R 基互相靠近，而产生空间位阻效应；在反式构型中，两个 C_α 原子及 R 基相距较远，故反式构型比顺式构型稳定。在蛋白质分子中 CO 和 NH 呈反式排列，即 O 和 H 分别处于肽键的两边。

③ 相邻肽平面构成二面角　一个 α-碳原子相连的两个肽平面，由于 N_1—C_α 和 C_α—C_2（羧基碳）两个键为单键，肽平面可以分别围绕这两个键旋转，从而构成不同的构象（图 2-15）。一个肽平面围绕 N_1—C_α（氮原子与 α-碳原子）旋转的角度，用 ψ 表示；另一个肽平面围绕 C_α—C_2（α-碳原子与羧基碳）旋转的角度，用 φ 表示。这两个旋转角度叫二面角（dihedral angle）。一对二面角（φ，ψ）决定了与一个 α-碳原子相连的两个肽平面的相对位置。

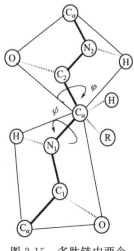

图 2-15　多肽链中两个
相邻肽平面的关系

④ 肽键螺旋的螺距一定　多肽链中各个肽平面围绕同一轴旋

转，形成螺旋结构（此时各个 C_α 连接的肽平面具有相同的二面角 φ 和 ψ）。螺旋一圈（360°）沿轴上升的距离称为螺距，为 0.54nm。螺旋一圈含有 3.6 个氨基酸残基，因此，相邻两个氨基酸残基的距离为 0.15nm。

⑤ 肽链内形成氢键　维持这种螺旋结构的作用力是氢键。氢键的取向几乎与轴平行，第一个氨基酸残基酰胺基团的—CO 基与其相邻的第四个氨基酸残基的酰胺基团的—NH 基形成氢键。

⑥ 蛋白质分子为右手 α-螺旋　α-螺旋有左手螺旋和右手螺旋两种，天然蛋白质的 α-螺旋大多数都是右手螺旋，因为右手螺旋比左手螺旋稳定（图 2-16）。

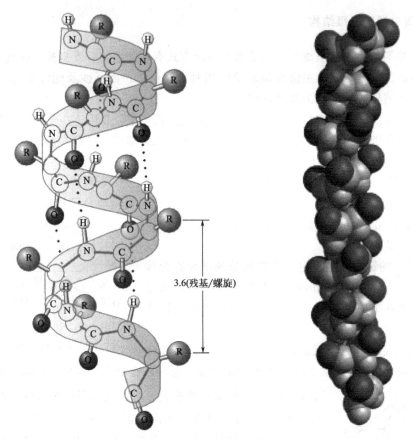

图 2-16　肽链的 α-螺旋

上述螺旋为典型的 α-螺旋，天然蛋白质尚有许多非典型的螺旋结构。为了表达这类螺旋结构，特采用一种表示方法："N_s"。N 表示螺旋每上升一圈的残基数，s 是形成一对氢键的 O 与 N 两原子间参与共价结构的原子数。典型 α-螺旋一对氢键 O 与 N 之间共有 13 个原子，故表示为 3.6_{13}。此外，非典型的螺旋还有 3.0_{10}、4.4_{16}。

蛋白质多肽链能否形成 α-螺旋结构以及形成的螺旋体是否稳定，与它的氨基酸组成和序列直接有关，如多肽链中有脯氨酸时，α-螺旋就被中断，并产生一个"结节"，这是因为脯氨酸的 α-亚氨基上氢原子参与肽键的形成后，再没有多余的氢原子形成氢键，所以在多肽链序列上有脯氨酸残基时，肽链就拐弯不再形成 α-螺旋。另外带有相同电荷的氨基酸出现在多肽链上，由于同性电荷相斥，也会影响 α-螺旋的形成。

（2）β-折叠　β-折叠（β-pleated sheet）结构也是 Pauling 等提出的，是一种肽链相当伸展的结构。这种结构除了纤维状蛋白质中有，也存在于球状蛋白质中。当 α-角蛋白用热水或稀碱等方法处理，或用外力拉直，α-角蛋白就转变为 β-角蛋白，此时 α-螺旋被拉长伸展开来，氢键被破坏从而形成 β-折叠的空间结构，见图 2-17。

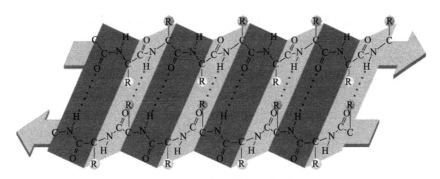

图 2-17　β-折叠结构示意图

在这种结构中，肽链按层排列，它依靠相邻肽链上的 $\diagdown C=O$ 与 $\diagdown N-H$ 形成的氢键维持其结构的稳定性。相邻的肽链可以是反平行的 [图 2-18(a)]，也可以是平行的 [图 2-18(b)]。所谓平行的，就是所有肽链的 N 端都处于同一端，是同方向的，如 β-角蛋白就是平行的。反平行的就是肽链的 N 端一顺一倒地排列着，丝心蛋白就属于这一类型。从能量角度来考虑，反平行结构更为稳定。反平行 β-折叠中，链间氢键（—C=O…H—N—）与肽链走向相互垂直，平行的则不相互垂直。

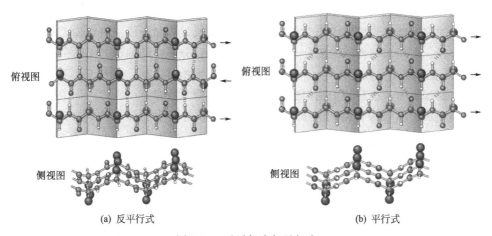

俯视图　　　　　　　　　　俯视图

侧视图　　　　　　　　　　侧视图

(a) 反平行式　　　　　　　　(b) 平行式

图 2-18　反平行式与平行式

（3）β-转角　β-转角（β-turn）是近年来发现的在球状蛋白质中广泛存在的一种结构。蛋白质分子的多肽链上经常出现 180°的回折，在这种肽链的回折角上就是 β-转角结构，它是由第一个氨基酸残基的 $\diagdown C=O$ 与第四个氨基酸残基的 $\diagdown N-H$ 之间形成氢键。

甘氨酸残基侧链为氢原子，适于充当多肽链大幅度转向的成员。脯氨酸残基的环状侧链的固定取向有利于 β-转角的形成，它往往出现在转角部位。

（4）无规卷曲　无规卷曲（random coil）指没有一定规律的松散肽链结构。酶的功能部位常常处于这种构象区域里，所以受到人们的重视。

2.4.2.3　超二级结构和结构域

近年来在研究蛋白质构象、功能和进化中的变化时，常常引入超二级结构和结构域的结构层次，作为蛋白质二级结构至三级结构层次的一种过渡态构象层次。

超二级结构（super-secondary structure）是指若干相邻的二级结构中的构象单元彼此相互作用，形成有规则的，在空间上能辨认的二级结构组合体，通常有 βαβ、βββ、αα、ββ等（图 2-19）。例如蚯蚓血红蛋白的 αα 超二级结构。

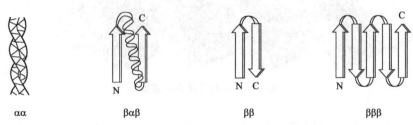

αα　　　　　βαβ　　　　　　ββ　　　　　　βββ

图 2-19　几种超二级结构（条带表示 β-折叠链）

超二级结构在结构层次上高于二级结构，但没有聚集成具有功能的结构域。

在一些较大的蛋白质中，一条长的肽链，有时要先分别折叠成几个相对独立的区域，再组装成球状或颗粒状的复杂构象（三级结构）。这种在二级或超二级结构基础上形成的特定区域称为结构域（structural domain）。一个结构域通常含有 100～200 个氨基酸残基，一般少则 40 个残基，多则 400 个以上。对于较小的蛋白质分子或亚基，结构域与三级结构往往是一个意思，即这些蛋白质是单结构域的。

一条长的多肽链首先折叠成几个相对独立的结构域，再缔合成三级结构，从动力学上看是合理的途径。很多多结构域的酶分子，活性部位往往分布在结构域之间的一段连接肽链上（这段连接链通常称为"铰链区"），有利于结构域发生相对运动，有利于使活性部位结合底物和给底物施加压力，也有利于别构酶充分发挥别构调节效应。

作为构成蛋白质结构骨架的 β-折叠构象具有轻微的右手扭转倾向。在球状蛋白质中，平行 β-折叠构象的 β-链间呈右手交叉连接。在超二级结构组装过程中有的形成 β-圆桶（图 2-20），如丙糖磷酸异构酶和丙酮酸激酶的结构域。它们的中心部分是平行的 β-折叠链组成的内桶，桶周围是 α-螺旋。球状蛋白中 α-螺旋组装成螺旋束，如血红蛋白 β-亚基（图 2-21）。而木瓜蛋白酶、溶菌酶也有类似的螺旋束结构域。

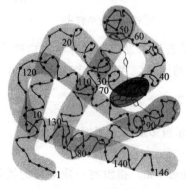

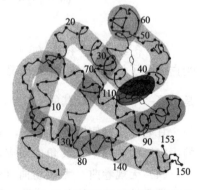

图 2-20　β-圆桶　　　　　图 2-21　血红蛋白 β-亚基　　　　　图 2-22　肌红蛋白的三级结构

2.4.3 蛋白质的三级结构

多肽链首先在某些区域相邻氨基酸残基形成有规则的二级结构：α-螺旋、β-折叠、β-转角、无规卷曲等构象单元，然后以相邻的二级结构片段集装成超二级结构，进而折叠绕曲成结构域，由两个或两个以上的结构域组装成三级结构。蛋白质三级结构是指多肽链上的所有原子（包括主链和残基侧链）在三维空间的分布。对于活性蛋白质来说，它们绝大部分是球状蛋白质，起生物保护或支持作用的蛋白质是非活性蛋白质。三级结构研究最早的是肌红蛋白。肌红蛋白是哺乳动物肌肉中运输氧的蛋白质，这一功能和血红蛋白极为相近，因此它们在结构上也极为相似。肌红蛋白由一条多肽链构成，有 153 个氨基酸残基和一个血红素辅基，分子量为 17800。1963 年 Kendrew 等从鲸肌红蛋白的 X 射线衍射图谱测定它的空间结构，见图 2-22。

肌红蛋白整个分子是由一条多肽链盘绕成一个外圆中空的不对称结构。全链共折叠成 8 段长度为 7~24 个氨基酸残基的 α-螺旋体。在拐角处，α-螺旋体受到破坏。段间拐角处都有一段 1~8 个氨基酸残基的松散肽链，在 C 端也有 5 个氨基酸残基组成的松散肽链。脯氨酸以及难以形成 α-螺旋体的氨基酸如异亮氨酸、丝氨酸都存在于拐角处，形成一个致密结实的肌红蛋白分子。分子内部只有 1 个适于包含 4 个水分子的空间。具有极性基团侧链的氨基酸残基几乎全部分布在分子的表面，而非极性的残基则被埋在分子内部，不与水接触。分子表面的极性基团正好与水分子结合，从而使肌红蛋白成为可溶性的。血红素垂直地渗出在分子表面，并通过肽链上的组氨酸残基与肌红蛋白分子内部相连。肌红蛋白是一种单结构域的蛋白质。

2.4.4 蛋白质的四级结构

大多数分子量大的蛋白质都是由几条多肽链组成为 1 个活性单位。这些肽链相互以非共价键连接成一个相当稳定的单位，这种肽链就称为蛋白质的亚基或亚单位（subunit）。这种亚基与亚基的结合方式称为四级结构。一般而言，具有四级结构的蛋白质分子的亚基数目、种类和亚基间的相互结合关系均是严格的。例如促甲状腺素由 1 个 α-亚基和 1 个 β-亚基组成；血红蛋白含有 2 个 α-亚基和 2 个 β-亚基（图 2-23）；促黄体生成素含有 1 个 α-亚基和 1 个 β-亚基。亚基都是以 α、β、γ 等命名的。亚基是肽链，但肽链不一定是亚基。例如 α-胰凝乳蛋白酶由 3 条肽链组成，肽链间通过

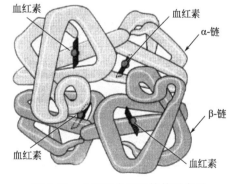

图 2-23　血红蛋白四级结构示意图

二硫键共价连接，而胰岛素 A 链与 B 链通过二硫键连接成分子，这些肽链不能称为亚基。

2.5　蛋白质结构与功能的关系

蛋白质分子具有多种多样的生物功能是以其化学组成和极其复杂的结构为基础的。这不仅需要一定的化学结构，而且还需要一定的空间构象。研究蛋白质的空间构象与生物功能的

关系，已成为当前分子生物学的一个重要方面。但是蛋白质的空间构象归根到底还是取决于其一级结构和周围环境的影响，因此研究一级结构和功能的关系是十分重要的。

2.5.1 一级结构与功能的关系

（1）种属差异 目前通过对不同机体中表现同一功能的蛋白质的氨基酸排列顺序进行较详细的比较研究，发现种属差异是十分明显的。例如，分析、比较各种哺乳动物、鸟类和鱼类等胰岛素的一级结构，发现绝大多数是由 51 个氨基酸组成的，其排列顺序大体相同，但有细微差异，不同种属来源的胰岛素其差异在 A 链小环的 8、9、10 位和 B 链的 30 位氨基酸残基（表 2-7）。说明这 4 个氨基酸残基的改变并不影响胰岛素的生物活性。换句话说，这4 个氨基酸残基对胰岛素的生物活性并不起决定性作用。据研究，起决定性作用的是其一级结构中的相同部分。研究发现 51 个氨基酸中有 22 个氨基酸是始终不变的，为不同种属来源的胰岛素所共有。例如 A 链、B 链中的 6 个半胱氨酸残基的位置是始终不变的，这说明不同来源的胰岛素分子中 A、B 链之间都有共同的连接方式，3 对二硫键对维持高级结构起着重要的作用。其他一些相同的氨基酸绝大多数属非极性的带有疏水侧链的氨基酸，X 射线衍射分析结果证明，这些非极性氨基酸起着稳定胰岛素高级结构的作用。从而可知不同动物来源的胰岛素，其空间结构可能大致相同。

表 2-7 不同哺乳动物的胰岛素分子中的氨基酸差异

胰岛素来源	氨基酸排列顺序的差异			
	A_8	A_9	A_{10}	B_{30}
人	Thr	Ser	Ile	Thr
猪	Thr	Ser	Ile	Ala
牛	Ala	Ser	Val	Ala
狗	Thr	Ser	Ile	Ala
山羊	Ala	Gly	Val	Ala
马	Ala	Gly	Val	Ala
象	Thr	Gly	Val	Thr
抹香鲸	Thr	Ser	Ile	Ala
兔	Thr	Ser	Ile	Ser

对不同种属的细胞色素 c 的一级结构研究结果，也同样指出具有同功能的蛋白质在结构上的相似性。细胞色素 c 广泛存在于需氧生物细胞的线粒体中，是一种与血红素辅基共价结合的单链蛋白质，它在生物氧化反应中起重要作用。

脊椎动物的细胞色素 c 由 104 个氨基酸组成，分子量约 13000。对将近 100 个生物种属（包括动物、植物、真菌、细菌等）的细胞色素 c 的一级结构进行测定和比较，发现亲缘关系越近，其结构越相似。如人和黑猩猩的细胞色素 c 分子无论是 104 个氨基酸残基的种类、排列顺序还是三级结构大体上都相同，但人与马相比就有 12 处不同，与鸡相比有 13 处不同，与昆虫相比有27处不同，相差最大的是人与酵母，有44处氨基酸不一样（表2-8）。根据它们在结构上差异的程度，可以断定它们在亲缘关系上的远近，从而为生物进化的研究提供有价值的根据。

表 2-8 不同生物细胞色素 c 的氨基酸差异（与人比较）

生物名称	与人不同的氨基酸数目/个	生物名称	与人不同的氨基酸数目/个
黑猩猩	0	响尾蛇	14
猕猴	1	海龟	15
兔	9	金枪鱼	21
袋鼠	10	狗鱼	23
鲸	10	小麦	35
牛、猪、羊	10	粗糙链孢霉	43
狗、驴	11	酵母	44
马	12	鸡	13

（2）分子病 分子病（molecular disease）是指某种蛋白质分子一级结构的氨基酸排列顺序与正常有所不同的遗传病。有一种病叫镰状细胞贫血病（sickle cell anemia），病人的红细胞在缺氧时变成镰刀形。这是由病人的血红蛋白分子（用 HbS 表示）与正常人的血红蛋白（用 HbA 表示）相比，有一个氨基酸不同而引起的。正常人 HbA 的 β 链第 6 位为谷氨酸，而病人 HbS 的 β 链第 6 位为缬氨酸。

β链 N 端氨基酸排列顺序　　1　　2　　3　　4　　5　　6　　7　　8 …

HbA　　　　　　　　　　　Val·His·Leu·Thr·Pro·Glu·Glu·Lys …

HbB　　　　　　　　　　　Val·His·Leu·Thr·Pro·Val·Glu·Lys …

此外，还有一些贫血病人的血红蛋白，若 α 链的第 58、87 位，β 链的第 63、92 位上的任何一个组氨酸被其他氨基酸取代，血红蛋白就容易被氧化成高铁血红蛋白，丧失运输氧的能力。

2.5.2 高级结构与功能的关系

（1）变构蛋白 蛋白质的构象并不是固定不变的，有些蛋白质可通过改变构象来改变其生物活性，这种蛋白质称为变构蛋白或别构蛋白（allosteric protein）。变构蛋白通常具有两种不同的构象，一种构象为无活性的或低活性的，另一种构象为有活性的或高活性的。通过空间结构的变化，使其能更充分、更协调地发挥其功效，完成复杂的生物功能。例如，血红蛋白就是一个典型的变构蛋白。如前所述，血红蛋白是由 2 个 α-亚基和 2 个 β-亚基组合而成的四聚体，具有稳定的高级结构，和氧的亲和力很弱，但当氧和血红蛋白分子中的 1 个亚基结合后，整个分子的空间结构发生改变，这时其他 3 个亚基与氧的亲和力大大增强，有利于血红蛋白分子与氧的结合。

在物质代谢（metabolism）过程中，有些起调节作用的酶常常是变构蛋白，称为变构酶（allosteric enzyme），通过改变酶分子的构象来改变酶的活性，从而控制代谢速度。

（2）蛋白质的变性与复性 在某些物理化学因素影响下，可使蛋白质分子的空间结构解体，从而使其活性丧失，这称为变性（denaturation）。蛋白质变性有可逆与不可逆两种情形，在某些蛋白质变性中，若除去变性因素后，蛋白质分子的空间结构又得以恢复，可完全或部分恢复其生物活性，这称为复性（renaturation）。无论变性或复性，可见蛋白质的空间结构与其功能的关系十分密切。

C. Anfinsen 以核糖核酸酶为对象，研究了维系蛋白质构象的二硫键的还原和重新氧化对该酶活性的影响，发现在蛋白质变性剂（如 8mol/L 尿素）和一些还原剂（如巯基乙醇）存在下，酶分子的二硫键全部还原，酶的三维结构破坏，肽链完全伸展，酶的催化活性完全丧失。当用透析方法慢慢除去变性剂和还原剂后，发现酶的大部分活性恢复，因为二硫键重新形成 [图 2-24(a)]。这说明完全伸展的多肽链能自动折叠成其活性形式。若将还原后核糖核酸酶在 8mol/L 尿素中重新氧化，产物只有 1% 的活性，因为巯基没有正确地配对。变性核糖核酸酶的 8 个巯基相互配对形成二硫键的概率是随机的，但只有一种是正确的。那些不准确的产物称为"错乱"的核糖核酸酶。Anfinsen 向含有"错乱"核糖核酸酶的溶液中加入微量的巯基乙醇，发现大约 10h 后，"错乱"核糖核酸酶转变为天然的、有全部酶活性的核糖核酸酶 [图 2-24(b)]。即微量的巯基乙醇催化二硫键的重新形成。

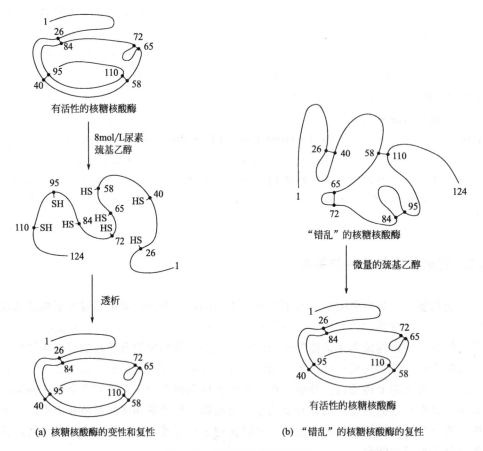

图 2-24　蛋白质的变性与复性

在体内某些酶的作用下，也可以使蛋白质发生变性。在实际应用中，对于蛋白质变性，有时可加以利用（如消化作用，变性蛋白更易于消化），有时则要防止（如制备活性蛋白）。

2.6 蛋白质的性质

蛋白质是由氨基酸组成的多聚物，因此它所具有的很多性质是由组成它的氨基酸残基带来的，例如，紫外吸收、两性解离和颜色反应等。但作为生物大分子的蛋白质又有许多特有的性质，例如，变性、复性和水解等。蛋白质的特有性质和不同蛋白质在某些性质上的差异，是建立蛋白质分离和纯化方法的基础。

2.6.1 紫外吸收

Trp、Tyr 和 Phe 三种芳香族氨基酸的 R 基团在 280 nm 波长附近有最大的吸收峰，由于绝大多数蛋白质都含有这三种氨基酸，所以也会有紫外吸收现象。尽管核酸也有紫外吸收，但最大吸收峰在 260 nm。因此，测定蛋白质溶液在 280 nm 的光吸收值已成为测定溶液中蛋白质含量的最便捷的方法。

2.6.2 两性解离

与氨基酸、寡肽和多肽一样，蛋白质也能发生两性解离，具有等电点 pI。蛋白质的两性解离性质是由其表面氨基酸残基的可解离的 R 基团以及肽链两端的氨基或羧基造成的。由于一个蛋白质分子含有多个氨基酸残基，其解离情况要比单个氨基酸或一个小肽复杂得多，因此一种蛋白质的 pI 不能直接计算，只能使用等电聚焦等方法进行测定。

不同蛋白质的氨基酸组成不同，因此 pI 会不一样。pI 不同的蛋白质在同一 pH 下所带净电荷不同，因而可用离子交换色谱或电泳的方法对它们进行分离和纯化。如果蛋白质的碱性氨基酸残基较多，则 pI 偏碱；如果酸性氨基酸残基较多，则 pI 偏酸。而酸、碱氨基酸含量相近的蛋白质其 pI 大多为中性偏酸。

2.6.3 胶体性质

一个可溶性蛋白质分子在水溶液中因两性解离而带电，具有电泳、布朗运动、丁达尔现象和不能通过半透膜等典型的胶体性质。

蛋白质之所以能以稳定的胶体形式存在，是因为：①蛋白质分子大小已达到胶体质点范围，具有较大的表面积；②蛋白质分子表面有许多极性基团，这些基团与水有高度亲和性，很容易吸附水分子，形成水化膜，水化膜的存在使得蛋白质颗粒彼此难以靠近，增加了蛋白质在溶液中的稳定性，防止它们从溶液中聚集或沉淀出来；③同一种蛋白质分子在非等电状态时带有同性电荷，使蛋白质颗粒相互排斥，不会聚集沉淀。当然，如果这些稳定因素被破坏，蛋白质的胶体性质就会被破坏，从而产生沉淀作用。

蛋白质的胶体性质具有重要的生理意义。在生物体中，蛋白质与大量水结合构成各种流动性不同的胶体系统。实际上，细胞的原生质就是一种复杂的胶体系统，体内的许多代谢反应即在此系统中进行。

2.6.4 沉淀反应

凡是能破坏水化膜和能中和表面电荷的物质均可导致溶液中的蛋白质发生沉淀。导致蛋白质发生沉淀的因素有：既破坏水化膜又中和电荷的中性盐，中和电荷的等电点 pH，破坏水化膜的有机溶剂，中和电荷的生物碱，等。不导致蛋白质变性的沉淀方法经常被用于蛋白质的分离、纯化。

（1）盐析　在蛋白质溶液中加入一定量的中性盐可使蛋白质溶解度降低并沉淀析出的现象称为盐析（salting out），发生盐析的原因是因为盐在水中迅速解离后，与蛋白质争夺水分子，破坏蛋白质颗粒表面的水化膜。另外，离子可大量中和蛋白质表面上的电荷，使蛋白质成为既不带电荷又不含水化膜的颗粒而聚集沉淀。盐析时所需的盐浓度称为盐析浓度，一般用饱和百分比表示。由于不同蛋白质分子大小及带电状况各不相同，所以盐析所需的盐浓度不同。因此，可以通过调节盐浓度使混合液中几种不同蛋白质分别沉淀析出，从而达到分离的目的，这种方法称为分段盐析。硫酸铵是盐析中最常用的中性盐。

有时，在蛋白质溶液中加入中性盐的浓度较低时，蛋白质溶解度不降反增，这种现象称为盐溶（salting in）。盐溶是由于蛋白质颗粒上吸附某种无机盐离子后，蛋白质颗粒带同种电荷而相互排斥，同时与水分子的作用得到加强而造成的。

（2）pI 沉淀　当蛋白质溶液处于 pI 时，蛋白质分子主要以两性离子形式存在，净电荷为零。此时蛋白质分子失去同种电荷的排斥作用，很容易聚集而发生沉淀。

（3）有机溶剂引起的沉淀　某些与水互溶的有机溶剂（如甲醇、乙醇、丙醇等）可使蛋白质产生沉淀，这是由于这些有机溶剂和水的亲和力大，能破坏蛋白质表面的水化膜，从而使蛋白质的溶解度降低并产生沉淀。此法也可用于蛋白质的分离、纯化。

（4）重金属盐作用造成的沉淀　当蛋白质溶液的 pH 大于其 pI 时，蛋白质带负电荷，可与重金属离子结合形成不溶性的蛋白盐而沉淀。

2.6.5 蛋白质变性

蛋白质变性是指蛋白质受到某些理化因素的作用，其高级结构受到破坏（去折叠）、生物活性随之丧失的现象。

蛋白质变性理论最早是由吴宪于 1931 年提出的。吴宪认为，蛋白质的构象直接决定其功能，某些外界因素改变了蛋白质的独特构象，因而使其生物活性丧失，发生变性。

蛋白质之所以容易发生变性，是因为维持蛋白质高级结构的作用力主要是次级键。当维系蛋白质高级结构的次级键被严重破坏，蛋白质必然发生变性。

蛋白质的变性与水解是不同的。蛋白质变性后一级结构没有发生变化，只是高级结构发生了变化，而水解则导致肽键的断裂。

导致蛋白质变性的物理因素有：加热、冷却、机械作用、流体压力和辐射；化学因素有强酸、强碱、高浓度盐、尿素、重金属盐、疏水分子和有机溶剂（如乙醇和氯仿）。

疏水分子通过扰乱蛋白质分子内的疏水作用而导致变性。例如，长链脂肪酸通过与蛋白质的疏水口袋的非特异性结合，以及打破疏水作用而抑制多种酶的活性。为了防止这种情况在细胞内发生，体内的长链脂肪酸和其他高度疏水性分子都有专门的结合蛋白与它们结合。

蛋白质变性是一个复杂的过程，其中可能会出现一些不稳定的中间物。某些蛋白质的变性是可逆的，即在特定的条件下（变性因素解除以后）可以恢复到原来的构象，其生物活性也随之恢复，这就是蛋白质的复性。但大多数蛋白质的变性是不可逆的。例如，冷却一个煮熟的鸡蛋是不会让它的卵清蛋白恢复其三级结构和功能的。

蛋白质变性以后，其理化性质发生一系列变化。这些变化可以作为检测蛋白质变性的指标。主要的变化包括下列几点。①溶解度降低。这是因为变性导致蛋白质内部的疏水基团被暴露。但变性蛋白质不一定都沉降，而沉降出的蛋白质也不一定变性。②黏度增加。③生物活性丧失。例如，酶变性后丧失催化功能。④更容易被水解。这是因为多肽链构象变得更为松散和伸展，肽键更容易受到酸碱和蛋白酶的作用。胃酸的作用除了能杀死微生物以外，还能让摄入的蛋白质变性，以利于消化道内各种蛋白酶的消化。⑤结晶行为发生变化。

由于蛋白质折叠状态与去折叠状态的能量差异比较小，所以有时仅仅一个点突变就能显著改变一个蛋白质对热的稳定性。蛋白质的温度敏感型突变体（temperature sensitive mutants）更容易发生热变性。使用温度敏感型突变体可以帮助鉴定一种蛋白质在细胞内的功能。例如，野生型大肠埃希菌（大肠杆菌）的蛋白质在37℃下都很稳定。假设在大肠杆菌体内发现一种新的蛋白质，但不知道它的功能，则可以通过实验得到它的温度敏感型突变体，该突变体在37℃就变性，在32℃下很稳定，这样可以将大肠杆菌放在32℃培养箱里培养，经过一段时间后，提高到37℃，观察大肠杆菌表型发生什么样的变化，进而推测目标蛋白的功能。

某些蛋白质经突变后热稳定性可能提高。另外，从一些生存在极端环境中（嗜热、嗜酸、嗜碱或嗜盐）的古菌体内得到的蛋白质往往能够抵抗极端因素的作用。例如，从一种嗜热菌中提取出的DNA聚合酶能够抵抗100℃的高温，在72℃活性最高，该酶现在被广泛用于聚合酶链式反应（polymerase chain reaction，PCR）。这些蛋白质之所以能够抵抗极端因素作用，是因为它们的高级结构中含有更多的次级键。

蛋白质变性在现实生活中具有重要意义。在临床上或工作中经常用加热、乙醇、紫外线等来消毒、杀菌，实际上也就是利用这些手段，使病毒和细菌的蛋白质变性而失去其致病性和繁殖能力。在重金属盐中毒急救时，也常常利用这一特性。例如，汞中毒时，早期可以服用大量富含蛋白质的乳制品或鸡蛋清，以使摄入的蛋白质在消化道中与汞盐结合成变性的不溶物，从而阻止有毒的汞离子被消化道吸收，然后再通过洗胃等方法将沉淀物洗出。

2.6.6 蛋白质的水解

蛋白质在强酸、强碱或蛋白酶的催化下均能够发生水解。但需要注意的是，酸水解会破坏几种氨基酸，特别是Trp几乎全部被破坏，其次是三种羟基氨基酸。另外，Gln和Asn在酸性条件下，容易水解成Glu和Asp。酸水解常用硫酸或盐酸，使用最广泛的是盐酸；碱水解会导致多数氨基酸遭到不同程度的破坏，并且产生消旋现象（racemization），但不会破坏Trp；酶水解效率高，不产生消旋作用，也不破坏氨基酸，但由于不同的蛋白酶对肽键特异性不一样，因此，由一种酶水解获得的通常是蛋白质的部分水解产物。

根据被水解肽键的位置，蛋白酶可以分为只能水解肽链内部肽键的内切蛋白酶和专门水解肽链末端肽键的外切蛋白酶。外切蛋白酶又可以分为专门水解 N 端肽键的氨肽酶（aminopeptidase）和专门水解 C 端肽键的羧肽酶（carboxypeptidase）。

2.6.7　蛋白质的颜色反应

蛋白质分子中的肽键或者某些氨基酸的 R 基团可与某些试剂产生颜色反应，这些颜色反应（表 2-9）经常被用来对蛋白质进行定性和（或）定量分析。

表 2-9　蛋白质的各种颜色反应

反应名称	反应试剂	颜　色	用　处
双缩脲反应	硫酸铜,碱性溶液	紫红色(540nm)	定量测定蛋白质
黄色反应	硝酸	先产生白色沉淀,加热变黄,再加碱呈橙黄色	鉴定含有芳香族氨基酸的蛋白质
Millon 反应	硝酸、硝酸汞、亚硝酸、亚硝酸汞混合液	先是白色沉淀,加热后变成红色	鉴定含有 Tyr 残基的蛋白质
乙醛酸反应	乙醛酸、浓硫酸	紫红色环	鉴定含有 Trp 残基的蛋白质
坂口反应	次氯酸钠、α-萘酚、氢氧化钠	红色	鉴定含有 Arg 残基的蛋白质
福林反应	磷钼酸、磷钨酸	蓝色	鉴定含有 Tyr 残基的蛋白质
醋酸铅反应	醋酸铅	黑色	含有 Cys 的蛋白质
考马斯亮蓝结合反应	考马斯亮蓝 G-250 酸性溶液	蓝色	Bradford 法定量测定蛋白质

目前常用的蛋白质定量法，如双缩脲法、福林-酚试剂法、考马斯亮蓝法等都是利用了蛋白质的颜色反应。其中双缩脲法是基于蛋白质分子中的肽键，凡具两个以上肽键的物质均有此反应，它受蛋白质特异氨基酸组成的影响较小，适用于毫克级蛋白质的测定；福林-酚试剂法即所谓的 Lowry 法，灵敏度高，但如果样品和标准蛋白质的芳香族氨基酸差异较大时，会有较大的系统误差；考马斯亮蓝 G-250 法即是 Bradford 法，操作简单，灵敏度高。

习题

一、名词解释

1. 氨基酸的等电点　2. 蛋白质一级结构　3. 蛋白质的二级结构　4. 蛋白质的超二级结构

5. 构型　　　　　　6. 构象　　　　　　7. 蛋白质的三级结构　8. 蛋白质的四级结构

9. 亚基　　　　　　10. 结构域　　　　　11. 偶极离子　　　　　12. 肽平面

13. 蛋白质的盐析　14. 蛋白质的变性　15. 蛋白质的复性　　　16. 分子病

17. 变构蛋白

二、判断下列说法是否正确，错误的请说明原因

1. 构成蛋白质的所有氨基酸都是 L-型的。

2. 蛋白质都具有一级、二级、三级和四级结构。

3. 当谷氨酸在 pH 5.4 的醋酸缓冲液中进行电泳时，它将向阳极运动。

4. α-螺旋就是指右手螺旋。

5. β-折叠仅仅出现在纤维状蛋白分子中。

6. 蛋白质的分子结构决定了它的理化性质和生物功能。

7. 在肽平面中，只有与 α-碳原子所连接的单键能够自由旋转。

8. 亚单位本身具有三级结构，因此可表现特定的生物学功能。

9. 有四级结构的蛋白质才有生物活性。

10. 肽键不能自由旋转，因为它具有部分双键的性质。

11. 蛋白质变性后，高级结构破坏伴随着分子量的降低。

12. 处于等电点状态时氨基酸的溶解度最小。

13. 氨基酸与茚三酮反应都产生蓝紫色的化合物。

14. 在生理 pH 范围内，氨基酸都带有电荷。

三、问答题

1. 举例说明蛋白质的结构与其功能之间的关系。

2. 蛋白质是生命现象的物质基础，按在生物体的功能不同可分为几大类？

3. 用 1mol/L 酸水解五肽，得 2 个 Glu 和 1 个 Lys；用胰蛋白酶裂解成两个碎片，在 pH 7 时电泳，碎片之一移向阳极，另一移向阴极；碎片之一用 DNFB 法处理得 DNP-Glu；用胰凝乳蛋白酶水解五肽产生两个二肽和一个游离的 Glu。请写出该五肽顺序。

4. 有一个蛋白质分子在 pH 7 的水溶液中可以折叠成球状，通常是带极性侧链的氨基酸位于分子内部，带非极性侧链的氨基酸位于分子外部。请回答：

① 在 Val、Pro、Phe、Asp、Lys、Ile 和 His 中，哪些位于分子内部？哪些位于分子外部？

② 为什么球蛋白内部和外部都能发现 Gly 和 Ala？

③ Ser、Thr、Asn 和 Gln 都是极性氨基酸，为什么会在分子内部发现？

④ 在球蛋白的分子内部和外部都能找到 Cys，为什么？

5. 什么叫别构效应？以血红蛋白为例说明别构效应与蛋白质功能的关系。

6. 用什么试剂可将胰岛素链间的二硫键打开与还原？如果要打开牛胰核糖核酸酶链内的二硫键，则在反应体系中还必须加入什么试剂？蛋白质变性时为防止生成的—SH 重新被氧化，可加入什么试剂来保护？

7. 什么是蛋白质的空间结构？蛋白质的空间结构与其生物功能有何关系？

8. 根据氨基酸通式的 R 基团极性性质，20 种常见氨基酸可分成哪四类？

9. 一系列球状的单体蛋白质，分子量为 10000～100000，随着分子量的增加，亲水基团与疏水基团的比率将怎样变化？

四、计算题

1. 已知血红蛋白的分子量为 64000，试计算在标准状态下，每克血红蛋白能与多少毫升氧结合？

2. 有一个长链多肽，其侧链上有羧基 30 个（pK=4.3），咪唑基 10 个（pK=7），ε-氨基 15 个（pK=10），设 C 末端的 α-羧基的 pK=3.5，N 末端 α-氨基 pK=9.5，计算此多肽的等电点。

3. 已知某蛋白是由一定数量的链内二硫键连接的两个多肽链组成的。1g该蛋白样品可以与25mg还原型谷胱甘肽（GSH，MW＝307）反应。

① 该蛋白的最小分子量是多少？

② 如果该蛋白的真实分子量为98240，那么每分子中含有几个二硫键？

③ 多少毫克的巯基乙醇（MW＝78）可以与起始的1g该蛋白完全反应？

4. 氨基酸的定量分析表明牛血清清蛋白含有0.58%的色氨酸（色氨酸的分子量为204）。

① 试计算牛血清清蛋白的最小分子量（假设每个蛋白分子只含有一个色氨酸残基）。

② 凝胶过滤测得的牛血清清蛋白的分子量为70 000，试问血清清蛋白分子含有几个色氨酸残基？

3 酶与辅酶

1. 掌握酶的化学本质、命名、分类、组成、结构与功能。掌握酶催化作用的机制，掌握酶的活性中心的概念及核酸酶、寡聚酶的基本概念。

2. 掌握酶促反应动力学、影响酶促反应速率的各种因素、抑制剂对酶作用的动力学。掌握酶活力测定方法。掌握酶的分离、纯化及固定化酶方法。

3. 掌握别构酶和共价修饰酶的酶活调节机理。

4. 掌握维生素的概念、基本作用、性质及其分类。

5. 了解重要的脂溶性和水溶性维生素在体内的作用。

3.1 概述

3.1.1 酶的概念

人们对酶的认识是在长期的生产活动和科学研究中不断发展的。我们的祖先在几千年前就已经在食品生产和疾病治疗等领域不知不觉地利用了酶。如"仪狄作酒，禹饮甘之""若作酒醴，尔惟曲糵"的论述都可以看出我们的祖先很早就掌握了用酶造酒的技术。

酶（enzyme）是具有生物催化功能的生物大分子，是一种高效、专一的生物催化剂。

酶与生物体的生命活动密切相关。构成生物体的各种物质并不是孤立的、静止不动的状态，而是经历着复杂的变化：机体从外界环境摄取的营养物质经过分解、氧化，提供构成机体本身结构组织的原料和能量；体内的一些小分子物质转变成组成机体本身结构所需的大分子物质；生物体个体的繁殖、生长和发育，以及生物体的其他生理活动，如运动、对外界刺激的反应、内外界因素对机体损伤的修复等过程，都需要许多化学变化来实现。体内进行的这一系列化学变化均由酶来催化。可以说，没有酶的参与，生命活动一刻也不能进行。

3.1.2　酶的化学本质

迄今为止已纯化的酶，从分析其化学组成及其理化性质的结果看来，绝大多数的酶都是蛋白质。主要依据是：①酶经酸碱水解后的最终产物是氨基酸，酶能被蛋白酶水解而失活；②酶是具有空间结构的生物大分子，凡使蛋白质变性的因素都可使酶变性失活；③酶是两性电解质，在不同 pH 下呈现不同的离子状态，在电场中向某一电极泳动，各自具有特定的等电点；④酶和蛋白质一样，具有不能通过半透膜等胶体性质；⑤酶也有蛋白质所具有的化学显色反应。

20 世纪 80 年代以来陆续发现了一些 RNA 也具有催化剂的特性。1982 年 Cech 发现原生动物四膜虫（tetrahymena）的 26S rRNA 前体经加工转变成的 L19RNA 能够催化寡聚核苷酸的切割与连接；1983 年 Altman 等又发现核糖核酸酶 P（RNaseP，一种加工 tRNA 前体的酶）的 RNA 部分具有催化活性，而该酶的蛋白质部分却没有酶活性。之后又发现了另外一些 RNA 具有催化一定化学反应的能力。Cech 给这类 RNA 取名为"ribozyme"，通常翻译为核酶、核酸类酶等。

可见，酶可以分为蛋白类酶和核酸类酶两大类别，蛋白类酶分子中起催化作用的主要组分是蛋白质，核酸类酶分子中起催化作用的主要组分是核糖核酸（RNA）。

3.1.3　酶的特点

酶作为生物催化剂与一般催化剂相比有其共同性。例如，能显著改变化学反应速率，而不能改变反应的平衡点；酶本身在反应前后并没有量的改变等。但是，酶是细胞所产生、受多种因素调节控制、具有催化能力的生物催化剂，因此，与一般非生物催化剂相比有以下几个特点。

（1）易失活　酶是蛋白质，酶促反应要求温和的 pH、温度等条件，剧烈条件（强酸强碱、有机溶剂、紫外线、剧烈振荡等任何使蛋白质变性的理化因素）使酶变性失活。

（2）高效率　酶具有很高的催化能力，酶促反应比非催化反应高出 $10^7 \sim 10^{20}$ 倍，比一般催化反应高 $10^6 \sim 10^{13}$ 倍。如表 3-1 所示。

表 3-1　一些酶的催化能力

酶	非酶催化反应速率/s^{-1}	酶催化反应速率/s^{-1}	速率的提高倍数
碳酸酐酶	1.3×10^{-1}	1×10^6	7.7×10^6
分支酸变位酶	2.6×10^{-5}	50	1.9×10^6
丙糖磷酸酯异构酶	4.3×10^{-6}	4300	1.0×10^9
羧肽酶 A	3.0×10^{-9}	578	1.9×10^{11}
AMP 核苷酶	1.0×10^{-11}	60	6.0×10^{12}
葡萄球菌核酸酶	1.7×10^{-13}	95	5.6×10^{14}

因此，虽然各种酶在生物细胞内的含量很低，却可催化大量的作用物发生反应。

（3）专一性　酶对底物具有选择性，每一种酶只能作用于一种或一类相似的物质，这种性质称为酶作用的专一性或特异性（specificity），而把酶作用的物质称为该酶的底物（substrate)。

一般无机催化剂对其作用物没有严格的选择性，而酶的专一性可分为绝对专一性和相对专一性。绝对专一性只作用于一种底物，如脲酶只催化尿素水解，对衍生物不起作用；而相对专一性则对某一类物质起作用，表现在对某一种键的催化上，如水解糖苷键、肽键，有的酶不仅对化学键有要求，对该键两侧的基团也有要求，如胰蛋白酶，还有些酶对基团的构型有严格的要求，如体内参与蛋白质合成或分解的酶都只识别 L 型氨基酸。酶作用的专一性具有重要的生物学意义。

（4）酶活可调节　酶是生物体的组成成分，和体内其他物质一样，不断在体内新陈代谢，酶的催化活性也受多方面的调控，如诱导和抑制调节、共价修饰调节、反馈调节、酶原调节、激素调节等。这些调控保证酶在体内新陈代谢中发挥其恰如其分的催化作用，使生命活动中的种种化学反应都能够有条不紊、协调一致地进行。

3.2 酶的分类与命名

3.2.1 酶的分类

酶的种类繁多，为了研究和使用的方便，需要对已知的酶加以分类。根据不同的标准，可将酶进行不同的分类。

（1）根据酶的组成分类　除了目前已发现的少数 RNA 酶和 DNA 酶外，绝大多数的酶都是蛋白质。酶蛋白和其他蛋白质一样，由氨基酸组成。根据其组成成分可分为单纯酶（simple enzyme）和结合酶（conjugated enzyme）两类。

单纯酶是由简单蛋白质组成的酶，它的催化活性仅仅取决于其蛋白质结构，如消化道蛋白酶、淀粉酶、脂肪酶、纤维素酶等；结合酶是由结合蛋白质组成的酶，其结构中除含有蛋白质（酶蛋白）外，还需要非蛋白质的物质，即酶的辅因子（cofactor），两者结合成的复合物称作全酶（holoenzyme），即：全酶＝酶蛋白＋辅因子。只有全酶才有催化活性，将酶蛋白和辅因子分开后均无催化作用。

酶的辅因子，包括金属离子及有机化合物，根据它们与酶蛋白结合的牢固程度不同，可分为两类：辅酶（coenzyme）和辅基（prosthetic group）。通常辅酶是指与酶蛋白结合比较松弛的小分子有机物质，通过透析方法可以除去。辅基是以共价键和酶蛋白结合，不能通过透析除去，需要经过一定的化学处理才能与蛋白分开。这种根据结合的松紧程度来区分辅酶和辅基的方法并不是很严格的。

（2）根据酶分子的特点分类　根据酶分子的特点和分子大小把酶分成 3 类：单体酶（monomeric enzyme）、寡聚酶（oligomeric enzyme）和多酶体系（multienzyme system）。

单体酶一般是由一条肽链组成，如胃蛋白酶、溶菌酶等。其种类较少，一般多是催化水解反应的酶。

寡聚酶是由两个或两个以上亚基组成的酶，这些亚基可以是相同的，也可以是不同的。亚基之间靠次级键结合，彼此容易分开。大多数寡聚酶，其聚合形式是活性型，解聚形式是失活型。相当数量的寡聚酶是调节酶，在代谢调控中起重要作用。

多酶体系是由几种独立的酶靠非共价键彼此嵌合而成。所有反应依次连接，有利于一系列反应的连续进行。

（3）根据酶催化反应类型分类　国际通用的系统分类法是国际生物化学和分子生物学联合会（International Union of Biochemistry and Molecular Biology，IUBMB）中的酶学委员会（Enzyme Commission，EC）以酶所催化的反应类型为基础而制定的，将酶分为六大类：

① 氧化还原酶类（oxido-reductases）　催化氧化还原反应，可以分为氧化酶和脱氢酶两类。

$$反应通式：A \cdot 2H + B \Longrightarrow A + B \cdot 2H$$

② 转移酶类（transferases）　催化基团转移反应，多数需要辅酶参与，并且底物与酶或辅酶会在一些部位形成共价键。

$$反应通式：A \cdot X + B \Longrightarrow A + B \cdot X$$

③ 水解酶类（hydrolases）　催化水解反应，包括淀粉酶、蛋白酶、核酸酶和酯酶等。

$$反应通式：AB + HOH \Longrightarrow AOH + BH$$

④ 裂合酶类（lyases）　催化从底物移去一个基团而形成双键的反应或其逆反应。

$$反应通式：AB \Longrightarrow A + B$$

⑤ 异构酶类（isomerases）　催化各种同分异构体之间的相互转变，即分子内部基团的重新排列。这类酶包括消旋酶、顺反异构酶、分子内转移酶等。

$$反应通式：A \Longrightarrow B$$

⑥ 连接酶类（ligases，或称合成酶类 synthatases）　催化两个底物分子反应生成一个分子，大多数需要提供能量如 ATP 才能进行。

$$反应通式：A + B + ATP \Longrightarrow AB + ADP + Pi$$

3.2.2　酶的命名

根据酶学委员会的建议，酶的命名有两种方法：习惯命名法和系统命名法。

（1）习惯命名法　习惯命名法有的根据底物，如蔗糖酶、蛋白酶等；有的根据其催化反应的性质，如水解酶、转氨酶等；有的将二者结合起来给一个名称，如乳酸脱氢酶、磷酸己糖异构酶等；还有的在底物名称前冠以酶的来源或其他特点，如血清谷氨酸-丙酮酸转氨酶、唾液淀粉酶、碱性磷酸酯酶和酸性磷酸酯酶等。

习惯命名法使用方便、简单，应用历史长，但缺乏系统性，有时出现一酶数名或一名数酶的现象。

（2）系统命名法　鉴于新酶的不断发展和过去文献中对酶命名的混乱，酶学委员会提出了系统命名法，使一种酶只有一种名称，它包括酶的系统命名和 4 个数字分类的酶编号。按此法规定的系统名称包括两部分：底物名称和反应类型。如果反应中有多个底物，则每个底物均需写出，底物名称间用“；”隔开。例如对催化下列反应酶的命名：

$$ATP + D\text{-}葡萄糖 \longrightarrow ADP + D\text{-}葡萄糖\text{-}6\text{-}磷酸$$

该酶的正式系统命名是：ATP；葡萄糖磷酸转移酶，表示该酶催化从 ATP 中转移一个磷酸到葡萄糖分子上的反应。它的分类编号是：EC2.7.1.1；EC 代表按酶学委员会规定的命名，第 1 个数字“2”代表酶的分类名称（转移酶类），第 2 个数字“7”代表亚类（磷酸转移酶类），第 3 个数字“1”代表亚亚类（以羟基作为受体的磷酸转移酶类），第 4 个数字“1”代表该酶在亚-亚类中的排号（D-葡萄糖作为磷酸基的受体）。

3.3 酶促反应动力学

酶促反应动力学（kinetics of enzyme-catalyzed reactions）是研究酶促反应速率及其影响因素的科学。这些因素主要包括酶浓度、底物浓度、pH、温度、抑制剂和激活剂等。酶促反应动力学的研究有助于阐明酶的结构与功能的关系，也为酶作用机理的研究提供数据；有助于寻找最有利的反应条件，以最大限度地发挥酶催化反应的高效率；有助于了解酶在代谢中的作用或某些药物作用的机理等，因此对它的研究具有重要的理论意义和实践意义。

3.3.1 酶促反应的本质

（1）酶是催化剂——只影响反应速率，而不改变反应平衡点　酶是生物催化剂，它对化学反应的作用也遵从一般催化剂的规律：能加速化学反应速率，反应前后酶的质和量都不改变，只需微量即可催化大量反应物发生反应；能催化在热力学上有可能进行的化学反应，而不能催化热力学上不可能进行的化学反应；能缩短化学反应到达平衡所需要的时间，而不改变化学反应的平衡点；催化可逆反应的酶对可逆反应的正反应和逆反应都有催化作用。

（2）加速反应的本质——降低活化能　在一个化学反应体系中，活化分子越多，反应就越快，因此，设法增加活化分子数就能提高反应速率。要使活化分子增多，有两种可能的途径：一种是加热或光照射，使一部分分子获得能量而活化，直接增加活化分子的数目；另一种是降低反应所需的活化能，间接增加活化分子的数目。催化剂的作用就是能够降低反应所需的活化能（activity energy）。

酶催化作用的实质就在于它能降低化学反应的活化能，使反应在较低能量水平上进行，从而使化学反应加速。

（3）中间产物学说　酶之所以能降低活化能，加速化学反应，可用目前公认的中间产物学说（intermediate product theory）的理论来解释。中间产物学说认为：在酶催化的反应中，第一步是酶与底物结合形成不稳定的中间复合物 ES，然后再生成产物 P 并释放出酶。

$$E+S \rightleftharpoons ES \longrightarrow P+E$$

中间产物学说现已被许多可靠的实验数据证实了。已经用电子显微镜和 X 射线衍射直接观察到了 ES 复合物；许多酶和底物的光谱特性在形成 ES 复合物后发生变化；酶的某些物理性质，如溶解性或热稳定性经常在形成 ES 复合物后发生变化；已分离得到某些酶和底物生成的 ES 复合物等。例如，用吸收光谱法证明了含铁卟啉的过氧化物酶（peroxidase）催化的反应中，过氧化物酶的吸收光谱在与 H_2O_2 作用前后有所改变，这说明过氧化物酶与 H_2O_2 作用后，转变成了新的物质，证明反应中确实有中间产物的形成。另外，用 ^{32}P 标记底物的方法，也证明在磷酸化酶（phosphorylase）催化的蔗糖合成反应中有酶与葡萄糖结合的中间产物存在。

底物具有一定的活化能，当底物和酶结合成过渡态的中间复合物时，要释放一部分的结合能，这部分能量的释放，使得过渡态的中间复合物处于比 E＋S 更低的能级，因此使整个反应的活化能降低,反应大大加速。

底物同酶结合成中间复合物是一种非共价结合,依靠氢键、离子键、范德瓦耳斯力等次级键来维系。

3.3.2 酶反应机制

(1) 酶作用的专一性机制——诱导契合学说 为什么一种酶只能催化一种或一类结构相似的物质发生反应,即一种酶只能同一定的底物结合?学者曾经对酶对底物的这种选择特异性的机制提出过几种不同的假说,如锁钥学说(lock-key theory)、诱导契合学说(induced-fit theory)、结构性质互补假说(structure-property complemention theory),目前公认的诱导契合学说可以较好地解释这种选择特异性的机制。

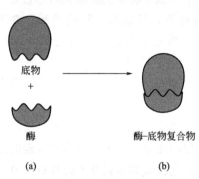

图 3-1 诱导契合学说示意图

Koshland 在解释酶的作用专一性机制时提出了诱导契合学说,他认为酶和底物在接触之前,二者并不是完全契合的,只有在底物和酶的结合部位结合以后,产生了相互诱导,酶的构象发生了微妙的变化,催化基团转入了有效的作用位置,酶与底物才完全契合,酶才能高速地催化反应。图 3-1(a) 为酶和底物结合前的状态,催化基团处于没有活性的构象状态;图 3-1(b) 为酶和适宜的底物结合后,催化基团的有效位置开始发挥催化功能。底物与酶的这种契合关系可比喻为手与手套。

诱导契合学说认为:酶分子具有一定的柔顺性;酶的作用专一性不仅取决于酶和底物的结合,也取决于酶的催化基团有正确的取位。正因为如此,诱导契合学说认为催化部位要诱导才能形成,而不是"现成的",因此可以排除那些不合适的物质偶然"落入"现成的催化部位而被催化的可能。诱导契合学说也能很好地解释所谓"无效"结合,因为这种物质不能诱导催化部位形成。

(2) 酶作用的高效性机制 ①邻近(approximation)效与定向(orientation)效应。在酶促反应中,底物分子结合到酶的活性中心,一方面,底物在酶活性中心的有效浓度大大增加,有利于提高反应速率;另一方面,由于活性中心的立体结构和相关基团的诱导和定向作用,使底物分子中参与反应的基团相互接近,并被严格定向定位,使酶促反应具有高效率和专一性的特点。见图 3-2。例如咪唑和对-硝基苯酚乙酸酯的反应是一个双分子氨解反应。实验表明,分子内咪唑基参与的氨解反应速率比相应的分子间反应速率大 24 倍。说明咪唑基与酯基的相对位置对水解反应速率具有很大的影响。

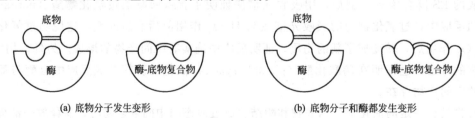

(a) 底物分子发生变形   (b) 底物分子和酶都发生变形

图 3-2 底物分子发生变形、底物分子和酶都发生变形

② "张力" 与 "形变" （distortion and strain）。底物的结合可诱导酶分子构象发生变化，比底物大得多的酶分子的三、四级结构的变化，也可对底物产生张力作用，使底物扭曲，促进 ES 进入激活状态。这实际上是酶与底物诱导契合的动态过程。因此，这里的张力指酶对底物的作用，而形变是底物因酶而引起的变化。

③ 酸碱催化 （acid-base catalysis）。酸碱催化是通过瞬时地向反应物提供质子或从反应物接受质子以稳定过渡态、加速反应的一类催化机制。酸碱催化剂是催化有机反应的最普通、最有效的催化剂，有两种酸碱催化剂：一种是狭义的酸碱催化剂，即 H^+ 及 OH^-，由于酶反应的最适 pH 一般接近于中性，因此 H^+ 与 OH^- 的催化在酶反应中的意义是比较有限的；另一种是广义的酸碱催化剂，即质子受体和质子供体的催化，它们在酶反应中的重要性大得多，发生在细胞内的许多类型的有机反应都是受广义的酸碱催化的，例如将水加到羟基上，羧酸酯及磷酸酯的水解，以及许多取代反应等。一个质子受体可以通过以下两种方式促进反应 （图 3-3）：

(a) 除去质子，形成碳负离子方式

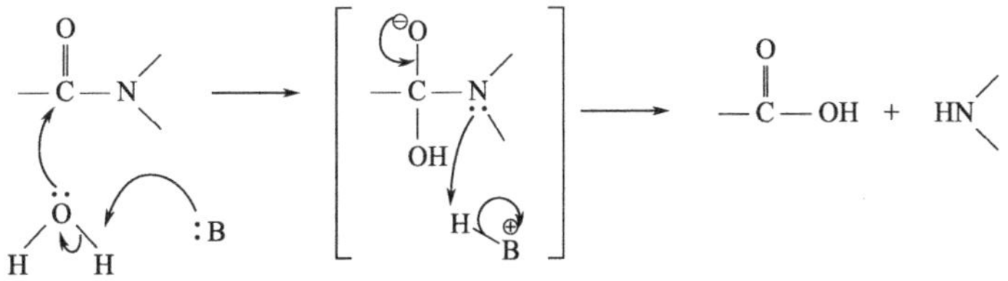

(b) 水分子参与产生等价OH的方式

图 3-3　一个质子受体可通过两种方式促进反应

酶分子中具有某些氨基酸残基的 R 基团，这些基团往往是良好的质子供体或受体，在水溶液中这些广义的酸性基团或广义的碱性基团对许多化学反应是有利的催化剂。

酶分子中可以作为广义酸、碱的基团如下：

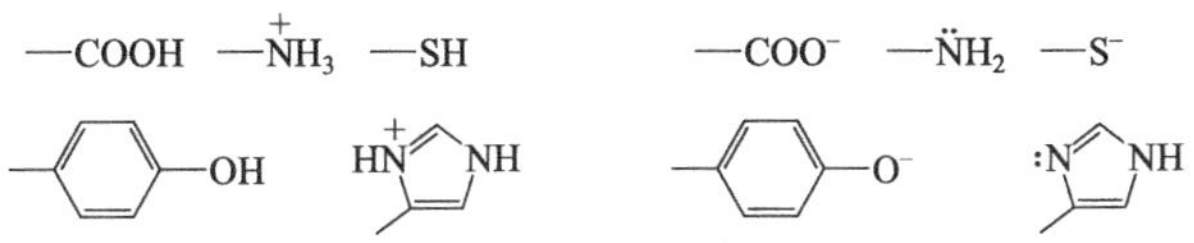

这些功能基团中，组氨酸的咪唑基团的解离常数约为 6.0，这意味着由咪唑基上解离下来的质子浓度与水中氢离子浓度相近，因此，它在接近于生理体液的 pH 条件下 （即在中性条件下），有一半以酸形式存在，另一半以碱形式存在，也就是说，咪唑基既可以作为质子供体，又可以作为质子受体，在酶促反应中发挥催化作用。因此，咪唑基是酶的酸碱催化作用中最有效、最活泼的一个催化功能基团。

④ 共价催化 （covalent catalysis）。共价催化又称亲核或亲电子催化，催化时，亲核催化剂或亲电子催化剂能分别放出电子或汲取电子并作用于底物的缺电子中心或负电中心，迅速形成不稳定的共价中间络合物，这个中间络合物很容易变成转变态，因此，反应的活化能大大降低，从而加速反应的进行。

通常这些酶的活性中心都含有亲核基团，如丝氨酸的羟基、半胱氨酸的巯基、组氨酸的咪唑基等，这些基团都有公用的电子对作为电子的供体，和底物的亲电子基团以共价键结合。此外，许多辅酶也有亲核中心。

3.3.3 酶促反应的基本动力学

3.3.3.1 底物浓度对酶促反应速率的影响

早在 20 世纪初 Henri 就发现底物浓度对酶促反应具有特殊的饱和现象，这种现象在非酶促反应中是不存在的。

如果酶促反应中的底物只有一种（称单底物反应），在其他条件不变、酶浓度也固定的情况下，一种酶所催化的化学反应与底物的浓度间有如下规律：在底物浓度低时，反应速率随底物浓度的增加而急剧增加，反应速率与底物浓度成正比，表现为一级反应；当底物浓度较高时，增加底物浓度，反应速率虽随之增加，但增加的程度不如底物浓度低时那样显著，即反应速率不再与底物浓度成正比，表现为混合级反应；当底物浓度达到某一定值后，再增加底物浓度，反应速率不再增加，而趋于恒定，即此时反应速率与底物浓度无关，表现为零级反应，此时的速率为最大速率（V_{max}），底物浓度即出现饱和现象。这说明底物浓度对酶促反应速率的影响是非线性的。

对于上述现象，如以酶促反应速率对底物浓度作图，则得到图 3-4 所示的曲线。

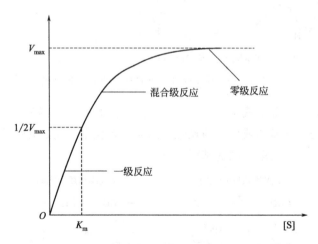

图 3-4　底物浓度对酶促反应速率的影响

3.3.3.2 米氏方程

为说明酶促反应速率与底物浓度间的数量关系，1913 年 L. Michaelis 和 M. L. Menten 在前人工作的基础上，经过大量实验，提出酶促反应动力学的基本原理，并归纳成一个数学式，称为米氏方程（Michaelis-Menten equation），该方程反映了底物浓度与酶促反应速率间的定量关系，即：

$$v = \frac{V_{max}[S]}{K_m + [S]}$$

式中，v 为反应速率；V_{max} 为最大反应速率；[S] 为底物浓度；K_m 为米式常数（Michaelis constant）。

米氏方程的前提是酶反应的中间复合物学说，假定 $E+S \rightleftharpoons ES$ 迅速建立平衡，酶促反应分为两步，即 ES 的形成和分解：

$$E+S \underset{k_2}{\overset{k_1}{\rightleftharpoons}} ES \overset{k_3}{\longrightarrow} E+P$$

式中，k_1、k_2、k_3 为反应速率常数。由于酶促反应速率取的都是初速率，反应之初，没有或极少有产物 P，因此逆反应忽略不计，故第二步反应认为是单向的。

酶与底物结合生成 ES 的速率 $v_1 = k_1[E][S]$

ES 分解的速率 $v_2 = k_2[ES] + k_3[ES]$

当反应达到恒稳状态时，ES 的生成速率等于 ES 的分解速率，即反应体系中 ES 的浓度维持不变。此时，

$$k_1[E][S] = k_2[ES] + k_3[ES] = (k_2 + k_3)[ES]$$

$$\frac{[E][S]}{[ES]} = \frac{k_2 + k_3}{k_1}$$

令 $\dfrac{k_2 + k_3}{k_1} = K_m$，则

$$\frac{[E][S]}{[ES]} = K_m \tag{3-1}$$

式(3-1) 中 [E] 和 [ES] 两项的数值很难测定，所以必须设法除去。用 [E_t] 代表酶的总浓度，则 $[E_t] = [E] + [ES]$

所以 $$[E] = [E_t] - [ES] \tag{3-2}$$

将式(3-2) 带入式(3-1)，得

$$\frac{([E_t] - [ES])[S]}{[ES]} = K_m$$

整理后，得

$$[ES] = \frac{[E_t][S]}{K_m + [S]} \tag{3-3}$$

由于酶促反应的速率由有效的酶浓度即 ES 的浓度决定，则

$$v = k_3[ES]$$

所以 $$[ES] = \frac{v}{k_3} \tag{3-4}$$

将式(3-4) 代入式(3-3)，得

$$\frac{v}{k_3} = \frac{[E_t][S]}{K_m + [S]}$$

所以 $$v = \frac{k_3[E_t][S]}{K_m + [S]} \tag{3-5}$$

若反应体系中的底物浓度极大而使酶完全饱和时，所有的酶都以中间产物 ES 的形式存在，即 $[E_t] = [ES]$，此时即达到最大反应速率 V_{max}。所以

$$V_{max} = k_3[E_t] \tag{3-6}$$

将式(3-6) 代入式(3-5) 得

$$v = \frac{V_{\max}[S]}{K_m + [S]}$$

这就是米氏方程，即单底物酶促反应的速率方程。它圆满地表示了底物浓度与反应速率之间的关系。

当底物浓度很低时，即 $[S] < 0.01 K_m$ 时，$K_m + [S] \approx K_m$，代入米氏方程得

$$v \approx \frac{V_{\max}}{K_m}[S] = K[S]$$

故反应速率与底物浓度成正比，符合一级反应。

底物浓度足够大时，即 $[S] > 100 K_m$ 时，$K_m + [S] \approx [S]$，代入米氏方程得

$$v \approx \frac{V_{\max}}{[S]}[S] \approx V_{\max}$$

故 v 达到极限值 $V_{\max}$，反应速率与底物浓度无关，符合零级反应。

3.3.3.3 动力学的基本参数 $V_{\max}$ 和 K_m

当酶促反应速率达到最大反应速率一半时，即 $v = \dfrac{V_{\max}}{2}$ 时，米氏方程为

$$\frac{V_{\max}}{2} = \frac{V_{\max}[S]}{K_m + [S]} \tag{3-7}$$

即

$$\frac{1}{2} = \frac{[S]}{K_m + [S]}$$

则

$$[S] = K_m \tag{3-8}$$

由此可知，米氏常数 K_m 的物理意义是当酶促反应速率达到最大反应速率一半时的底物浓度，单位是 mol/L，与底物浓度的单位相同。

（1）K_m 和 $V_{\max}$ 的求法　从酶的 v-$[S]$ 图上可以得到 $V_{\max}$，再根据 $V_{\max}/2$ 可求得相应的 $[S]$，即为 K_m 值。但实际上用这个方法来求 K_m 是行不通的，因为即使底物浓度很高，也只能得到趋近于 $V_{\max}$ 的反应速率，而达不到真正的 $V_{\max}$，因此测不到准确的 K_m 值。为了得到准确的 K_m 值，可以把米氏方程的形式加以改变，使它成为相当于 $y = ax + b$ 的直线方程，然后用图解法求出 K_m 值。

常用于测定 K_m 值的方法有以下几种。

① Lineweaver-Burk 双倒数作图。1924 年，Lineweaver 和 Burk 将米氏方程两边取倒数，可转化为下列形式：

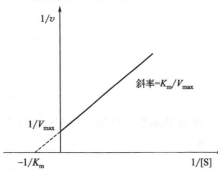

$$\frac{1}{v} = \frac{K_m}{V_{\max}} \times \frac{1}{[S]} + \frac{1}{V_{\max}} \tag{3-9}$$

以 $1/v$ 对 $1/[S]$ 作图可得一直线，如图 3-5 所示。其斜率是 $K_m/V_{\max}$，在纵轴上的截距为 $1/V_{\max}$，横轴上的截距为 $-1/K_m$。由此可得 $V_{\max}$ 和 K_m。

如果某一酶双倒数作图有线性偏离，说明米氏方程的假设对该酶不适用。

该方法的缺点是实验点过分集中于直线的左下方，底物浓度较低时实验点又因倒数后误差较

图 3-5　Lineweaver-Burk 双倒数作图

大，往往偏离直线较远，从而影响 $V_{\max}$ 和 K_{m} 的准确测定。

② Eadie-Hofstee 和 Hanes 作图。Eadie-Hofstee 将双倒数形式的方程两边同乘以 $vV_{\max}$，整理可得

$$v = -K_{\mathrm{m}}\frac{v}{[\mathrm{S}]} + V_{\max} \qquad (3\text{-}10)$$

以 v 对 $v/[\mathrm{S}]$ 作图可得一直线，见图 3-6(a)。其斜率为 $-K_{\mathrm{m}}$，纵轴截距为 $V_{\max}$，横轴截距为 $V_{\max}/K_{\mathrm{m}}$。

Hanes 作图是将双倒数方程两边同乘以 $[\mathrm{S}]$，可得

$$\frac{[\mathrm{S}]}{v} = \frac{[\mathrm{S}]}{V_{\max}} + \frac{K_{\mathrm{m}}}{V_{\max}} \qquad (3\text{-}11)$$

以 $[\mathrm{S}]/v$ 对 $[\mathrm{S}]$ 作图可得一直线，见图 3-6(b)。其斜率为 $1/V_{\max}$，纵轴截距为 $K_{\mathrm{m}}/V_{\max}$。

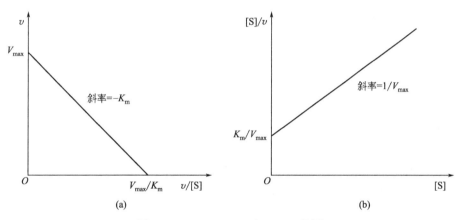

图 3-6 Eadie-Hofstee 和 Hanes 作图

Eadie-Hofstee 和 Hanes 作图为动力学研究者偏爱，但双倒数作图仍为广大酶学工作者使用。计算机通常最小二乘法处理实验数据得到 $V_{\max}$ 和 K_{m}，但结果并不完全可靠，重要的是应该观察是否有偏离线性的迹象。

③ Eisenthal 和 Cornish-Bowden 作图。由以上讨论可知，即使用计算机处理数据，也难以完全正确估计 $V_{\max}$ 和 K_{m}。1974 年，Eisenthal 和 Cornish-Bowden 提出了基于米氏方程的另一种作图法。在固定酶浓度时，双倒数关系式为

$$\frac{1}{v} = \frac{K_{\mathrm{m}} + [\mathrm{S}]}{V_{\max}[\mathrm{S}]} \qquad (3\text{-}12)$$

两边乘以 $V_{\max}$，得

$$\frac{V_{\max}}{v} = \frac{K_{\mathrm{m}} + [\mathrm{S}]}{[\mathrm{S}]} = \frac{K_{\mathrm{m}}}{[\mathrm{S}]} + 1 \qquad (3\text{-}13)$$

以 $V_{\max}$ 对 K_{m} 作图可得一直线。当

$$K_{\mathrm{m}} = 0，\ V_{\max} = v$$
$$V_{\max} = 0，\ K_{\mathrm{m}} = -[\mathrm{S}]$$

每一对（v，$[\mathrm{S}]$）都可标在 v 轴和 K_{m} 轴上，相应的 $[\mathrm{S}]$ 和 v 连成直线，这一簇直线交于一点，这点的坐标为真实的（K_{m}，$V_{\max}$）。这种作图法不需要计算，可直接读出 K_{m} 和

V_{max}。然而，由于实验误差，这些直线通常交于一个范围内，见图 3-7。许多酶学工作者认为，只要没有偏离线性的迹象，估计（K_m，V_{max}）最好的办法是从这些交点中取一个中间值。

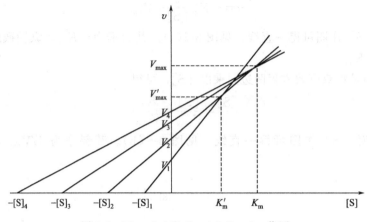

图 3-7　Eisenthal 和 Cornish-Bowden 作图

（2）米氏常数的意义　K_m 是酶的一个特征常数：K_m 的大小只与酶的性质有关，不受底物浓度和酶浓度的影响。由 $K_m = \dfrac{k_2 + k_3}{k_1}$ 可见，K_m 是 k_1、k_2 和 k_3 的函数，这些反应速率常数随测定的底物、反应的温度、pH 及离子强度而改变，因此 K_m 作为常数只是对一定的底物、温度、pH 和离子强度等条件而言。故对某一酶促反应而言，在一定条件下有一定的 K_m 值，可用来鉴别酶。不同酶促反应的 K_m 值可相差很大，一般在 $10^{-6} \sim 10^{-1}\,mol/L$ 之间。

K_m 的应用是有条件的。K_m 值作为常数只是对固定的底物、一定的温度、一定的 pH 等条件而言，因此，在应用 K_m 值时，必须在指定的实验中进行。

K_m 的大小近似地反映了酶与底物结合亲和力的大小。K_m 值大，表示酶反应速率达到最大反应速率一半时的底物浓度大，表明酶与底物的亲和力小；反之，K_m 值小则表示酶与底物亲和力大，不需要很高的底物浓度，便可达到最大反应速率。

3.3.4　酶浓度对酶促反应速率的影响

在酶催化反应中，酶先要与底物形成中间复合物，在温度和 pH 值不变的条件下，当底物浓度大大超过酶浓度时，酶促反应速率与酶浓度成正比关系。这种比例关系可由米氏方程推导出来：

$$v = \frac{V_{max}[S]}{K_m + [S]}$$

又因为
$$V_{max} = k_3[E]$$

所以
$$v = \frac{k_3[E][S]}{K_m + [S]} = \frac{k_3[S]}{K_m + [S]}[E]$$

当 [S] 不变时，$v \propto [E]$。但要求所使用的酶必须是纯酶制剂或者不含抑制物的粗酶制剂。酶反应的这种性质是酶活力测定的基础之一，在分离提纯上常被应用。

3.3.5 pH 对酶促反应速率的影响

酶促反应速率与体系的 pH 密切相关，在一定 pH 下，酶表现最大活力，高于或低于此 pH，酶活力均降低，通常把表现出酶最大活力的 pH 称为该酶的最适 pH（optimum pH）。

pH 影响酶促反应速率的原因主要有：

① 过酸或过碱会影响酶蛋白的空间构象，甚至使酶变性而失活。

② pH 改变不剧烈时，酶虽未变性，但活力受到影响。pH 对酶活性的影响很可能不是由于酸碱作用了整个酶分子，而可能是由于它们改变了酶活性中心或与之有关的基团的解离状态，也就是说，酶要表现活性，它的活性部位有关基团都必须具有一定的解离形式，其中任何一种基团的解离形式发生变化都将使酶转入"无活性"状态。

各种酶在一定的条件下都有其特定的最适 pH，因此，最适 pH 是酶的特性之一。但酶的最适 pH 不是一个常数，它通常受底物种类、浓度及缓冲液成分等因素影响，因此最适 pH 只有在一定条件下才有意义。

3.3.6 温度对酶促反应速率的影响

同大多数的化学反应一样，酶催化反应速率与温度有关。其影响主要表现在两个方面：一方面，当温度升高时，与一般化学反应相同，酶反应速率加快。通常温度每升高 10℃，酶反应速率增加 1～2 倍；另一方面，化学本质为蛋白质的酶，随着温度的升高，酶会逐渐变性而失活，引起酶反应速率下降。

以温度为横坐标，酶促反应速率为纵坐标作图，可得到图 3-8 所示的稍有倾斜的钟罩形曲线。温度较低时，前一种影响起主要作用，酶反应速率随温度升高而增大；温度超过一定值后，后一种影响显著增大，反应速率下降。

因此，在某一温度下，酶反应速率达到最大值，这个温度通常就称为酶反应的最适温度（optimum temperature）。每种酶在一定条件下都有其最适温度。通常动物体内酶的最适温度在 35～40℃，植物体内酶的最适温度在 40～50℃。

最适温度不是酶的特征物理常数，因为一种酶的最适温度不是一成不变的，它要受

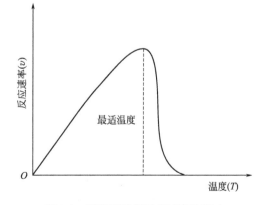

图 3-8　温度对酶促反应速率的影响

到酶的纯度、底物、激活剂、抑制剂以及酶促反应时间等因素的影响。因此，对同一种酶来讲，应说明是在什么条件下的最适温度。

掌握温度对酶作用的影响规律，具有一定的实践意义，如临床上的低温麻醉就是利用低温能降低酶的活性，以减慢新陈代谢这一特性；相反，高温灭菌则是利用高温使酶蛋白和菌体蛋白变性失活，导致细菌死亡的特性。

3.3.7　激活剂对酶促反应速率的影响

凡是能够提高酶活性，加速酶促反应进行的物质都称为酶的激活剂或活化剂（activator）。酶激活与酶原激活不同，酶激活是使已具活性的酶的活性增加，使活性由小到大；酶原激活是使本来无活性的酶原变成有活性的酶。主要有无机离子和简单的有机化合物等。

离子作为激活剂包括金属阳离子，如 K^+、Na^+、Mg^{2+}、Ca^{2+}、Zn^{2+} 和 Fe^{2+} 等，其中 Mg^{2+} 是多种激酶及合成酶的激活剂，无机离子有 Cl^-、Br^-、I^-、CN^- 和 PO_4^{3-} 等。离子激活剂对酶的作用具有一定的选择性，即一种激活剂对某种酶能起激活作用，而对另一种酶可能起抑制作用，如 Mg^{2+} 对脱羧酶起激活作用而对肌球蛋白腺苷三磷酸酶却起抑制作用，Ca^{2+} 则相反，对前者起抑制作用，而对后者却起激活作用。

有些小分子有机化合物可作为酶的激活剂，如半胱氨酸、还原型谷胱甘肽等还原剂对某些含巯基的酶有激活作用，使酶中的二硫键还原成巯基，从而提高酶活性，如木瓜蛋白酶及3-磷酸-D-甘油醛脱氢酶等都属于巯基酶，所以在它们的分离纯化过程中，通常需加入上述还原剂，以保护巯基不被氧化。此外，一些金属螯合剂如 EDTA（乙二胺四乙酸）等能除去重金属离子对酶的抑制，也可视为酶的激活剂。

3.4　酶的抑制作用

研究酶的抑制作用是研究酶作用机制、酶活性中心功能基团的性质、酶作用的专一性及维持酶分子构象的功能基团的性质的基本手段，同时也为生物机体的代谢途径、某些药物的作用机理等研究提供重要依据，因此抑制作用的研究不仅具有重要的理论意义，还具有重要的实践意义。

某些物质能够降低酶的活性，使酶促反应速率减慢。但不同的物质降低酶活性的机理不同，可分为下列 3 种情况。

（1）失活作用（inactivation）　指酶蛋白分子受到一些物理或化学因素的影响后次级键被破坏，部分或全部改变了酶分子的空间构象，从而引起酶活性的降低或丧失，这是酶蛋白变性的结果。因此，凡是蛋白质变性剂（denaturant）均可使各种酶失活，变性剂对酶的作用没有选择性。

（2）抑制作用（inhibition）　指酶的必需基团（包括辅因子）的性质受到某种化学物质的影响而发生改变，导致酶活性的降低或丧失。这时酶蛋白一般不变性，有时可用物理或化学方法使酶恢复活性。引起酶抑制作用的物质称为抑制剂（inhibitor）。抑制剂对酶的抑制作用是有选择性的，一种抑制剂只能对一类酶或几类酶产生抑制作用。

（3）去激活作用（deactivation）　某些酶只有在金属离子存在下才能很好地表现其活性，如果用金属螯合剂去除金属离子，会引起这些酶活性的降低或丧失。如用乙二胺四乙酸（EDTA）去除二价金属离子如 Mg^{2+}、Mn^{2+} 等后，可降低某些肽酶或激酶的活性。但它与抑制作用不同，抑制作用是化学物质对酶蛋白或其辅基直接作用，而 EDTA 等并不和酶直接结合，而是通过去除金属离子而间接影响酶的活性。因为这些金属离子大多是酶的激活剂，所以将此作用称为去激活作用，以区别于抑制作用。引起去激活作用的物质称为去激活剂（deactivator）。

根据抑制剂与酶作用方式的不同，可把抑制作用分为不可逆抑制和可逆抑制两大类。

3.4.1 不可逆抑制作用

抑制剂与酶的结合是不可逆反应。抑制剂通常与酶的必需基团以比较牢固的共价键结合，引起酶活性丧失，不能通过透析、超滤等物理方法去除，这种抑制作用称为不可逆抑制（irreversible inhibition）。

根据抑制剂对酶选择性的不同，这类抑制作用又可分为非专一性不可逆抑制与专一性不可逆抑制两类。前者指一种抑制剂可作用于酶分子上的不同基团或作用于几类不同的酶，如烷化剂（碘乙酸、DNFB 等）、酰化剂（酸酐、磺酰氯等）等；后者指一种抑制剂通常只作用于酶蛋白分子中一种氨基酸侧链基团或仅作用于一类酶，如有机汞（对氯汞苯甲酸）可专一地作用于巯基，二异丙基氟磷酸（DFP）和有机磷农药专一作用于丝氨酸羟基等。

3.4.2 可逆抑制作用

可逆抑制（reversible inhibition）是指抑制剂与酶蛋白以非共价键结合，具有可逆性，能用透析、超滤、凝胶过滤等方法将抑制剂除去。根据抑制剂与酶结合的关系，可逆性抑制作用分为竞争性抑制、非竞争性抑制和反竞争性抑制等类型。

（1）竞争性抑制（competitive inhibition） 抑制剂（I）和底物（S）竞争游离酶（E）的结合部位，从而影响底物与酶的正常结合。

竞争性抑制剂 I 具有与底物相类似的结构，与酶形成可逆的 EI 复合体。已结合抑制剂的 EI 复合体，不能再结合 S，也不能分解成产物 P，因此酶反应速率下降。其抑制程度取决于底物与抑制剂的相对浓度，可通过增加底物浓度而减弱或解除这种抑制。

酶不能同时与 S、I 结合，所以体系中有 ES 和 EI，而没有 ESI。

$$[E_t]=[E]+[ES]+[EI]$$

按照米氏方程的推导方法可以导出竞争性抑制剂作用的速率方程为

$$v=\frac{V_{max}[S]}{K_m\left(1+\dfrac{[I]}{K_i}\right)+[S]}$$

式中，$K_i=[E][I]/[EI]$，为抑制剂常数（inhibition constant），即 EI 的解离常数。

双倒数式为

$$\frac{1}{v}=\frac{K_m}{V_{max}}\left(1+\frac{[I]}{K_i}\right)\times\frac{1}{[S]}+\frac{1}{V_{max}}$$

用 $1/v$ 对 $1/[S]$ 作图，得到相应的 Lineweaver-Burk 图（图 3-9），由图可知，加入竞争性抑制剂后，V_{max} 不变，K_m 增大。

（2）非竞争性抑制（noncompetitive inhibition） 抑制剂和底物可同时结合在酶的不同部位上，形成酶-底物-抑制剂三元复合物（IES），不能进一步分解生成产物 P，从而降低了酶活性，这就称为非竞争性抑制作用。

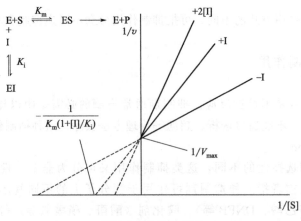

图 3-9 竞争性抑制

I 和 S 在结构上一般无相似之处，与酶结合时两者无竞争作用。I 常与酶分子上结合基团以外的化学基团结合，这种结合并不影响底物与酶的结合，即酶与底物结合并不能阻止抑制剂与酶的结合，因此增加底物浓度并不能减少 I 对酶的抑制程度。

体系中与酶结合的中间产物有 ES、EI 和 ESI。

$$[E_t]=[E]+[ES]+[EI]+[ESI]$$

按推导米氏方程的方法，同样可以导出非竞争性抑制作用的速率方程为

$$v=\frac{V_{max}[S]}{\left(1+\dfrac{[I]}{K_i}\right)(K_m+[S])}$$

设 $V'_{max}=\dfrac{V_{max}}{1+[I]/K_i}$，则 $V=\dfrac{V'_{max}[S]}{K_m+[S]}$。式中 V'_{max} 称为表观最大反应速率。

上式双倒数处理后得

$$\frac{1}{v}=\frac{K_m}{V_{max}}(1+[I]/K_i)\times\frac{1}{[S]}+\frac{1}{V_{max}}(1+[I]/K_i)$$

用 $1/v$ 对 $1/[S]$ 作图，得到相应的 Lineweaver-Burk 图（图 3-10），由图可知，加入非竞争性抑制剂后，V_{max} 变小，K_m 不变。

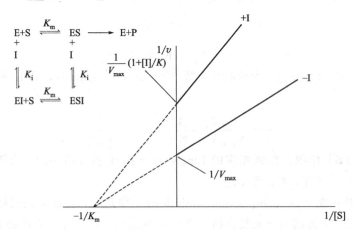

图 3-10 非竞争性抑制

（3）反竞争性抑制　某些抑制剂不能与游离的酶结合，而只能在酶与底物结合成复合物 ES 后再与酶结合形成复合物 ESI，但 ESI 不能转变成产物，这种作用称为反竞争性抑制（uncompetitive inhibition）作用。当体系中存在这种抑制剂时，反应向着形成 ES 的方向进行，促进 ES 的形成，与竞争性抑制作用相反。

体系中与酶结合的中间产物有 ES 和 ESI，而没有 EI。

$$[E_t]=[E]+[ES]+[ESI]$$

通过与竞争性抑制作用的类似处理，得出反竞争性抑制作用的动力学方程为

$$v=\frac{V_{max}[S]}{K_m+\left(1+\dfrac{[I]}{K_i}\right)[S]}$$

其双倒数形式为

$$\frac{1}{v}=\frac{K_m}{V_{max}}\times\frac{1}{[S]}+\frac{1}{V_{max}}(1+[I]/K_i)$$

由双倒数方程作图得图 3-11。可以看出加入反竞争性抑制剂后 V_{max} 和 K_m 都变小。

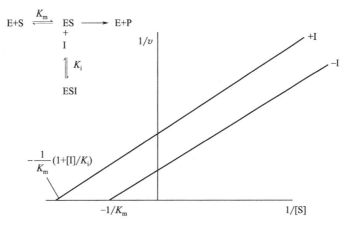

图 3-11　反竞争性抑制

上述三种类型的抑制作用归纳见表 3-2。

表 3-2　不同类型可逆抑制作用的米氏方程和常数

类型	方程式	V_{max}	K_m
无抑制剂	$v=\dfrac{V_{max}[S]}{K_m+[S]}$	V_{max}	K_m
竞争性抑制	$v=\dfrac{V_{max}[S]}{K_m\left(1+\dfrac{[I]}{K_i}\right)+[S]}$	不变	增大
非竞争性抑制	$v=\dfrac{V_{max}[S]}{\left(1+\dfrac{[I]}{K_i}\right)(K_m+[S])}$	减小	不变
反竞争性抑制	$v=\dfrac{V_{max}[S]}{K_m+\left(1+\dfrac{[I]}{K_i}\right)[S]}$	减小	减小

3.5 酶活力的测定

3.5.1 酶活力

酶活力，又称为酶活性，一般把酶催化一定化学反应的能力称为酶活力。通常以在一定条件下酶所催化的化学反应速率来表示。酶活力的表示方法：酶活力可用单位时间内单位体积中底物的减少量或产物的增加量表示，单位为浓度/单位时间。

当底物足够（过量），在酶促反应的初始阶段，酶促反应的速度（初速度）与酶的浓度成正比（即 $V=K[E]$），故酶活力测定的是化学反应速率，一定条件下可代表酶活性分子浓度。

测定酶活力反应应计时，反应计时必须准确。反应体系必须预热至规定温度后，加入酶液并立即计时。反应到时，要立即灭酶活性，终止反应，并记录终了时间。终止酶反应，常使酶立刻变性，最常用的方法是加入三氯乙酸或过氯酸使酶蛋白沉淀，也可用 SDS 使酶变性，或迅速加热使酶变性。有些酶可用非变性法来停止反应或通过破坏其辅因子来停止反应。

对于反应量的测定，测底物减少量或产物生成量均可。在反应过程中产物是从无到有，变化量明显，极利于测定，所以大都测定产物的生成量。具体物质量的测定，根据被测定物质的物理化学性质通过定量分析法测定。常用的方法有：

① 光谱分析法。酶将产物转变为（直接或间接）一个可用分光光度法或荧光光度法测出的化合物。

② 化学法。利用化学反应使产物变成一个可用某种物理方法测出的化合物，然后再反过来算出酶的活性。

测定酶活力常用以下几种方法：

① 在一个反应体系中，加入一定量的酶液，开始计时反应，经一定时间反应后，终止反应，测定在这一时间间隔内发生的化学反应量（终止时与起始时的浓度差），这时测得的是初速度。

② 在一定条件下，加入一定量底物（规定），再加入合适量的酶液，测定完成该反应（底物反应完）所需的时间（非初速度，为一平均速度）。

③ 动态连续测定法。在反应体系中，加入酶，用仪器连续监测整个酶促反应过程中底物的消耗或产物的生成。

④ 快速反应追踪法。近年来，追踪极短时间（$10^{-3}s$ 以下）内反应过程的方法和装置已经应用。其代表有停流法（stopped-flow）和温度跃变法（temperature jump）。

3.5.2 酶活力单位

酶活力单位（U）是衡量酶活力大小的计量单位，为规定条件（最适条件）下一定时间内催化完成一定化学反应量所需的酶量。据不同情况有几种酶活力单位（或称酶单位）。

① 国际单位 IU，即在最佳条件或某一固定条件下每分钟催化生成 $1\mu mol$ 产物所需要的酶量为一个酶活力单位，$1IU=1\mu mol/min$。

② Kat 单位指在一定条件下 1s 内转化 1mol 底物所需的酶量，$1Kat=1mol/s$。

3.5.3　比活力

比活力（比活性）：每单位（一般是 mg）蛋白质中的酶活力单位数（酶活力单位/mg 蛋白）。

实际应用中也用每单位酶制剂中含有的酶活力单位数表示［如：酶活力单位/mL（液体制剂），酶活力单位/g（固体制剂）］，对同一种酶来讲，比活力越高则表示酶的纯度越高（含杂质越少），所以比活力是评价酶纯度高低的一个指标。

在评价纯化酶的纯化操作中，还有一个概念就是回收率。

回收率＝某纯化操作后的总活力/某纯化操作前的总活力

总活力＝比活力×总体积（总质量）

3.6　酶的调节

3.6.1　酶的活性部位

酶的分子中存在许多功能基团，如—NH_2、—COOH、—SH、—OH 等，但这些基团并不是都与酶活性有关。而只是酶分子一定部位的若干功能基团与催化作用有关，这种决定酶催化作用的化学基团称为酶的必需基团（essential group）。有些必需基团虽然在一级结构上可能相距很远，但在空间结构上彼此靠近，集中在一起形成具有一定空间结构的区域。

酶的活性中心（active center）：酶分子中直接与底物相结合，并和酶催化作用直接有关的部位。对于结合酶来说，辅酶或辅基上的一部分结构往往是活性中心的组成成分。

构成酶活性中心的必需基团可分为两种，与底物结合的必需基团称为结合基团（binding group），促进底物发生化学变化的基团称为催化基团（catalytic group）。活性中心中有的必需基团可同时具有这两方面的功能。还有些必需基团虽然不参加酶的活性中心的组成，但为维持酶活性中心应有的空间构象所必需，这些基团是酶的活性中心以外的必需基团。

酶分子很大，其催化作用往往并不需要整个分子，如用氨基肽酶处理木瓜蛋白酶，使其肽链自 N 端开始逐渐缩短，当其原有的 180 个氨基酸残基被水解掉 120 个后，剩余的短肽仍有水解蛋白质的活性。又如将核糖核酸酶肽链 C 末端的三肽切断，余下部分也有酶的活性，足见某些酶的催化活性仅与其分子的一小部分有关。

不同的酶有不同的活性中心，故对底物有严格的特异性。

酶的活性调节是酶作为生物催化剂区别于非生物催化剂的一个重要标志，也是生物体内物质代谢的重要调节方式。酶活性的调节方式大致包括酶原的激活、别构酶调节、共价修饰调节和同工酶调节。酶的一些特殊的组织结构形式对酶活性的控制也是重要的。

3.6.2　酶原与酶原的激活

大多数酶，当它们合成完成之后，便自发地折叠成天然的、具有特定构象的、有活性的生物大分子。然而并不是所有的酶在合成完成之后都出现相应的功能，有些是以无活性的前体形式存在的，必须在一定条件下，水解一个或几个特定的肽键，致使构象发生改变，表现出酶的活性。这种无活性酶的前体称为蛋白质原或者酶原（zymogen）。酶原向酶转化的过程称为酶原的激活。

酶原之所以没有活性，是由于它们的活性部位被掩盖了，或者活性部位尚未形成。酶原的激活过程就是酶活性部位形成的过程。酶活性部位形成过程伴随构象的变化，一旦酶活性部位形成就表现出酶的活性。

胰蛋白酶、胰凝乳蛋白酶、弹性蛋白酶、羧肽酶等这些由胰脏合成的酶以及由胃合成的蛋白酶都是以无活性的前体形式合成的。只有当需要表现出催化活性时，才由专一性的局部加工转变成有活性的酶。例如，胰蛋白酶原进入小肠后，在 Ca^{2+} 存在下受肠激酶的激活，第 6 位赖氨酸残基与第 7 位异亮氨酸残基之间的肽键被切断，水解掉一个六肽，分子的构象发生改变，形成酶的活性中心，从而成为有催化活性的胰蛋白酶（图 3-12）。胰蛋白酶原被肠激酶激活后，生成的胰蛋白酶除了可以自身激活外，还可进一步激活胰凝乳蛋白酶原、羧肽酶原 A 和弹性蛋白酶原，从而加速对食物的消化过程。

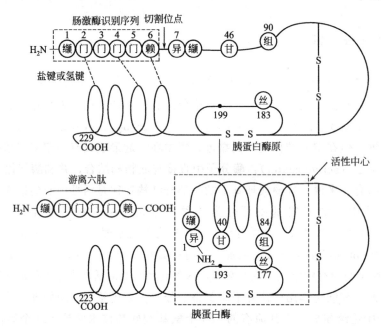

图 3-12　胰蛋白酶原的激活过程

酶原的激活是生物体的一种调控方式，具有重要的生理意义。消化管内蛋白酶以酶原形式分泌，不仅保护消化器官本身不受酶的水解破坏，而且保证酶在特定的部位与环境发挥其催化作用。此外，酶原还可以视为酶的贮存形式。如凝血和纤维蛋白溶解有关的酶类以酶原的形式在血液循环中运行，一旦需要便转化为有活性的酶，发挥其对机体的保护作用。

3.6.3　酶的别构调控

第 2 章中阐述了血红蛋白的别构现象，生物体内许多酶也具有类似的别构现象。体内一些代谢物可以与某些酶分子活性中心外的某一部位可逆地结合，使酶发生别构并改变其催化活性，这种效应叫作别构效应或者变构效应（allosteric effect），此结合部位称为别构部位（allosteric site）或调节部位（regulatory site）。对酶催化活性部位的这种调节方式称为别构调节（allosteric regulation）。受别构调节的酶称为别构酶（allosteric enzyme）。导致别构效应的代谢物称作别构效应物（allosteric effector）。因别构导致酶活性增加的物质称为正效应物（positive effector）或别构激活剂，反之称为负效应物（negative effector）或别构抑制剂。

3.6.3.1 别构酶的性质

别构酶一般都是寡聚酶，通过次级键由多亚基构成。在别构酶分子上有和底物结合和催化底物的活性部位，也有和调节物或效应物结合的调节部位，这两种部位可能在同一亚基上，也可能分别位于不同亚基上。每个别构酶分子可以有一个以上的活性部位和调节部位，因此可以结合一个以上的底物分子和调节物分子。调节部位与活性部位虽然在空间上是分开的，但这两个部位可相互影响，通过构象的变化，产生协同效应。可发生在底物-底物，调节物-底物，调节物-调节物之间，可以是正协同也可以是负协同。

因别构酶有协同效应，故其 [S] 对 v 的动力学曲线不是双曲线，而是 S 形曲线（正协同）或表观双曲线（负协同）（如图 3-13），两者均不符合米式方程。这种 S 形曲线表明酶结合一分子底物（或调节物）后，酶的构象发生了变化，这种新的构象大大增加对后续底物分子的亲和性，促进后续分子与酶的结合，表现为正协同性，这种酶称为具有正协同效应的别构酶。表观双曲线表明，在底物浓度较低的范围内酶活力上升很快，但随后底物浓度虽有较大的提高，但反应速率升高却很小，表现为负协同性，这种酶称为具有负协同效应的别构酶。负协同性可以使酶的反应速率对外界环境中底物浓度的变化不敏感。

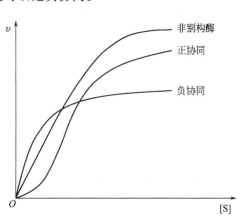

图 3-13　正、负协同别构酶与
非别构酶的动力学曲线比较

为了区分符合米式方程的"正常"酶、具有正协同效应的别构酶和具有负协同效应的别构酶，Koshland 建议用协同指数（cooperativity index，CI）来鉴别不同的协同作用以及协同的程度。CI 是指酶分子中的结合位点被底物饱和 90% 和饱和 10% 时底物浓度的比值。故协同指数又称饱和比值（saturation ratio，Rs），即

$$Rs = \frac{位点被\ 90\%\ 饱和时的底物浓度}{位点被\ 10\%\ 饱和时的底物浓度} = 81^{\frac{1}{n}}$$

式中，n 代表协同系数（Hill 系数），典型的米式类型的酶 Rs=81。

具有正协同效应的别构酶 Rs<81，Rs 越小，正协同效应越显著。

具有负协同效应的别构酶 Rs>81，Rs 越大，负协同效应越显著。

也常使用 Hill 系数（n）来判断酶属于哪一种类型。符合米式方程的酶 $n=1$，具有正协同效应的酶 $n>1$，具有负协同效应的酶 $n<1$，因此，Hill 系数可以作为判断协同效应的一个指标。

3.6.3.2 别构效应的机制

为了解释别构酶协同效应的机制，曾提出多种酶分子模型，其中最重要的有两种，分别

介绍如下。

(1) 协同模型或对称模型 (concerted or symmetry model, 也称 WMC 模型) 1965 年 Monod、Wyman 和 Changeux 是用别构酶的构象改变来解释协同效应的最早分子模式。此模型的要点主要有：

① 别构酶是由确定数目的亚基组成的寡聚酶，各亚基占有相等的地位，因此每个别构酶都有一个对称轴。

② 每个亚基对一种配体 (或调节物) 只有一个结合位点。

③ 每种亚基有两种状态，一种为有利于结合底物或调节物的松弛型构象 (relaxed state, R 态)，另一种为不利于底物或调节物结合的紧张型构象 (tensed state, T 态)。这两种型式在三级和四级结构上，在催化活力上都有所不同。这两种状态可以互变，主要取决于外界条件，也取决于亚基间的相互作用。按此模式，构象的转变采取同步协同方式，或者说采取齐变方式，即各亚基在同一时间内均处于相同的构象状态。如果是一亚基从 T 态变为 R 态，则其他亚基也几乎同时转变成 R 态，不存在 TR 杂合态。

④ 当蛋白质由一构象转变至另一构象状态时，其分子对称性保持不变，因此，这一模式又称为对称模式，如图 3-14 所示。

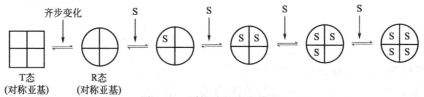

图 3-14 别构酶的齐变模型

(2) 序变模型 (sequential model, 也称 KNF 模型) 这是 Koshland、Nemethyl 和 Filmer 于 1966 年提出来的模型。是 Adair 模型 (血红蛋白与 O_2 结合的模型) 与诱导契合学说在别构酶研究上的一种发展，此模型的要点如下：

① 当配体不存在时，别构酶只有一种构象状态存在 (T)，而不是处于 R $\Longleftrightarrow$ T 的平衡状态，只有当配体与之结合后才诱导 T 态向 R 态转变。

② 别构酶的构象是以序变方式进行的，而不是齐变。当配体与一个亚基结合后，可引起该亚基构象发生变化，并使邻近亚基易于发生同样的构象变化，即影响对下一个配体的亲和力。当第二个配体结合后，又可导致第三个亚基类似变化，如此顺序传递，直至最后所有亚基都处于同样的构象。这种序变机制的特点是有各种 TR 型杂合态。见图 3-15。

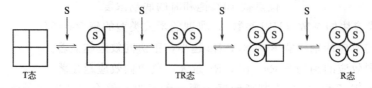

图 3-15 别构酶的序变模型

③ 亚基间的相互作用可能是正协同效应，也可能是负协同效应，前者导致下一亚基对配体有更大的亲和力，后者则降低亲和力。

非底物调节的效应，用序变模式说明较好，例如钙调蛋白与 Ca^{2+} 的结合是以序变方式进行的正协同效应。

序变模型比齐变模型更能解释大多数酶的调节性质，包括对某些酶的负协同调节。还有许多别构酶有更为复杂的调节过程，为了说明各种别构酶的特殊调节作用以及动力学，还提出了其他一些模型。有人认为不能用一种模型去解释所有别构酶的行为，很可能某些别构酶的行为符合序变模型，而另一些酶的行为符合协同模型。这些模型从不同角度对别构酶的协同性和别构调节机制作了解释，并为进一步探讨别构酶的生理意义提供了讨论的基础和借鉴。不过这些模型都有一定的局限性，别构酶作用的真正机制可能更为复杂。

3.6.4　酶的共价修饰

酶蛋白肽链上的一些基团可与某种化学基团发生可逆的共价结合，从而改变酶的活性，这一过程称为酶的共价修饰（covalent modification）或化学修饰（chemical modification）。酶的共价修饰是酶活性调节的另一种重要的方式。在共价修饰过程中，酶发生无活性（或低活性）与有活性（或高活性）两种形式的互变。这种互变由不同的酶所催化，后者又受激素的调控。酶的共价修饰包括磷酸化与脱磷酸化、乙酰化与脱乙酰化、甲基化与脱甲基化、腺苷化与脱腺苷化，以及—SH 与—S—S—的互变等。其中以磷酸化修饰最为常见。

3.6.5　同工酶

同工酶（isoenzyme）是长期进化过程中基因分化的产物。同工酶是指催化相同的化学反应，而酶蛋白的分子结构、理化性质乃至免疫学性质不同的一组酶。根据国际生化学会的建议，同工酶是由不同基因或等位基因编码的多肽链，或由同一基因转录生成的不同 mRNA 翻译的不同多肽链组成的蛋白质。翻译后经修饰生成的多分子形式不在同工酶之列。同工酶存在于同一种属或同一个体的不同组织或同一细胞的不同亚细胞结构中，它们在代谢调节上起着重要的作用。

现已发现百余种酶具有同工酶。其中研究最多的是乳酸脱氢酶（LDH），它是糖酵解过程中的关键酶之一，是四聚体酶。该酶的亚基有两型：骨骼肌型（M 型）和心肌型（H 型）。这两型亚基以不同的比例组成五种同工酶：LDH_1（H_4）、LDH_2（H_3M）、LDH_3（H_2M_2）、LDH_4（HM_3）、LDH_5（M_4）。由于分子结构上的差异，这五种同工酶具有不同的电泳速度（这里 1～5 的次序代表电泳速度递减的次序），对同一底物表现不同的 K_m 值。

此外，LDH 同工酶有组织特异性，不同组织器官中的含量与分布比例不同（图 3-16）。LDH_1 在心肌中相对含量高，而 LDH_5 在肝、骨骼肌中相对含量高。因此，LDH 同工酶相

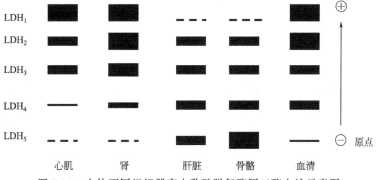

图 3-16　人体不同组织器官中乳酸脱氢酶同工酶电泳示意图

对含量的改变在一定程度上更敏感地反映某脏器的功能状况，临床医学常利用这些同工酶在血清中相对含量的改变作为某脏器病变鉴别诊断的依据。如心脏疾病 LDH_1 及 LDH_2 上升，LDH_3 及 LDH_5 下降；急性肝炎病人 LDH_5 明显升高，随病情好转而逐渐恢复正常。

3.7 酶提取和固定化

3.7.1 酶的分离纯化

酶的分离纯化有以下要点：提取过程中避免酶变性而失去活性；防止强酸、强碱、高温和剧烈搅拌等；要求在低温下操作，加入的化学试剂不使酶变性，操作中加入缓冲溶液。

基本操作程序：

① 选材　微生物（微生物发酵物：胞内酶、胞外酶），动物（动物器脏：消化酶，血液：SOD 酶，尿液：尿激酶等），植物（木瓜蛋白酶、菠萝蛋白酶等）。

② 抽提　加入提取液提取。胞内酶要先进行细胞破碎（机械研磨、超声波破碎、反复冻融或自溶等）。

③ 分离　先进行净化处理（过滤、絮凝、离心脱色），再采用沉淀法分离（盐析法、有机溶剂沉淀法、超离心等）。

④ 纯化　可采用离子交换色谱、凝胶过滤、液相色谱、亲和色谱和超滤等方法。

⑤ 酶的制剂形式　固体：干燥（冰冻升华、喷雾干燥、真空干燥）；液体。低温下短期保存。

3.7.2 固定化酶

将水溶性酶用物理或化学方法处理，固定于高分子支持物（或载体）上而成为不溶于水，但仍有酶活性的一种酶制剂形式，称固定化酶（immobilized enzyme），如图 3-17。固定化酶方法如下：

① 吸附法　使酶被吸附于惰性固体的表面，或吸附于离子交换剂上。

② 包埋法　使酶包埋在凝胶的格子中或聚合物半透膜小胶囊中。

③ 共价偶联法　使酶通过共价键连接于适当的不溶于水的载体上。

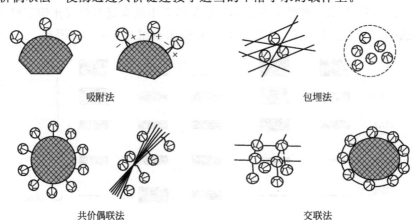

吸附法　　　　　　　　　　　　　　　　包埋法

共价偶联法　　　　　　　　　　交联法

图 3-17　固定化酶示意图

④ 交联法　使酶分子依靠双功能基团试剂交联聚合成"网状"结构。

固定化酶作用特点：稳定性提高，可反复使用，提高操作的机械强度，提高酶的利用率，降低成本。

3.8　维生素与辅酶

维生素（vitamin）是参与生物生长发育和代谢所必需的一类微量有机物质。这类物质由于体内不能合成或者合成量不足，所以虽然需要量很少，每日仅以毫克或以微克计算，但是在调节物质代谢和维持生理功能等方面却发挥着重要作用。

机体缺乏维生素时，物质代谢发生障碍。因为各种维生素的生理功能不同，缺乏不同维生素产生不同疾病，这种由于缺乏维生素的疾病称为维生素缺乏症（avitaminosis）。

按溶解性不同，维生素可分为脂溶性（lipid-soluble vitamin）和水溶性（water-soluble vitamin）两大类。

3.8.1　脂溶性维生素

维生素 A、D、E、K 等不溶于水，而溶于脂肪及脂溶剂（如苯、乙醚及氯仿等）中，故称为脂溶性维生素。脂溶性维生素在食物中与脂类共同存在，并随脂类一同吸收。吸收后的脂溶性维生素在血液中与脂蛋白及某些特殊的结合蛋白特异结合而运输。当脂质吸收不良时，脂溶性维生素的吸收大为减少，甚至会引起缺乏症。

3.8.1.1　维生素 A

维生素 A 又称抗干眼病维生素。天然的维生素 A 有两种形式，A_1 及 A_2。A_1 存在于哺乳动物及咸水鱼的肝脏中，称视黄醇（retinol）。A_2 存在于淡水鱼的肝脏中，称 3-脱氢视黄醇。A_1 和 A_2 的生理功能相同，但 A_2 的生理活性只有 A_1 的一半，它们的结构如下。

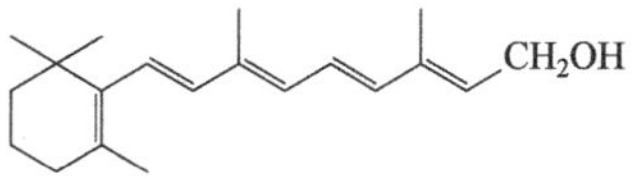

维生素A_1 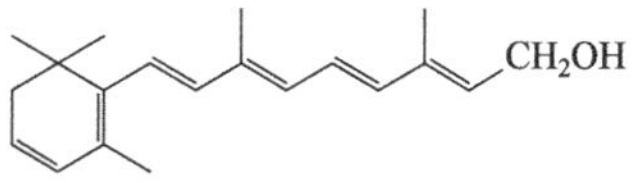　　　　　　维生素A_2

维生素 A 在体内的活性形式包括视黄醇、视黄醛和视黄酸。植物中不存在维生素 A，但有多种胡萝卜素，其中以 β-胡萝卜素最为重要。它在小肠黏膜处由 β-胡萝卜素加氧酶的作用，加氧断裂，生成 2 分子视黄醇，所以通常将 β-胡萝卜素称为维生素 A 原。

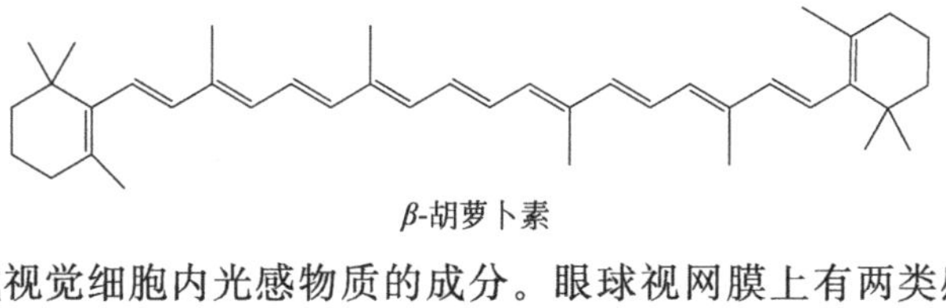

β-胡萝卜素

维生素 A 是构成视觉细胞内光感物质的成分。眼球视网膜上有两类感觉细胞，一类为圆锥细胞，对强光及颜色敏感；另一类为杆细胞，对弱光敏感，对颜色不敏感，与暗视觉有关。这是因为杆细胞含有感光物质视紫红质（rhodopin）。视紫红质是由 9,11-顺视黄醛和视蛋白内赖氨酸的 ε-氨基通过形成 schiff 碱缩合而形成的一种结合蛋白质，而视黄醛是维生素 A 的氧化产物，眼睛对弱光的感光性取决于视紫红质的合成。当维生素 A 缺乏时，9,11-顺视黄醛得不到充足的补充，视紫红质合成受阻，导致感光性下降在暗处不能辨别物体，严重时出现夜盲症。

此外维生素 A 在刺激组织生长及分化中也起着重要作用，这一方面还缺少了解。例如：维生素 A 能促进生长发育，可增加抗病力和抗癌作用；维生素 A 缺乏可导致儿童生长迟滞、发育不良；孕妇摄取过多，易发生胎儿畸形。

维生素 A 主要来自动物性食品，如：动物肝脏、蛋类、奶油和鱼肝油中；维生素 A 原主要来自植物性食品，以胡萝卜、绿叶蔬菜及玉米等含量较多。正常成人每日的维生素 A 生理需要量为 2600～3300 国际单位（IU），过多摄入维生素 A，长期每日摄入超过 500 000 IU 可引起中毒症状，严重危害健康。

3.8.1.2 维生素 D

维生素 D 又称为抗佝偻病维生素，是类甾醇衍生物，目前认为它也是一种类甾醇激素。主要包括 VD_2（麦角钙化醇，ergocalciferol）及 VD_3（胆钙化醇，cholecalciferol）。

人体内可由胆甾醇变为 7-脱氢胆甾醇，储存在皮下，在阳光及紫外线作用下再转变成 VD_3，因而称 7-脱氢胆甾醇为维生素 D_3 原。在酵母和植物油中有不能被人吸收的麦角甾醇，在阳光及紫外线照射下可转变为能被人吸收的 VD_2，所以称麦角甾醇为维生素 D_2 原。其产生过程见图 3-18。

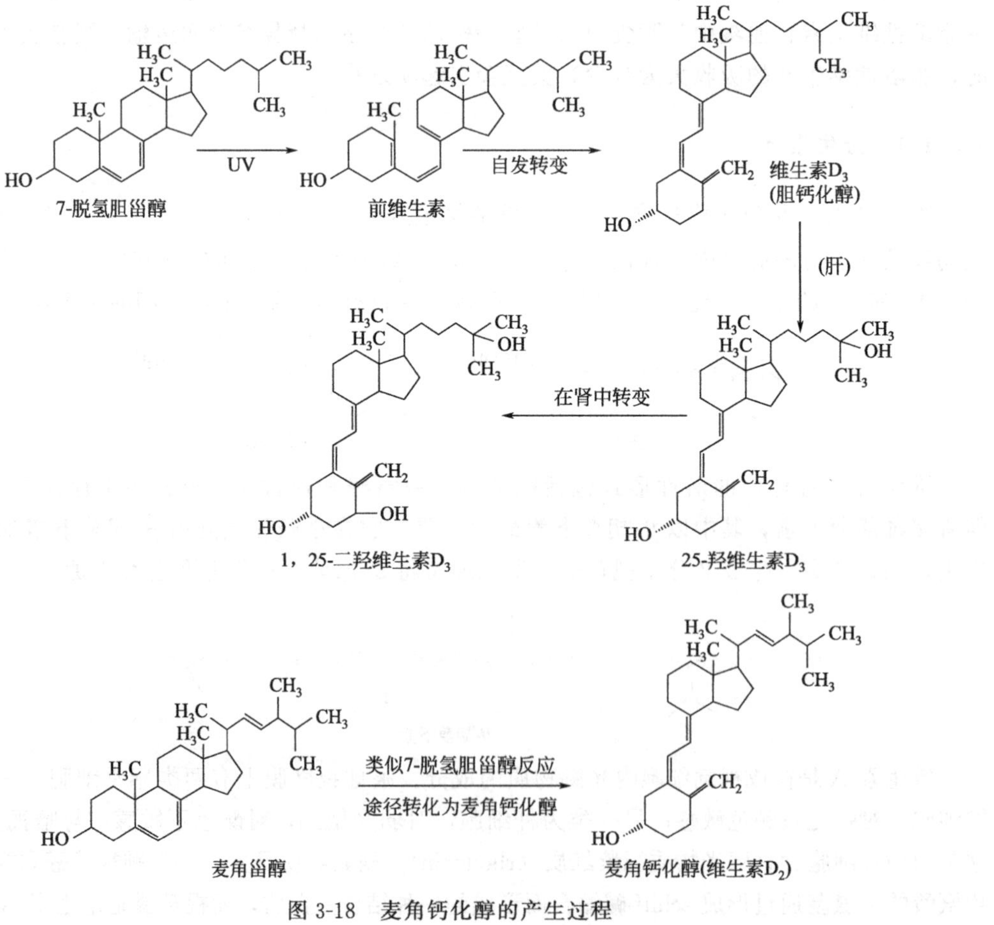

图 3-18　麦角钙化醇的产生过程

维生素 D 主要存在于海鱼、动物肝脏、蛋黄和瘦肉中，另外像脱脂牛奶、鱼肝油、乳酪、坚果和海产品、添加维生素 D 的营养强化食品中也含有丰富的维生素 D。植物性食物几乎不含有维生素 D。具有生物活性的 1,25-二羟维生素 D_3 的靶细胞是小肠黏膜、肾及肾小管。主要作用是促进钙和磷的吸收，有利于新骨的生成、钙化。当缺乏维生素 D 时，儿童可发生佝偻病，成人引起软骨病和手足抽搐等症状。但是维生素 D 不可过量补充，如果过量服用维生素 D，会使体内维生素 D 蓄积过多，出现中毒的症状，如食欲下降、恶心和消瘦等。

3.8.1.3　维生素 E

维生素 E 又称生育酚（tocopherol）。主要存在于植物油中，尤以麦胚油、大豆油、玉米油和葵花籽油中含量最为丰富。豆类及蔬菜中含量也较多。

维生素 E 主要分为生育酚及生育三烯酚两大类，每类又可根据甲基的数目、位置不同而分成 α、β、γ 和 δ 四种。

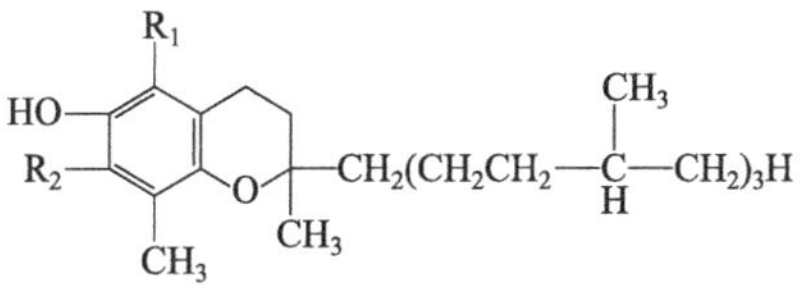

生育酚 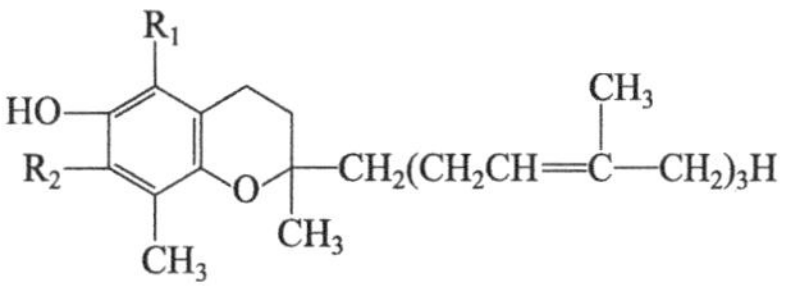　　　　　　　　　　　生育三烯酚

	R_1	R_2
α-生育酚(α-生育三烯酚)	—CH_3	—CH_3
β-生育酚(β-生育三烯酚)	—CH_3	—H
γ-生育酚(γ-生育三烯酚)	—H	—CH_3
δ-生育酚(δ-生育三烯酚)	—H	—H

维生素 E 在无氧条件下对热稳定，但对氧十分敏感，易自身氧化，因而能保护其他物质，是体内最重要的抗氧化剂，避免脂质过氧化物的产生，保护生物膜的结构与功能。

动物缺乏维生素 E 时其生殖器官发育受损甚至不育，但人类尚未发现因维生素 E 缺乏所致的不育症。临床上常用维生素 E 来治疗先兆流产及习惯性流产。

新生儿缺乏维生素 E 时可引起贫血，这可能与血红蛋白合成减少及红细胞寿命缩短有关。维生素 E 能提高血红素合成过程中的关键酶 δ-氨基-γ-酮戊酸（ALA）合成酶及 ALA 脱水酶的活性，促进血红素合成。所以孕妇及哺乳期的妇女及新生儿应注意补充维生素 E。

3.8.1.4　维生素 K

维生素 K 具有促进凝血的功能，故称为凝血维生素。天然维生素 K 有两种：维生素 K_1 和 K_2。K_1 在绿色植物及动物肝脏中含量较为丰富。K_2 是人体肠道细菌的代谢产物。临床上应用的为人工合成的 K_3、K_4，K_3、K_4 溶于水，可口服及注射。

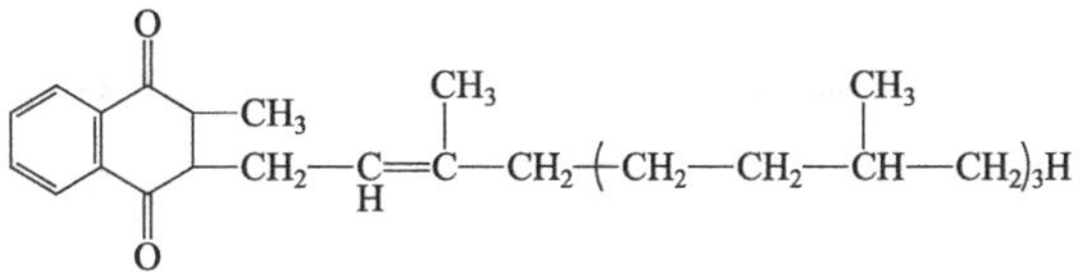

维生素K_1 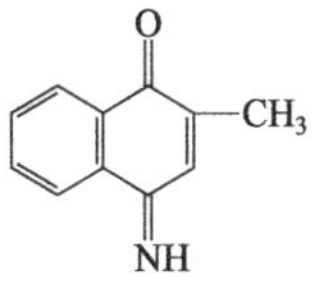　　　　　　4-亚氨基-2-甲基萘醌(维生素K_4)

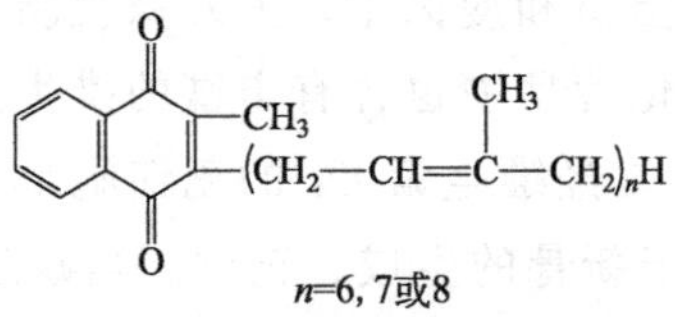

维生素K_2 2-甲基-1,4-萘醌(维生素K_3)

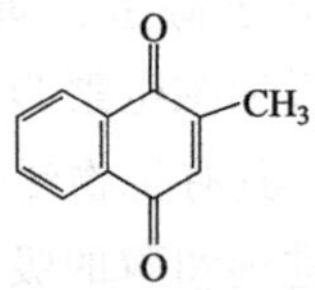

维生素 K 的主要生化作用是维持体内的第 Ⅱ、Ⅶ、Ⅸ、Ⅹ 凝血因子在正常水平。这些凝血因子由无活性型向活性型转变需要前体的 10 个谷氨酸残基（Glu）经羧化变为 γ-羧基谷氨酸（Gla）。Gla 具有很强的螯合 Ca^{2+} 的能力，因而使其转变为活性型。催化这一反应的为 γ-羧化酶，维生素 K 为该酶的辅因子。

维生素 K 广泛分布于动植物，且人体内肠道中的细菌也能合成，一般不易缺乏。但因维生素 K 不能通过胎盘，胎儿出生后肠道内由于无细菌，所以新生儿有可能出现维生素 K 缺乏。在正常小儿血液中的维生素 K 也可能稍低，但进食可使其恢复正常。维生素 K 缺乏的主要症状是易出血。长期应用抗生素及肠道灭菌药也可引起维生素 K 缺乏。

3.8.2 水溶性维生素

水溶性维生素包括 B 族维生素、维生素 C 和硫辛酸。属于 B 族维生素的主要有维生素 B_1、B_2、PP、B_6、泛酸、生物素、叶酸及 B_{12} 等。水溶性维生素体内过剩的部分均可随尿排出体外，因而在体内很少蓄积，也不会因此而发生中毒。又因为在体内的储存很少，所以必须经常从食物中摄取。

3.8.2.1 维生素 B_1

维生素 B_1 为抗神经炎维生素（又名抗脚气病维生素），化学结构是由含硫的噻唑环和含氨基的嘧啶环组成，故又称硫胺素（thiamine），为白色晶体，在有氧化剂存在时易被氧化产生脱氢硫胺素，后者在有紫外光照射时呈现蓝色荧光。可利用这一性质进行定性和定量分析。体内的活性型为焦磷酸硫胺素（thiamine pyrophosphate，TPP）。

硫胺素(VB$_1$)

焦磷酸硫胺素(TPP)

维生素 B_1 易被小肠吸收，入血后主要在肝及脑组织中经硫胺素焦磷酸激酶作用生成 TPP。TPP 是 α-酮酸氧化脱羧酶和转酮醇酶的辅酶，维生素 B_1 缺乏时，糖代谢受阻，丙酮酸积累，使病人的血、尿和脑组织中的丙酮酸含量增多，出现多发性神经炎、皮肤麻木、心力衰竭、肌肉萎缩及下肢浮肿等症状，临床上称为脚气病。

此外，研究表明，维生素 B_1 可抑制胆碱酯酶的活性，当维生素 B_1 缺乏时，该酶活性升高，乙酰胆碱水解加速，使神经传递受到影响，造成胃肠蠕动缓慢，消化液分泌减少，食欲不振，消化不良等消化道症状。

维生素 B_1 主要存在于种子外皮及胚芽中，加工过于精细的谷物可造成其大量丢失，正

常成人维生素 B_1 的需要量为每日 $1.0 \sim 1.5$ mg。

3.8.2.2　维生素 B_2

维生素 B_2 又名核黄素（riboflavin），是核醇与 7,8-二甲基异咯嗪缩合的糖苷化合物。它的异咯嗪环上的第 1 和第 10 位氮原子与活泼的双链连接，此 2 个氮原子可反复接受或释放氢，因而具有可逆的氧化还原性。

维生素 B_2 分布很广，从食物中被吸收后在小肠黏膜的黄素激酶的作用下可转变成黄素单核苷酸（flavin mononucleotide，FMN），在体细胞内还可进一步在焦磷酸化酶的催化下生成黄素腺嘌呤二核苷酸（flavin adenine dinucleotide，FAD），为其活性型。

在生物体内维生素 B_2 以 FMN 和 FAD 的形式存在，它们是多种氧化还原酶（黄素蛋白）如琥珀酸脱氢酶、黄嘌呤氧化酶及 NADH 脱氢酶等的辅基，主要起氢传递体的作用，一般与酶蛋白结合较紧，不易分开。

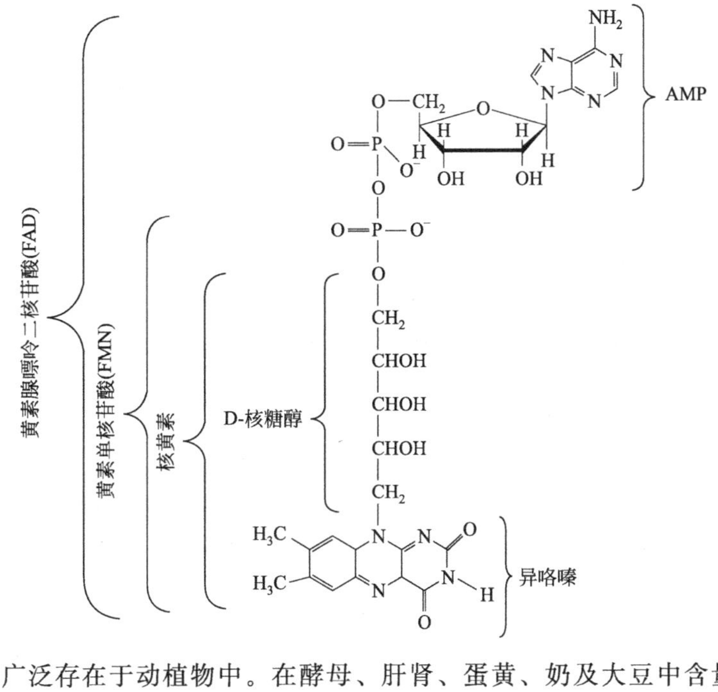

维生素 B_2 广泛存在于动植物中。在酵母、肝肾、蛋黄、奶及大豆中含量丰富。人类维生素 B_2 缺乏时，可引起口角炎、唇炎、阴囊皮炎、眼睑炎等症状。成人每日需要量为 $1.2 \sim 1.5$ mg。

3.8.2.3　维生素 PP

维生素 PP 又名抗癞皮病因子，包括烟酸（nicotinic acid，也称尼克酸）和烟酰胺（nicotinamide，也称尼克酰胺），在体内可相互转化。维生素 PP 广泛存在于自然界，在酵母、花生、谷类、豆类、肉类和动物肝中含量丰富，在体内色氨酸能转变为维生素 PP。

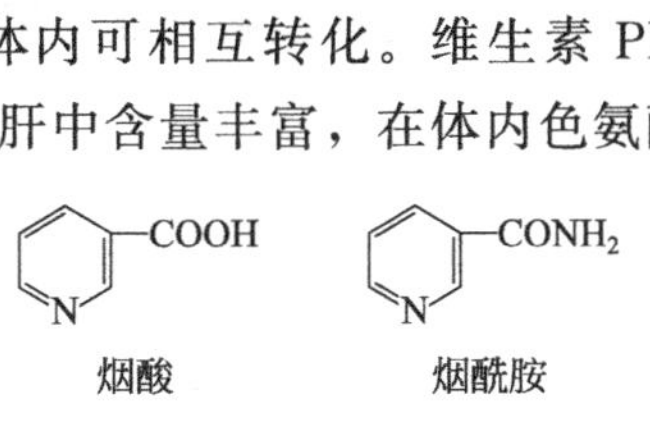

烟酸　　　　　　烟酰胺

在体内烟酰胺与核糖、磷酸、腺嘌呤组成脱氢酶的辅酶，主要是烟酰胺腺嘌呤二核苷酸（nicotinamide adenine dinucleotide，NAD^+，辅酶Ⅰ）和烟酰胺腺嘌呤二核苷酸磷酸（nicotinamide adenine dinucleotide phosphate，$NADP^+$，辅酶Ⅱ），它们也是维生素 PP 在体内的活性型。

人类维生素 PP 缺乏症称为癞皮病，主要表现是皮炎、腹泻及痴呆。皮炎常呈对称性，并出现于暴露部位；痴呆是神经组织变性的结果。

3.8.2.4 维生素 B_6

维生素 B_6 包括吡哆醇（pyridoxine）、吡哆醛（pyridoxal）和吡哆胺（pyridoxamine），在体内以磷酸酯的形式存在。磷酸吡哆醛（pyridoxal-5-phosphate，PLP）和磷酸吡哆胺（pyridoxamine-5-phosphate）可相互转变，均为活性型。

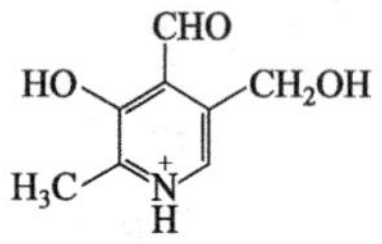

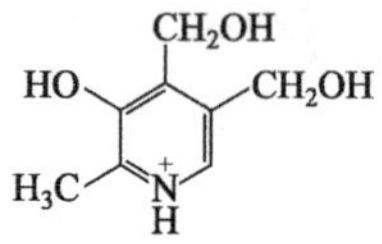

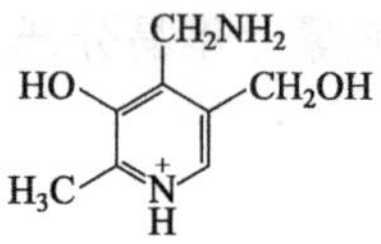

PLP 是氨基酸代谢中的转氨酶及脱羧酶的辅酶，能促进谷氨酸脱羧，增进 γ-氨基丁酸的生成，γ-氨基丁酸是一种抑制性神经递质。临床上常用维生素 B_6 对小儿惊厥及妊娠呕吐进行治疗。

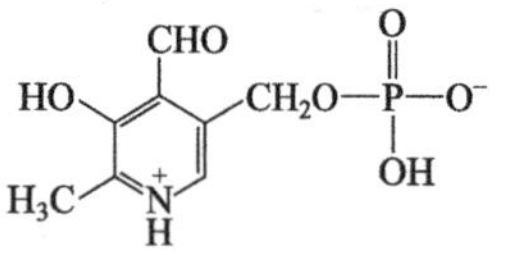

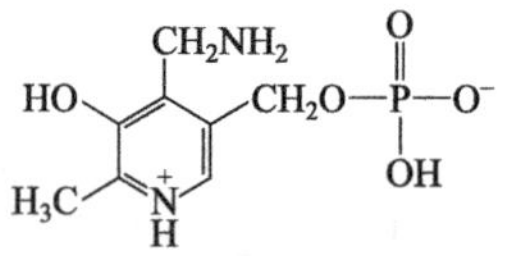

PLP 是 δ-氨基 γ-酮戊酸（ALA）合成酶的辅酶，而 ALA 合成酶是血红素合成的限速酶。所以，维生素 B_6 缺乏时有可能造成低血色素小细胞性贫血和血清铁增高。

人类未发现维生素 B_6 缺乏的典型病例。异烟肼能与磷酸吡哆醛结合，使其失去辅酶的作用，所以在服用异烟肼时，应补充维生素 B_6。

3.8.2.5 泛酸

泛酸（pantothenic acid）又称遍多酸。泛酸在肠内被吸收进入人体后，经磷酸化并获得巯基乙胺而生成 4-磷酸泛酰巯基乙胺。4-磷酸泛酰巯基乙胺是辅酶 A（CoA）及酰基载体蛋白（acyl carrier protein，ACP）的组成部分，所以 CoA 及 ACP 为泛酸在体内的活性型。

在体内 CoA 及 ACP 构成酰基转移酶的辅酶，广泛参与糖、脂类、蛋白质代谢及肝的生物转化作用，约有 70 多种酶需 CoA 及 ACP。

因泛酸广泛存在于生物界，所以很少见泛酸缺乏症，但在二战时的远东战俘中曾有"足灼热综合征"，为泛酸缺乏所致。

3.8.2.6 生物素

生物素（biotin）是由噻吩环和尿素结合而成的一个双环化合物，左侧链上有一分子戊酸。为无色针状结晶体，耐酸而不耐碱，氧化剂及高温可使其失活。它是多种羧化酶的辅酶或辅基，参与细胞内固定 CO_2 反应，起到 CO_2 载体的作用。

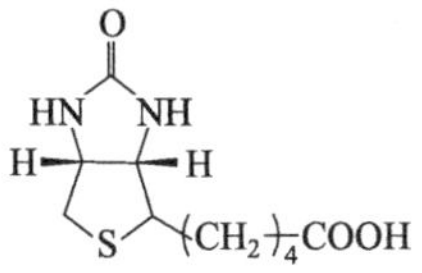

生物素

生物素侧链羧基可通过酰胺键与酶的赖氨酸残基相连。生物素是羧基载体，其第 1 位 N 可在耗能的情况下被二氧化碳羧化，再提供给受体，使之羧化。如丙酮酸羧化为草酰乙酸、乙酰辅酶 A 羧化为丙二酰辅酶 A 等都由依赖生物素的羧化酶催化。

生物素来源极广泛，如在肝、肾、蛋黄、酵母、蔬菜和谷物中，人体肠道细菌也能合成，故很少出现缺乏症。但大量食用生鸡蛋清可引起生物素缺乏。因为新鲜鸡蛋中有一种抗生物素蛋白（avidin），它能与生物素结合使其失去活性并不被吸收，蛋清加热后这种蛋白便被破坏，也就不再妨碍生物素的吸收。长期使用抗生素可抑制肠道细菌生长，也可能造成生物素的缺乏，主要症状是疲乏、恶心、呕吐、食欲不振、皮炎及脱屑性红皮病。

3.8.2.7 叶酸

叶酸（folic acid）因在绿叶中含量十分丰富而得名，又称蝶酰谷氨酸。由 2-氨基-4-羟基-6-甲基蝶啶、对氨基苯甲酸和 L-谷氨酸三部分组成。动物细胞不能合成对氨基苯甲酸，也不能将谷氨酸接到蝶酸上去，所以动物所需的叶酸需从食物中供给。植物中的叶酸含 7 个谷氨酸，肝中的叶酸一般为 5 个谷氨酸残基，谷氨酸之间是以 γ-羧基和 α-氨基连接形成的 γ 多肽。

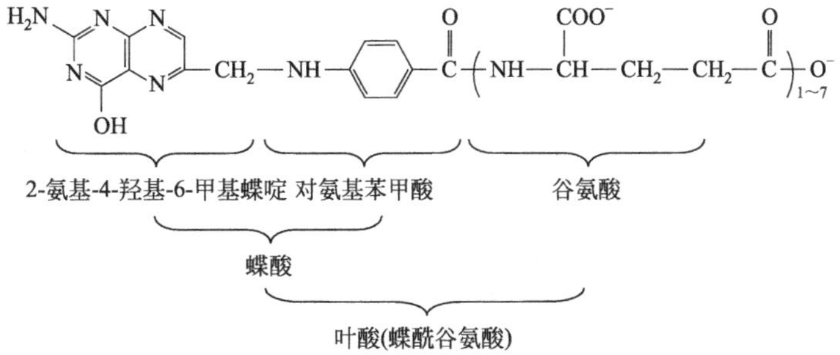

叶酸(蝶酰谷氨酸)

叶酸在小肠上段易被吸收，在十二指肠及空肠上皮黏膜细胞含叶酸还原酶（辅酶为 NADPH），在该酶的作用下可转变成叶酸的活性型四氢叶酸：

$$\text{叶酸(F)} + \text{NADPH(H}^+) \longrightarrow \text{5,6-二氢叶酸(FH}_2) + \text{NADP}^+$$
$$\text{FH}_2 + \text{NADPH(H}^+) \longrightarrow \text{5,6,7,8-四氢叶酸(FH}_4) + \text{NADP}^+$$

叶酸在肉及水果、蔬菜中含量较多，肠道的细菌也能合成，所以一般不发生缺乏症。由于叶酸与核酸的合成有关，孕妇及哺乳期快速分裂细胞增加或因生乳而致代谢较旺盛，应适量补充叶酸。口服避孕或抗惊厥药物能干扰叶酸的吸收及代谢，如长期服用此类药物时应考虑补充叶酸。

当叶酸缺乏时，DNA 合成受到抑制，骨髓巨红细胞 DNA 合成减少，细胞分裂速度降低，细胞体积变大，造成巨红细胞性贫血。因此叶酸在临床上可用于治疗巨红细胞性贫血。

3.8.2.8 维生素 B_{12}

维生素 B_{12} 又称钴胺素（cobalamine），是唯一含金属元素的维生素。维生素 B_{12} 在体内因结合的基团不同，可有多种形式存在，如氰钴胺素、羟钴胺素、甲基钴胺素（methylcobalamin）和 $5'$-脱氧腺苷钴胺素（$5'$-deoxyadenosylcobalamin），后两者是维生素 B_{12} 的活性型，也是血液中存在的主要形式。辅酶 B_{12} 参与体内一碳基团的代谢，是传递甲基供体的辅酶。维生素 B_{12} 作为变位酶的辅酶，催化底物分子内基团（主要为甲基）的变位反应。

维生素 B_{12} 参与 DNA 的合成，对红细胞的成熟很重要，当缺少维生素 B_{12} 时，巨红细胞中 DNA 合成受到障碍，影响了细胞分裂不能分化成红细胞，引起恶性贫血。维生素 B_{12} 广泛来源于动物性食品，特别是肉类和肝中含量丰富。人和动物的肠道细菌都能合成，故一般情况下不会缺少维生素 B_{12}。

3.8.2.9 维生素 C

维生素 C 具有防治坏血病的功能，故又称抗坏血酸（ascorbic acid）。维生素 C 是一种含有 6 个碳原子的酸性多羟基化合物，分子中 C-2 及 C-3 位上两个相邻的烯醇式羟基易解离而释放 H^+，所以维生素 C 虽无自由羧基，但仍具有有机酸的性质。

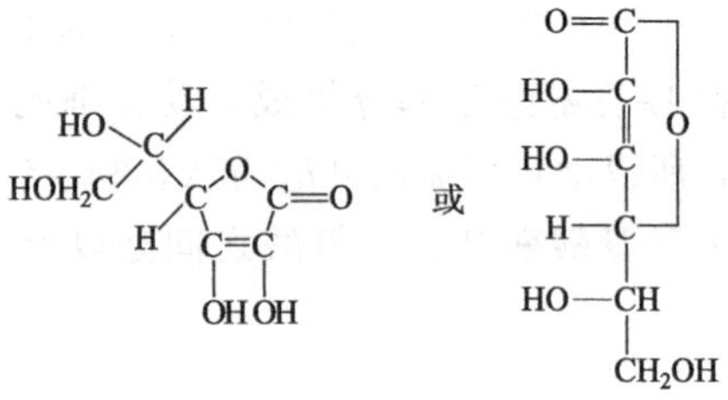

维生素C

维生素 C 广泛分布于动物界和植物界，仅几种脊椎动物——人类和其他灵长类、豚鼠、一些鸟类和某些鱼类不能合成，所以这些有机体必须从食物中获得抗坏血酸。

维生素 C 的生理功能是多方面的，主要有：

（1）促进胶原蛋白的合成。维生素 C 是胶原脯氨酸羟化酶及胶原赖氨酸羟化酶维持活性所必需的辅助因子，与胶原合成中的羟化步骤有关，而胶原是体内的结缔组织、骨及毛细血管的重要构成成分。在创伤愈合时，结缔组织的生成是其前提，所以维生素 C 对创伤的愈合是不可缺少的，如果缺乏必然会导致牙齿易松动，毛细血管破裂及创伤不易愈合等。

（2）体内的胆固醇正常时有 40% 要转变成胆汁酸。维生素 C 是催化胆固醇转变成 7-α-羟胆固醇反应的 7-α-羟化酶的辅酶。

（3）肾上腺皮质含有大量维生素 C。在肾上腺皮质激素合成加强或用肾上腺皮质激素来刺激肾上腺时，其中维生素 C 的含量显著下降。

（4）维生素 C 参与芳香族氨基酸的代谢。在苯丙氨酸转变为酪氨酸，酪氨酸转变为对羟苯丙酮酸及尿黑酸的反应中，都需要维生素 C。维生素 C 缺乏时，尿中大量出现对羟苯丙酮酸。维生素 C 还参与酪氨酸转变为儿茶酚胺、色氨酸转变为 5-羟色胺等反应。

（5）有维生素 C 存在下，铁的吸收增加明显。

（6）维生素 C 参与体内氧化还原反应。

① 维生素 C 能起到保护巯基的作用，它能使巯基酶的—SH 维持还原状态。维生素 C 也可在谷胱甘肽还原酶作用下，促使氧化型（G—S—S—G）还原为还原型谷胱甘肽（GSH）。还原型 GSH 能使细胞膜的脂质过氧化物还原，起保护细胞膜的作用。

② 维生素 C 能使红细胞中的高铁血红蛋白（MHb）还原为血红蛋白（Hb），使其恢复对氧的运输。

③ 维生素 C 能保护维生素 A、E 及 B 免遭氧化，还能促使叶酸转变成为有活性的四氢叶酸。我国建议成人每日维生素 C 的需要量为 60mg。

维生素 C 缺乏时可患坏血病，主要为胶原蛋白合成障碍所致，可出现皮下出血、肌肉脆弱等症。正常状态下因体内可储存维生素 C，坏血病的病状在维生素 C 缺乏后 3～4 个月才能出现。

3.8.2.10　硫辛酸

硫辛酸（lipoic acid）以闭环二硫化物形式和开链还原形式两种结构混合物存在，这两种形式通过氧化-还原循环相互转换。

$$\underset{\mathrm{CH_2}}{H_2C}\overset{S-S}{\underset{\diagdown}{\diagup}}CHCH_2CH_2CH_2CH_2\overset{O}{\overset{\|}{C}}-O^- \quad 硫辛酸（氧化型）$$

$$\underset{\mathrm{CH_2}}{H_2C}\overset{SH\ HS}{\underset{\diagdown}{\diagup}}CHCH_2CH_2CH_2CH_2\overset{O}{\overset{\|}{C}}-O^- \quad 硫辛酸（还原型）$$

辅酶形式及生化功能：硫辛酸是丙酮酸脱氢酶系和 α-酮戊二酸脱氢酶系的多酶复合物中的一种辅助因子，在此复合物中，硫辛酸起着转酰基作用，同时在这个反应中硫辛酸被还原以后又重新被氧化。在糖代谢中有重要作用。

硫辛酸有抗脂肪肝和降低血胆固醇的作用，另外，它很容易进行氧化还原反应，故可保护巯基酶免受重金属离子的毒害。目前，尚未发现人类有硫辛酸的缺乏症。

习　题

一、名词解释

1. 酶的活性中心　　2. 酶活力单位　　3. 比活力　　　　4. K_m　　　5. 诱导契合学说
6. 别构效应　　　　7. 同工酶　　　　8. 竞争性抑制作用　9. 维生素　10. 辅酶

二、判断题

1. 米氏常数（K_m）是与反应系统的酶浓度无关的一个常数。（　　　）

2. 同工酶就是一种酶同时具有几种功能。（　　　）

3. 辅酶与酶蛋白的结合不紧密，可以用透析的方法除去。（　　　）

4. L-氨基酸氧化酶可以催化 D-氨基酸氧化。（　　　）

5. 酶反应的专一性和高效性取决于酶蛋白本身。（　　　）

6. 竞争性抑制剂在结构上与酶的底物相类似。（　　　）

7. 泛酸在生物体内用以构成辅酶 A，后者在物质代谢中参加酰基的转移作用。（　　　）

8. 本质为蛋白质的酶是生物体内唯一的催化剂。（　　　）

三、问答题

1. 影响酶促反应的因素有哪些？用曲线表示并说明它们各有什么影响？

2. 试比较酶的竞争性抑制作用与非竞争性抑制作用的异同。

3. 举例说明酶的结构和功能之间的相互关系。

4. 简述固定化酶方法及优点。

5. 解释何为酶活力和比活力？分别说明这两个指标在酶纯化过程中可以说明什么？

6. 酶活性调节机制有哪些？

四、计算题

1. 有淀粉酶制剂 1g，用水溶解成 1000mL，从中取出 1mL 测定淀粉酶活力，测知每 5min 分解 0.25g 淀粉，计算每克酶制剂所含的淀粉酶活力单位（淀粉酶活力单位规定为：在最适条件下，每小时分解 1g 淀粉的酶量为一个活力单位）。

2. 什么是米氏方程？米氏常数 K_m 的意义是什么？试求酶反应速率达到最大反应速率的 80% 时，所需要的底物浓度（用 K_m 表示）。

4 生物氧化

本章学习目标

1. 了解和掌握生物氧化的化学本质及特点。
2. 了解生物氧化过程中的氧化还原电位和自由能的变化。
3. 掌握生物氧化过程中的电子传递过程和氧化呼吸链。掌握氧化磷酸化作用。

生物体的生存和生长除需要各种有机物质和无机物质如钙、镁、磷等外，还必须获得大量的能量，以满足生物体内各种复杂的化学反应的需要。生物体所需的能量大都来自糖、脂肪、蛋白质等有机物的氧化。生物体内的氧化和外界的燃烧在化学本质上都遵循氧化反应的一般规律，常见的氧化方式有脱电子、脱氢和加氧等类型，最终氧化分解产物是二氧化碳（CO_2）和水（H_2O），同时释放的能量也完全相等，但二者所进行的方式却大不相同。糖、脂肪、蛋白质在细胞内彻底氧化之前，都先经过分解代谢，在不同的分解代谢过程中，都伴有代谢物的脱氢和辅酶 NAD^+ 或 FAD 的还原。这些携带着 H^+ 和电子的还原型辅酶 NADH、$FADH_2$，最终将氢离子和电子传递给氧时，都经历相同的一系列电子载体传递过程。有机分子在细胞内氧化分解成 CO_2 和 H_2O 并释放出能量形成 ATP 的过程，笼统地称为生物氧化（biological oxidation）。简单地说，生物体内一切代谢物在细胞内进行的氧化作用（伴随着还原作用）称为生物氧化。由于这一过程通常要消耗氧，生成 CO_2，并且在组织细胞中进行，所以生物氧化又称为"细胞氧化"或"细胞呼吸"（cellular respiration），有时也称为"组织呼吸"，简称"呼吸"。

4.1 生物氧化的方式和酶类

4.1.1 生物氧化的基本概念

机体内进行的脱氢、加氧等氧化反应总称为生物氧化，按照生理意义不同可分为两大类，一类主要是将代谢物、药物或毒物等通过氧化反应进行生物转化，这类反应不伴有 ATP 的生成；另一类是糖、脂肪和蛋白质等营养物质通过氧化反应进行分解，生成 H_2O 和

CO_2，同时伴有 ATP 生物能的生成，这类反应进行过程中细胞要摄取 O_2，释放 CO_2。

代谢物在体内的氧化可以分为三个阶段：首先是糖、脂肪和蛋白质经过分解代谢生成乙酰辅酶 A；接着乙酰辅酶 A 进入三羧酸循环脱氢，生成 CO_2，并使 NAD^+ 和 FAD 还原成 NADH、$FADH_2$；最后是 NADH 和 $FADH_2$ 中的氢经呼吸链将电子传递给氧生成水，氧化过程中释放出来的能量用于 ATP 合成。从广义来讲，上述三个阶段均为生物氧化，狭义地说只有最后（第三个）阶段（完成）才算是生物氧化，这是体内能量生成的主要阶段。

4.1.1.1 生物氧化的化学本质和特点

从化学本质上讲，生物氧化和物质在体外的氧化是相同的，最终产物都是 H_2O 和 CO_2，但两者进行的方式大不相同。

生物氧化的特点及生物氧化与体外氧化的不同有以下几点。①生物氧化是在细胞内进行的。②生物氧化反应条件比较温和（在体温、常压、有水和近似中性 pH 值条件下进行）；而体外燃烧则要求在高温或高压以及干燥的条件下进行。③生物氧化几乎都是在酶或辅酶催化下完成的，即酶促化学反应；而体外燃烧则是剧烈的游离基反应。④生物氧化是逐步的氧化-还原过程，其能量是逐步放出来的；而体外燃烧的能量是爆发式释放出来的。⑤生物氧化放出的能量一般以化学能的方式贮存在高能磷酸化合物 ATP 中，被生物细胞所利用，所产生的能量利用效率比较高；物质在体外氧化产生的能量，以光和热的形式瞬间放出，散失在环境中。

4.1.1.2 生物能学的基本概念

（1）自由能　在某一系统的总能量中，能够在恒定的温度、压力以及一定体积下用来做功的那部分能量称为自由能（free energy）或 Gibbs 自由能（1878 年化学家 Josiah Willard Gibbs 提出自由能概念而得名），常用 G 表示。

$$G = H - TS$$

式中，H 为焓（enthalpy，热含量）；T 为热力学温度；S 为熵。

设反应前的自由能为 $G_1 = H_1 - TS_1$，反应后的自由能为 $G_2 = H_2 - TS_2$。反应前后自由能的变化为 $\Delta G = \Delta H - T\Delta S$。$\Delta G$ 称为自由能变化。

$\Delta G < 0$ 时，反应可以自发进行；

$\Delta G = 0$ 时，体系处于平衡状态；

$\Delta G > 0$ 时，反应不能自发进行，需要环境对体系做功。

ΔG 与反应过程无关，只与始终状态有关。

（2）ATP　ATP——三磷酸腺苷或腺苷三磷酸，是生物体中自由能的流通货币，生物体需要不断地获得自由能以维持生活。在细胞内，ATP 作为能量载体几乎参与所有生理过程：肌肉收缩、细胞运动、生物合成、细胞分裂、主动运输、分子加工、神经传导等，它作为一种通用"能量货币"在体内周转。

① 最重要的高能化合物——ATP。机体内有很多磷酸化合物，它们的磷酸基团水解时能放出大量自由能，这类化合物称为高能磷酸化合物（当然还有一些低能磷酸化合物），ATP（腺苷三磷酸）就是这些化合物的典型代表，ATP 是由腺嘌呤、核糖和 1 个三磷酸单位组成的核苷酸。

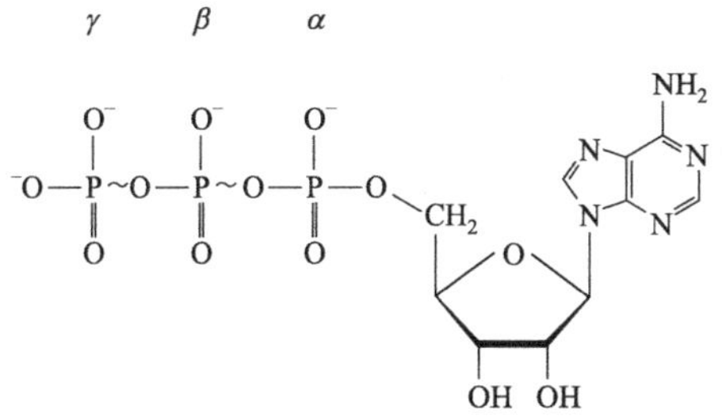

ATP("～"代表水解时产生高能的键)

ATP 结构中的两个磷酸基团（β、γ 磷酸基团）可从 γ 端依次移去而生成腺苷二磷酸（ADP）和腺苷一磷酸（AMP）。在某些情况下，ATP 的 β 和 γ 磷酸基团一起断裂，形成 AMP 和无机焦磷酸（PPi），焦磷酸再水解为 2 分子磷酸（Pi）。如：萤火虫的发光物质"虫荧光酰腺苷酸"的形成就是由 ATP 降解为 AMP 和 PPi 来提供腺苷酸。

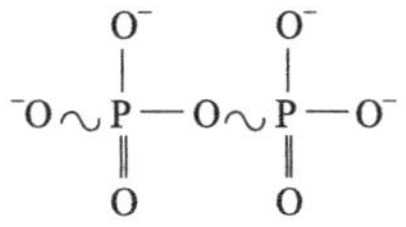

焦磷酸

上述断裂具有特殊的生物学意义，所形成的 AMP 可在腺苷酸激酶的作用下由 ATP 提供一个磷酸基团形成 ADP，ADP 又可迅速地接受另外的磷酸基团而形成 ATP。

机体在物质氧化的某些过程释放出的大量的自由能往往要先形成 ATP，再由 ATP 水解为 ADP 和无机磷酸（正磷酸，Pi），同时释放出大量自由能来满足需能反应。ATP 水解时释放出 1744J/mol 的能量。一般将水解时能释放 20.9kJ/mol（或 5kcal/mol）以上自由能的化合物称为高能化合物，高能化合物通过水解反应或基团转移反应可放出大量自由能（ΔG 为负值）的化学键称为高能键。高能键常用符号"～"来表示，注意：生物化学中所说的高能化合物是指水解该键时反应的 ΔG（自由能的改变量），而不是指断裂该键所需要的能量。

高能磷酸化合物的类型很多，根据其键型可分为磷氧键型（P—O）、氮磷键型（N—P）、硫酯键型（R—CO—S—R）、甲硫键型（C—S）等，其中以含有磷酸基团的占绝大多数。从生物化学的角度来讲，高能键水解时自由能大幅度降低，因此是比较不稳定的化学键，容易分解释放能量。

② ATP 可作为能量的偶联剂。化学反应可分为吸能反应和放能反应。放能反应是指那些产生能量的反应，这些反应进行时可以做功。吸能反应是指那些利用（需要）能量的反应，即必须对它做功才能进行的反应。在活细胞内，产生能量的反应与需能反应是偶联进行的。但是，这种偶联很少是两个反应的共同催化作用，即产生能量的反应不是与需要能量的反应直接联合起来，而是通过第三者在这两个反应中起桥梁作用，这个第三者就是 ATP。

当细胞营养物质进行代谢时，产生大量的能量。这些能量中的一部分推动着由 ADP 和 Pi 合成 ATP，即释放出的能量暂时输入到 ATP 分子中。然后 ATP 作为能量的供体参与许多需能反应，例如生物合成反应、生物分子或离子的主动运输、肌肉收缩等。

4.1.1.3　生物氧化中 CO_2 生成的方式

呼吸作用中所产生的 CO_2 并不是代谢物中的 C 原子与 O 原子结合而成的，而是来源于有机酸在酶催化下的脱羧作用。根据脱去 CO_2 的羧基在有机酸分子中的位置，可把脱羧作用分为 α-脱羧和 β-脱羧两种类型。脱羧过程有的伴随氧化作用，称为氧化脱羧；有的没有氧化作用，称为直接脱羧或单纯脱羧。

（1）直接脱羧作用

① α-直接脱羧

$$H_3C-\underset{\underset{O}{\|}}{C}-\boxed{COOH} \xrightarrow{\alpha\text{-酮酸脱羧酶}} CH_3CHO + CO_2$$

丙酮酸　　　　　　　　　　　　　　乙醛

② β-直接脱羧

$$HOOC-\underset{\alpha}{\underset{\underset{O}{\|}}{C}}-\underset{\beta}{CH_2}-\boxed{COOH} \underset{}{\overset{丙酮酸脱羧酶}{\rightleftharpoons}} HOOC-\underset{\underset{O}{\|}}{C}-CH_3 + CO_2$$

草酰乙酸　　　　　　　　　　　　　丙酮酸

（2）氧化脱羧作用

① α-氧化脱羧

$$H_3C-\underset{\underset{O}{\|}}{C}-\boxed{COOH} + CoASH + NAD^+ \xrightarrow{丙酮酸氧化脱羧酶系} H_3C-\underset{\underset{O}{\|}}{C}\sim SCoA + NADH + H^+ + CO_2$$

丙酮酸　　　　　辅酶A　　　　　　　　　　　　　　乙酰CoA

② β-氧化脱羧

$$HOOC-\underset{\alpha}{\underset{\underset{OH}{|}}{CH}}-\underset{\beta}{CH_2}-\boxed{COOH} + NADP^+ \xrightarrow{苹果酸酶} HOOC-\underset{\underset{O}{\|}}{C}-CH_3 + CO_2 + NADPH + H^+$$

苹果酸　　　　　　　　　　　　　　　丙酮酸

4.1.2 生物氧化酶类

体内催化氧化反应的酶有许多种，凡是参与生物体内氧化还原反应的酶类都可称为生物氧化还原酶。按照其催化氧化还原反应方式不同可分为三大类。

4.1.2.1 脱氢氧化酶类

这一类酶依据其反应受氢体或氧化产物不同，又可以分为三种。

（1）氧化酶类（oxidases）　氧化酶直接作用于底物，以氧作为受氢体或受电子体，生成产物是水。氧化酶均为结合蛋白质，辅基常含有 Cu^{2+}，如细胞色素氧化酶、酚氧化酶、抗坏血酸氧化酶等。抗坏血酸氧化酶可催化下述反应：

$$抗坏血酸 \xrightarrow[+1/2\ O_2]{抗坏血酸氧化酶} 脱氢抗坏血酸 + H_2O$$

（2）需氧脱氢酶类（aerobic dehydrogenases）　需氧脱氢酶以黄素单核苷酸（FMN）和黄素腺嘌呤二核苷酸（FAD）为辅基，以氧为直接受氢体，产物为 H_2O_2 或超氧离子（O_2^-），某些色素如甲烯蓝（methylene blue，MB）、铁氰化钾 $[K_3Fe(CN)_6]$、二氯酚靛酚可以作为这类酶的人工受氢体，如 D-氨基酸氧化酶（辅基 FAD）、L-氨基酸氧化酶（辅基 FMN）、黄嘌呤氧化酶（辅基 FAD）、醛脱氢酶（辅基 FAD）、单胺氧化酶（辅基 FAD）、二胺氧化酶等。

胺　　　　　O_2+H_2O　　　　次黄嘌呤（或黄嘌呤）　　　H_2O+O_2

醛　　　　　$H_2O_2+NH_3$　　　黄嘌呤（或尿酸）　　　　　H_2O_2

单胺氧化酶(含FAD)　　　　　　黄嘌呤氧化酶(含FAD、Mo、Fe^{2+})

这类酶的显著特点是在离体实验中，可以 MB 为受氢体，使蓝色的氧化型 MB 还原成无色的还原型 MBH_2。

$$MB \quad + \quad E\text{-}2H \Longleftrightarrow MBH_2 \quad + \quad E$$

氧化型甲烯蓝　　脱氢酶　　　还原型甲烯蓝　　脱氢酶

（蓝色）　　（还原型）　　（无色）　　（氧化型）

粒细胞中烟酰胺腺嘌呤二核苷酸（nicotimamide adenine dinucleotide，NADH）氧化酶和烟酰胺腺嘌呤二核苷酸磷酸（nicotinamide adenine dinucleotide phosphate，NADPH）氧化酶也是需氧脱氢酶，它们催化下述反应：

$$NAD(P)H + 2O_2 \xrightarrow{NAD(P)H \text{ 氧化酶}} NAD(P)^+ + 2O_2^- + H^+$$

超氧离子在超氧化物歧化酶（superoxide dismutase，SOD）催化下生成 H_2O_2 与 O_2。

$$O_2^- + O_2^- + 2H^+ \xrightarrow{SOD} H_2O_2 + O_2$$

（3）不需氧脱氢酶类（anaerobic dehydrogenases）　这是人体内主要的脱氢酶类，其直接受氢体不是 O_2，而只能是某些辅酶（NAD^+、$NADP^+$）或辅基（FAD、FMN），辅酶或辅基还原后又将氢原子传递至线粒体氧化呼吸链，最后将电子传给氧生成水，在此过程中释放出来的能量使 ADP 磷酸化生成 ATP，如 3-磷酸甘油醛脱氢酶、琥珀酸脱氢酶、细胞色素体系等。

3-磷酸甘油醛　　$NAD^+ + Pi$　　　琥珀酸　　　FAD

1，3-二磷酸甘油酸　　$NADH + H^+$　　延胡索酸　　　$FADH_2$

3-磷酸甘油醛脱氢酶　　　　　　琥珀酸脱氢酶

4.1.2.2　加氧酶类（oxygenases）

顾名思义，加氧酶催化加氧反应。根据向底物分子中加入氧原子的数目，又可分为单加氧酶（monooxygenase）和双加氧酶（dioxygenase）。

（1）单加氧酶　单加氧酶又称为多功能氧化酶、混合功能氧化酶（mixed function oxidase）、羟化酶（hydroxylase）。单加氧酶催化 O_2 分子中的一个原子加到底物分子上使之羟化，另一个氧原子被 NADPH 提供的氢还原生成水，在此氧化过程中无高能磷酸化合物生成，反应如下。

$$RH + NADPH + H^+ + O_2 \Longleftrightarrow ROH + NADP^+ + H_2O$$

单加氧酶实际上是含有黄素酶及细胞色素的酶体系，常常是由细胞色素 P450、NADPH 细胞色素 P450 还原酶、NADPH 和磷脂组成的复合物。细胞色素 P450 是一种以血色素为辅基的 b 族细胞色素，其中的 Fe^{3+} 可被 $Na_2S_2O_3$ 等还原为 Fe^{2+}，还原型的细胞色素 P450 与 CO 结合后在 450nm 有最大吸收峰，故名细胞色素 P450，它的作用类似于细胞色素 aa_3，能与氧直接反应，将电子传递给氧，因此也是一种终末氧化酶。

单加氧酶主要分布在肝、肾组织微粒体中，少数单加氧酶也存在于线粒体中，单加氧酶主要参与类固醇激素（性激素、肾上腺皮质激素）、胆汁酸盐、胆色素、活性维生素 D 的生成和某些药物、毒物的生物转化过程。单加氧酶可受底物诱导，而且细胞色素 P450 基质特异性低，一种基质提高了单加氧酶的活性便可同时加快几种物质的代谢速度，这与体内的药物代谢关系十分密切，例如以苯巴比妥作诱导物，可以提高机体代谢胆红素、睾酮、氢化可的松、香豆素、洋地黄毒苷的速度，临床用药时应予考虑。

（2）双加氧酶　此酶催化 O_2 分子中的两个原子分别加到底物分子中构成双键的两个碳原子上，如色氨酸吡咯酶（色氨酸双加氧酶）、β-胡萝卜素双加氧酶分别催化下述反应：

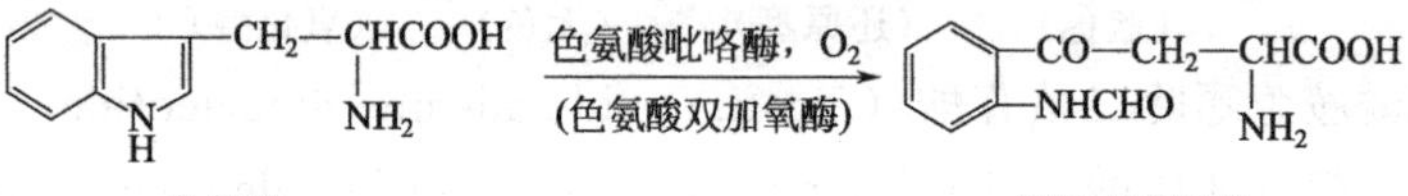

色氨酸　　　　色氨酸吡咯酶，O_2　　　　　甲酰犬尿氨酸
　　　　　　　（色氨酸双加氧酶）

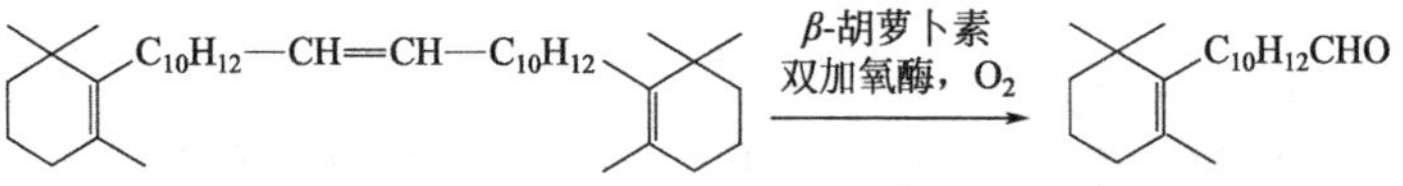

β-胡萝卜素　　　β-胡萝卜素双加氧酶，O_2　　　　视黄醛

4.1.2.3　过氧化氢酶和过氧化物酶

前已叙及需氧脱氢酶和超氧化物歧化酶催化的反应中有 H_2O_2 生成。过氧化氢具有一定的生理作用，粒细胞和吞噬细胞中的 H_2O_2 可杀死吞噬的细菌，甲状腺上皮细胞和粒细胞中的 H_2O_2 可使 I 氧化生成 I_2，进而使蛋白质碘化，这与甲状腺素的生成和消灭细菌有关。但是 H_2O_2 也可使巯基酶和蛋白质氧化失活，还能氧化生物膜磷脂分子中的多不饱和脂肪酸，损伤生物膜结构、影响生物膜的功能，此外 H_2O_2 还能破坏核酸和黏多糖。人体某些组织和细胞如肝、肾、中性粒细胞及小肠黏膜上皮细胞中的过氧化物酶体内含有过氧化氢酶（catalase）和过氧化物酶（peroxidase），可利用或消除细胞内的 H_2O_2 和过氧化物，防止其含量过高而起保护作用。

（1）过氧化氢酶　此酶催化两个 H_2O_2 分子的氧化还原反应，生成 H_2O 并释放出 O_2。

$$H_2O_2 + H_2O_2 \xrightarrow{\text{过氧化氢酶}} 2H_2O + O_2$$

过氧化氢酶的催化效率极高，每个酶分子在 0℃每分钟可催化 264 万个过氧化氢分子分解，因此人体一般不会发生 H_2O_2 的蓄积中毒。

（2）过氧化物酶　此酶催化 H_2O_2 或过氧化物直接氧化酚类或胺类物质。

$$R + H_2O_2 \longrightarrow RO + H_2O \quad \text{或} \quad RH_2 + H_2O_2 \longrightarrow R + 2H_2O$$

某些组织的细胞中还有一种含硒（Se）的谷胱甘肽过氧化物酶（glutathione peroxidase），可催化下述反应：

$$H_2O_2 + 2GSH \longrightarrow 2H_2O + GSSG$$

$$ROOH + 2GSH \longrightarrow ROH + GSSG + H_2O$$

生成的 GSSG 又可在谷胱甘肽还原酶催化下由 $NADPH + H^+$ 供氢还原生成 GSH：

$$GSSG+NADPH+H^+ \xrightarrow{\text{谷胱甘肽还原酶}} NADP^+ +2GSH$$

临床工作中判定粪便、消化液中是否有隐血时，就是利用血细胞中的过氧化物酶活性将愈创木脂或联苯胺氧化成蓝色化合物。

4.2 呼吸链

细胞内的线粒体是生物氧化的主要场所。线粒体的主要功能是将代谢物脱下的氢通过多种酶及辅酶所组成的传递体系传递，最后与氧结合生成水。由供氢体、传递体、受氢体以及相应的酶系统所组成的代谢体系，称为生物氧化还原链。如果受氢体是氧，则称为呼吸链（respiratory chain），呼吸链是将代谢物脱下的成对氢原子交给氧生成水，同时有 ATP 生成。递氢实际上就是传递电子，因此呼吸链又称为电子传递链（electro transfer chain）。呼吸链的作用代表着线粒体最基本的功能，呼吸链中的递氢体和递电子体就是能传递氢原子或电子的载体，由于氢原子可以看作是由 H^+ 和 e 组成的，所以递氢体也是递电子体，递氢体和递电子体的本质是酶、辅酶、辅基或辅因子。

4.2.1 呼吸链的主要组分

现已发现构成整个呼吸链的组成成分有 20 多种，主要分为以下五类。

（1）烟酰胺腺嘌呤二核苷酸（NAD^+）或称辅酶Ⅰ（CoⅠ）　这是一类不需氧脱氢酶，为体内很多脱氢酶的辅酶，首先激活代谢物上特定位置的氢，并使之脱落，脱下来的氢由辅酶Ⅰ（CoⅠ，NAD^+）接受，是连接作用物与呼吸链的重要环节，分子结构中除含尼克酰胺（维生素 PP）外，还含有核糖、磷酸及一分子腺苷酸（AMP），其结构如下。

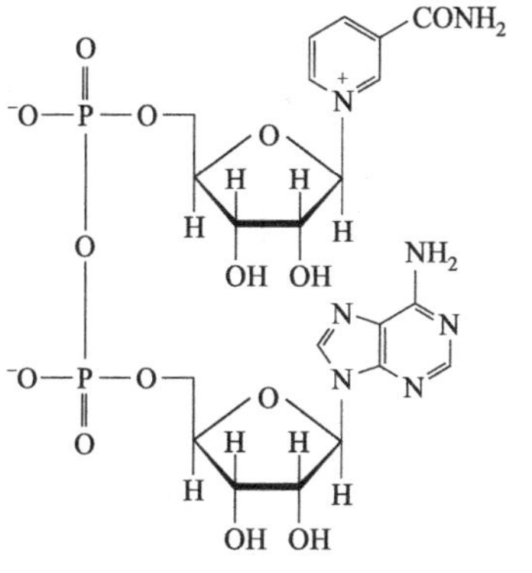

(NAD^+) 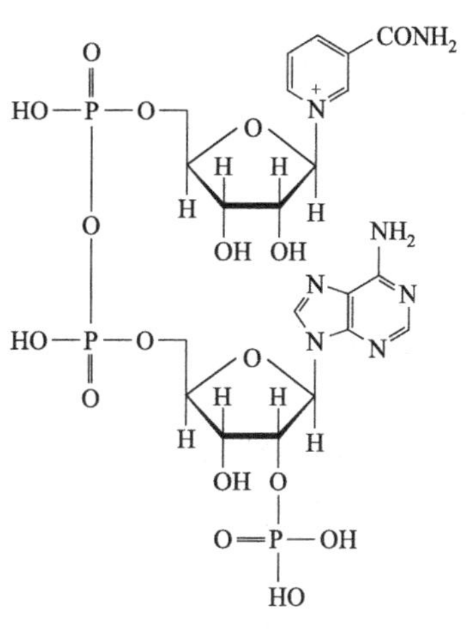　　　　　　　　　　$(NADP^+)$

NAD^+ 的主要功能是接受从代谢物上脱下的 2H（$2H^+ +2e^-$），然后传给另一传递体黄素蛋白。

在生理 pH 条件下，尼克酰胺中的氮（吡啶氮）为五价的氮，它能可逆地接受电子而成为三价氮，与氮对位的碳也较活泼，能可逆地加氢还原，故可将 NAD^+ 视为递氢体。反应时，NAD^+ 的尼克酰胺部分可接受一个氢原子及一个电子，尚有一个质子（H^+）留在介质中。

(R代表NAD$^+$或NADP$^+$中除尼克酰胺以外的其他部分)

此外，亦有不少脱氢酶的辅酶为尼克酰胺腺嘌呤二核苷酸磷酸（NADP$^+$），又称辅酶Ⅱ（CoⅡ），它与 NAD$^+$ 不同之处是在腺苷酸部分中核糖的 2′ 位碳上羟基的氢被磷酸基取代。

当此类酶催化代谢物脱氢后，其辅酶 NADP$^+$ 接受氢而被还原生成 NADPH＋H$^+$，它须经吡啶核苷酸转氢酶（pyridine nucleotide transhydrogenase）作用将还原 H 转移给 NAD$^+$，然后再经呼吸链传递，但 NADPH＋H$^+$ 一般是为合成代谢或羟化反应提供氢。

$$NADPH＋H^+＋NAD^+ \xrightarrow{\text{吡啶核苷酸转氢酶}} NADP^+＋NADH＋H^+$$

（2）黄素蛋白

黄素蛋白（flavoproteins）种类很多，其辅基有两种，一种为黄素单核苷酸（FMN），另一种为黄素腺嘌呤二核苷酸（FAD），两者均含核黄素（维生素 B$_2$），此外 FMN 尚含一分子磷酸，而 FAD 则比 FMN 多含一分子腺苷酸（AMP）。

在 FAD、FMN 分子中的异咯嗪部分可以进行可逆的脱氢加氢反应：

FAD(或FMN)　　　　　　　FADH$_2$(或FMNH$_2$)

黄素蛋白可催化代谢物脱氢，脱下的氢可被该酶的辅基 FMN 或 FAD 接受。NADH 脱氢酶就是黄素蛋白的一种。它可将氢由 NADH 转移到 NADH 脱氢酶的辅基 FMN 上，使 FMN 还原为 FMNH$_2$。FAD 或 FMN 与酶蛋白部分之间通过非共价键相连，但结合牢固，因此氧化与还原（即电子的失与得）都在同一个酶蛋白上进行，故黄素核苷酸的氧化还原电位取决于和它们结合的蛋白质，所以有关的标准还原电位指的是特定的黄素蛋白，而不是游离的 FMN 或 FAD。在电子转移反应中它们只是在黄素蛋白的活性中心部分，而其本身不能作为作用物或产物，这和 NAD$^+$ 不同，NAD$^+$ 与酶蛋白结合疏松，当与某酶蛋白结合时可以从代谢物接受氢，而被还原为 NADH，后者可以游离，再与另一种酶蛋白结合，释放氢后又被氧化为 NAD$^+$。

多数黄素蛋白参与呼吸链组成，与电子转移有关，如 NADH 脱氢酶（NADH dehydrogenase）以 FMN 为辅基，是呼吸链的组分之一，介于 NADH 与其他电子传递体之间；琥珀酸脱氢酶，线粒体内的甘油磷酸脱氢酶（glycerol phosphate dehydrogenase）的辅基为 FAD，它们可直接从作用物转移还原当量 H$^+$＋e$^-$ 到呼吸链，此外脂肪酰 CoA 脱氢酶与琥珀酸脱氢酶相似，亦属于 FAD 为辅基的黄素蛋白类，也能将还原当量从作用物传递进入呼吸链，但中间尚需另一电子传递体，即电子转移黄素蛋白（electron transferring flavo protein, ETFP，辅基为 FAD）参与才能完成。

（3）铁硫蛋白　铁硫蛋白（iron sulfur proteins）又称铁硫中心，其特点是含铁原子和硫原子，铁与无机硫原子或是蛋白质肽链上半胱氨酸残基的硫相结合，常见的铁硫蛋白有三种组合方式：①单个铁原子与 4 个半胱氨酸残基上的巯基硫相连；②两个铁原子、两个无机硫原子组成（2Fe-2S），其中每个铁原子还各与两个半胱氨酸残基的巯基硫相结合；③由 4 个铁原子与 4 个无机硫原子相连（4Fe-4S），铁与硫相间排列在一个正六面体的 8 个顶角端，此外 4 个铁原子还各与一个半胱氨酸残基上的巯基硫相连。

铁硫蛋白中的铁可以呈二价（还原型），也可以呈三价（氧化型），由于铁的氧化、还原而达到传递电子作用。在呼吸链中它多与黄素蛋白或细胞色素 b 结合存在。

（4）辅酶 Q

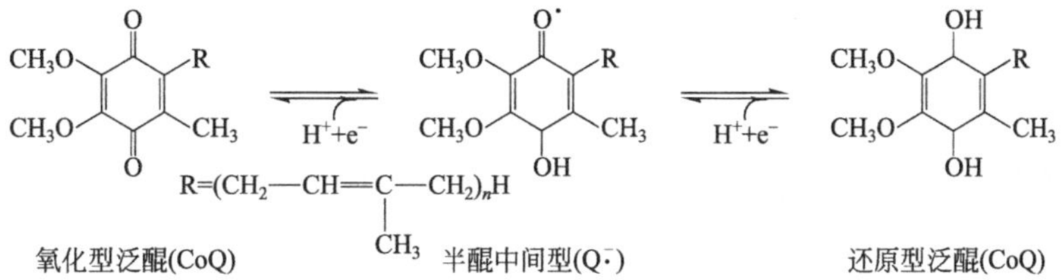

$R=(CH_2-CH=C-CH_2)_nH$

氧化型泛醌(CoQ)　　半醌中间型(Q·)　　还原型泛醌(CoQ)

辅酶 Q（coenzyme Q，CoQ）是一种脂溶性的醌类物质，亦称泛醌（ubiquinone，UQ 或 Q），带有一条很长的侧链，是由多个异戊二烯（isoprene）单位构成的，不同来源的泛醌其异戊二烯单位的数目不同，在哺乳类动物组织中最多见的泛醌其侧链由 10 个异戊二烯单位组成。CoQ 是呼吸链中与蛋白质结合较疏松的一种辅酶，它可以结合到膜上（真核生物的线粒体内膜，原核生物的质膜），也可以游离存在，在电子传递链中处于中心地位。

泛醌接受一个电子和一个质子还原成半醌，再接受一个电子和质子则还原成二氢泛醌，后者又可脱去电子和质子而被氧化恢复为泛醌。

（5）细胞色素　1926 年 Keilin 首次使用分光镜观察昆虫飞翔肌振动时，发现有特殊的吸收光谱，因此把细胞内的吸光物质定名为细胞色素（cytochrome，Cyt）。细胞色素是一类含有铁卟啉辅基的色蛋白，属于递电子体。线粒体内膜中有细胞色素 b、c_1、c、aa_3，肝、肾等组织的微粒体中有细胞色素 P450。细胞色素 b、c_1、c 为红色细胞色素，细胞色素 aa_3 为绿色细胞色素。不同的细胞色素具有不同的吸收光谱，不但其酶蛋白结构不同，辅基的结构也有一些差异。

细胞色素 c（Cyt c）为一外周蛋白，位于线粒体内膜的外侧。细胞色素 c 比较容易分离提纯，其结构已清楚。哺乳动物的 Cyt c 由 104 个氨基酸残基组成，并从进化的角度作了许多研究。Cyt c 的辅基血红素（亚铁原卟啉）通过共价键（硫醚键）与酶蛋白相连，其余各种细胞色素中辅基与酶蛋白均通过非共价键结合。

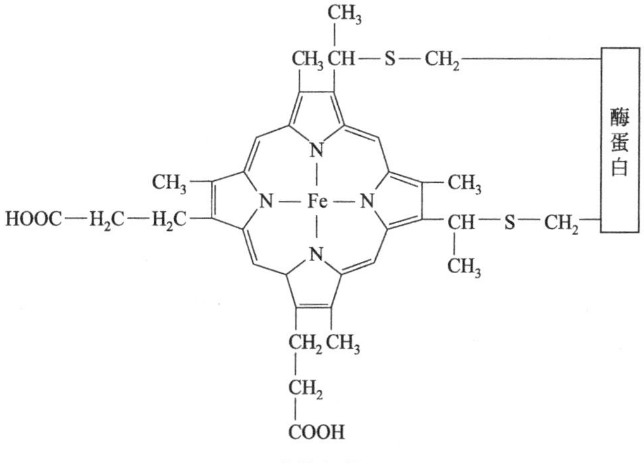

细胞色素c

　　细胞色素 a 和 a_3 不易分开，统称为细胞色素 aa_3。和细胞色素 P450、b、c_1、c 不同，细胞色素 aa_3 的辅基不是血红素，而是血红素 A。细胞色素 aa_3 可将电子直接传递给氧，因此又称为细胞色素氧化酶。

　　铁卟啉辅基所含 Fe^{2+} 可有 $Fe^{2+} \rightleftharpoons Fe^{3+} + e^-$ 的互变，因此起到传递电子的作用。铁原子可以和酶蛋白及卟啉环形成 6 个配位键。细胞色素 aa_3 和 P450 辅基中的铁原子只形成 5 个配位键，还能与氧再形成一个配位键，将电子直接传递给氧，也可与 CO、氰化物、H_2S 或叠氮化合物形成一个配位键。细胞色素 aa_3 与氰化物结合就阻断了整个呼吸链的电子传递，引起氰化物中毒。

4.2.2　氧化呼吸链

　　(1) NADH 氧化呼吸链　　人体内大多数脱氢酶都以 NAD^+ 作辅酶，在脱氢酶催化下底物 SH_2 脱下的氢交给 NAD^+ 生成 $NADH + H^+$，在 NADH 脱氢酶作用下，$NADH + H^+$ 将两个氢原子传递给 FMN 生成 $FMNH_2$，再将氢传递至 CoQ 生成 $CoQH_2$，此时两个氢原子解离成 $2H^+ + 2e^-$，$2H^+$ 游离于介质中，$2e^-$ 经 Cyt-b、c_1、c、aa_3 传递，最后将 $2e^-$ 传递给 $1/2O_2$，生成 O^{2-}，O^{2-} 与介质中游离的 $2H^+$ 结合生成水，综合上述传递过程可表示如下。

$$SH_2 \diagdown NAD^+ \diagup FMNH_2(Fe\text{-}S) \diagdown CoQ \diagup 2Cyt\text{-}Fe^{2+} \diagdown 1/2O_2 \diagup [2H^+] \longrightarrow H_2O$$
$$S \diagup NADH+H^+ \diagdown FMN(Fe\text{-}S) \diagup CoQH_2 \diagdown 2Cyt\text{-}Fe^{3+} \diagup O^{2-}$$

　　(2) 琥珀酸氧化呼吸链　　琥珀酸在琥珀酸脱氢酶作用下脱氢生成延胡索酸，FAD 接受两个氢原子生成 $FADH_2$，然后再将氢传递给 CoQ，生成 $CoQH_2$，此后的传递和 NADH 氧化呼吸链相同，整个传递过程可表示如下。

$$琥珀酸 \diagdown FAD(Fe\text{-}S)b \diagup CoQH_2 \diagdown 2Cyt\text{-}Fe^{3+} \diagup O^{2-} \diagdown [2H^+] \longrightarrow H_2O$$
$$延胡索酸 \diagup FADH_2(Fe\text{-}S)b \diagdown CoQ \diagup 2Cyt\text{-}Fe^{2+} \diagdown 1/2O_2$$

4.2.3　胞浆中 NADH 的转移

　　体内很多物质氧化分解产生 NADH，反应发生在线粒体内，则产生的 NADH 可直接通过呼吸链进行氧化磷酸化，但亦有不少反应是在线粒体外进行的，如 3-磷酸甘油醛脱氢反应、乳酸脱氢反应及氨基酸联合脱氨基反应等。由于所产生的 NADH 存在于线粒体外，而真核细胞中，NADH 不能自由通过线粒体内膜，因此，必须借助某些能自由通过线粒体内膜的物质才能被转入线粒体，这就是所谓的穿梭机制，体内主要有两种穿梭机制。

　　(1) 苹果酸天冬氨酸穿梭　　苹果酸天冬氨酸穿梭机制（malate aspartate shuttle）主要在肝、肾、心中发挥作用，其穿梭机制比较复杂，不仅需借助苹果酸、草酸乙酸的氧化还原，而且还要借助 α-酮酸与氨基酸之间的转换，才能使胞液中的 NADH 的还原当量转移进入线粒体氧化（图 4-1）。

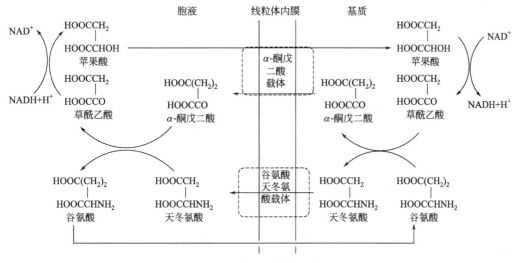

图 4-1　苹果酸穿梭系统

当胞液中 NADH 浓度升高时，首先还原草酰乙酸成为苹果酸，此反应由苹果酸脱氢酶催化，胞液中增多的苹果酸可通过内膜上的二羧酸载体系统与线粒体内的 α-酮戊二酸交换；进入线粒体的苹果酸，经苹果酸脱氢酶催化又氧化生成草酰乙酸并释出 NADH，还原当量从复合体 I 进入呼吸链经 CoQ、复合体 III、IV 传递，最后给氧，所以仍可产生 3 分子 ATP，与在线粒体内产生的 NADH 氧化相同。与此同时线粒体内的 α-酮戊二酸由于与苹果酸交换而减少，需要补充，于是在转氨酶作用下由谷氨酸与草酰乙酸进行转氨基反应，生成 α-酮戊二酸和天冬氨酸，天冬氨酸借线粒体膜上的谷氨酸天冬氨酸载体转移系统与胞液的谷氨酸交换，从而补充了线粒体内谷氨酸由于转氨基作用而造成的损失，进入胞液的天冬氨酸再与胞液中 α-酮戊二酸进行转氨基，重新又产生草酰乙酸以补充最初的消耗，从而完成整个穿梭过程。

（2）3-磷酸甘油穿梭　3-磷酸甘油穿梭机制（glycerol 3-phosphate shuttle）主要在脑及骨骼肌中，它是借助于 3-磷酸甘油与磷酸二羟丙酮之间的氧化还原转移还原当量，使线粒体外来自 NADH 的还原当量进入线粒体的呼吸链氧化，当胞液中 NADH 浓度升高时，胞液中的磷酸二羟丙酮首先被 NADH 还原成 3-磷酸甘油，反应由甘油磷酸脱氢酶（辅酶为 NAD$^+$）催化，生成的 3-磷酸甘油可再经位于线粒体内膜近外侧部的甘油磷酸脱氢酶催化氧化生成磷酸二羟丙酮。线粒体与胞液中的甘油磷酸脱氢酶为同工酶，两者的不同在于线粒体内的酶是以 FAD 为辅基的脱氢酶，而不是 NADH＋H$^+$，FAD 所接受的质子、电子可直接经泛醌、复合体 III、IV 传递到氧，这样线粒体外的还原当量就被转运到线粒体氧化了，但通过这种穿梭机制只能生成 2 分子 ATP 而不是 3 分子 ATP。

4.3　ATP 的生成、储存和利用

ATP 为一游离核苷酸，由腺嘌呤、核糖与三分子磷酸构成，磷酸与磷酸间借磷酸酐键相连，当这种高能磷酸化合物水解时（磷酸酐键断裂）自由能变化 ΔG 为 30.5kJ/mol，而一般的磷酸酯水解时（磷酸酯键断裂）自由能的变化只有 8～12kJ/mol，因此曾称此磷酸酐

键为高能磷酸键，但实际上这样的名称是不够确切的，因为一种化合物水解时释放自由能的多少取决于该化合物整个分子的结构，以及反应的作用物自由能与产物自由能的差异，而不是由哪个特殊化学键的破坏所致，但为了叙述及解释问题方便，高能磷酸键的概念至今仍被生物化学界采用。

ATP 是一高能磷酸化合物，当 ATP 水解时首先将其分子的一部分，如磷酸（Pi）或腺苷酸（AMP）转移给作用物，或与催化反应的酶形成共价结合的中间产物，以提高作用物或酶的自由能，最终被转移的 AMP 或 Pi 将被取代而放出，ATP 多以这种通过磷酸基团等转移的方式，而非单独水解的方式，参加酶促反应提供能量，用以驱动需要加入自由能的吸能反应，ATP 水解反应的总结如下。

$$ATP \longrightarrow ADP + Pi \quad 或 \quad ATP \longrightarrow AMP + PPi(焦磷酸)$$

ATP 几乎是生物组织细胞能够直接利用的唯一能源，在糖、脂类及蛋白质等物质氧化分解中释放出的能量，相当大的一部分能使 ADP 磷酸化成为 ATP，从而把能量保存在 ATP 分子内。

4.3.1 ATP 的生成方式

代谢物的氧化（脱氢）作用与 ADP 的磷酸化作用相偶联而生成 ATP 的过程称为氧化磷酸化作用（oxidative phosphorylation）或偶联磷酸化作用（coupled phosphorylation），即代谢物氧化时所放出的化学能供给 ADP 与无机磷酸反应而生成 ATP。氧化和磷酸化是两个不同的概念。氧化是底物脱氢或失电子的过程，而磷酸化是指 ADP 与 Pi 合成 ATP 的过程。在结构完整的线粒体中氧化与磷酸化这两个过程是紧密地偶联在一起的，即氧化释放的能量用于 ATP 合成，这个过程就是氧化磷酸化，氧化是磷酸化的基础，而磷酸化是氧化的结果。

氧化磷酸化作用根据是否需要氧分子参与，又分为底物水平磷酸化（substrate phosphorylation）和呼吸链磷酸化（或电子链传递水平的磷酸化，respiratory chain phosphorylation）两种。

（1）底物水平磷酸化　底物分子中的能量直接以高能键形式转移给 ADP/GDP 生成 ATP/GTP，这个过程称为底物水平磷酸化，这一磷酸化过程在胞浆和线粒体中进行，包括：

$$1,3-二磷酸甘油酸 + ADP \underset{}{\overset{3-磷酸甘油酸激酶}{\rightleftharpoons}} 3-磷酸甘油酸 + ATP$$

$$磷酸烯醇式丙酮酸 + ADP \underset{}{\overset{丙酮酸激酶}{\rightleftharpoons}} 烯醇式丙酮酸 + ATP$$

$$琥珀酰 CoA + H_3PO_4 + GDP \underset{}{\overset{琥珀酸硫激酶}{\rightleftharpoons}} 琥珀酸 + CoASH + GTP$$

（2）呼吸链磷酸化　这种氧化磷酸化需要氧参加，当氢从代谢物分子脱下并进入呼吸链，在呼吸链传递过程中就有大量能量产物，还需要消耗氧、ADP 和无机磷酸，其产生的能量用于 ATP 的合成。这种方式生成的高能键最多，因而是生理活动所需能量的主要来源。

机体代谢过程中能量的主要来源是线粒体，既有呼吸链磷酸化，也有底物水平磷酸化，以前者为主要来源。胞液中底物水平磷酸化也能获得部分能量，实际上这是酵解过程的能量来源。对于酵解组织、红细胞和组织相对缺氧时的能量来源是十分重要的。

4.3.2 氧化磷酸化偶联部位的测定

确定氧化磷酸化偶联部位通常用两种方法。

（1）P/O值测定　P/O值指在氧化磷酸化过程中消耗1mol氧时所消耗的无机磷的物质的量，或者说消耗1mol氧所生成的ATP的物质的量。P/O值实质上指的是呼吸过程中磷酸化的效率。

按照传统线粒体离体实验证明，代谢物每脱下两个氢，经过呼吸链传递给氧生成水就要消耗3个无机磷，应该生成3分子ATP。也就是每消耗1个氧原子，代谢物脱下2H，就有3分子无机磷与ADP作用产生3分子ATP，P/O值即为3。因此，测定线粒体P/O值，可以测定ATP的生成量。

测定P/O值的方法通常是在一密闭的容器中加入氧化的底物、ADP、Pi、氧饱和的缓冲液，再加入线粒体制剂时就会有氧化磷酸化进行。反应终了时测定O_2消耗量（可用氧电极法）和Pi消耗量（或ATP生成量）就可以计算出P/O值了。在反应系统中加入不同的底物（β-羟丁酸、琥珀酸、抗坏血酸、细胞色素c），可测得各自的P/O值，结合我们所了解的呼吸链的传递顺序，就可以分析出大致的偶联部位了。

（2）根据氧化还原电位计算电子传递释放的能量是否能满足ATP合成的需要　氧化还原反应中释放的自由能$\Delta G'_0$与反应底物和产物标准氧化还原电位差值（$\Delta E'_0$）之间存在下述关系：

$$\Delta G'_0 = nF\Delta E'_0$$

式中，n为氧化还原反应中电子转移数目，F为法拉第常数［96.5kJ/(mol·V)］。

1mol ATP水解生成ADP与Pi所释放的能量为7.3kcal（1kcal＝4.18kJ），凡氧化过程中释放的能量大于7.3kcal，均有可能生成1mol ATP，就是说可能存在有一个偶联部位，根据上式计算，当$n=2$，$\Delta E'_0=0.1583V$时可释放7.3kcal能量，所以反应底物与生成物的标准氧化还原电位的变化大于0.1583V的部位均可能存在着一个偶联部位。

从图4-2可以看出，在NAD→CoQ，Cyt b→Cyt c和Cyt aa_3→O_2处可能存在着偶联部

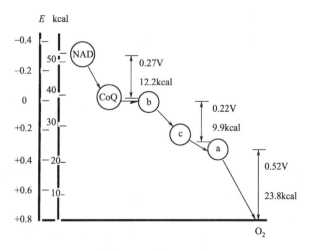

图 4-2　氧化还原电位与释放能量的关系

位。必须明确，这种计算的基础是反应处在热力学平衡状态，温度为 25℃，pH 为 7.0，反应底物和产物的浓度均为 1mol，这种条件在体内是不存在的，因此这一计算结果只能供参考。

综上所述，呼吸链中电子传递和磷酸化的偶联部位可用图 4-3 表示。

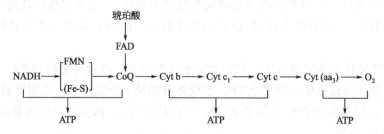

图 4-3　电子传递和磷酸化的偶联部位

呼吸链磷酸化的全过程可用下述方程式表示：

$$NADH+H^++3ADP+3Pi+1/2O_2 \longrightarrow NAD^++3ATP+4H_2O$$
$$FADH_2+2ADP+2Pi+1/2O_2 \longrightarrow FAD+2ATP+3H_2O$$

4.3.3　氧化磷酸化中 ATP 生成的结构基础

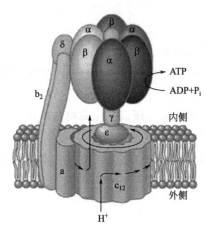

ATP 是由位于线粒体内膜上的 ATP 合酶催化 ADP 与 Pi 合成的。ATP 合酶是一个大的膜蛋白质复合体，分子量为 48000 kD，是由两个主要组分（或称因子）构成，一个是疏水的 F_o，另一个是亲水的 F_1，又称 F_oF_1 复合体。在电子显微镜下观察线粒体时，可见到线粒体内膜基质侧有许多球状颗粒突起，这就是 ATP 合酶，其中球状的头与茎是 F_1 部分，分子量为 350～380kD，由 α_3、β_3、γ、δ、ε 等 9 种多肽亚基组成，β 与 α 亚基上有 ATP 结合部位；γ 亚基被认为具有控制质子通过的闸门作用；δ 亚基是 F_1 与膜相连所必需，其中心部分为质子通路；ε 亚基是酶的调节部分，F_o 是由 3 个大小不一的亚基组成，其中有一个亚基称为寡霉素敏感蛋白质（oligomycin sensitivity conferringprotein，OSCP），此外尚有一个

图 4-4　ATP 合酶示意图

蛋白质部分为分子量 28kD 的因子，F_o 主要构成质子通道（图 4-4）。

4.3.4　氧化磷酸化的偶联机制

有关氧化磷酸化的偶联机理已经作了许多研究，目前氧化磷酸化的偶联机理还不完全清楚，20 世纪 50 年代 Slater 及 Lehninger 提出了化学偶联学说，1964 年 Boear 又提出了构象变化偶联学说，这两种学说的实验依据不多，支持这两种观点的人已经不多了。目前多数人支持化学渗透学说（chemiosmotic hypothesis），这是英国生化学家 P. Mitchell 于 1961 年提出的，当时没有引起人们的重视，1966 年他根据逐步积累的实验证据和生物膜研究的进展，

逐步地完善了这一学说。

氧化磷酸化的化学渗透学说的基本观点是：

① 线粒体的内膜中电子传递与线粒体释放 H^+ 是偶联的，即呼吸链在传递电子过程中释放出来的能量不断地将线粒体基质内的 H^+ 逆浓度梯度泵出线粒体内膜，这一过程的分子机理还不十分清楚。

② H^+ 不能自由透过线粒体内膜，结果使得线粒体内膜外侧 H^+ 浓度增高，基质内 H^+ 浓度降低，在线粒体内膜两侧形成一个质子跨膜梯度，线粒体内膜外侧带正电荷，内膜内侧带负电荷，这就是跨膜电位 $\Delta\psi$。由于线粒体内膜两侧 H^+ 浓度不同，内膜两侧还有一个 pH 梯度 ΔpH，膜外侧 pH 较基质 pH 约低 1.0 单位，底物氧化过程中释放的自由能就储存于 $\Delta\psi$ 和 ΔpH 中，若以 ΔP 表示总的质子移动力，那么三者的关系可表示为：$\Delta P = \Delta\psi - 59\Delta pH$。

③ 线粒体外的 H^+ 可以通过线粒体内膜上的三分子体顺着 H^+ 浓度梯度进入线粒体基质中，这相当于一个特异的质子通道，H^+ 顺浓度梯度方向运动所释放的自由能用于 ATP 的合成，寡霉素能与 OSCP 结合，特异阻断这个 H^+ 通道，从而抑制 ATP 合成。

④ 解偶联剂的作用是促进 H^+ 被动扩散通过线粒体内膜，即增强线粒体内膜对 H^+ 的通透性，解偶联剂能消除线粒体内膜两侧的质子梯度，所以不能再合成 ATP。

总之，化学渗透学说认为在氧化与磷酸化之间起偶联作用的因素是 H^+ 的跨膜梯度。每对 H^+ 通过三分子体回到线粒体基质中可以生成一分子 ATP。以 $NADH + H^+$ 作底物，其电子沿呼吸链传递在线粒体内膜中形成三个回路，所以生成 3 分子 ATP。以 $FADH_2$ 为底物，其电子沿琥珀酸氧化呼吸链传递在线粒体内膜中形成两个回路，所以生成 2 分子 ATP。

4.3.5 氧化磷酸化抑制剂

氧化磷酸化抑制剂可分为三类，即呼吸抑制剂、磷酸化抑制剂和解偶联剂。

(1) 呼吸抑制剂 这类抑制剂抑制呼吸链的电子传递，也就是抑制氧化，氧化是磷酸化的基础，抑制了氧化也就抑制了磷酸化。呼吸链某一特定部位被抑制后，其底物一侧均为还原态，其氧一侧均为氧化态，这很容易用分光光度法（双波长分光光度计）检定，重要的呼吸抑制剂有以下几种。鱼藤酮（rotenone）是从植物中分离到的呼吸抑制剂，专一抑制 $NADH \rightarrow CoQ$ 的电子传递；抗霉素 A（antimycin A）从霉菌中分离得到，专一抑制 $CoQ \rightarrow Cyt\ c$ 的电子传递；CN^-、CO、NaN_3 和 H_2S 均抑制细胞色素氧化酶（图 4-5）。

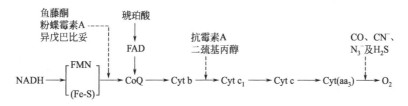

图 4-5 常见呼吸抑制剂的抑制部位

(2) 磷酸化抑制剂 这类抑制剂抑制 ATP 的合成，抑制了磷酸化也一定会抑制氧化。

寡霉素（oligomycin）可与 F_o 的 OSCP 结合，阻塞氢离子通道，从而抑制 ATP 合成。

二环己基碳二亚胺（dicyclohexyl carbodiimide，DCC）可与 F_o 的 DCC 结合蛋白结合，阻断 H^+ 通道，抑制 ATP 合成。栎皮酮（quercetin）直接抑制参与 ATP 合成的 ATP 酶。

（3）解偶联剂　解偶联剂（uncoupler）使氧化和磷酸化脱偶联，氧化仍可以进行，而磷酸化不能进行，解偶联剂作用的本质是增大线粒体内膜对 H^+ 的通透性，消除 H^+ 的跨膜梯度，因而无 ATP 生成，解偶联剂只影响氧化磷酸化而不干扰底物水平磷酸化，解偶联剂的作用使氧化释放出来的能量全部以热的形式散发。动物棕色脂肪组织线粒体中有独特的解偶联蛋白，使氧化磷酸化处于解偶联状态，这对于维持动物的体温十分重要。

常用的解偶联剂有 2,4-二硝基酚（2,4-dinitrophenol，DNP）、羰基-氰-对-三氟甲氧基苯腙（FCCP）、双香豆素（dicoumarin）等，过量的阿司匹林也使氧化磷酸化部分解偶联，从而使体温升高。

过量的甲状腺素也有解偶联作用，甲状腺素诱导细胞膜上 Na^+-K^+-ATP 酶的合成，此酶催化 ATP 分解，释放的能量将细胞内的 Na^+ 泵到细胞外，而 K^+ 进入细胞，Na^+-K^+-ATP 酶的转换率为每秒 100 个分子 ATP，酶分子数增多，单位时间内分解的 ATP 增多，生成的 ADP 又可促进磷酸化过程。甲亢病人表现为多食、无力、喜冷怕热，基础代谢率（BMR）增高，因此也有人将甲状腺素看作是调节氧化磷酸化的重要激素。

4.3.6　氧化磷酸化的调节

机体的氧化磷酸化主要受细胞对能量需求的调节。

（1）ATP/ADP 值对氧化磷酸化的直接影响　线粒体内膜中有腺苷酸转位酶，催化线粒体内 ATP 与线粒体外 ADP 的交换，ATP 分子解离后带有 4 个负电荷，而 ADP 分子解离后带有 3 个负电荷，由于线粒体内膜内外有跨膜电位差（$\Delta\psi$），内膜外侧带正电，内膜内侧带负电，所以 ATP 出线粒体速度比进线粒体速度快，而 ADP 进线粒体速度比出线粒体速度快。Pi 进入线粒体也由磷酸转位酶催化，磷酸转位酶催化 OH 与 Pi 交换，磷酸-二羧酸转位酶催化 Pi 与二羧酸（如苹果酸）交换。

当线粒体中有充足的氧和底物供应时，氧化磷酸化就会不断进行，直至 ADP+Pi 全部合成 ATP，此时呼吸降到最低速度，若加入 ADP，耗氧量会突然增高，这说明 ADP 控制着氧化磷酸化的速度，人们将 ADP 的这种作用称为呼吸受体控制。

机体消耗能量增多时，ATP 分解生成 ADP，ATP 出线粒体增多，ADP 进线粒体增多，线粒体内 ATP/ADP 值降低，使氧化磷酸化速度加快，ADP+Pi 接受能量生成 ATP。机体消耗能量少时，线粒体内 ATP/ADP 值增高，线粒体内 ADP 浓度降低就会使氧化磷酸化速度减慢。

（2）ATP/ADP 值的间接影响　ATP/ADP 值增高时，使氧化磷酸化速度减慢，结果 NADH 氧化速度减慢，NADH 浓度增高，从而抑制了丙酮酸脱氢酶系、异柠檬酸脱氢酶、α-酮戊二酸脱氢酶系和柠檬酸合成酶活性，使糖的氧化分解和 TCA 循环的速度减慢。

（3）ATP/ADP 值对关键酶的直接影响　ATP/ADP 值增高会抑制体内的许多关键酶，如变构抑制磷酸果糖激酶、丙酮酸激酶和异柠檬酸脱氢酶，还能抑制丙酮酸脱羧酶、α-酮戊二酸脱氢酶系，通过直接反馈作用抑制糖的分解和 TCA 循环。

4.3.7 高能磷酸化合物的储存和利用

无论是底物水平磷酸化还是氧化磷酸化，释放的能量除一部分以热的形式散失于周围环境中之外，其余部分多直接生成 ATP，以高能磷酸键的形式存在。从低等的单细胞生物至高等的人类，能量的释放、储存都是以 ATP 为中心。ATP 是生物界普遍的供能物质，体内分解代谢和合成代谢的偶联都以 ATP 为偶联剂。

（1）高能化合物　人体存在多种高能化合物，但这些高能化合物的能量并不相同。比 ATP 更富高能量的有磷酸烯醇式丙酮酸（PEP）（水解时释放 61.9kJ/mol）、1,3-二磷酸甘油酸（水解时释放 49.3kJ/mol）和磷酸肌酸（水解时释放 43kJ/mol）、乙酰 CoA（水解时释放 31.4kJ/mol）等，当它们水解时可将能量转移给 ADP 而生成 ATP，当 ATP 分解时又可将能量转移给一些低能化合物。体外实验中，在 pH 7.0，25℃条件下，每摩尔 ATP 水解生成 ADP＋Pi 时释放的能量为 7.3kcal（30.4kJ），在体内，pH 7.4，37℃，ATP、ADP＋Pi、Mg^{2+} 均处于细胞内生理浓度的情况下，每摩尔 ATP 水解生成 ADP＋Pi 时释放的能量为 50kJ。

ATP 在能量代谢中之所以重要，就是因为 ATP 水解时的标准自由能变化位于多种物质水解时标准自由能变化的中间，在细胞内是反应间的能量偶联剂，是能量传递的中间载体，不是能量的储存物质。因为它的"周转率"高，不适宜作为能量的储存者。在细胞内，如脊椎动物肌肉和神经组织的磷酸肌酸（creatine phosphate）和无脊椎动物的磷酸精氨酸（arginine phosphate）才是真正的能量储存物质。当机体消耗 ATP 过多而致使 ADP 增多时，磷酸肌酸可将高能键能转给 ADP 生成 ATP，以供生理活动之用。催化这一反应的酶是肌酸磷酸激酶（creatine phosphokinase，CPK）。

ADP 能从具有更高能量的化合物接受高能磷酸键，如接受 PEP、1,3-二磷酸甘油、磷酸肌酸分子中的～Pi 生成 ATP，ATP 也能将～Pi 转移给水解时标准自由能变化较小的化合物，如转移给葡萄糖生成 G-6-P。当机体代谢中需要 ATP 提供能量时，ATP 可以多种形式实现能量的转移和释放。

（2）ATP 能量的转移　ATP 是细胞内的主要磷酸载体，ATP 作为细胞的主要供能物质参与体内的许多代谢反应，还有一些反应需要 UTP 或 CTP 作供能物质，如 UTP 参与糖元合成和糖醛酸代谢，GTP 参与糖异生和蛋白质合成，CTP 参与磷脂合成过程，核酸合成中需要 ATP、CTP、UTP 和 GTP 作原料合成 RNA，或以 dATP、dCTP、dGTP 和 dTTP 作原料合成 DNA。

作为供能物质所需要的 UTP、CTP 和 GTP 可经下述反应再生：

$$UDP＋ATP \longrightarrow UTP＋ADP$$
$$GDP＋ATP \longrightarrow GTP＋ADP$$
$$CDP＋ATP \longrightarrow CTP＋ADP$$

dNTP 由 dNDP 的生成过程也需要 ATP 供能：

$$dNDP＋ATP \longrightarrow dNTP＋ADP$$

（3）磷酸肌酸　ATP 是细胞内主要的磷酸载体或能量传递体，人体储存能量的方式不是 ATP 而是磷酸肌酸。肌酸主要存在于肌肉组织中，骨骼肌中含量多于平滑肌，脑组织中含量也较多，肝、肾等其他组织中含量很少。

磷酸肌酸的生成反应如下：

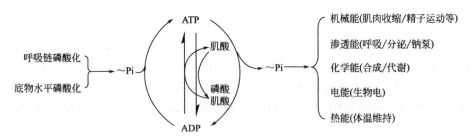

肌细胞线粒体内膜和胞液中均有催化该反应的肌酸激酶，它们是同工酶。线粒体内膜的肌酸激酶主要催化正向反应，生成的 ADP 可促进氧化磷酸化，生成的磷酸肌酸逸出线粒体进入胞液，磷酸肌酸所含的能量不能直接利用；胞液中的肌酸激酶主要催化逆向反应，生成的 ATP 可补充肌肉收缩时的能量消耗，而肌酸又回到线粒体用于磷酸肌酸的合成。肌肉中磷酸肌酸的浓度为 ATP 浓度的 5 倍，可储存肌肉几分钟收缩所急需的化学能，可见肌酸的分布与组织耗能有密切关系。

ATP 的生成、储存和利用可用图 4-6 表示。

图 4-6　ATP 的生成、储存和利用

习　题

一、名词解释

1. 生物氧化　2. 呼吸链　3. 氧化磷酸化　4. 底物水平磷酸化

二、填空题

1. 生物氧化有 3 种方式：_____、_____和_____。

2. 生物氧化是氧化还原过程，在此过程中有_____、_____和_____参与。

3. 原核生物的呼吸链位于_____。

4. 生物体内高能化合物有_____、_____、_____、_____、_____等。

5. 细胞色素 a 的辅基是_____，与蛋白质以_____键结合。

6. 生物氧化是_____在细胞中_____，同时产生_____的过程。

7. 高能磷酸化合物通常指水解时_____的化合物，其中最重要的是_____，被称为能量代谢的_____。

8. 真核细胞生物氧化的主要场所是_____，呼吸链和氧化磷酸化偶联因子都定位于_____。

9. 解释氧化磷酸化作用机制被公认的学说是_____，它是英国生物化学家_____于 1961 年首先提出的。

10. 线粒体内膜外侧的 α-磷酸甘油脱氢酶的辅酶是_____；而线粒体内膜内侧的 α-磷酸甘油脱氢酶的辅酶是_____。

三、选择题

1. 下列化合物中，除了哪一种以外都含有高能磷酸键。（　　）

A. NAD^+ 　　　　B. ADP 　　　　C. NADPH 　　　　D. FMN

2. 下列反应中哪一步伴随着底物水平的磷酸化反应。（　　）

A. 苹果酸→草酰乙酸 　　　　　　B. 1,3-二磷酸甘油→3-磷酸甘油

C. 柠檬酸→α-酮戊二酸 　　　　　　D. 琥珀酸→延胡索酸

3. 肌肉组织中肌肉收缩所需要的大部分能量以哪种形式贮存。（　　）

A. ADP 　　　　　　　　　　　B. 磷酸烯醇式丙酮酸

C. ATP 　　　　　　　　　　　D. 磷酸肌酸

4. 呼吸链中的电子传递体中，不是蛋白质而是脂质的组分是哪个选项。（　　）

A. 细胞色素 c 　　　B. 细胞色素 b 　　　C. CoQ 　　　　D. Fe-S

5. 下列不是催化底物水平磷酸化反应的酶是。（　　）

A. 磷酸甘油酸激酶 　　B. 磷酸果糖激酶 　　C. 丙酮酸激酶 　　　D. 琥珀酸硫激酶

6. 活细胞不能利用下列哪些能源来维持它们的代谢。（　　）

A. ATP 　　　　　B. 糖 　　　　　C. 脂肪 　　　　D. 周围的热能

7. 胞浆中形成 $NADH+H^+$ 经苹果酸天冬氨酸穿梭后，每摩尔产生 ATP 的物质的量是几摩尔。（　　）

A. 1 　　　　　　B. 2 　　　　　C. 3 　　　　　D. 4

8. 呼吸链的各细胞色素在电子传递中的排列顺序是。（　　）

A. $c_1{\rightarrow}b{\rightarrow}c{\rightarrow}aa_3{\rightarrow}O_2$； 　　　　　B. $c{\rightarrow}c_1{\rightarrow}b{\rightarrow}aa_3{\rightarrow}O_2$；

C. $c_1{\rightarrow}c{\rightarrow}b{\rightarrow}aa_3{\rightarrow}O_2$； 　　　　　D. $b{\rightarrow}c_1{\rightarrow}c{\rightarrow}aa_3{\rightarrow}O_2$；

四、问答题

1. 常见的呼吸链电子传递抑制剂有哪些？它们的作用机制是什么？

2. 在体内 ATP 有哪些生理作用？

3. 氧化作用和磷酸化作用是怎样偶联的？

5 糖与糖代谢

本章学习目标

1. 掌握糖的分类及化学性质。
2. 掌握糖酵解途径、柠檬酸途径及磷酸戊糖途径。
3. 掌握糖的合成途径及糖代谢的调节。

5.1 概述

5.1.1 糖类的存在与来源

糖类化合物是自然界中分布最广、数量最多的有机化合物。糖类在不同生物中含量不同，按干重计，糖类物质占植物的 $85\%\sim90\%$、细菌的 $10\%\sim30\%$、动物的小于 2%。

5.1.2 糖类的生物学功能

糖类是细胞中非常重要的一类有机化合物，其生物学功能主要包括以下几方面。

（1）作为生物体内的能源物质　糖类物质是生物获取能量的主要来源，如淀粉和糖原等，这些物质在机体内通过分解代谢释放能量。人体所需能量的 $50\%\sim70\%$ 来自糖，每克葡萄糖约产生 4kcal（1cal=4.184J）能量。

（2）在生物体内转化为其他物质，作为其他生物分子合成的原料　糖类代谢过程中的中间代谢产物可以为其他生物分子的合成提供碳原子或碳骨架，如氨基酸、核苷酸和脂肪酸等。

（3）作为生物体的结构物质　有些糖类物质在生物体内充当结构性物质，如纤维素、半纤维素、果糖等构成植物细胞壁的主要成分，细菌细胞壁的主要成分是肽聚糖。

（4）生理活性功能　位于细胞质膜中的糖蛋白和糖脂的寡糖链具有信息分子的功能。随着近些年来对这些寡糖链的结构和功能的了解，发现细胞识别、免疫保护、代谢调控等都与这些寡糖链相关。

5.1.3 糖类的定义与元素组成

在化学组成上糖类比核苷酸或氨基酸简单，仅由三种元素——碳、氢、氧按实验式 $C_n(H_2O)_m$ 组成。从式中可以看出氢氧比往往是 2：1，因此过去误以为此类物质是碳与水的化合物，故又称"碳水化合物"（carbohydrate）。但这种叫法并不准确，因为发现有些物质不属于糖类却符合上述通式，如 HCHO（甲醛）、CH_3COOH（醋酸）、$CH_3CHOHCOOH$（乳酸）等，而有些糖类如鼠李糖（$C_6H_{12}O_5$）、脱氧核糖（$C_5H_{10}O_4$）等却不符合此通式。因此从化学结构的观点出发，对糖类物质作如下定义：糖是多羟基醛或多羟基酮及其聚合物和某些衍生物的总称。如：

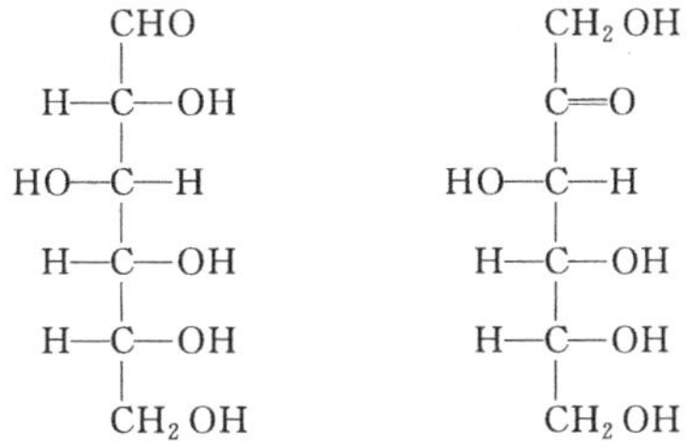

葡萄糖（己醛糖）　　果糖（己酮糖）

5.1.4 糖的分类与命名

根据其能否水解和水解后的产物将糖类分为单糖、寡糖和多糖三类。

（1）单糖　单糖（monosaccharide）是至少含有 3 个碳原子的多羟基醇的醛或酮及其衍生物，是糖类物质中最简单的一种，它不能再被水解为更简单的糖类物质。

根据它们所含羰基的化学性质分类，如果羰基是醛则为醛糖（aldose），如果羰基是酮则为酮糖（ketose）。根据所含碳链的数目分类，最小的含 3 个碳原子的单糖称为丙糖，含 4、5、6 个碳原子的糖分别称为丁糖、戊糖和己糖等。其中最重要的是戊糖（常见的有脱氧核糖、核糖、阿拉伯糖等）和己糖（常见的有葡萄糖、果糖、半乳糖等）。

（2）寡糖　寡糖（oligosaccharide）由 2～10 个单糖分子缩合而成。最常见的是二糖，水解时可生成 2 分子单糖，如乳糖、蔗糖、麦芽糖等。

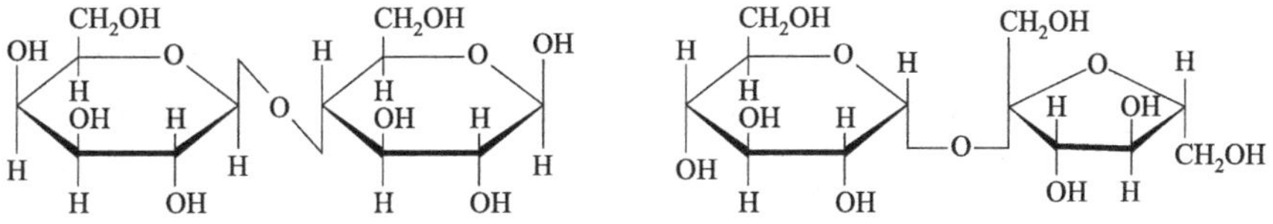

半乳糖　　葡萄糖　　　　葡萄糖　　　果糖
乳糖　　　　　　　　　蔗糖

（3）多糖　多糖（polysaccharide）是由大于 10 个单糖分子缩合、失水而成的，水解后又可生成许多分子单糖。若这些单糖分子相同就叫同（聚）多糖或均一多糖，如淀粉、纤维素、几丁质和糖原等；单糖不同就叫杂多糖或不均一多糖，如果胶、半纤维素、琼脂和卡拉胶等。

5.2 糖的性质

5.2.1 糖的物理性质

5.2.1.1 旋光性

单糖从丙糖到庚糖，都含有手性碳原子（二羟丙酮除外），这就导致几乎所有单糖及其衍生物都有旋光性（二羟丙酮除外）。

5.2.1.2 溶解度

由于单糖分子含有多个羟基，因此，导致单糖（除甘油醛外）具有水溶性，微溶于乙醇，不溶于乙醚、丙酮等非极性有机溶剂。

5.2.2 糖的化学性质

5.2.2.1 还原性

由于醛糖含有醛基，导致醛糖具有还原性，因此，可以与氧化剂发生反应。

（1）与弱氧化剂反应　醛糖在弱氧化剂如溴水的作用下，醛基被氧化成羧基，形成糖酸。而酮糖不能被溴水氧化，因此，可以用溴水来区分酮糖与醛糖。

（2）与强氧化剂反应　在加热的条件下，醛糖中的醛基与伯醇基均可以被稀硝酸氧化成羧基，形成糖二酸。在浓硝酸的作用下，醛糖或酮糖都可以发生碳碳键的断裂。

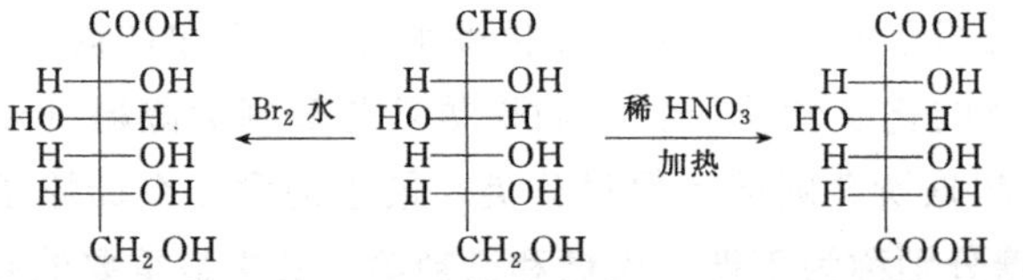

D-葡萄糖酸　　　D-葡萄糖　　　D-葡萄糖二酸

（3）与碱性氧化剂反应　在碱性条件下，醛糖可以与一些金属离子（Cu^{2+}、Ag^+、Hg^{2+}或Bi^{3+}）发生氧化还原反应，醛糖的醛基被氧化成羧基，生成的产物称为醛糖酸（aldonic acid），而金属离子则被还原。由于醛糖均含有半缩醛羟基，因此，所有醛糖均具有还原性。能使氧化剂还原的糖称为还原糖（reducing sugar），许多酮糖在碱性溶液中能够异构化生成醛糖，因此也具有还原性，如果糖等。可以根据还原糖在碱性溶液中的反应来检测还原糖。如 Fehling 试剂（酒石酸钾钠、氢氧化钠和硫酸铜）或 Benedict 试剂（柠檬酸、碳酸钠和硫酸铜）。试剂中的酒石酸钾钠或柠檬酸用作螯合剂，可以与 Cu^{2+} 络合防止 $Cu(OH)_2$ 的生成。

$$\begin{array}{c} CHO \\ (CHOH)_n \\ CH_2OH \end{array} + 2Cu^{2+} + 4OH^- \longrightarrow \begin{array}{c} COOH \\ (CHOH)_n \\ CH_2OH \end{array} + 2CuOH + H_2O$$

醛糖　　（蓝色）　　　　醛糖酸

$$2CuOH \longrightarrow H_2O + Cu_2O \downarrow$$

不稳定　　　　（黄色或红色）

5.2.2.2　氧化性

单糖在还原剂如硼氢化钠的作用下，羰基可以被还原成羟基，生成多元醇，称为糖醇。如 D-葡萄糖被还原生成 D-山梨醇。

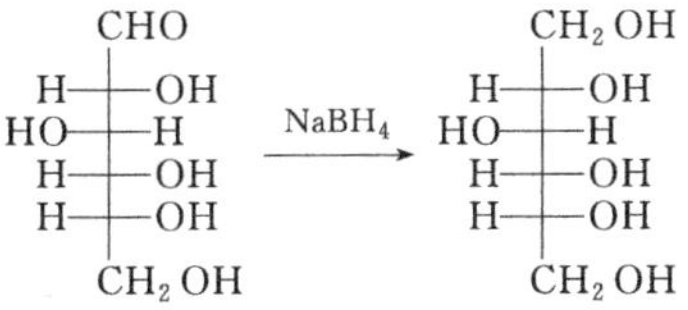

D-葡萄糖　　　　　　D-山梨醇

5.2.2.3　强酸脱水

戊醛糖或己醛糖在浓盐酸的作用下，可以发生脱水环化，生成糠醛或 α-羟甲基糠醛。糠醛是一种重要的化工原料，常用于合成药物、染料和溶剂。

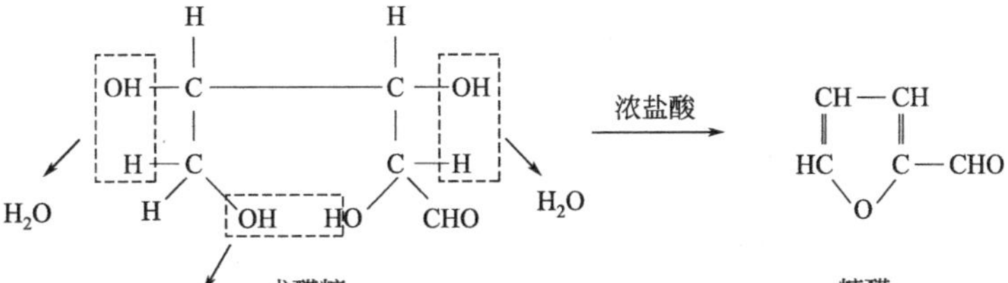

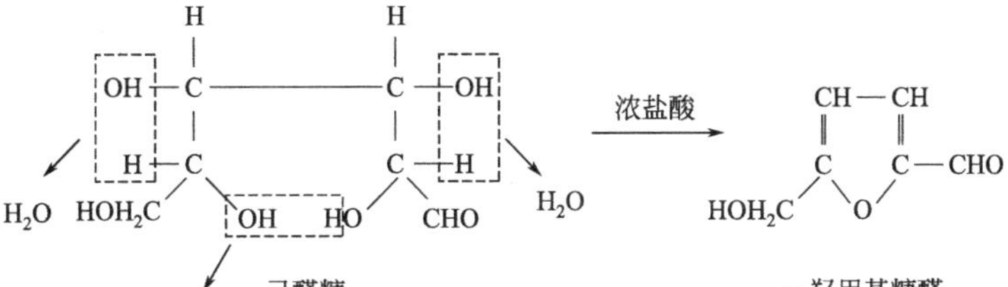

5.2.2.4　形成糖苷

单糖的半缩醛（或半缩酮）羟基与其他化合物发生缩合形成缩醛（或缩酮），称为糖苷或苷。糖苷分子中提供半缩醛羟基的糖部分称为糖基，与糖基缩合的部分称为配基，把连接这两部分的化学键称为糖苷键。如果配基部分也是糖，这样缩合成的糖苷即为二糖。寡糖和多糖就是通过糖苷键连接而成的生物分子。

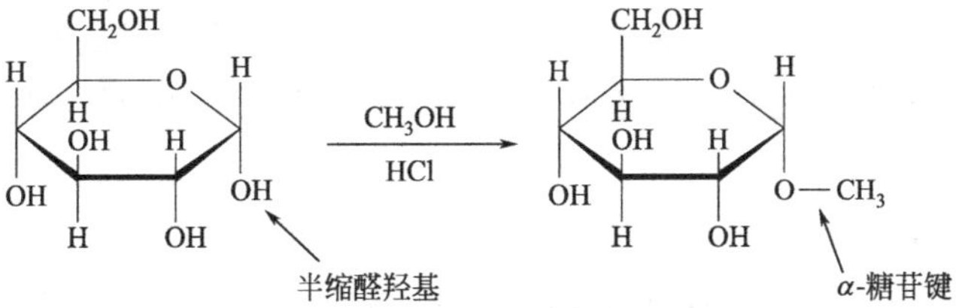

5.2.2.5 成酯反应

单糖分子中的羟基可以与酸发生成酯反应。在生物体内，通常由酶来催化糖的磷酸化，这些磷酸化的糖通常是重要的中间代谢产物，如 6-磷酸葡萄糖、1-磷酸葡萄糖和 1,6-二磷酸果糖等。

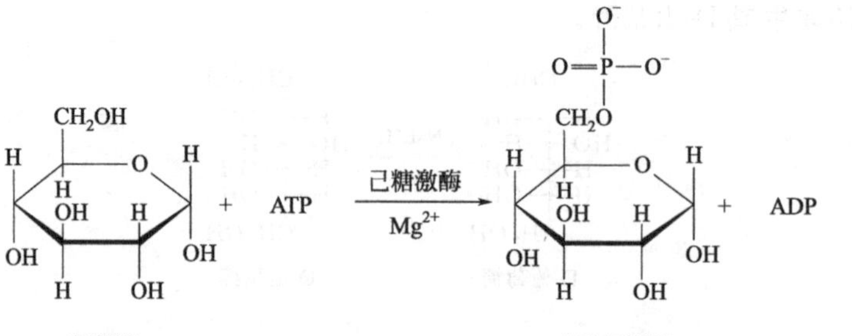

葡萄糖 + ATP $\xrightarrow[\text{Mg}^{2+}]{\text{己糖激酶}}$ 6-磷酸葡萄糖 + ADP

5.2.2.6 形成糖脎

在加热的条件下，一分子糖可以与三分子苯肼发生反应，生成含有两个苯腙基的衍生物，即糖脎。糖脎是一种黄色晶体，不同的糖生成的糖脎晶形与熔点都各不相同，因此，可以用成脎反应对不同的糖进行鉴别。

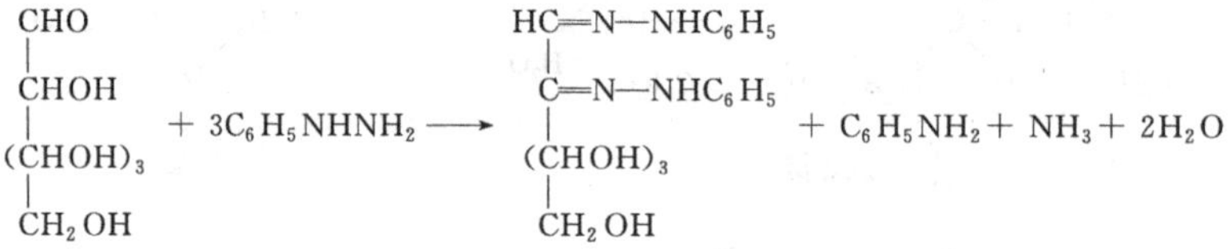

己醛糖 + 3C₆H₅NHNH₂ → 糖脎 + C₆H₅NH₂ + NH₃ + 2H₂O

5.3 代谢通论

(1) 新陈代谢的概念　新陈代谢（metabolism）简称代谢，是生物最基本的特征之一，是物质运动的一种形式。生物体内的新陈代谢并不是完全自发进行的，而是靠生物催化剂——酶来催化的。酶是推动生物体内全部代谢活动的工具。由于酶作用的专一性，每一种化学反应都有特殊的酶参与作用。每种特殊的酶都有其调节机制。它们使错综复杂的新陈代谢过程成为高度协调的、高度整合在一起的化学反应网络。

生物体内酶催化的化学反应是连续的，前一种酶的作用产物往往成为后一种酶的作用底物。这种在代谢过程中连续转变的酶促产物统称为代谢中间产物（metabolic intermediates），或简称代谢物（metabolites）。

代谢通过一系列连续的反应，无论是外界引入的或是体内形成的有机分子，最后都变成代谢的最终产物。新陈代谢途径中的个别环节、个别步骤称为中间代谢（intermediary metabolism）。

人们往往将新陈代谢的功能概括为五个方面：①从周围环境中获得营养物质；②将外界吸收的营养物质转变为自身需要的结构元件（building blocks），即大分子的组成前体；③将结构元件装配成自身的大分子，例如蛋白质、核酸、脂类以及其他组分；④形成或分解生物体特殊功能所需的生物分子；⑤提供生命活动所需的一切能量。

（2）分解代谢与合成代谢　新陈代谢包括两个方面的代谢过程：分解代谢和合成代谢。

有机营养物，不管是从外界环境获得的，还是自身贮存的，通过一系列反应步骤转变为较小的、较简单的物质的过程称为分解代谢（catabolism）或异化作用。与分解代谢相伴随的是将蕴藏在有机大分子中的能量逐步释放出来，并转化为生物能。分解代谢所经过的反应途径称为分解代谢途径（catabic pathways）。

合成代谢（anabolism）或同化作用，又称生物合成（biosynthesis），是生物体利用小分子或大分子的结构元件建造自身大分子的过程。由小分子建造大分子使分子结构变得更为复杂，这种过程都是需要提供能量的。

同一种物质，其分解代谢和合成代谢途径一般是不相同的。它们并不是简单的可逆反应，而往往是通过不同的中间反应或不同的酶来实现，甚至在细胞的不同部位进行。

5.4　糖的分解代谢

多糖和低聚糖，由于分子大，不能透过细胞膜，所以在被生物体利用之前必须水解成单糖或二糖。

糖的分解代谢是指单糖的氧化分解过程。食物中的糖类主要是淀粉，对人或动物而言，口腔中的唾液（含有 α-淀粉酶）能将淀粉部分水解为糊精，再由口腔、胃转运至小肠，经胰液淀粉酶、麦芽糖酶、蔗糖酶和乳糖酶的水解，最终产生葡萄糖、果糖和半乳糖等单糖。

糖分解代谢的主要途径包括：糖酵解途径（EMP）、三羧酸循环（TCA）、磷酸戊糖途径（HMP）、乙醛酸循环（DCA）等。

5.4.1　糖酵解途径

1940 年三位生物化学家 Gustav Embden、Otto Meyerhof、Jakub Karol Parnas 提出糖酵解途径，它是发生在原核细胞和真核细胞的胞质中的一组反应，是使一分子葡萄糖转化成两分子丙酮酸的过程。由于三位科学家对糖酵解途径的研究中的突出贡献，糖酵解途径又称为 Embden-Meyerhof-Parnas 途径（简称 EMP 途径）。糖酵解作用可以在最简单的细胞中进行，不需要氧气。因此，神经细胞、白细胞和骨髓细胞正常时也由糖酵解提供部分能量。总反应方程式为

$$C_6H_{12}O_6 + 2Pi + 2ADP + 2NAD^+ \longrightarrow 2C_3H_4O_3 + 2ATP + 2NADH + 2H^+ + 2H_2O$$

该反应式看似简单，而实际上却隐含糖酵解途径的复杂性，糖酵解途径包含 9 个中间化合物和 10 个酶。

5.4.1.1　糖酵解反应过程

（1）活化（己糖磷酸酯的生成）　葡萄糖经磷酸化、异构、磷酸化反应生成 1,6-二磷酸果糖（F-1,6-P_2）。

① 葡萄糖被磷酸化为 6-磷酸葡萄糖（G-6-P）。这是糖酵解的第一步反应，由己糖激酶

或葡糖激酶催化，并需要 ATP 和 Mg^{2+} 的参与。

葡萄糖   己糖激酶   6-磷酸葡萄糖

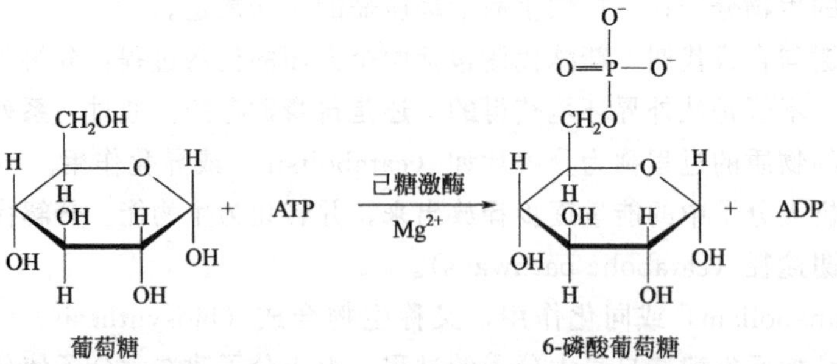

② 在磷酸葡萄糖异构酶的催化作用下，6-磷酸葡萄糖被异构化，生成 6-磷酸果糖（F-6-P）。此反应为可逆反应。

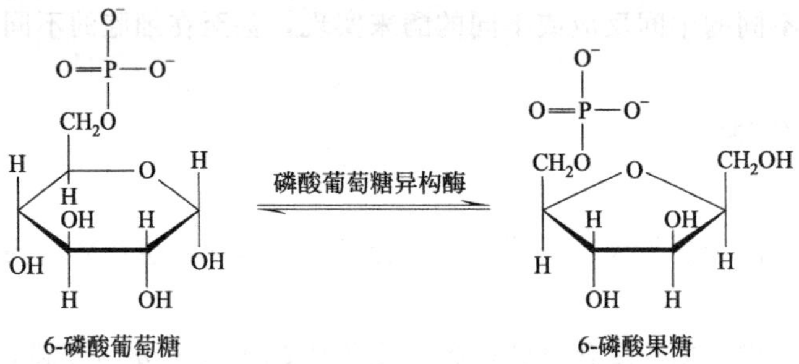

6-磷酸葡萄糖   磷酸葡萄糖异构酶   6-磷酸果糖

③ 6-磷酸果糖被磷酸化成 1,6-二磷酸果糖。反应由磷酸果糖激酶催化，并需要 ATP 和 Mg^{2+} 的参与。

6-磷酸果糖   磷酸果糖激酶   1,6-二磷酸果糖

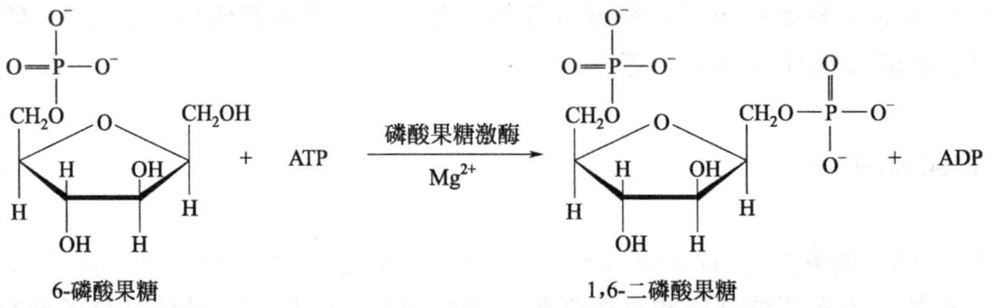

这一阶段共需消耗两分子 ATP，己糖激酶（肝细胞或胰脏的 β-细胞中为葡糖激酶）和磷酸果糖激酶是关键酶。

（2）裂解（磷酸丙糖的生成）　该阶段包括分子裂解、异构。一分子 1,6-二磷酸果糖裂解为两分子 3-磷酸甘油醛，包括两步反应。

④ 1,6-二磷酸果糖裂解为两个三碳化合物，即 3-磷酸甘油醛和磷酸二羟丙酮。这是一个可逆反应，由 1,6-二磷酸果糖醛缩酶催化，通常简称为醛缩酶。

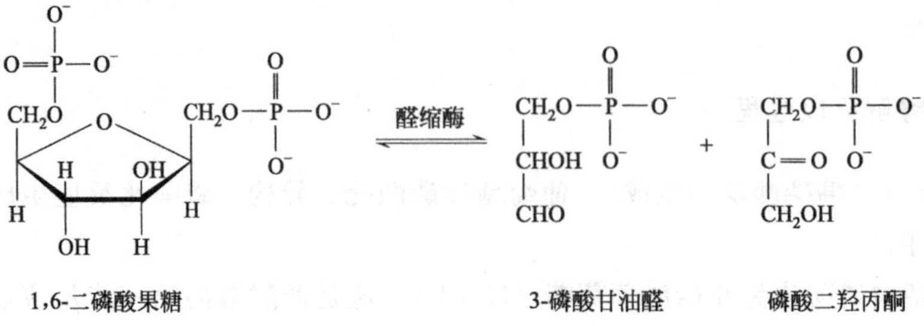

1,6-二磷酸果糖   醛缩酶   3-磷酸甘油醛   磷酸二羟丙酮

⑤ 在磷酸丙糖异构酶的作用下，两个三碳糖之间可以相互转化。在正常进行的酶解系统里，由于下一步反应的影响，反应易向生成 3-磷酸甘油醛的方向进行。

磷酸二羟丙酮　　　　　　　　3-磷酸甘油醛

（3）放能（丙酮酸的生成）　3-磷酸甘油醛经脱氢、磷酸化、脱水及放能等反应生成丙酮酸。此阶段有两次底物水平磷酸化，共可生成 4 分子 ATP。丙酮酸激酶为关键酶。

⑥ 3-磷酸甘油醛被氧化成 1,3-二磷酸甘油酸，伴有羧酸的磷酸化，该反应由 3-磷酸甘油醛脱氢酶催化，该步反应也是整个糖酵解途径中唯一的一步氧化还原反应。

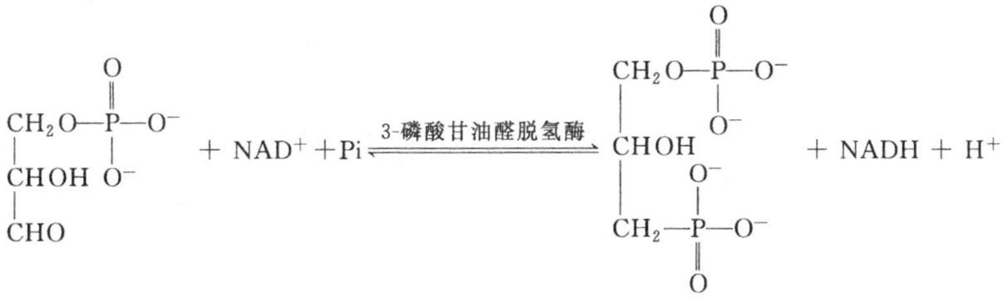

3-磷酸甘油醛　　　　　　　　　　　　　　1,3-二磷酸甘油酸

⑦ 在磷酸甘油酸激酶的催化下，1,3-二磷酸甘油酸被转变成 3-磷酸甘油酸。这是一步底物水平磷酸化反应，1,3-二磷酸甘油酸中的高能键将能量释放出来转移给 ADP 生成 ATP。

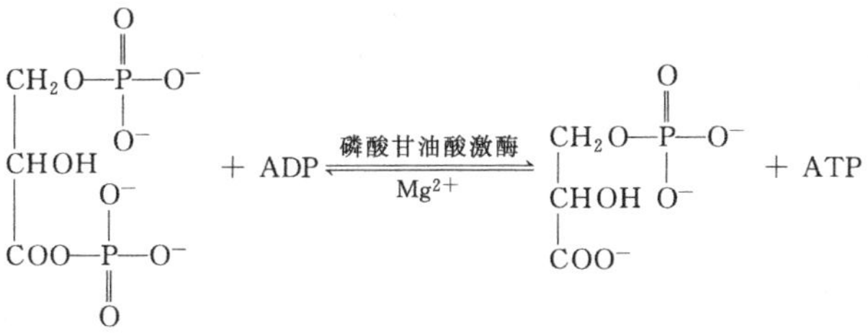

1,3-二磷酸甘油酸　　　　　　　　　　　　3-磷酸甘油酸

因为 1mol 己糖代谢后生成 2mol 的 1,3-二磷酸甘油酸，所以在这个反应及随后的放能反应中有 2 倍 ATP 生成。

⑧ 在磷酸甘油酸变位酶的催化下，3-磷酸甘油酸异构化为 2-磷酸甘油酸。

3-磷酸甘油酸　　　　　　　　　　　2-磷酸甘油酸

⑨ 在烯醇化酶催化下，2-磷酸甘油酸脱水生成磷酸烯醇式丙酮酸。该反应需要 Mg^{2+} 的参与。

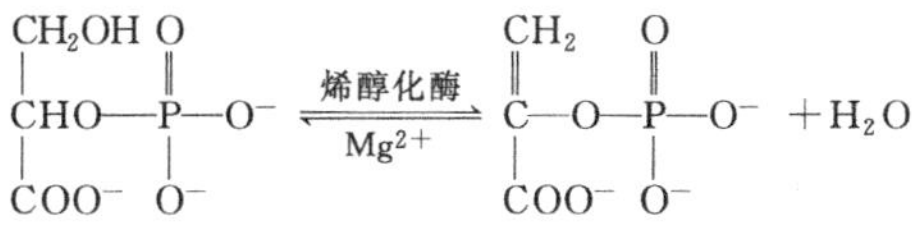

2-磷酸甘油酸　　　　　　磷酸烯醇式丙酮酸

⑩ 在丙酮酸激酶的催化下，磷酸烯醇式丙酮酸被不可逆转地转变为丙酮酸，这是糖酵解过程的最后一步，也是第二个产能反应，磷酸烯醇式丙酮酸中的高能磷酸键转移给 ADP 生成 ATP，也需要 Mg^{2+} 的参与。

$$\underset{\text{磷酸烯醇式丙酮酸}}{\begin{array}{c} CH_2 \\ \| \\ C-O-P-O^- \\ | \\ COO^- \end{array}} + ADP \xrightarrow[Mg^{2+}]{\text{丙酮酸激酶}} \underset{\text{丙酮酸}}{\begin{array}{c} CH_3 \\ | \\ C=O \\ | \\ COO^- \end{array}} + ATP$$

5.4.1.2 糖酵解作用的能量计算

由葡萄糖分解为两分子丙酮酸包括能量的产生可用下面的总反应式表示：

$$葡萄糖 + 2Pi + 2ADP + 2NAD^+ \longrightarrow 2\,丙酮酸 + 2ATP + 2NADH + 2H^+ + 2H_2O$$

从反应式中可以看出，一分子葡萄糖降解生成 2 分子丙酮酸的过程中，净产生 2 分子 ATP。在糖酵解过程中的 ATP 消耗和产生可用表 5-1 概括。

表 5-1　糖酵解过程中 ATP 的消耗和产生

反　　应	每分子葡萄糖 ATP 变化的分子数
葡萄糖→6-磷酸葡萄糖	-1
6-磷酸果糖→1,6-二磷酸果糖	-1
1,3-二磷酸甘油酸→3-磷酸甘油酸	$+1\times2$
磷酸烯醇式丙酮酸→丙酮酸	$+1\times2$
净生成	$+2$

注："一"代表消耗；"＋"代表产生。

5.4.1.3 糖酵解过程的调控

糖酵解途径中的限速酶有三个，即催化 3 个不可逆反应的激酶：己糖激酶、磷酸果糖激酶和丙酮酸激酶。

（1）己糖激酶　己糖激酶是第一个调节酶，这一步是 EMP 途径的第一个调节步骤。需要二价金属离子如 Mg^{2+} 或 Mn^{2+} 作为辅助因子。

己糖激酶被 G-6-P、磷酸烯醇式丙酮酸（PEP）所抑制。尤其是 PEP，因为己糖激酶存在于肌肉、脑、脂肪组织中，它还有三种同工酶存在于肝脏中，叫葡糖激酶。葡糖激酶不受 G-6-P 的反馈抑制，反而被葡萄糖激活。因此，当血糖浓度较高，G-6-P 的浓度也增大时，己糖激酶的活性虽然受到抑制，但是葡糖激酶的活性没有受到影响，反而因葡萄糖浓度的升高而增大，因此，葡萄糖可以在肝脏中降解，既降低了血糖浓度，又使过多的葡萄糖以糖原形式贮存起来。

而且，在复杂的代谢途径中，G-6-P 还可以转化为糖原或戊糖，因此，己糖激酶催化的反应不是酵解的关键反应步骤。

（2）磷酸果糖激酶　磷酸果糖激酶（PFK）是糖酵解途径中的最重要的一个调节酶，是变构酶。它的活性受到许多代谢物的影响：AMP、ADP 或 2,6-二磷酸果糖可以提高磷酸果糖激酶的活性，而 ATP、NADH、柠檬酸、H^+ 则抑制其活性。当细胞处于低能荷水平时，与正常状态时的相比，ADP 和 AMP 的量多，而 ATP 的量少。这种情况下，磷酸果糖激酶被激活，与底物 6-磷酸果糖的亲和力较高。当细胞处于高能荷水平时，则是 ATP 的量多，而 ADP 和 AMP 的量少。这种情况下，ATP 与磷酸果糖激酶的调节位点相结合，引起其反应速率曲线由双曲线变成 S 形，酶与底物的亲和力降低，反应速率下降。

柠檬酸可加强 ATP 对 PFK 的抑制作用。柠檬酸是 TCA 循环的第一个产物，高浓度的柠檬酸是生物合成前体的 C 骨架过剩的信号，葡萄糖就不会进一步降解。

（3）丙酮酸激酶　丙酮酸激酶是一个别构酶，是 EMP 途径的重要调节酶。

1,6-二磷酸果糖是该酶的激活剂，ATP 和丙氨酸是它的抑制剂。这表明丙酮酸激酶受调节的方式类似于磷酸果糖激酶。在细胞处于高能状态或能得到代替葡萄糖的燃料时，这两种酶均受抑制。

低水平的 ATP 情况下磷酸果糖激酶被激活，产生丙酮酸激酶的第一个激活剂（1,6-二磷酸果糖），最终该激活剂又被转变为丙酮酸激酶的第二个激活剂（磷酸烯醇式丙酮酸），这两种能加速糖酵解的酶之间的协同作用随着酶结合底物能力的变化也可阻碍反应进程。ATP 浓度增高时，这两种酶都受抑制。磷酸果糖激酶活力降低则 6-磷酸果糖浓度上升，又由于 6-磷酸果糖与 6-磷酸葡萄糖可以相互转化，引起 6-磷酸葡萄糖的增多，最终抑制己糖激酶（图 5-1）。

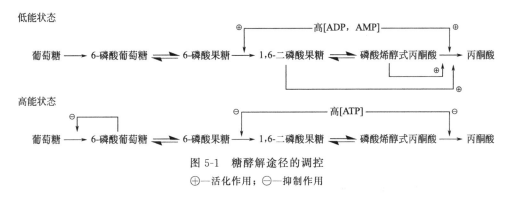

图 5-1　糖酵解途径的调控
⊕—活化作用；⊖—抑制作用

5.4.1.4　丙酮酸的去路

从葡萄糖到丙酮酸的酵解过程，在生物界都是极其相似的。丙酮酸以后的途径却随着机体所处的条件和发生在什么样的生物体中各不相同。在有氧条件下丙酮酸的转变这里不做讨论，本节只讨论在无氧条件下丙酮酸的去路。

（1）生成乳酸　动物（包括人），在激烈运动时，或由于呼吸、循环系统障碍而发生供氧不足时，缺氧的细胞必须用糖酵解产生的 ATP 分子暂时满足细胞对能量的需要。为了使 3-磷酸甘油醛继续氧化，必须提供足够的 NAD^+。在这种情况下，细胞以丙酮酸作为 NADH 的氢受体，使细胞在无氧条件下重新生成 NAD^+，而丙酮酸的羟基则被还原，生成乳酸。该反应由乳酸脱氢酶催化：

$$\begin{array}{c} CH_3 \\ | \\ C{=}O \\ | \\ COO^- \end{array} + NADH + H^+ \underset{}{\overset{\text{乳酸脱氢酶}}{\rightleftharpoons}} \begin{array}{c} CH_3 \\ | \\ CHOH \\ | \\ COO^- \end{array} + NAD^+$$

　　丙酮酸　　　　　　　　　　　　　乳酸

在无氧条件下，每分子葡萄糖代谢形成乳酸的总方程式为

$$葡萄糖 + 2ADP + 2Pi \longrightarrow 2\ 乳酸 + 2ATP + 2H_2O$$

哺乳动物细胞含有乳酸脱氢酶，该酶有五种同工酶（M_4、M_3H、M_2H_2、MH_3、H_4），其活性随组织的不同而不同。每一种乳酸脱氢酶对丙酮酸有不同的 K_m 值。M_4 和 M_3H 型对丙酮酸有较小的 K_m 值，具有较高的亲和力。它们在骨骼肌细胞和其他一些依赖糖酵解获得能量的组织中占优势。相反，MH_3 和 H_4 型乳酸脱氢酶对丙酮酸有较大的 K_m 值，具有较低的亲和力，它们在需氧的组织中占优势。例如，心肌细胞中含有 H_4 型乳酸脱氢酶，该类型乳酸脱氢酶对丙酮酸的亲和力最小，这确保了心肌中丙酮酸不能转变为乳酸，有利于丙酮酸脱氢酶的催化，使其朝有氧代谢方向进行。

机体血液内乳酸脱氢酶同工酶的比例是比较恒定的。临床上通过测定血液中乳酸脱氢酶同工酶的比例关系作为诊断心肌及肝脏疾病的重要指标之一。

生长在厌养或相对厌氧条件下的许多微生物以乳酸作为最终产物，这种以乳酸为终产物的厌氧发酵称为乳酸发酵。乳酸发酵在经济上非常重要，人们利用微生物对牛乳中乳糖的发酵生产奶酪、酸奶和其他食品。

（2）生成乙醇　丙酮酸还有另一条去路，该过程不发生在哺乳动物组织中。有些微生物能在有氧或无氧条件下生存，被称为兼性厌氧菌，它们能够通过调节自身的代谢以适应有氧或缺氧环境。最重要的兼性厌氧菌是酵母菌。酵母菌通过 EMP 途径将葡萄糖氧化为丙酮酸。在有氧条件下，把丙酮酸氧化为 CO_2。但在缺氧条件下，由于酵母菌不含乳酸脱氢酶，因此不能启动 NAD^+ 再生途径，这时酵母菌启动乙醇发酵途径，使 NADH 通过生成乙醇再生 NAD^+。首先丙酮酸由丙酮酸脱羧酶催化生成乙醛：

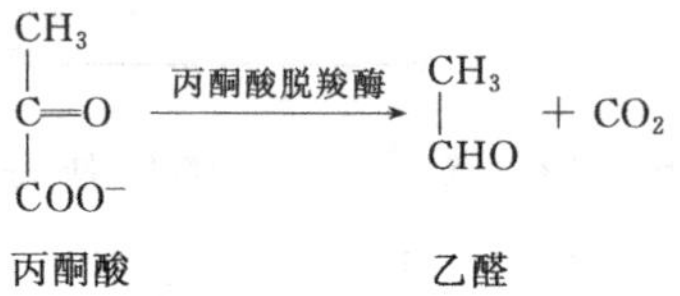

$$\underset{\text{丙酮酸}}{\overset{\displaystyle CH_3}{\underset{\displaystyle COO^-}{|\ \ C{=}O\ \ |}}} \xrightarrow{\text{丙酮酸脱羧酶}} \underset{\text{乙醛}}{\overset{\displaystyle CH_3}{\underset{\displaystyle CHO}{|}}} + CO_2$$

而后，再经乙醇脱氢酶的催化，乙醛被还原生成乙醇：

$$\underset{\text{乙醛}}{\overset{\displaystyle CH_3}{\underset{\displaystyle CHO}{|}}} + NADH + H^+ \overset{\text{乙醇脱氢酶}}{\rightleftharpoons} \underset{\text{乙醇}}{\overset{\displaystyle CH_3}{\underset{\displaystyle CH_2OH}{|}}} + NAD^+$$

乙醇发酵过程的最后一步与乳酸发酵过程相似。这两个反应都能使 NAD^+ 再生，并生成低分子量的、水溶性的、可弥散出细胞的代谢终产物。

5.4.2　柠檬酸循环

自然界中绝大多数生物都必须在有 O_2 的环境中才能生活。在有氧条件下，葡萄糖在生物体内被彻底分解成水和二氧化碳，可概括如图 5-2。

此过程共分为三个阶段。第一阶段葡萄糖分解成丙酮酸，同糖酵解反应；第二阶段丙酮酸进入线粒体，氧化脱羧生成乙酰辅酶 A（乙酰 CoA）；第三阶段三羧酸循环（TCA 循环）将乙酰 CoA 彻底氧化分解成水和二氧化碳。总过程可用下式表示：

$$C_6H_{12}O_6 + 6O_2 \longrightarrow 6CO_2 + 6H_2O$$

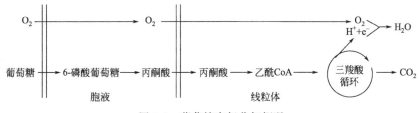

图 5-2　葡萄糖有氧分解概况

在此主要介绍丙酮酸的氧化脱羧和三羧酸循环的反应过程。

5.4.2.1　丙酮酸的氧化脱羧

丙酮酸进入线粒体后，氧化脱羧生成乙酰 CoA，总反应式为

$$丙酮酸＋NAD^+＋CoASH \longrightarrow 乙酰\ CoA＋NADH＋H^+＋CO_2$$

此反应由丙酮酸脱氢酶复合体催化。在真核细胞中，该复合体存在于线粒体中，是由丙酮酸脱氢酶（E_1）、二氢硫辛酰转乙酰酶（E_2）和二氢硫辛酰胺脱氢酶（E_3）三种酶按一定比例组合成的多酶复合体，其组合比例随生物体不同而异。在哺乳类动物细胞中，酶复合体由 60 个转乙酰酶组成核心，周围排列着 12 个丙酮酸脱氢酶和 6 个二氢硫辛酰胺脱氢酶。参与反应的辅酶有焦磷酸硫胺素（TPP）、硫辛酸、FAD、NAD^+、Mg^{2+} 及 CoA。其中硫辛酸是带有二硫键的八碳羧酸，通过与转乙酰酶的赖氨酸 ε-氨基相连，形成与酶结合的硫辛酰胺而成为酶的柔性长臂，可将乙酰基从酶复合体的一个活性部位转到另一个活性部位。丙酮酸脱氢酶的辅酶是 TPP，二氢硫辛酰胺脱氢酶的辅酶是 FAD^+、Mg^{2+} 和 NAD^+。

丙酮酸脱氢酶复合体催化的反应可分为五步，如图 5-3 所示。

① 丙酮酸脱羧形成羟乙基-TPP。TPP 噻唑环上的 N 与 S 之间活泼的碳原子可释放出 H^+，而成为负碳离子，与丙酮酸的羰基作用，产生 CO_2，同时形成羟乙基-TPP。

② 由 E_2 催化使羟乙基-TPP-E_1 上的羟乙基被氧化成乙酰基，同时转移给硫辛酰胺，形成乙酰硫辛酰胺-E_2。

③ E_3 催化乙酰硫辛酰胺上的乙酰基转移给辅酶 A 生成乙酰 CoA 后，离开酶复合体，同时氧化过程中的 2 个电子使硫辛酰胺上的二硫键还原为 2 个巯基。

④ E_3 使还原的二氢硫辛酰胺脱氢重新生成硫辛酰胺，以进行下一轮反应。同时将氢传递给 FAD，生成 $FADH_2$。

⑤ 在 E_3 催化下，将 $FADH_2$ 上的 H 转移给 NAD^+，形成 NADH 和 H^+。

在整个反应过程中，中间产物并不离开酶复合体，这就使得上述各步反应得以迅速完成。而且因没有游离的中间产物，所以不会发生副反应。由于有 CO_2 的生成，因此，丙酮酸氧化脱羧反应是不可逆的。

5.4.2.2　三羧酸循环

三羧酸循环是以乙酰 CoA 和草酰乙酸开始的，在循环的一系列反应中，由于几个重要的中间代谢产物是含有三个羧基的有机酸，因此叫三羧酸循环（tricarboxylic acid cycle），简称 TCA 循环，而该代谢途径中第一个生成的代谢产物是柠檬酸，故又称为柠檬酸循环。为了纪念德国科学家 Hans Krebs 在阐明 TCA 循环工作中所作出的突出贡献，这一循环又

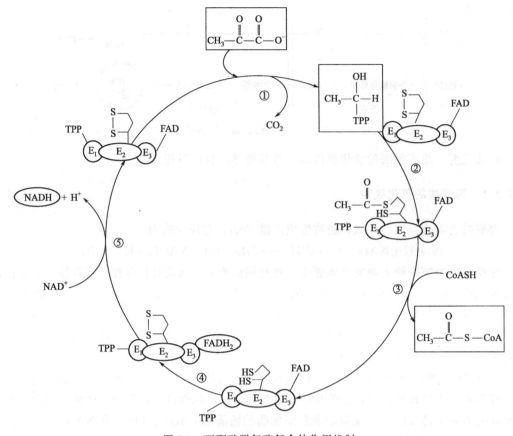

图 5-3　丙酮酸脱氢酶复合体作用机制

称为 Krebs 循环。TCA 循环途径的发现是生物化学领域的一项重大成就。1953 年该项成就获得了诺贝尔奖。这项成就是生物化学宝库的一项经典。它之所以如此宝贵，还因为这一重大发现是在当时完全没有现代化的实验方法，例如同位素示踪法等条件下所取得的成果。

三羧酸循环主要在细胞的线粒体中进行，包括以下 8 步反应。

① 乙酰 CoA 与草酰乙酸在柠檬酸合酶（citrate synthase）催化下生成柠檬酸（citrate）。该反应是 TCA 循环中的第一步反应，反应不可逆。

$$O=C-COOH \quad O \atop | \qquad \| \atop CH_2 \quad + \quad C-CH_3 \quad +H_2O \xrightarrow{\text{柠檬酸合酶}} HO-C-COOH \quad + CoASH + H^+ \atop | \qquad | \qquad\qquad\qquad | \atop COOH \qquad SCoA \qquad\qquad\qquad CH_2COOH$$

草酰乙酸　　　　乙酰 CoA　　　　　　　　　柠檬酸　　　　辅酶 A

② 柠檬酸脱水生成顺乌头酸，然后加水生成异柠檬酸（isocitrate）。这两个可逆反应均由乌头酸酶催化。

$$\begin{array}{ccccc} COO^- & & COO^- & & COO^- \\ | & & | & & | \\ CH_2 & \xrightarrow[\text{乌头酸酶}]{H_2O} & CH & \xrightarrow[\text{乌头酸酶}]{H_2O} & H-C-OH \\ ^-OOC-C-OH & & ^-OOC-C & & ^-OOC-C-H \\ | & & \| & & | \\ CH_2 & & CH_2 & & CH_2 \\ | & & | & & | \\ COO^- & & COO^- & & COO^- \end{array}$$

柠檬酸　　　　　　　[酶-顺乌头酸]复合物　　　　　　　异柠檬酸

③ 第一次氧化脱羧是异柠檬酸氧化脱羧生成 α-酮戊二酸（α-ketoglututrate）。在异柠檬酸脱氢酶（isocitrate dehydrogenase）的催化下，脱去的氢由 NAD^+ 接受，生成 NADH 和 H^+，并迅速转变为 α-酮戊二酸。

异柠檬酸　　α-酮戊二酸

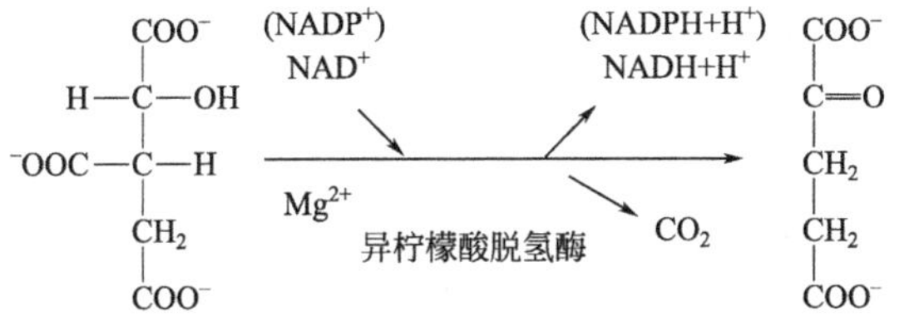

生物细胞内，已发现存在两种异柠檬酸脱氢酶。一种以 NAD^+ 为辅酶，存在于线粒体基质中，参与 TCA 循环。另一种以 $NADP^+$ 为辅酶，既存在于线粒体中，又存在于细胞质中，主要作为还原剂 NADPH 的一种来源。

④ 第二次氧化脱羧是 α-酮戊二酸氧化脱羧形成琥珀酰 CoA（succinyl CoA）。α-酮戊二酸氧化脱羧时释放出的自由能很多，足以形成一个高能硫酯键。

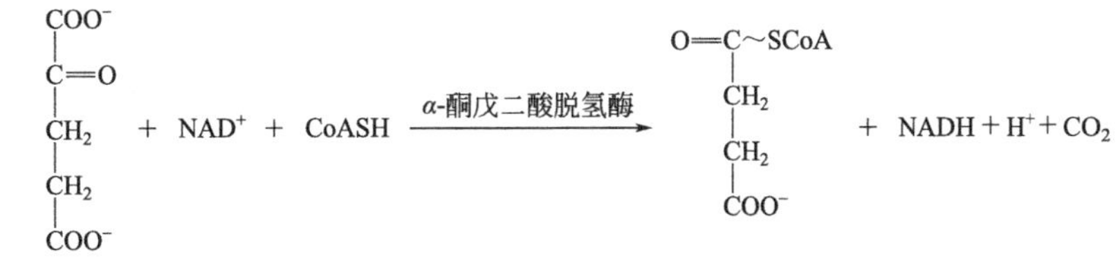

α-酮戊二酸　　琥珀酰CoA

催化该步反应的酶是 α-酮戊二酸脱氢酶复合体（α-ketoglutarate dehydrogenase complex）。其组成和催化反应过程与前述的丙酮酸脱氢酶复合体类似，这就使得 α-酮戊二酸的脱羧、脱氢、形成高能硫酯键等反应可迅速完成。

⑤ 底物水平磷酸化反应。琥珀酰 CoA 的高能硫酯键水解，与 GDP 的磷酸化偶联，生成高能磷酸键。反应是可逆的，由琥珀酰 CoA 合成酶（succinyl CoA synthetase）催化。这是三羧酸循环中唯一直接生成高能磷酸键的反应。

琥珀酰CoA　　琥珀酸

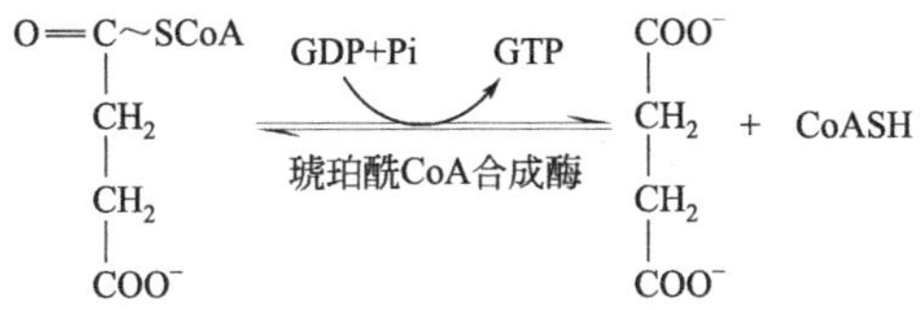

⑥ 琥珀酸被氧化生成延胡索酸。琥珀酸脱氢酶（succinate dehydrogenase）催化此反应，其辅酶是黄素腺嘌呤二核苷酸（FAD），还含有铁硫中心，来自琥珀酸的电子通过 FAD 和铁硫中心，经电子传递链被氧化，只能生成 1.5 分子 ATP。

琥珀酸　　延胡索酸

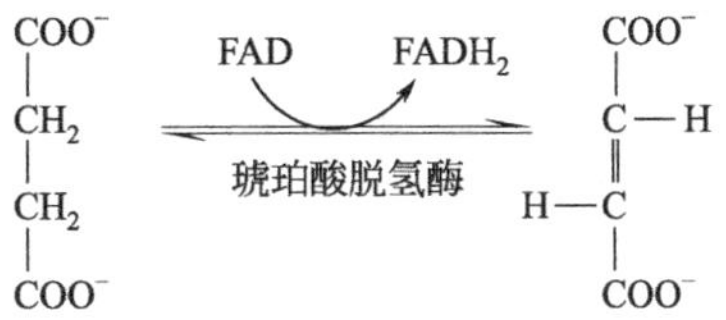

⑦ 延胡索酸在延胡索酸酶（fumarate hydratase）催化下经水化生成苹果酸。

$$\begin{array}{ccc}
\text{COO}^- & & \text{COO}^- \\
| & & | \\
\text{C}-\text{H} & & \text{HO}-\text{C}-\text{H} \\
\| & + \text{H}_2\text{O} \xrightleftharpoons{\text{延胡索酸酶}} & | \\
\text{H}-\text{C} & & \text{H}-\text{C}-\text{H} \\
| & & | \\
\text{COO}^- & & \text{COO}^- \\
\text{延胡索酸} & & \text{苹果酸}
\end{array}$$

⑧ 苹果酸在苹果酸脱氢酶（malate dehydrogenase）作用下氧化脱氢生成草酰乙酸，脱下的氢由 NAD^+ 接受。

$$\begin{array}{ccc}
\text{COO}^- & & \text{COO}^- \\
| & & | \\
\text{HO}-\text{C}-\text{H} & \text{NAD}^+ \quad \text{NADH}+\text{H}^+ & \text{C}=\text{O} \\
| & \xrightleftharpoons{\text{苹果酸脱氢酶}} & | \\
\text{H}-\text{C}-\text{H} & & \text{CH}_2 \\
| & & | \\
\text{COO}^- & & \text{COO}^- \\
\text{苹果酸} & & \text{草酰乙酸}
\end{array}$$

至此草酰乙酸又重新生成，又可和另一分子乙酰 CoA 缩合成柠檬酸，开始新一轮的三羧酸循环。苹果酸脱氢酶催化的反应由于自由能变化是正值，因此不利于正反应的进行，而这个反应之所以不断向草酰乙酸的生成方向进行，是因为在细胞内草酰乙酸可以经过糖异生途径被用于合成葡萄糖，或者合成天冬氨酸和天冬酰胺等氨基酸，导致胞内草酰乙酸的含量处于较低水平，而苹果酸不断生成，具有较高浓度，因此，推动反应向生成草酰乙酸的方向进行。

三羧酸循环的反应过程可归纳于图 5-4。

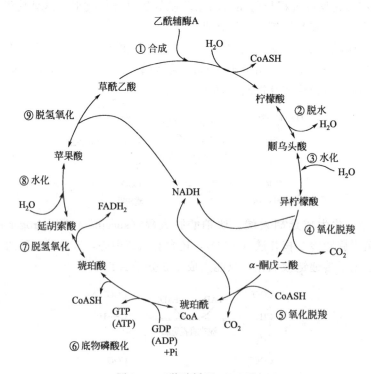

图 5-4　三羧酸循环（TCA）

5.4.2.3 糖有氧氧化的生理学意义

（1）为机体提供能量　高等生物的活动所需要的能量，主要是由 TCA 循环提供的。糖的有氧氧化所释放出的能量大部分以 ATP 等高能磷酸化合物的形式保存，然后供给机体利用。

由图 5-4 可见，三羧酸循环的每次循环都消耗一个乙酰 CoA 分子，即两个碳原子进入循环，又有两个碳原子以 CO_2 的形式离开循环，这是体内 CO_2 的主要来源。但是离开循环的两个碳原子并不是刚刚进入循环的那两个碳原子。

每一次循环共有 4 次氧化反应。参加这 4 次氧化反应的有 3 个 NAD^+ 分子和 1 个 FAD 分子，同时有 4 对氢原子离开循环，形成 3 个 NADH 和 1 个 $FADH_2$ 分子。

每一次循环以 GTP 的形式产生一个高能键，并消耗两个水分子。

三羧酸循环的总反应为

乙酰 $CoA + 3NAD^+ + FAD + GDP + Pi + 2H_2O \longrightarrow$

$$2CO_2 + 3NADH + 3H^+ + FADH_2 + CoASH + GTP$$

除三羧酸循环外，其他代谢途径中生成的 $NADH + H^+$ 或 $FADH_2$，也可经电子传递链生成 ATP。例如，糖酵解途径中的 3-磷酸甘油醛脱氢生成 3-磷酸甘油酸时生成的 $NADH + H^+$，在氧供应充足时就进入电子传递链而不再用以将丙酮酸还原成乳酸。实验表明，在氧化分解反应中，脱去的氢原子经 NAD^+ 或 $NADP^+$ 等传递至氧时可生成 2.5 个 ATP，经 FAD 传递至氧时可生成 1.5 个 ATP。

因此 1 分子葡萄糖在有氧分解代谢中的 ATP 产生量如表 5-2 所示。

表 5-2　1 分子葡萄糖在有氧分解代谢中的 ATP 产生量

阶段	反　　应	辅酶	ATP 个数
第一阶段	葡萄糖→6-磷酸葡萄糖		−1
	6-磷酸果糖→1,6-二磷酸果糖		−1
	2×3-磷酸甘油醛→2×1,3-二磷酸甘油酸	NAD^+	2×2.5
	2×1,3-二磷酸甘油酸→2×3-磷酸甘油酸		2×1
	2×磷酸烯醇式丙酮酸→2×丙酮酸		2×1
第二阶段	2×丙酮酸→2×乙酰 CoA	NAD^+	2×2.5
第三阶段	2×异柠檬酸→2×α-酮戊二酸	NAD^+	2×2.5
	2×α-酮戊二酸→2×琥珀酰 CoA	NAD^+	2×2.5
	2×琥珀酰 CoA→2×琥珀酸		2×1
	2×琥珀酸→2×延胡索酸	FAD	2×1.5
	2×苹果酸→2×草酰乙酸	NAD^+	2×2.5
净生成 32 个 ATP			

因此，三羧酸循环一次共生成 20 个 ATP，若从丙酮酸脱氢开始计算，共产生 25 个 ATP。1mol 的葡萄糖在机体内彻底氧化生成 CO_2 和 H_2O 时，净产生 $7 + 2 \times 12.5 = 32$mol ATP。与葡萄糖无氧酵解只产生 2mol ATP 相比，可为机体提供更多的可利用的

能量。

总反应为

$$葡萄糖＋32ADP＋32Pi＋6O_2 \longrightarrow 32ATP＋6CO_2＋44H_2O$$

(2) 物质代谢的总枢纽　三羧酸循环是三大营养素的最终代谢通路。糖、脂肪、氨基酸在体内进行生物氧化都将产生乙酰CoA，然后进入三羧酸循环进行降解。三羧酸循环中只有一个底物水平磷酸化反应生成高能磷酸键。循环本身并不是释放能量、生成ATP的主要环节。其作用在于通过4次脱氢，为氧化磷酸化反应生成ATP提供还原当量。

三羧酸循环又是糖、脂肪、氨基酸代谢联系的枢纽，糖转变成脂肪是最重要的例子。在能量供应充足的条件下，从食物摄取的糖相当一部分转变成脂肪储存。葡萄糖分解成丙酮酸后进入线粒体内氧化脱羧生成乙酰CoA，乙酰CoA必须在转移到胞液以后合成脂肪酸。由于它不能通过线粒体膜，于是乙酰CoA先与草酰乙酸缩合成柠檬酸，再通过载体转运至胞浆，在柠檬酸裂解酶（citrate lyase）作用下裂解成乙酰CoA及草酰乙酸。然后乙酰CoA可合成脂肪酸。

(3) 中间产物可作为合成细胞组织成分碳骨架的前身物质　许多氨基酸的碳骨架是三羧酸循环的中间产物，通过草酰乙酸等可转变为葡萄糖（参见糖异生）。反之，由葡萄糖提供的丙酮酸转变成草酰乙酸及三羧酸循环中的其他二羧酸则可用于合成一些非必需氨基酸如天冬氨酸、谷氨酸等。此外，琥珀酰CoA可用于与甘氨酸合成血红素，乙酰CoA又是合成胆固醇的原料。因而，三羧酸循环在提供生物合成前体物中起重要作用。

(4) 部分中间代谢产物可以作为别构物调节其他代谢途径　循环中的柠檬酸可以作为负别构效应物调控磷酸果糖激酶的活性，还可以作为乙酰CoA羧化酶的正别构效应物促进脂肪酸的生物合成。

(5) 生成CO_2　在某些代谢反应中CO_2可以作为羧基的供体。

5.4.2.4　糖有氧氧化的调节

糖的有氧氧化是机体获得能量的主要方式。机体对能量的需求变动很大，因此有氧氧化的速率必须加以调节。有氧氧化的三个阶段中，本节主要叙述丙酮酸脱氢酶复合体的调节以及三羧酸循环的调节。

丙酮酸脱氢酶复合体的调节主要体现在两个方面。

一是产物控制，即由NADH和乙酰CoA控制。这两种产物表现的抑制作用是和酶的作用底物即NAD^+和CoA竞争酶的活性部位，是竞争性抑制。乙酰CoA抑制E_2，NADH抑制E_3。如果 $[NADH]/[NAD^+]$ 和 $[乙酰CoA]/[CoA]$ 的比值高，E_2 则处于与乙酰基结合的形式，这时不可能接受在E_1酶上与TPP结合着的羟乙基基团，使E_1酶上的TPP停留在与羟乙基结合的状态，从而抑制了丙酮酸脱羧作用的进行。

二是磷酸化和去磷酸化的调控。E_1的磷酸化和去磷酸化是使丙酮酸脱氢酶复合体失活和激活的重要方式。在处于丙酮酸脱氢酶复合体核心位置的E_2分子上结合两种特殊的酶，一种称为激酶，另一种称为磷酸酶。激酶使丙酮酸脱氢酶组分磷酸化，磷酸酶则是脱去丙酮酸脱氢酶的磷酸基团从而使丙酮酸脱氢酶复合体活化。Ca^{2+}通过激活磷酸酶的作用，也使丙酮酸脱氢酶活化。总之，丙酮酸脱氢酶的活化或抑制根据细胞能荷的高低和生物合成对相应中间物的需要，受到多种因素灵活的调控。

　　三羧酸循环中有三个不可逆反应：柠檬酸合成酶、异柠檬酸脱氢酶和 α-酮戊二酸脱氢酶催化的反应。柠檬酸合成酶的活性可决定乙酰 CoA 进入三羧酸循环的速率，曾被认为三羧酸循环的主要调节点。但是，柠檬酸可转移至胞液，分解成乙酰 CoA，用于合成脂肪酸，所以其活性升高并不一定加速三羧酸循环的运转。目前一般认为异柠檬酸脱氢酶和 α-酮戊二酸脱氢酶才是三羧酸循环的调节点。异柠檬酸脱氢酶和 α-酮戊二酸脱氢酶在 [NADH]/[NAD$^+$]、ATP/ADP 比值高时被反馈抑制。ADP 还是异柠檬酸脱氢酶的变构激活剂。

　　另外，当线粒体内 Ca^{2+} 浓度升高时，Ca^{2+} 不仅可直接与异柠檬酸脱氢酶和 α-酮戊二酸脱氢酶结合，降低其对底物的 K_m 而使酶激活，也可激活丙酮酸脱氢酶复合体，从而推动三羧酸循环和有氧氧化的进行。

　　氧化磷酸化的速率对三羧酸循环的运转也起着非常重要的作用。三羧酸循环中有 4 次脱氢反应，从代谢物脱下的氢分别由 NAD$^+$ 和 FAD 接受。然后 H$^+$ 及 e$^-$ 通过电子传递链进行氧化磷酸化。如不能有效进行氧化磷酸化，NADH 及 FADH$_2$ 仍保持还原状态，则三羧酸循环中的脱氢反应都将无法继续进行。三羧酸循环及丙酮酸氧化脱羧的调控如图 5-5 所示。

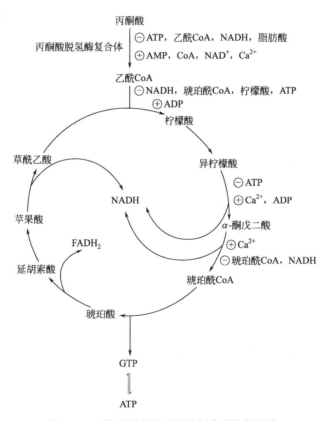

图 5-5　三羧酸循环及丙酮酸氧化脱羧的调控

5.4.2.5　巴斯德效应

　　法国科学家 Pastuer 发现酵母菌在无氧时可进行乙醇发酵，将其转移至有氧环境，乙醇发酵即被抑制，这种有氧氧化抑制乙醇发酵的现象称为巴斯德效应（Pastuer effect）。此效应也存在于人体组织中。当肌肉组织供养充足时，产生大量能量供肌肉活动所需；缺氧时，丙酮酸不能进入三羧酸循环，而在胞浆中转变成乳酸。有氧时 NADH＋H$^+$ 可进入线粒体内氧化，丙酮酸就进行有氧氧化而不生成乳酸；缺氧时 NADH＋H$^+$ 不能被氧化，丙酮酸就作为氢受体而生成乳酸。所以有氧抑制了糖酵解。缺氧时通过糖酵解途径分解的葡萄糖增加是由于缺氧时氧化磷酸化受阻，ADP 与 Pi 不能合成 ATP，ADP/ATP 比例升高，反应在胞液内，则是磷酸果糖激酶及丙酮酸激酶活性增强的结果。

5.4.3 乙醛酸循环——三羧酸循环支路

乙醛酸循环（glyoxylate cycle）又称乙醛酸途径（glyoxylate pathway）。这一途径在动物体内并不存在，只存在于植物和微生物中。这些生物可以利用乙酸为唯一碳源和能源，因为它们具有乙酰 CoA 合成酶，此酶可催化乙酸转变为乙酰 CoA 而进入乙醛酸循环。

乙醛酸循环过程如图 5-6 所示。

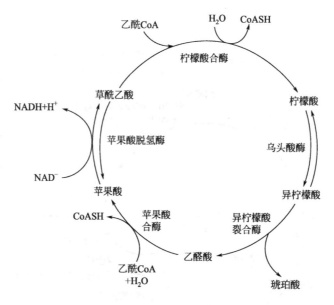

图 5-6　乙醛酸循环过程

乙醛酸循环途径的两个特异性反应是由异柠檬酸裂合酶和苹果酸合酶催化的。它们是乙醛酸循环中重要的酶。葡萄糖可抑制异柠檬酸裂合酶的活性，所以，在有葡萄糖存在时不能进行乙醛酸循环而走 TCA 循环的途径。

$$
\begin{array}{ccccc}
& \text{COO}^- & & \text{COO}^- & \\
& | & & | & \\
\text{H}-\text{C}-\text{OH} & & & \text{CH}_2 & \text{CHO} \\
& | & \xrightarrow{\text{异柠檬酸裂合酶}} & | & + \quad | \\
^-\text{OOC}-\text{C}-\text{H} & & & \text{CH}_2 & \text{COO}^- \\
& | & & | & \\
& \text{CH}_2 & & \text{COO}^- & \\
& | & & & \\
& \text{COO}^- & & & \\
& \text{异柠檬酸} & & \text{琥珀酸} & \text{乙醛酸}
\end{array}
$$

$$\text{H}_2\text{O} + \begin{array}{c} \text{CHO} \\ | \\ \text{COO}^- \end{array} + \text{CH}_3\text{COS-CoA} \xrightarrow{\text{苹果酸合酶}} \begin{array}{c} \text{COO}^- \\ | \\ \text{CHOH} \\ | \\ \text{CH}_2 \\ | \\ \text{COO}^- \end{array} + \text{CoASH}$$

乙醛酸　　　　乙酰 CoA　　　　　　　苹果酸　　　辅酶 A

上述反应生成了两个重要的中间化合物，琥珀酸与苹果酸（可被转化为草酰乙酸）。TCA 循环中的两个脱羧步骤被绕过而行，因此，不存在乙酰 CoA 被氧化为 CO_2 的过程。将乙醛酸循环和 TCA 循环进行比较可以发现，TCA 循环的综合效果是乙酸（或乙酰 CoA）彻底氧化成 CO_2 和 H_2O，而乙醛酸循环的综合效果是乙酸（或乙酰 CoA）变成四碳二羧酸（琥珀酸、苹果酸等），当然，这些四碳二羧酸可以进入 TCA 循环。

因此，从某种意义上说，乙醛酸循环是 TCA 循环中间产物的补充方式之一。

5.4.4　磷酸戊糖途径

糖酵解及糖的有氧氧化是糖在体内的主要分解途径，但不是仅有的分解途径。如果加入糖酵解抑制剂（如碘乙酸或氟化物），葡萄糖仍可以被消耗，证明细胞内还存在糖的其他分解途径。这些途径称为分解代谢支路或旁路。其中，磷酸戊糖途径（pentose phosphate pathway）是这些支路中较为重要的一种。动物中约有 30% 的葡萄糖是通过此途径分解的。

5.4.4.1　磷酸戊糖途径的反应过程

磷酸戊糖途径的代谢反应在胞浆中进行。该途径的起始物为 6-磷酸葡萄糖，经过氧化分解后产生五碳糖、CO_2、无机磷酸和 NADPH 即还原型烟酰胺嘌呤二核苷酸磷酸（reduced nicotinamide adenine dinucleotide phosphate，又称还原型辅酶Ⅱ）。戊糖磷酸途径的核心反应可作如下的概括。

6-磷酸葡萄糖＋2NADP$^+$＋H_2O ⟶ 5-磷酸核糖＋2NADPH＋2H$^+$＋CO_2

该反应一般可以分为两个阶段：氧化阶段（第一阶段）和非氧化阶段（第二阶段）。第一阶段生成磷酸戊糖；第二阶段磷酸戊糖分子重排，产生不同碳链长度的磷酸单糖。

（1）氧化阶段　6-磷酸葡萄糖由 6-磷酸葡萄糖脱氢酶催化脱氢生成 6-磷酸葡萄糖酸内酯，在此反应中 NADP$^+$ 为电子受体，平衡趋向于生成 NADPH，需要 Mg^{2+} 参与。6-磷酸葡萄糖酸内酯在葡糖酸内酯酶（lactonase）的作用下水解为 6-磷酸葡萄糖酸，后者在 6-磷酸葡萄糖酸脱氢酶作用下再次脱氢并自发脱羧而转变为 5-磷酸核酮糖，同时生成 NADPH 及 CO_2。

6-磷酸葡萄糖　　　　6-磷酸葡萄糖酸内酯　　　　6-磷酸葡萄糖酸　　　　5-磷酸核酮糖

（2）非氧化阶段　磷酸戊糖途径除上述的三步反应外，都是非氧化反应阶段。包括通过形成烯二醇中间步骤，异构化为 5-磷酸核糖。5-磷酸核酮糖通过差向异构形成 5-磷酸木酮糖，再通过转酮基反应和转醛基反应，将戊糖磷酸途径与糖酵解途径联系起来，并使 6-磷酸葡萄糖再生。

① 5-磷酸核酮糖异构化为 5-磷酸核糖。5-磷酸核酮糖在磷酸戊糖异构酶（phosphopentose isomerase）作用下，通过形成烯二醇中间产物，异构化为 5-磷酸核糖：

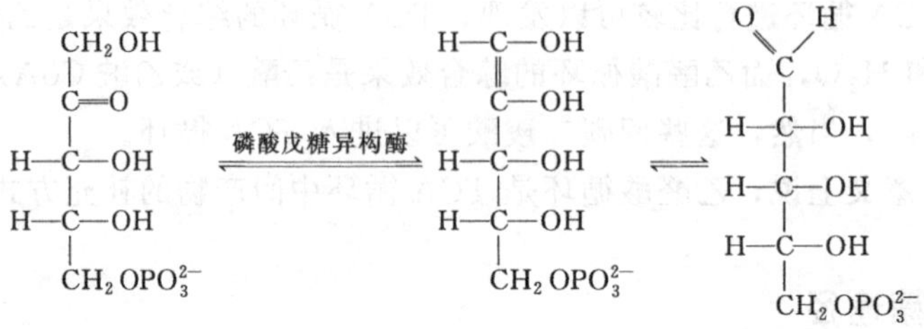

<figure>

磷酸戊糖异构酶

5-磷酸核酮糖　　　　烯二醇中间产物　　　　5-磷酸核糖
</figure>

② 5-磷酸核酮糖转变为 5-磷酸木酮糖。5-磷酸核酮糖在磷酸戊糖异构酶（phosphopentose isomerase）作用下转变成 5-磷酸核酮糖的差向异构体（epimer）5-磷酸木酮糖。

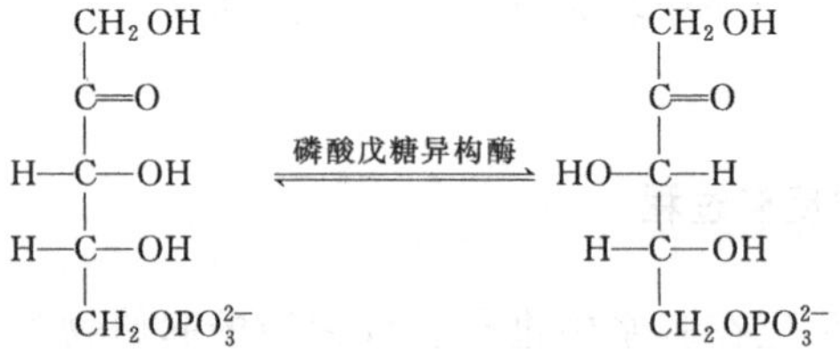

<figure>

磷酸戊糖异构酶

5-磷酸核酮糖　　　　5-磷酸木酮糖
</figure>

③ 5-磷酸木酮糖与 5-磷酸核糖在转酮酶的催化作用下形成 7-磷酸景天庚酮糖和 3-磷酸甘油醛。木酮糖经转酮酶的作用，将两碳单位转移到 5-磷酸核糖上，结果自身转变为 3-磷酸甘油醛，同时形成另外一个七碳产物，即 7-磷酸景天庚酮糖。生成的 3-磷酸甘油醛可以进入糖酵解途径进行氧化分解，从而将磷酸戊糖途径与糖酵解途径连接起来。

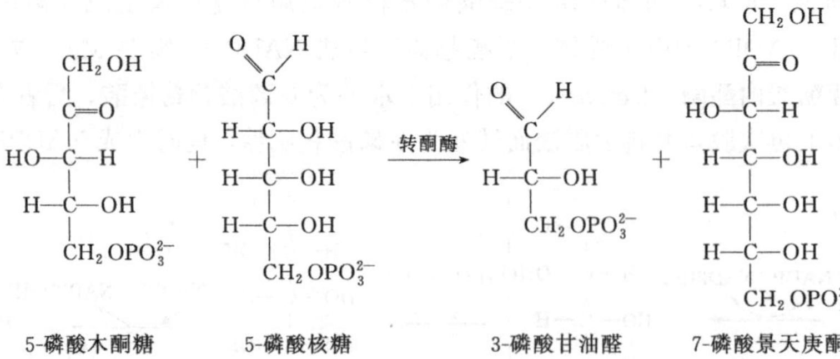

<figure>

转酮酶

5-磷酸木酮糖　　　5-磷酸核糖　　　　3-磷酸甘油醛　　　7-磷酸景天庚酮糖
</figure>

④ 7-磷酸景天庚酮糖与 3-磷酸甘油醛在转醛酶（transaldolase）催化下发生转醛基反应，形成 6-磷酸果糖和 4-磷酸赤藓糖。生成的 6-磷酸果糖可以进入糖酵解途径进行氧化分解。

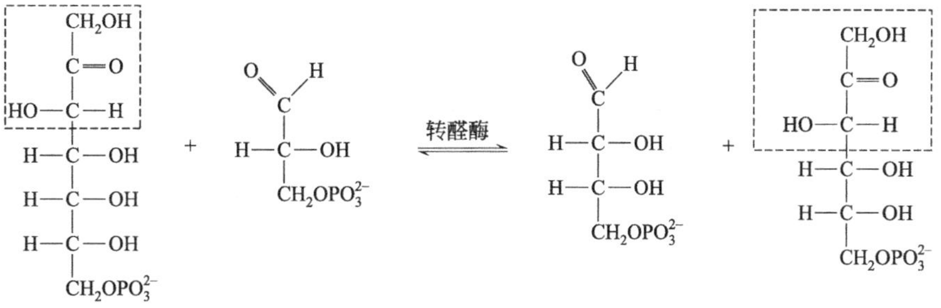

7-磷酸景天庚酮糖　　3-磷酸甘油醛　　转醛酶　　4-磷酸赤藓糖　　6-磷酸果糖

⑤ 5-磷酸木酮糖和 4-磷酸赤藓糖作用形成 3-磷酸甘油醛和 6-磷酸果糖。5-磷酸木酮糖和 4-磷酸赤藓糖发生转酮基作用,生成糖酵解途径的两个中间产物:3-磷酸甘油醛和 6-磷酸果糖。

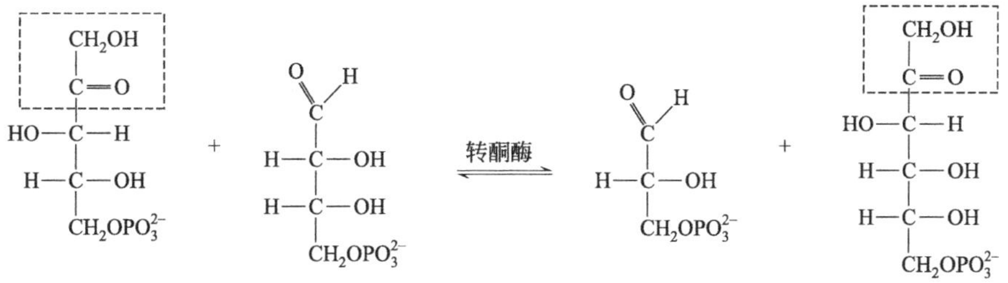

5-磷酸木酮糖　　4-磷酸赤藓糖　　转酮酶　　3-磷酸甘油醛　　6-磷酸果糖

6-磷酸果糖也可在磷酸葡萄糖异构酶(phosphoglucose isomerase)催化下转变为 6-磷酸葡萄糖。如果 6 个 6-磷酸葡萄糖分子通过磷酸戊糖途径后,每个 6-磷酸葡萄糖分子氧化脱羧失掉一个 CO_2,最后又生成 5 个 6-磷酸葡萄糖分子。全部反应可用下式表示。

6 6-磷酸葡萄糖 $+7\ H_2O+12\ NADP^+ \longrightarrow 6\ CO_2+5$ 6-磷酸葡萄糖 $+12\ NADPH+12H^+ +Pi$

由上式可以看出通过磷酸戊糖途径使 1 个 6-磷酸葡萄糖分子全部氧化为 6 分子 CO_2,并产生 12 个具有强还原力的分子即 12 个 NADPH。

戊糖代谢的非氧化阶段中,全部反应都是可逆的,这保证了细胞能以极大的灵活性满足自己对糖代谢中间产物以及大量还原力的需求。磷酸戊糖途径的总览如图 5-7 所示。

5.4.4.2　磷酸戊糖途径的调节

6-磷酸葡萄糖可进入多条代谢途径。6-磷酸葡萄糖脱氢酶是磷酸戊糖途径的第一个酶,其活性决定 6-磷酸葡萄糖进入此途径的流量,为限速酶。早就发现摄取高碳水化合物饮食,尤其在饥饿后重饲时,肝脏内此酶含量明显增加,以适应脂肪酸合成时 NADPH 的需要。6-磷酸葡萄糖脱氢酶活性的调节比较简单,主要受 $NADPH/NADP^+$ 比值的影响。其比值升高,磷酸戊糖途径被抑制;比值降低时则被激活。NADPH 对该酶有强烈的抑制作用。因此,磷酸戊糖途径的流量取决于对机体 NADPH 的需求。

5.4.4.3　磷酸戊糖途径的生理意义

(1) 为核酸的生物合成提供核糖　核糖是核酸和游离核苷酸的组成成分。体内的核糖并

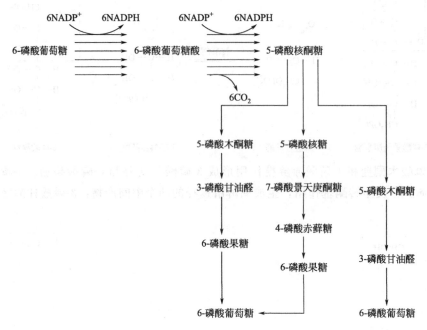

图 5-7　磷酸戊糖途径总览

不依赖从食物输入，可以从葡萄糖通过磷酸戊糖途径生成。葡萄糖既可经 6-磷酸葡萄糖脱氢、脱羧的氧化反应产生磷酸核糖，也可通过酵解途径的中间产物 3-磷酸甘油醛和 6-磷酸果糖经过前述的基团转移反应生成磷酸核糖。人类主要通过氧化反应生成核糖。肌肉组织内缺乏 6-磷酸葡萄糖脱氢酶，磷酸核糖靠基团转移反应生成。

（2）提供 NADPH 作为供氢体参与多种代谢反应　NADPH 与 NADH 不同，它携带的氢不是通过电子传递链氧化以释放能量，而是参与许多代谢反应，发挥不同的功能。

NADPH 是体内许多合成代谢的供氢体。如从乙酰 CoA 合成脂肪酸、胆固醇；机体合成非必需氨基酸时，先由 α-酮戊二酸与 NADPH 及 NH_3 生成谷氨酸，谷氨酸可与其他 α-酮酸进行转氨基反应生成相应的氨基酸。

NADPH 参与体内羟化反应。有些羟化反应与生物合成有关。例如：从鲨烯合成胆固醇，从胆固醇合成胆汁酸、类固醇激素等。有些羟化反应则与生物转化有关。

NADPH 还用于维持谷胱甘肽（glutathione）的还原状态。谷胱甘肽是一个三肽，用 GSH 表示。2 分子 GSH 可以脱氢氧化成为 GSSG，而后者可在谷胱甘肽还原酶作用下被 NADPH 重新还原成为还原型谷胱甘肽：

$$GSSG + NADPH + H^+ \xrightarrow{\text{谷胱甘肽还原酶}} 2GSH + NADP^+$$

氧化型谷胱甘肽　　　　　　　　　　　　　　还原型谷胱甘肽

还原型谷胱甘肽是体内重要的抗氧化剂，可以保护一些含—SH 基的蛋白质或酶免受氧化剂尤其是过氧化物的损害。在红细胞中还原型谷胱甘肽更具有重要作用。它可以保护红细胞膜蛋白的完整性。有一种疾病的患者，其红细胞内缺乏 6-磷酸葡萄糖脱氢酶，不能经磷酸戊糖途径得到充分的 NADPH，使谷胱甘肽保持于还原状态，红细胞尤其是较老的红细胞易于破裂，发生溶血性黄疸。他们常在食用蚕豆以后诱发该病，故称为蚕豆病。

（3）作为生物合成的前体　磷酸戊糖途径的部分中间代谢产物可以作为其他生物分子合成的前体，例如芳香族氨基酸及维生素 B_6 的合成需要 4-磷酸赤藓糖。

（4）产生能量　在特殊情况下，经过磷酸戊糖途径产生的 NADPH 也可以经过氧化磷酸化产生 ATP 为机体供能。1 分子 NADPH 经氧化磷酸化可产生 3 分子 ATP。

5.5　糖的合成代谢

糖的合成代谢主要包括两个方面：一是动物体内的糖异生和糖原合成；二是植物体内的光合作用和淀粉形成。这里主要讨论糖原的合成。

动物和人体用于合成糖原的原料主要有两类：一类是以葡萄糖或其他单糖（如果糖、半乳糖等）为原料合成糖原，此过程称为糖原合成代谢；另一类是由非糖物质如乳酸、甘油、丙酮酸、生糖氨基酸及其三羧酸循环的中间代谢物为原料合成葡萄糖或糖原，此过程称为糖异生作用。

5.5.1　糖原的合成代谢

糖原是由许多葡萄糖分子聚合而成的带有分支的高分子多糖类化合物。糖原分子的直链部分借 α-1,4-糖苷键而将葡萄糖残基连接起来，其支链部分则是借 α-1,6-糖苷键而形成分支。糖原比淀粉具有更多的分支，大约每 3 个葡萄糖残基就有一个分支。糖原的连接和分支情况可由图 5-8 表示。

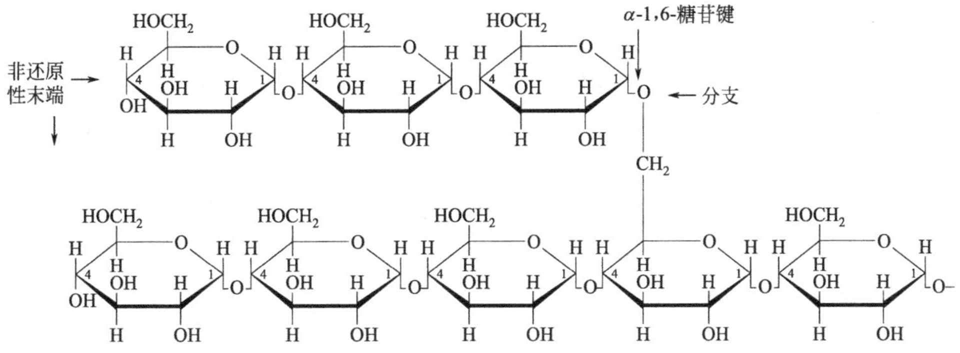

图 5-8　糖原的连接方式和分支方式

糖原是动物体内糖的储存形式。摄入的糖类大部分转变成脂肪（甘油三酯）后储存于脂肪组织内，只有一小部分以糖原形式储存。糖原作为葡萄糖储备的生物学意义在于当机体需要葡萄糖时它可以迅速被动用以供急需，而脂肪则不能。肝脏和肌肉是贮存糖原的主要组织器官，但肝糖原和肌糖原的生理意义有很大不同。肝糖原是血糖的重要来源，肌糖原则主要供肌收缩时能量的需要。这对于一些依赖葡萄糖作为能量来源的组织，如脑、红细胞等尤为重要。

在肝脏和肌肉中，糖原可由 6-磷酸葡萄糖来合成，并以糖原颗粒储存在这些组织中。

糖原合成的第一步是 1-磷酸葡萄糖的生成，由磷酸葡萄糖变位酶催化：

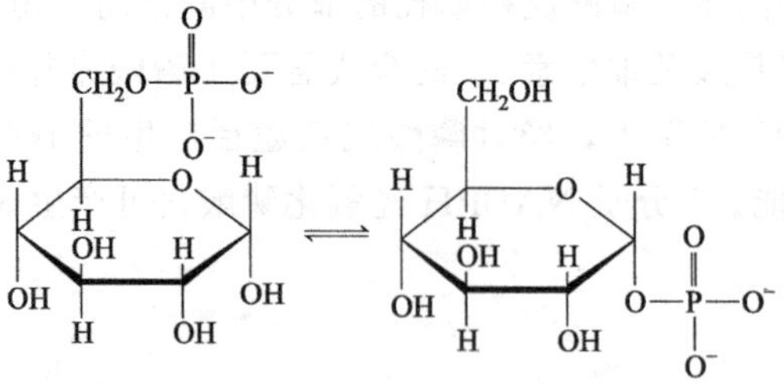

6-磷酸葡萄糖　　　　　　　　1-磷酸葡萄糖

随后，1-磷酸葡萄糖被激活，以便能够被连接成糖原。激活作用需要消耗能量，能量则来源于尿苷三磷酸（UTP）的水解作用。1-磷酸葡萄糖与尿苷三磷酸反应生成尿苷二磷酸葡萄糖（uridine diphophate glucose，UDPG）：

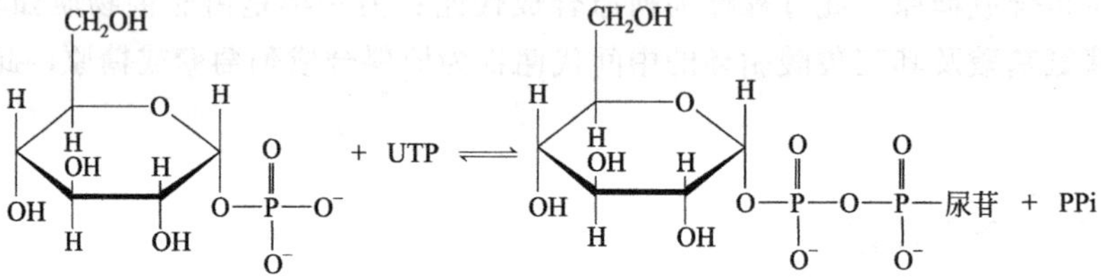

1-磷酸葡萄糖　　　　　　　　尿苷二磷酸葡萄糖(UDPG)

反应是可逆的，由 UDPG 焦磷酸化酶（UDPG pyrophosphorylase）催化。由于焦磷酸在体内迅速被焦磷酸酶水解，使反应向合成糖原方向进行。

UDPG 可看作"活性葡萄糖"，在体内充作葡萄糖供体。最后在糖原合酶（glycogen synthase）作用下，UDPG 的葡萄糖基转移给糖原引物的糖链末端，形成 α-1,4-糖苷键，如图 5-9 所示。所谓糖原引物是指原有的细胞内较小的糖原分子。游离葡萄糖不能作为 UDPG 的葡萄糖基的接受体。上述反应反复进行，可使糖链不断延长。

在糖原合酶的作用下，糖链只能延长，不能形成分支。应引起注意的是，糖原合酶这一名称之所以称为"合酶"（synthase）而不是"合成酶"（synthetase），是因为合酶在催化反应中没有 ATP 直接参加反应，如若需要 ATP 直接参加反应就称为某某合成酶。

当糖链长度达到 3 个葡萄糖基时，分支酶（branching enzyme）将一段糖链、6~7 个葡萄糖基转移到邻近的糖链上，以 α-1,6-糖苷键相接，从而形成分支，如图 5-10 所示。

糖原分子中支链的生成使得聚合物的结构更加紧凑，可溶性也更好，还产生了更多的末端葡萄糖残基。末端葡萄糖残基的增多对于糖原的降解是非常重要的，因为降解过程是从聚合物的末端葡萄糖残基开始逐步降解的。

从葡萄糖合成糖原是耗能的过程。葡萄糖磷酸化时消耗 1 个 ATP，焦磷酸水解成 2 分子磷酸时又损失 1 个高能磷酸键，共消耗 2 个 ATP。糖原合酶反应中生成的 UDP 必须利用 ATP 重新生成 UTP，即 ATP 中的高能磷酸键转移给了 UTP，因此反应虽消耗 1 个 ATP，但无高能磷酸键的损失。

5.5.2　糖异生作用

体内糖原的储备有限，正常成人每小时可由肝释放出葡萄糖 210mg/kg 体重，如果没有补充，十几小时肝糖原即被耗尽，血糖来源断绝。但事实上即使禁食 24h，血糖仍保持正常

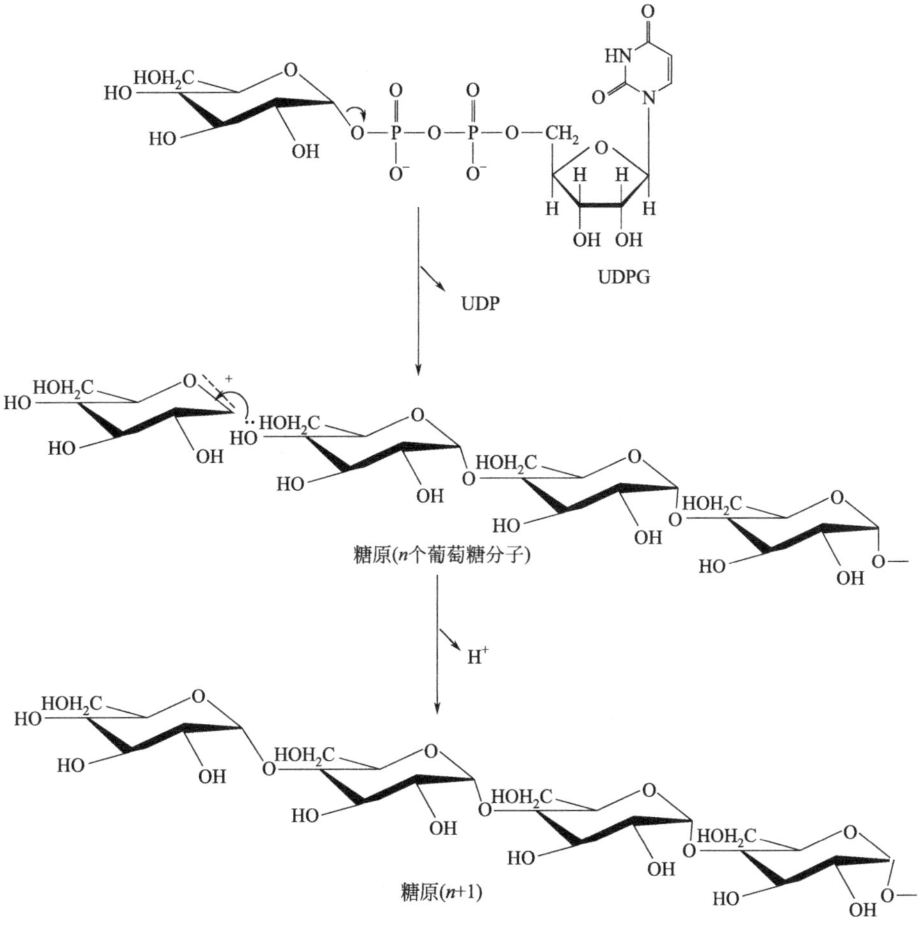

图 5-9　糖原分子上一个葡萄糖单位的添加

范围，长期饥饿时也仅略有下降。这时除了周围组织减少对葡萄糖的利用外，主要还是依赖肝将非糖物质转变成葡萄糖，不断地补充血糖。这种从非糖物质（如甘油、乳酸、生糖氨基酸等）转变为葡萄糖或糖原的过程称为糖异生（gluconeogenesis）。该代谢途径主要存在于肝脏（胞浆）中，肾脏在正常情况下糖异生能力只有肝脏的 1/10，长期饥饿时肾脏糖异生能力则可大为增强。

5.5.2.1　糖异生途径

　　糖异生途径主要沿糖酵解途径逆行，但并不是糖酵解作用的直接逆反应。由于糖酵解途径中有三步反应是不可逆的，即：①由己糖激酶催化的葡萄糖和 ATP 形成 6-磷酸葡萄糖和 ADP；②由磷酸果糖激酶催化的 6-磷酸果糖和 ATP 形成 1,6-二磷酸果糖和 ADP；③由丙酮酸激酶催化的磷酸烯醇式丙酮酸和 ADP 形成丙酮酸和 ATP 的反应。故糖异生途径要利用糖酵解过程中的可逆反应步骤必须对上述 3 个不可逆反应绕行，需要由另外的反应和酶代替，而其他的反应则可以使用糖酵解途径的逆反应进行。

　　（1）丙酮酸转变成磷酸烯醇式丙酮酸　糖酵解途径中磷酸烯醇式丙酮酸由丙酮酸激酶催

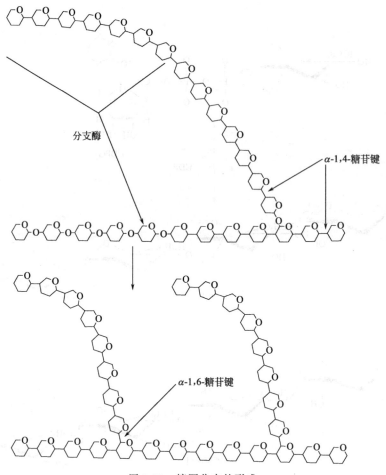

图 5-10　糖原分支的形成

化生成丙酮酸，糖异生途径中其逆过程由 2 个反应组成：

催化第一个反应的是丙酮酸羧化酶（pyruvate carboxylase），其辅酶为生物素。反应分两步：CO_2 先与生物素结合，需消耗 ATP；然后活化的 CO_2 再转移给丙酮酸，生成草酰乙酸。第二个反应由磷酸烯醇式丙酮酸羧激酶催化，反应中消耗一个高能磷酸键，同时脱羧。上述两步反应共消耗 1 个 ATP 和 1 个 GTP。

值得注意的是，丙酮酸羧化酶是一种线粒体酶，而糖异生作用中形成 6-磷酸葡萄糖的其他酶都是细胞质酶。由丙酮酸羧化形成的草酰乙酸，必须穿过线粒体膜才能作为磷酸烯醇式丙酮酸羧激酶的底物被催化形成磷酸烯醇式丙酮酸。因为细胞不存在直接使草酰乙酸跨膜的转运蛋白，一般情况下，草酰乙酸通过形成苹果酸途径跨过线粒体膜。草酰乙酸在线粒体内由与 NADH 相连的苹果酸脱氢酶催化，还原为苹果酸，跨过线粒体膜后，又由细胞质中的与 NAD^+ 相连的苹果酸脱氢酶使其再氧化形成草酰乙酸。

（2）1,6-二磷酸果糖转变为 6-磷酸果糖　此反应由果糖-1,6-二磷酸酶（fructose-1,6-bisphosphatase）催化，其 C_1 位的磷酸酯键水解形成 6-磷酸果糖。

这一反应避开了糖酵解过程不可能进行的直接逆反应，即形成 1 个 ATP 分子和 6-磷酸果糖的耗能反应，将其改变为释放无机磷酸的放能反应，使反应容易进行。

（3）6-磷酸葡萄糖水解为葡萄糖　此反应由葡萄糖-6-磷酸酶（glucose-6-phosphatase）催化，同样，由于不生成 ATP，不是葡萄糖激酶的逆反应，热力学上是可行的。

图 5-11 为糖异生途径总览图，为了便于理解糖异生途径和糖酵解途径的关系，用糖酵

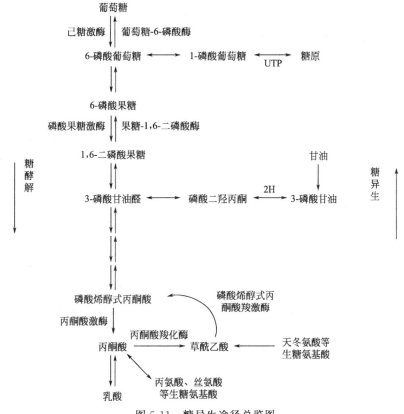

图 5-11　糖异生途径总览图

解途径的次序和相反的箭头方向相对比。其中糖酵解和糖异生反应中酶的差异如表 5-3 所示。

表 5-3　糖酵解和糖异生反应中酶的差异

项目	糖酵解途径	糖异生途径
1	己糖激酶（hexokinase）	葡萄糖-6-磷酸酶（glucose-6-phosphatase）
2	磷酸果糖激酶（phosphofructokinase）	果糖-1,6-二磷酸酶（fructose-1,6-bisphosphatase）
3	丙酮酸激酶（pyruvate kinase）	丙酮酸羧化酶（pyruvate carboxylase） 磷酸烯醇式丙酮酸羧激酶（phosphoenolpyruvate carboxykinase）

5.5.2.2　糖异生的调节

糖异生作用和糖酵解作用有着密切的相互协调关系。如果糖酵解作用活跃，则糖异生作用必受一定限制。如果糖酵解的主要酶受到抑制，则糖异生作用的酶活性就受到促进。这种相互制约又相互协调的关系主要由两种途径不同的酶活性和浓度起作用。此外底物浓度也起调节作用。葡萄糖的浓度对糖酵解起调节作用。乳酸浓度以及其他葡萄糖前体的浓度对糖异生起调节作用。

（1）磷酸果糖激酶和果糖-1,6-二磷酸酶的调节　一方面，6-磷酸果糖磷酸化成 1,6-二磷酸果糖；另一方面，1,6-二磷酸果糖去磷酸而生成 6-磷酸果糖。这样，磷酸化和去磷酸化构成了一个底物循环。如不加以调节，其结果是消耗了 ATP 而又不能推进代谢。实际上在细胞内催化着两个反应的酶的活性常呈相反的变化。

AMP 对磷酸果糖激酶有激活作用，当 AMP 浓度高时，表明机体需要合成更多的 ATP。AMP 刺激磷酸果糖激酶使糖酵解过程加速，同时果糖-1,6-二磷酸酶不再催化糖异生作用。ATP 以及柠檬酸对磷酸果糖激酶起抑制作用，当二者浓度升高时，磷酸果糖激酶受到抑制从而降低糖酵解作用，同时柠檬酸又刺激果糖-1,6-二磷酸酶，通过它使糖异生作用加速进行。

当饥饿时，机体血糖含量下降，刺激血液中的胰高血糖素水平升高，胰高血糖素通过 cAMP 和依赖 cAMP 的蛋白激酶使磷酸果糖激酶 2 和果糖二磷酸酶 2 都发生磷酸化，导致果糖二磷酸酶 2 受到激活，同时磷酸果糖激酶 2 受到抑制，降低肝细胞内 2,6-二磷酸果糖水平，从而促进糖异生而抑制糖的分解。目前认为 2,6-二磷酸果糖是一个信号分子，它对磷酸果糖激酶和果糖-1,6-二磷酸酶具有协同调控作用。2,6-二磷酸果糖对磷酸果糖激酶具有强烈的激活作用，而对果糖-1,6-二磷酸酶具有抑制作用。因此可以理解，2,6-二磷酸果糖在饥饿情况下对调节糖酵解和糖异生作用有特殊的重要意义。在饱食条件下，血糖浓度升高，血中胰岛素的水平也升高，这时 2,6-二磷酸果糖的水平也随之升高，从而糖酵解过程加速，糖异生作用受到抑制。在饥饿时，低水平的 2,6-二磷酸果糖使糖异生作用处于优势。

（2）丙酮酸激酶、丙酮酸羧化酶和磷酸烯醇式丙酮酸羧激酶之间的调节　在肝脏中丙酮酸激酶受高浓度 ATP 和丙酮酸的抑制。高浓度 ATP 和丙酮酸是高能荷和细胞结构元件丰富的信号，因此糖酵解作用受到抑制。丙酮酸羧化酶受乙酰-CoA 的激活和 ADP 的抑制，当乙酰-CoA 的含量充分时，丙酮酸羧化酶受到激活，从而促进糖异生作用。但如果细胞的供能情况不够充分，ADP 的浓度升高，丙酮酸羧化酶和磷酸烯醇式丙酮酸羧激酶都受到抑制，而使糖异生作用停止作用，这时 ATP 水平很低，丙酮酸激酶解除了抑制，糖酵解作用又发挥其有效性。

丙酮酸激酶还受到1,6-二磷酸果糖的正反馈激活作用，也加速糖酵解作用的进行。

当机体处于饥饿状态时，为首先保证供应脑和肌肉足够的血糖，肝脏中的丙酮酸激酶受到抑制，从而限制了糖酵解作用的进行。因胰高血糖素的分泌加强，进入血液后激活 cAMP 的级联效应，使丙酮酸激酶由于磷酸化也失去活性。

习 题

一、名词解释

1. 糖 2. 寡糖 3. 蛋白质 4. 还原糖 5. 新陈代谢 6. 合成代谢 7. 分解代谢 8. 糖酵解 9. 柠檬酸循环 10. 巴斯德效应

二、请判断下列说法的对错，并给出理由

1. 所有单糖均具有旋光性。

2. 戊醛糖一共有3个不对称碳原子，因此一共有8种异构体。

3. 所有单糖都具有还原性。

4. 所有 L 型糖均是左旋糖，D 型糖均是右旋糖。

5. 在糖代谢的过程中，糖的 C 原子的减少是以 CO_2 的形式释放。

6. 糖酵解生成 ATP，不消耗 ATP。

三、计算题

试计算 1mol 乳糖经代谢共产生多少 ATP。

四、问答题

简述某厌氧微生物如何从葡萄糖中获取能量供自身生长繁殖。

6 脂类代谢

本章学习目标

1. 了解脂肪的结构和性质；掌握重要类脂物质、脂肪酸和必需脂肪酸的生物学功能和特点。

2. 掌握脂肪的分解代谢。

3. 掌握脂肪的合成代谢及磷脂和胆固醇的代谢。

6.1 脂类化学

6.1.1 概述

6.1.1.1 脂类的概念

脂类（lipids）是脂肪及类脂的总称，是一类难溶于水而易溶于有机溶剂（如乙醚、丙酮、氯仿、苯等）并能为机体利用的有机化合物。脂类广泛存在于自然界中，其化学本质为脂肪酸（多是 4 个碳以上的长链一元羧酸）和醇（包括甘油醇、鞘氨酸、高级一元醇和固醇）等所组成的酯类及其衍生物，主要包括三酰甘油、磷脂、类固醇及类胡萝卜素等。脂类的元素组成主要是碳、氢、氧，有些脂类还含有氮、磷及硫。

6.1.1.2 脂类的生物功能

① 膜功能　磷脂、糖脂和胆固醇是构成生物膜的重要结构成分。

② 能量来源　脂肪是生物体内重要的供能和储能物质。

③ 溶剂　对动物来讲是必需脂肪酸和脂溶性维生素的溶剂。

④ 参与信号的传导和识别　糖脂参与信号传导。

⑤ 保护作用　防机械损伤和热量散发等。

⑥ 有些脂类还具有维生素和激素的功能　某些萜类及类固醇类物质如维生素 A、D、E、K、胆酸及固醇类激素具有营养、代谢及调节功能。

6.1.1.3 脂类的分类

根据组成脂类的不同组分可以将脂类分为三大类：

（1）单纯脂类 单纯脂类（simple lipid）是脂肪酸和醇（甘油醇、一元醇）所形成的酯。它又可分为以下几种。

① 脂 由脂肪酸和甘油醇组成，俗称脂肪或中性脂，一般在室温时为固态或半固态，如三酰甘油、二酰甘油等。

② 油 由不饱和脂肪酸或低分子脂肪酸与醇组成，常温下一般为液态，也称为脂性油，如植物油、动物油、矿物油、精油、硅油等。

③ 蜡 主要由长链脂肪酸和长链醇或固醇组成，如蜂蜡、动植物体表覆盖物。

（2）复合脂质 除醇类和脂肪酸外尚含有其他非脂分子的成分（如胆碱、乙醇胺、糖等）的脂类称复合脂质（compound lipid）。复合脂按非脂成分的不同可分为以下几种。

① 磷脂 其非脂成分是磷酸和含氮碱，磷脂根据醇成分的不同，又可分为甘油磷脂和鞘胺醇磷脂。

② 糖脂 其非脂成分是糖，根据醇成分的不同，又可分为鞘糖脂和甘油糖脂。

（3）类脂化合物 类脂化合物指由单纯脂质和复合脂质衍生而来或与之关系密切、具有脂质一般性质的物质。

① 取代烃 主要是脂肪酸及其碱性盐（皂）和高级醇，少量脂肪醛、脂肪胺和烃。

② 固醇类 包括胆固醇、胆酸、强心苷、性激素、肾上腺皮质激素。

③ 萜类 包括许多天然色素（如胡萝卜素）、香精油、天然橡胶等。

④ 其他 如维生素 A、D、E、K。

6.1.2 单纯脂类

6.1.2.1 油脂的组成、结构及性质

一分子甘油和三分子脂肪酸脱水缩合而成的酯，即三酰甘油（triacylglycerol，TG），习惯上称为甘油三酯（triglyceride）。是脂类中最丰富的一类。

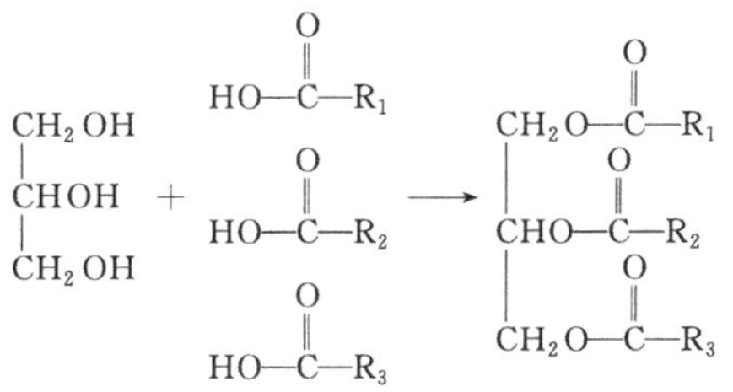

甘油一酯（甘油上结合 1 个脂肪酸，含 2 个游离羟基）、甘油二酯（甘油上结合 2 个脂肪酸，含 1 个游离羟基）自然界较少。R_1、R_2、R_3 相同时为单纯甘油酯，三者中有两个或三个不同者，称为混合甘油酯。通常 R_1、R_3 为饱和的烃基，R_2 为不饱和的烃基。通常把常温下呈固态或半固态的称为脂，其脂肪酸的烃基多数是饱和的；常温下为液态的称为油，其脂肪酸的烃基多数是不饱和的。脂肪和油统称为油脂，其熔点高低取决于含不饱和脂

肪酸的多少和脂肪酸链的长短。植物油中含大量的不饱和脂肪酸，因此常温下呈液态，而动物脂肪中含饱和脂肪酸较多，所以常温下呈固态或半固态。

6.1.2.2 油脂的物理性质

纯净的油脂是无色、无臭、无味的液体或固体，难溶于水，易溶于有机溶剂。

6.1.2.3 油脂的化学性质

(1) 酯键产生的性质　水解反应：油脂能在酸或酶的作用下水解生成甘油和脂肪酸。皂化反应：用碱液水解油脂可生成甘油和脂肪酸盐（即肥皂）。

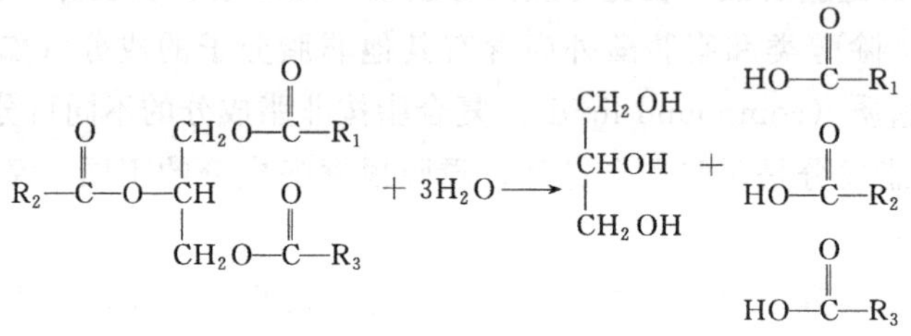

甘油三酯　　　　　甘油　　脂肪酸

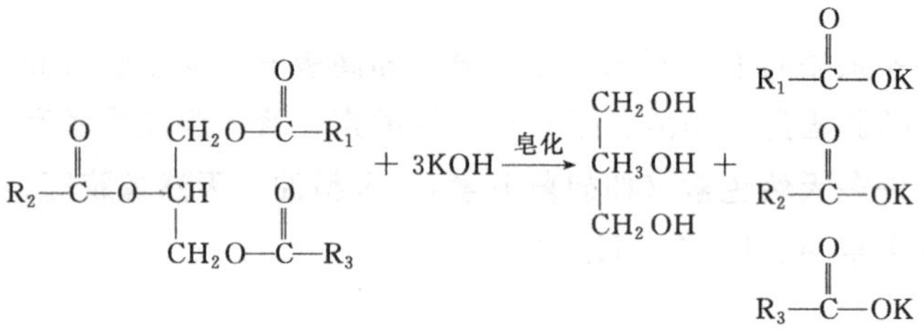

甘油三酯　　　　　甘油　　脂肪酸盐

皂化值：完全皂化 1g 油脂所消耗的 KOH 的质量（mg）。它是衡量油脂质量的指标之一。

皂化值越大，表示油脂中脂肪酸的平均分子量越小（纯度较高）。

(2) 不饱和脂肪酸产生的性质　① 氢化反应　指在催化剂（如金属 Ni）的作用下，油脂中的不饱和双键与氢发生加成反应，从而转化成饱和脂肪酸含量较多的油脂。这一过程可使液态的油变成半固态或固态的脂肪，所以油脂的氢化又称油脂的硬化。

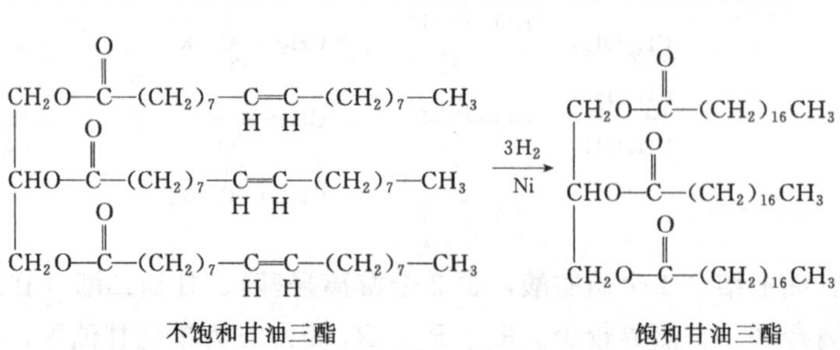

不饱和甘油三酯　　　　　　　饱和甘油三酯

② 卤化反应　指油脂中不饱和双键与卤素发生加成，生成卤代脂肪酸的反应。

碘值：100g 脂肪所能吸收碘的质量（g）称为碘值。碘值越大，脂肪的不饱和程度越高。老年人建议多食用碘值较高的植物油，防止血管硬化。

③ 酸败：油脂在空气中暴露过久即产生难闻的臭味这种现象称为酸败。

酸败发生的主要原因：首先，由于油脂的不饱和成分发生自动氧化，产生过氧化物质进而降解成醛酮酸的复杂混合物；其次，微生物的作用，它们把油脂分解为游离的脂肪酸和甘油。一些低级脂肪酸本身就有臭味，脂肪酸经系列酶促反应也产生挥发性的低级酮。甘油可被氧化成具有异臭的1,2-环氧丙酮。

酸值（价）：中和1g油脂中的游离脂肪酸所需 KOH 的质量（mg）。

6.1.2.4 脂肪酸

脂肪酸（fatty acid，FA）是脂类的基本组成成分，其元素组成特点是富含碳和氢，该特点赋予其弱极性和疏水性。

（1）脂肪酸的空间构象　脂肪酸是由一条长的烃链（"尾"）和一个末端羧基（"头"）组成的羧酸，如图 6-1 所示。烃链多数是线形的，分支或含环的烃链很少。

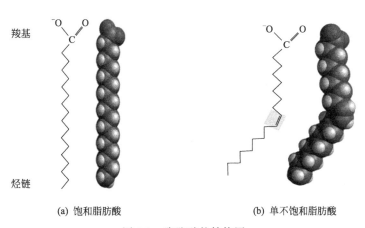

羧基

烃链

(a) 饱和脂肪酸　　　　　　　　(b) 单不饱和脂肪酸

图 6-1　脂肪酸的结构图

（2）脂肪酸的特点

①大部分是不分支和无环、无羟基的单羧酸。②自然界中脂肪酸分子中的碳原子数目绝大多数是偶数。③饱和脂肪酸中最普遍的是软脂酸（十六酸）和硬脂酸（十八酸），不饱和脂肪酸中最普遍的是油酸。④不饱和脂肪酸的熔点比同等链长的饱和脂肪酸低，链长相同不饱和度越高，熔点越低。⑤细菌中所含的脂肪酸比植物和动物少得多，绝大多数为饱和脂肪酸。高等植物和低温生活的动物中不饱和脂肪酸含量高于饱和脂肪酸含量。⑥高等动植物的不饱和脂肪酸是顺式结构。

（3）脂肪酸的分类

①根据碳原子数目分为短链脂肪酸（少于 6 个碳）、中链脂肪酸（6～12 个碳）和长链脂肪酸（大于 12 个碳）。人体内主要以 C16 和 C18 为最多。②根据烃基中是否含有双键分为饱和脂肪酸（表 6-1）和不饱和脂肪酸（表 6-2）。后者包括单不饱和脂肪酸和多不饱和脂肪酸。③根据机体能否合成分为必需脂肪酸和非必需脂肪酸。必需脂肪酸是维持哺乳动物正常生长所需的而体内无法自行合成的脂肪酸，多为长链或超长链的高度不饱和脂肪酸，如：亚油酸、亚麻酸、花生四烯酸等。非必需脂肪酸是机体可以从糖等转变生成，不依赖食物提供的脂肪酸，多为饱和或低度不饱和的长链脂肪酸。

表 6-1　饱和脂肪酸（$C_n H_{2n} O_2$）

名　称	英文名	分子式	熔点/℃	存在
丁酸（酪酸）	butyric acid	$C_3 H_7 COOH$	-7.9	奶油
己酸（羊油酸）	caproic acid	$C_5 H_{11} COOH$	-3.4	奶油、羊脂、可可油等
辛酸（羊脂酸）	caprylic acid	$C_7 H_{15} COOH$	16.7	奶油、羊脂、可可油等
癸酸（羊蜡酸）	capric acid	$C_9 H_{19} COOH$	32	椰子油、奶油
十二酸[①]（月桂酸）	lautic acid	$C_{11} H_{23} COOH$	44	鲸蜡、椰子油
十四酸[①]（豆蔻酸）	myristic acid	$C_{13} H_{27} COOH$	54	肉豆蔻脂、椰子油
十六酸[①]（棕榈酸）	palmitic acid	$C_{15} H_{31} COOH$	63	动植物油
十八酸[①]（硬脂酸）	stearic acid	$C_{17} H_{35} COOH$	70	动植物油
二十酸[①]（花生酸）	arachidic acid	$C_{19} H_{39} COOH$	75	花生油
二十二酸（山嵛酸）	behenic acid	$C_{21} H_{43} COOH$	80	山嵛油、花生油
二十四酸[①]	lignoceric acid	$C_{23} H_{47} COOH$	84	花生油
二十六酸（蜡酸）	cerotic acid	$C_{25} H_{51} COOH$	87.7	蜂蜡、羊毛脂
二十八酸（褐煤酸）	montanic acid	$C_{27} H_{55} COOH$	—	蜂蜡

① 为最常见的。

表 6-2　不饱和脂肪酸

名　称	英文名	熔点/℃	存　在
十八碳一烯酸（油酸） Δ^9	oleic acid	13.4	动植物油脂（橄榄油、猪油含量较高）
十八碳二烯酸[①]（亚油酸） $\Delta^{9,12}$	linoleic acid	-5	棉籽油、亚麻仁油
十八碳三烯酸[①]（亚麻酸） $\Delta^{9,12,15}$	linolenic acid	-11	亚麻仁油
二十碳四烯酸[②]（花生四烯酸） $\Delta^{5,8,11,14}$	arachidonic acid	-50	磷脂酰胆碱、磷脂酰乙醇胺
二十碳五烯酸（EPA） $\Delta^{5,8,11,14,17}$	eicosapentaenoic acid	—	鱼油
二十二碳六烯酸（DHA） $\Delta^{4,7,10,13,16,19}$	docosahexaenoic acid	—	鱼油

① 亚油酸和亚麻酸有降低血清胆固醇含量的作用。

② 为动物的必需脂肪酸。

6.1.3　复合脂类

6.1.3.1　磷脂

磷脂是分子中含有磷酸基的脂类。其种类繁多，组成复杂，结构与脂肪相似。磷脂广泛分布于动植物体内，是生物膜的重要组成成分。结构特征：既含有亲水基又含有疏水基。分类：根据所含醇的不同，磷脂分为甘油磷脂和神经鞘磷脂。

（1）甘油磷脂　甘油磷脂也称磷酸甘油酯，它的甘油骨架 C_1 和 C_2 位被脂肪酸酯化，当 X＝H 时即为磷脂酸（phosphatidic acid），它是各种甘油磷脂的母体化合物（表 6-3）。

$$\begin{array}{c} O \\ \| \\ R_2-C-O-CH \quad O \\ | \quad \quad \| \\ CH_2O-P-OX \\ | \\ OH \end{array}$$

$$\begin{array}{c} O \\ \| \\ CH_2O-C-R_1 \end{array}$$

表 6-3　生物体内几种重要的甘油磷脂

X—OH	X 取代基	甘油磷脂
水	—H	磷脂酸
胆碱	—CH$_2$CH$_2$N$^+$(CH$_3$)$_3$	磷脂酰胆碱(卵磷脂)
乙醇胺	—CH$_2$CH$_2$N$^+$H$_3$	磷脂酰乙醇胺(脑磷脂)
丝氨酸	—CH$_2$CHNH$_2$COOH	磷脂酰丝氨酸
甘油	—CH$_2$CH(OH)CH$_2$OH	磷脂酰甘油
磷脂酰甘油	$\begin{array}{c} O \\ \| \\ CH_2O-C-R_1 \\ O \\ \| \\ HC-O-C-R_2 \\ O \\ \| \\ -CH_2CH(OH)CH_2O-P-O-CH_2 \\ \| \\ OH \end{array}$	二磷脂酰甘油(心磷脂)
肌醇	（肌醇环状结构）	磷脂酰肌醇

磷酸甘油酯的两个长脂肪酸链为非极性的尾部，而其余部分则为极性头部。磷酸甘油酯分子中一般含有一分子饱和脂肪酸（多连在 C$_1$ 位上）和一分子不饱和脂肪酸（多连在 C$_2$ 位上）。磷酸甘油酯结构中甘油的第二个碳原子是手性碳原子。

甘油磷脂的共性：都有高度极性的头部及疏水性较强的尾部；甘油分子 C$_1$ 上连接的脂酰基多数是饱和的，而 C$_2$ 上的多数是不饱和的；在 pH 7 时，其磷酸基团带的是负电荷。

①卵磷脂（lecithin）是细胞膜中存在大量含胆碱的磷脂，又称磷脂酰胆碱（phosphatidylcholine）。卵磷脂是组成细胞膜最丰富的磷脂之一，其结构如下。

$$\begin{array}{c} O \\ \| \\ R_2-C-O-CH \quad O \\ | \quad \quad \| \\ CH_2O-P-O-CH_2CH_2N^+(CH_3)_3 \\ | \\ O^- \end{array}$$

$$\begin{array}{c} O \\ \| \\ CH_2O-C-R_1 \end{array}$$

式中，R$_1$ 和 R$_2$ 代表脂肪酸的烃基，其中 R$_1$ 是饱和的，R$_2$ 是不饱和的烃基。常见的有硬脂酸、软脂酸、油酸、亚油酸、亚麻酸、花生四烯酸、EPA、DHA 等。

性质与功用：卵磷脂分布很广，存在于各种动物的组织器官中，但以脑、脊髓和神经组织中含量丰富，禽卵的卵黄和大豆中含量最多。卵磷脂为白色油脂状物质，极易吸水。由于它含有相对多的不饱和脂肪酸，表面容易被氧化。卵磷脂具有抗脂肪肝的作用。卵磷脂不溶于丙酮，易溶于乙醚、乙醇和氯仿，工业广泛用作乳化剂。工业用卵磷脂主要通过大豆油精炼过程中的副产品获得。

② 脑磷脂（cephalin）又叫磷脂酰乙醇胺（phospha-tidylethanolamine）。

性质与功用：脑磷脂在动植物体中含量也很丰富，以脑和神经组织中含量最高。它与血液凝固有关，血小板的脑磷脂可能是凝血酶原激活剂的辅基。脑磷脂为白色蜡状固体，吸水性强，在空气中易被氧化成棕黑色。脑磷脂不溶于丙酮，难溶于乙醇，易溶于乙醚，根据此特性可以将脑磷脂于乙醚中分离。脑磷脂结构如下：

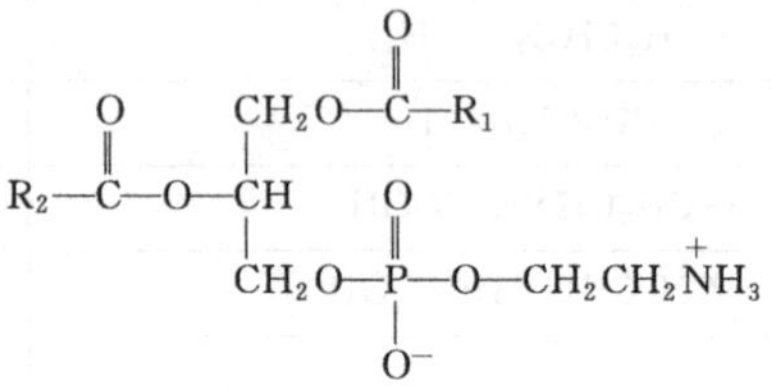

③ 磷脂酰丝氨酸（phosphatidylserine）又称丝氨酸磷脂，由磷脂酸的磷酸基团与丝氨酸的羟基连接而成。其结构如下。

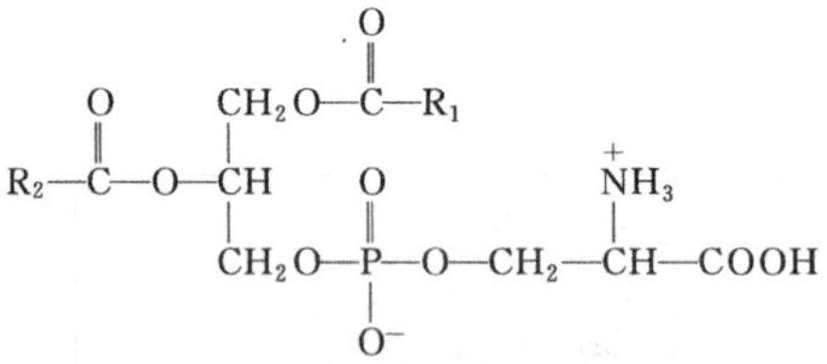

磷脂酰丝氨酸是血小板中带负电荷的酸性磷脂，当血小板因组织受损而被激活时，膜中的这些磷脂转向外侧，作为表面催化剂与其他凝血因子一起致使凝血酶原活化。脑组织中丝氨酸磷脂的含量比脑磷脂还多，在体内丝氨酸磷脂可能脱羧基而转变成脑磷脂。

④ 二磷脂酰甘油（diphosphatidylglycerol）又称心磷脂（cardiolipin），是由 2 分子磷脂酸与 1 分子甘油结合而成的磷脂。其结构如下。

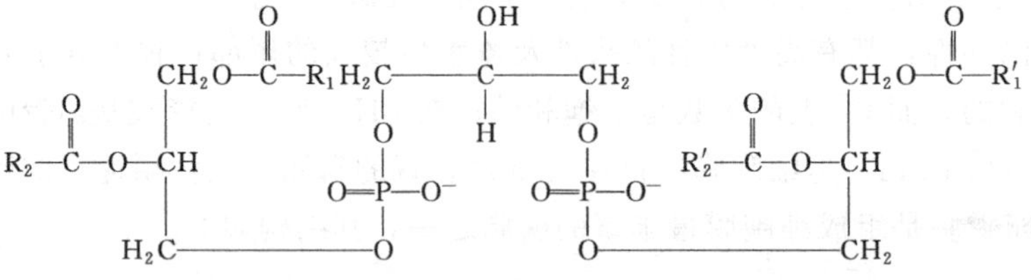

心磷脂大量存在于心肌，它有助于线粒体膜的结构蛋白质同细胞色素 c 的连接，是脂质中唯一有抗原性的。

（2）鞘磷脂　鞘氨醇磷脂简称（神经）鞘磷脂，在高等动物的脑髓鞘和红细胞膜中特别丰富，也存在于许多植物种子中。由（神经）鞘氨醇、脂肪酸、磷酸及胆碱（少数是磷酰乙醇胺）各 1 分子组成，是一种不含甘油的磷脂。神经鞘磷脂与前述几种磷脂不同，它的脂肪酸并非与醇基相连，而是借酰胺键与氨基结合。磷酸胆碱为鞘氨醇磷脂的极性头部，脂肪酸和神经氨基醇的长碳链为非极性尾部，即鞘氨醇磷脂也是两性脂类。神经鞘磷脂在脑和神经组织中含量较多，也存在于脾、肺及血液中，是高等动物组织中含量最丰富的鞘脂类。鞘磷脂为白色结晶，性质稳定，不易被氧化。不溶于丙酮及乙醚，而溶于热乙醇。

其结构如下。

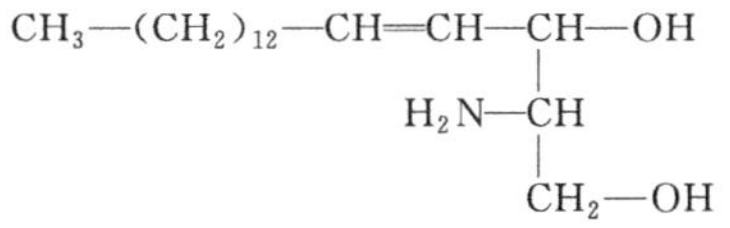

鞘氨醇 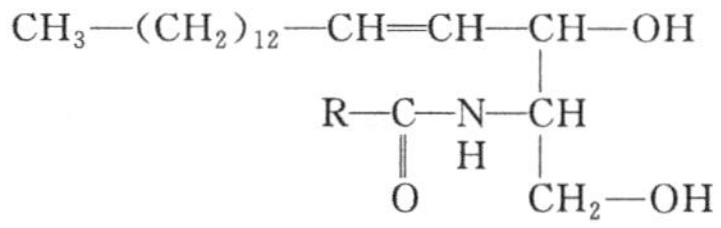　　　　　　　　　　　　　　　　神经酰胺

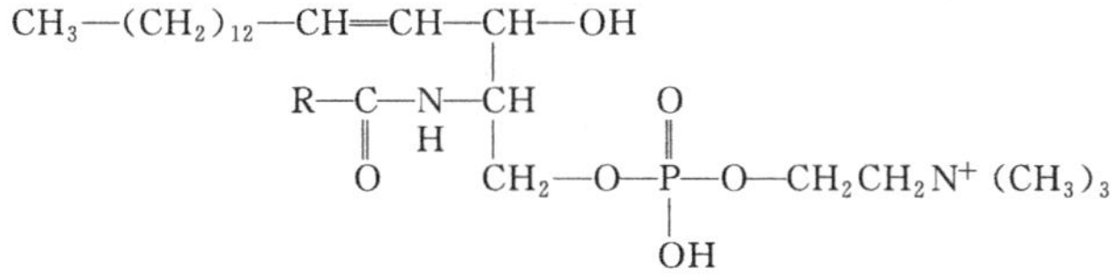

胆碱鞘磷脂

6.1.3.2　糖脂

糖脂（glycolipid）是一类含有糖成分的复合脂。糖脂是糖通过其半缩醛羟基以糖苷键与脂质连接的化合物。糖鞘脂是其中的一部分，它包括脑苷脂类和神经节苷脂类。其共同特点是含有鞘氨醇的脂，头部含糖。它在细胞中含量虽少，但在许多特殊的生物功能中却非常重要，当前引起生化工作者极大的重视。糖脂主要分布于脑及神经组织中，亦是动物细胞膜的重要成分。糖脂的非极性尾部可伸入细胞膜的双分子层结构，而其极性头部露出膜表面，且不对称地朝向细胞外侧定位。

6.1.4　类固醇类

类固醇类化合物广泛分布于生物界，分为固醇和固醇衍生物两大类。其生物功能有：作为激素起某种代谢调节作用；作为乳化剂有助于脂肪的消化和吸收，有抗炎症的作用。

6.1.4.1　固醇

类固醇也称甾类，结构以环戊烷多氢菲为基础。

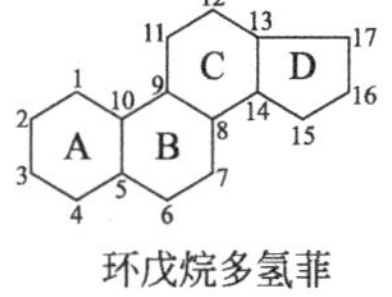

环戊烷多氢菲 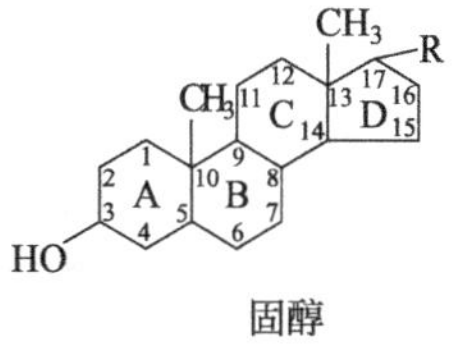　　　　　　　　　　　固醇

固醇的 C_3 常为羟基或酮基；C_{17} 上可以是羟基、酮基或烃链；$C_4 \sim C_5$、$C_5 \sim C_6$ 之间常有双键；A 环可能是苯环，如雌酮。

（1）动物固醇——胆固醇　胆固醇是环戊烷多氢菲的衍生物，其结构与前述各种脂类大不相同。胆固醇 C_3 位上是羟基，具有亲水性，而其余部分由碳氢链组成，为疏水性，因此胆固醇是一种两性分子。生物体内的胆固醇有以游离形式存在的，但大多是其 C_3 位上的羟基与脂肪酸结合，以形成胆固醇酯的形式存在。它们的结构如下：

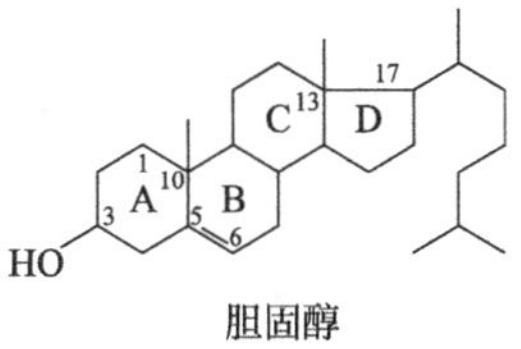

胆固醇 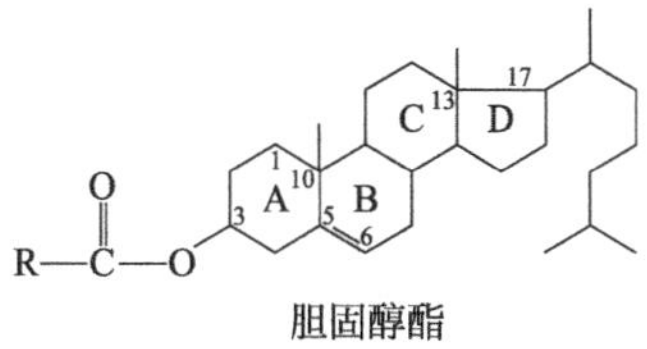　　　　　　　　　　　　　　　胆固醇酯

由胆固醇转化为胆固醇酯的途径有：①胆固醇在脂酰 CoA 胆固醇酰基转移酶的作用下在 ACAT（肝、肾上腺皮质、小肠）中转化为胆固醇酯；②胆固醇在卵磷脂胆固醇酰基转移酶的作用下在 LCAT（血浆）中转化为胆固醇酯。

胆固醇是从食物摄入或在体内合成的，有多种生物功能。①胆固醇是血浆脂蛋白的组成成分，可携带大量甘油三酯和胆固醇酯在血浆中运输。②胆固醇是体内合成维生素 D_3 和胆汁酸的原料，维生素 D_3 缺乏时成年人发生骨质软化症，婴幼儿得佝偻病。③胆固醇在体内可转变成各种肾上腺皮质激素，如皮质醇、醛固酮，胆固醇还是性激素睾酮和雌二醇的前体。常见食物中胆固醇的含量见表 6-4。

表 6-4　常见食物中胆固醇的含量（以 100g 食物计）　　　　单位：mg

品名	胆固醇	品名	胆固醇	品名	胆固醇
火腿肠	57	猪肝	288	炸鸡（肯德基）	198
腊肠	88	猪脑	2571	鳝鱼	126
火腿	98	猪舌	158	墨鱼	226
羊肝	349	鸡蛋	300	鲳鱼	77
羊肉（肥）	148	鸡蛋黄	2850	鲳鱼子	1070
羊脑	2004	鹌鹑蛋	515	基围虾	181
牛肉（肥）	133	鸡肝	356	甲鱼	101
牛肉（瘦）	58	鸭蛋（咸）	1576	牛乳	9
烤鸭	91	鸡腿	91	牛奶粉（全脂）	71
酸奶	15	豆奶粉	90	牛奶粉（脱脂）	28

（2）植物固醇　植物固醇存在于大豆、麦芽等中，是植物细胞的重要组分，不能为动物吸收。主要有豆固醇、菜油固醇、谷固醇、麦角固醇。植物固醇不易被人肠黏膜细胞吸收，并能抑制胆固醇吸收，从而降低血清中胆固醇的水平，故可作为降低胆固醇的药物。

6.1.4.2　固醇衍生物

（1）胆酸与胆汁酸　胆酸是由动物胆囊合成分泌的物质。根据分子中所含羟基的数目、位置与构型不同可有多种胆酸。至今发现的胆酸已超过 100 种，常用的只有几种。

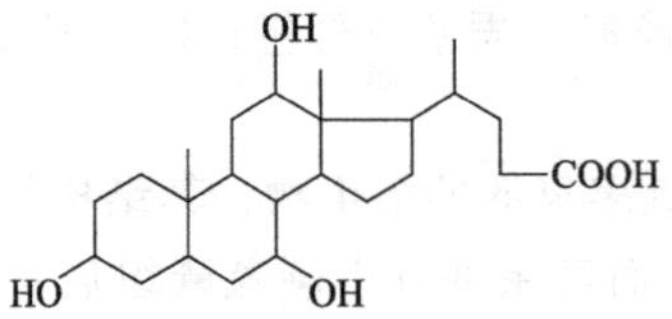

胆酸(3α, 7β-二羟基胆酸) 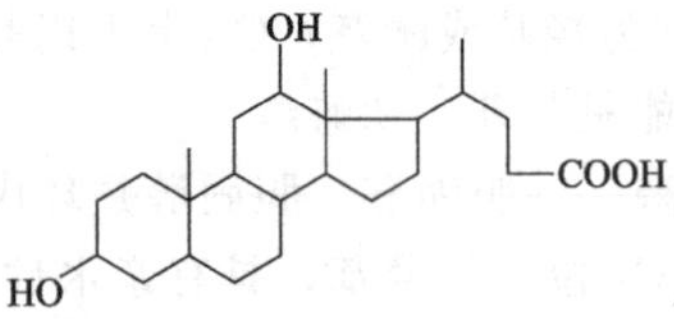　　　　脱氧胆酸

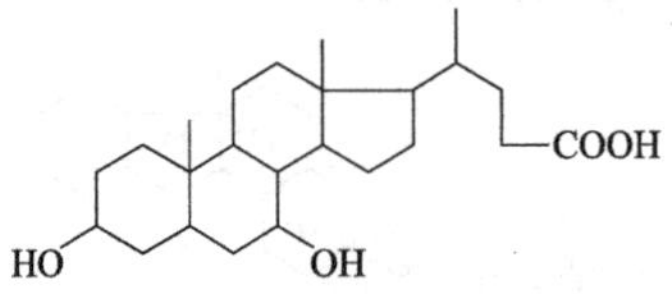

熊去氧胆酸 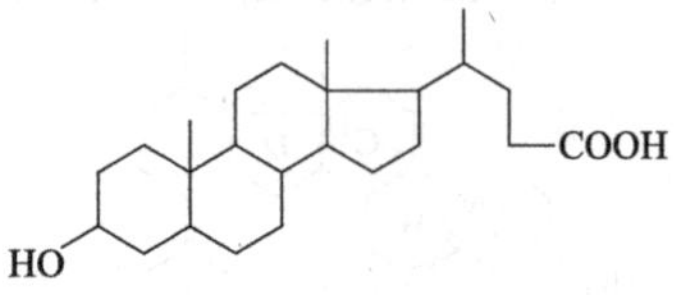　　　　石胆酸

胆汁酸 (bile acid) 是肝内由胆固醇直接转化而来,人体内每天合成胆固醇 $1\sim1.5g$,其中 $0.4\sim0.6g$ 在肝内转变为胆汁酸。胆汁酸是肌体内胆固醇的主要代谢终产物。各种胆酸或去氧胆酸均可与甘氨酸或牛磺酸以酰胺键结合,形成各种结合胆酸、甘氨胆酸和牛磺胆酸,称为胆汁酸。它们是胆汁有苦味的主要原因,胆汁酸是水溶性物质,在肝合成。胆囊分泌的胆汁,是胆汁酸的水溶液。胆汁酸的结构如下。

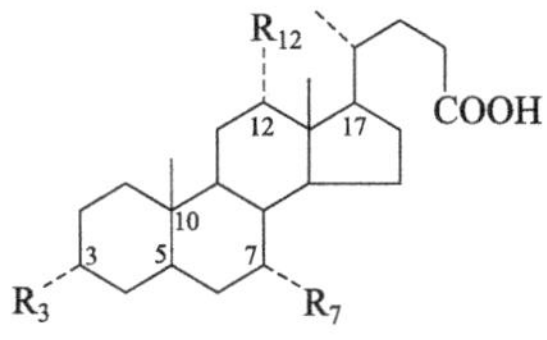

R 基	胆酸	鹅脱氧胆酸	脱氧胆酸	石胆酸
R_3	OH	OH	OH	OH
R_7	OH	OH	H	H
R_{12}	OH	H	OH	H

胆汁酸在碱性胆汁中以钠盐或钾盐形式存在,称为胆汁酸盐,简称胆盐。胆汁酸分子内的极性基团都位于环戊烷多氢菲骨架的一侧,非极性基团则位于另一侧,从而使胆汁酸分子有一个亲水面和一个疏水面。胆汁酸是很好的乳化剂,在肠道中促进脂类的消化吸收,防止胆结石的形成。

(2) 类固醇激素 类固醇激素包括肾上腺皮质激素和性激素。

① 肾上腺皮质激素

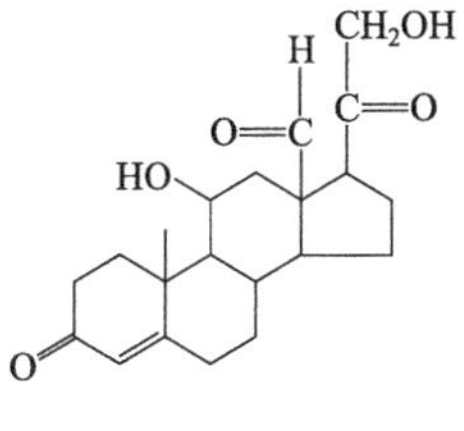

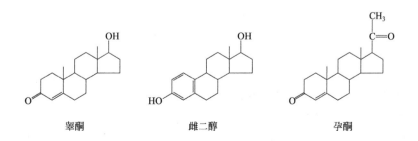

醛固酮 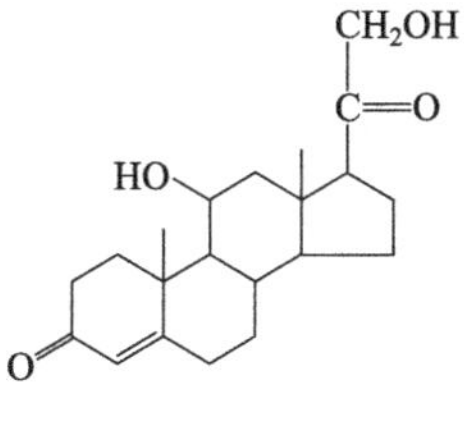　　　　　皮质酮 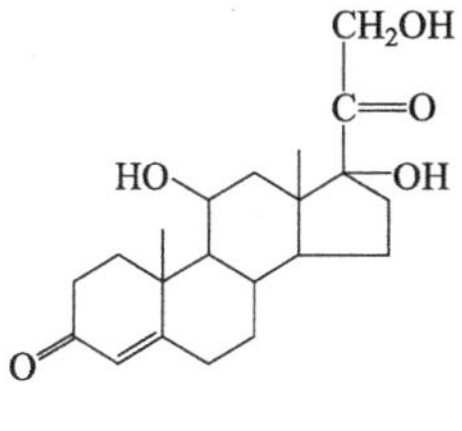　　　　　皮质醇(氢化可的松)

由肾上腺皮质分泌的一类激素,含醛固酮、皮质酮、皮质醇,其结构如上。皮质醇和皮质酮具有很强的调节糖代谢的作用,故称为糖皮质激素;醛固酮对盐和水的平衡具有较强的调节作用,被称为盐皮质激素。

② 性激素

睾酮　　　　　　雌二醇　　　　　孕酮

性激素分为雄激素、雌激素和孕激素,由睾丸和卵巢分泌。但在青春期之前,主要由肾上腺皮质网状带分泌。

6.2 脂类的酶促水解

6.2.1 脂类的消化和吸收

6.2.1.1 脂类的消化

膳食中的脂类主要为甘油三酯，此外还含有少量的磷脂、胆固醇等。脂类不溶于水，必须在小肠经胆汁中胆汁酸盐的作用，乳化并分散成细小的微团后，才能被消化酶消化。脂肪酶共 4 类，由胰脏产生。

（1）胰脂肪酶 胰脂肪酶特异催化甘油三酯的 1 位和 3 位酯键水解，生成 2-单酯酰甘油及 2 分子的脂肪酸。胰脂肪酶必须吸附在乳化脂肪微团的水油界面上，才能作用于微团内的甘油三酯。

$$R_2-\underset{O}{\underset{\|}{C}}-O-\underset{\underset{CH_2-O-\underset{\|}{C}-R_3}{|}}{\overset{CH_2-O-\overset{\|}{C}-R_1}{|}}+2H_2O \longrightarrow R_2-\underset{O}{\underset{\|}{C}}-O-\underset{\underset{CH_2OH}{|}}{\overset{CH_2OH}{|}}+R_1COO^-+R_3COO^-+2H^+$$

（2）辅脂肪酶（colipase） 辅脂肪酶是胰脂肪酶消化脂肪不可缺少的蛋白质辅因子，分子量约为 12000。辅酯酶本身不具有脂肪酶活性，但它具有与脂肪及胰脂肪酶结合的结构域。它与胰脂肪酶结合是通过氢键，与脂肪结合是通过疏水键。这样辅脂肪酶能将胰脂肪酶铆钉于微团的水油界面上，并可防止胰脂肪酶在水油界面的变性，因而能增加胰脂肪酶的活性，促进脂肪的水解。

（3）磷脂酶 A_2（phospholipase A_2） 磷脂酶 A_2 催化磷脂 2 位酯键水解，生成溶血磷脂和脂肪酸。

$$磷脂+H_2O \longrightarrow 溶血磷脂+脂肪酸$$

（4）胆固醇酯酶（cholesteryl esterase） 胆固醇酯酶促进胆固醇酯水解生成游离胆固醇及脂肪酸。

$$胆固醇酯+H_2O \longrightarrow 胆固醇+脂肪酸$$

6.2.1.2 脂类的吸收

脂类消化产物主要在十二指肠下段及空肠上段吸收。中链脂肪酸（6～10 个 C）及短链脂肪酸（2～4 个 C）构成的甘油三酯，经胆汁酸盐乳化后即可被吸收。在肠黏膜细胞内脂肪酶的作用下，水解为脂肪酸及甘油，通过门静脉进入血循环。长链脂肪酸（12～26 个 C）及 2-单酯酰甘油吸收入肠黏膜细胞后，在光面内质网脂酰 CoA 转移酶（acyl CoA transferase）的催化下，由 ATP 供给能量，2-单酯酰甘油加上 2 分子脂酰 CoA，再合成甘油三酯。后者再与粗面内质网合成的载脂蛋白（apolipoprotein，APO）B_{48}、C、A_1、A_4 结合进入高尔基体糖化，在脂类外面包一层糖蛋白，再与磷脂、胆固醇等结合形成乳糜颗粒，经胞吐作用分泌入细胞间隙，后经淋巴系统进入血液。

$$RCOOH+CoA+ATP \longrightarrow RCOCoA+AMP+PPi$$

$$\underset{\text{2-甘油一酯}}{\overset{\displaystyle\underset{|}{\overset{1}{C}H_2OH}}{R_1COO-\overset{2}{C}H}\atop\overset{|}{\underset{3}{C}H_2OH}} \xrightarrow[R_2COCoA \quad CoASH]{\text{脂酰CoA转移酶}} \underset{\text{1,2-甘油二酯}}{\overset{CH_2OOCR_2}{R_1COO-CH}\atop CH_2OH} \xrightarrow[R_3COCoA \quad CoASH]{\text{脂酰CoA转移酶}} \underset{\text{甘油三酯}}{\overset{CH_2OOCR_2}{R_1COO-CH}\atop CH_2OOCR_3}$$

6.2.2 脂类转运和脂蛋白的作用

甘油三酯、胆固醇酯在体内以脂蛋白的形式转运。脂蛋白是以疏水性的油脂为核心，亲水性的蛋白质侧链（载脂蛋白）以及脂质的头部位于表面。脂蛋白是根据其密度来分类，其组成、理化性质和生理功能见表 6-5。

表 6-5　各种脂蛋白的组成、理化性质和生理功能

脂蛋白种类	密度/(g/mL)	颗粒大小/nm	蛋白/脂肪比例	化学组成		生理功能
				核心中主要脂点	载脂蛋白	
乳糜微粒	<0.96	80～500	(1～2)/98	膳食中甘油三酯	A_1、A_2、A_4、B_{48}、C	转运外源性脂肪，最终被组织中脂蛋白、脂酶水解
乳糜微粒残余物	—	—	10/90	膳食中胆固醇酯	—	由受体介导传递膳食中胆固醇，最终至肝细胞内水解
极低密度脂蛋白（VLDL）	0.96～1.006	25～80	10/90	内源甘油三酯	B_{100}、C、E	转运内源性脂肪，最终被组织中脂蛋白酶水解
中间密度脂蛋白（IDL）	1.006～1.019	—	—	内源胆固醇酯	B_{100}、E	转运内源性胆固醇，由细胞膜上受体介导传递至肝细胞内水解，并转化为低密度脂蛋白
低密度脂蛋白（LDL）	1.019～1.063	20～25	18/21	内源胆固醇酯	B_{100}	转运内源性胆固醇酯，由细胞膜上受体介导传递至肝和其他细胞内水解
高密度脂蛋白（HDL）	1.063～1.210	5～30	(35～40)/60	内源胆固醇磷脂	A_1、A_2	转运磷脂和胆固醇酯到肝组织水解，有清除血中胆固醇的作用

载脂蛋白是血液中存在的脂结合蛋白质，它们在肝脏及小肠中合成，并分泌到细胞外，负责甘油三酯、磷脂、胆固醇、胆固醇酯等物质在不同器官之间的转运。它主要有 7 种：$APOA_1$、$APOA_2$、$APOA_4$、$APOB_{48}$、$APOB_{100}$、$APOC$、$APOE$。

膳食中的脂肪、胆固醇和其他脂类经小肠吸收后，在乳糜颗粒中的甘油三酯仅存在几秒钟，即可被脂肪组织或其他外周组织中的脂肪酶消化，残留的胆固醇成为乳糜颗粒残留物被肝细胞摄取。细胞内合成的脂肪由极低密度脂蛋白（VLDL）携带，被脂肪酶水解。含有丰富胆固醇酯的残留物称中间密度脂蛋白（IDL），其中一部分胆固醇被肝细胞受体接受，另一部分转化成低密度脂蛋白（LDL）。LDL 是血浆中胆固醇的主要携带者，其携带的胆固醇占血浆内总量的 40%。LDL 颗粒内含有一个由约 1500 个胆固醇酯分子构成的核心，外面包着磷脂和未酯化的胆固醇及载脂蛋白 B_{100}。低密度脂蛋白可以通过先与肝细胞表面特殊受体

结合，然后以内吞方式进入细胞，在溶酶体中被消化。

HDL 是一种抗动脉粥样硬化的血浆脂蛋白，是冠心病的保护因子，俗称"血管清道夫"；LDL 水平超出正常范围时就会使患心血管疾病的概率增加。

6.3 脂肪的分解代谢

6.3.1 甘油三酯的水解

甘油三酯是通过脂肪酶水解的。组织中共有三种脂肪酶，一步步把甘油三酯水解成甘油和脂肪酸。这三种酶是脂肪酶、甘油二酯脂肪酶、甘油单酯脂肪酶，其水解步骤如下所示。

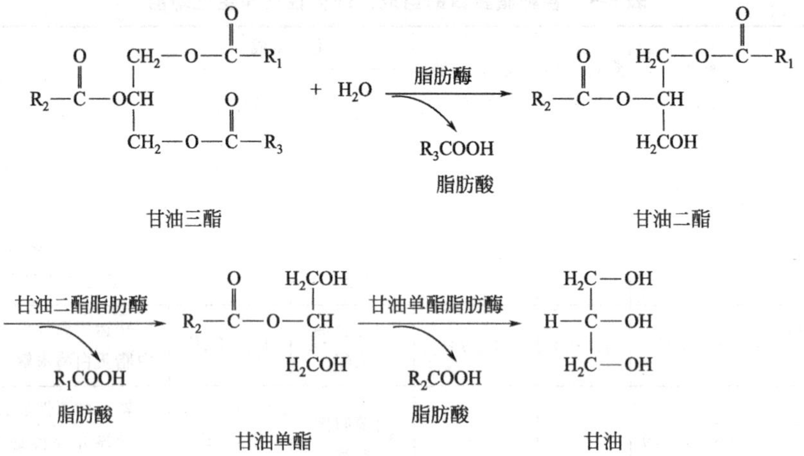

脂肪水解的第一步是限速反应，脂肪酶是对激素敏感的限速酶。肾上腺素、高血糖素、肾上腺皮质激素可以激活腺苷酸环化酶，使其浓度增加，促使依赖 cAMP 的蛋白激酶活化，后者促使无活性的脂肪酶磷酸化转变成有活性的脂肪酶，因此加速脂解作用。胰岛素和前列腺素 E_1 的作用与上述激素相反，具有抗脂解作用。

6.3.2 甘油的命运

脂肪细胞没有甘油激酶，所以无法利用脂解产生的甘油。甘油只有通过血液被运至肝脏，才能被磷酸化和氧化生成磷酸二羟丙酮，再经异构化，生成 3-磷酸甘油醛，然后可经糖酵解途径转化成丙酮酸继续氧化，或经糖异生途径生成葡萄糖。甘油转化成磷酸二羟丙酮的反应如下。

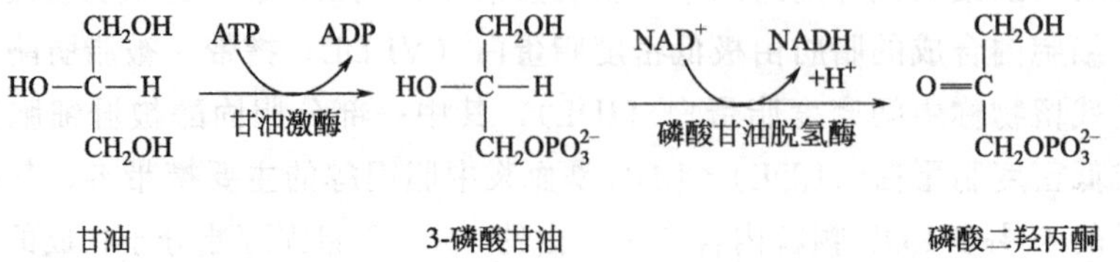

磷酸二羟丙酮还可被还原成 3-磷酸甘油，再被磷酸酶水解，又生成甘油。

6.3.3　脂肪酸的 β-氧化

脂肪酸是人体及哺乳动物的主要能源物质。在 O_2 供给充足的条件下，它可在体内分解成 CO_2 及 H_2O 并释放出大量能量，以 ATP 形式供机体利用。除脑组织外，大多数组织均能氧化脂肪酸，但以肝及肌肉最活跃。

6.3.3.1　脂肪酸的活化——脂酰 CoA 的生成

脂肪酸进行氧化前必须活化，活化在线粒体外进行。内质网及线粒体外膜上的脂酰 CoA 合酶在 ATP、CoASH、Mg^{2+} 存在的条件下，催化脂肪酸活化，生成脂酰 CoA。

$$脂肪酸 + CoASH \underset{\underset{ATP\quad\quad AMP}{Mg^{2+}}}{\overset{脂酰CoA合酶}{\rightleftharpoons}} 脂酰{\sim}SCoA + PPi$$

脂肪酸活化后不仅含有高能硫酯键，而且增加了水溶性，从而提高了脂肪酸的代谢活性。反应过程中生成的焦磷酸（PPi）立即被细胞内的焦磷酸酶水解，阻止了逆向反应进行。故 1 分子脂肪酸活化，实际上消耗了 2 个高能磷酸键。

6.3.3.2　脂酰 CoA 进入线粒体

脂肪酸的活化在胞液中进行，而催化脂肪酸氧化的酶系存在于线粒体的基质内，因此活化的脂酰 CoA 必须进入线粒体内才能代谢。实验证明，长链脂酰 CoA 不能直接透过线粒体内膜。它进入线粒体需肉碱（carnitine）即 L-β-羟-γ-三甲氨基丁酸的转运。

线粒体内膜外侧面存在肉碱脂酰转移酶Ⅰ（carnitine acyltransferase Ⅰ），它能催化长链脂酰 CoA 与肉碱合成脂酰肉碱（acylcarnitine），后者即可在线粒体内膜内侧面的肉碱-脂酰肉碱转位酶（carnitine-acylcarnitine translocase）的作用下，通过内膜进入线粒体基质内。此转运酶实际上是线粒体内膜转运肉碱及脂酰肉碱的载体。它在转运 1 分子脂酰肉碱进入线粒体基质内的同时，将 1 分子肉碱转运出线粒体内膜外。进入线粒体内的脂酰肉碱，则被线粒体内膜内侧面的肉碱脂酰转移酶Ⅱ催化转变为脂酰 CoA 并释放出肉碱。脂酰 CoA 即可在线粒体基质中酶体系的作用下，进行 β-氧化。脂酰 CoA 进入线粒体示意图如图 6-2 所示。

肉碱脂酰转移酶Ⅰ是脂肪酸 β-氧化的限速酶，脂酰 CoA 进入线粒体是脂肪酸 β-氧化的主要限速步骤。当饥饿、高脂低糖膳食或患糖尿病时，机体不能利用糖，需脂肪酸供能，这时肉碱脂酰转移酶Ⅰ活性增加，脂肪酸氧化增强。相反，饱食后，脂肪合成及丙二酰 CoA 增加，后者抑制肉碱脂酰转移酶Ⅰ活性，因而脂肪酸的氧化被抑制。

6.3.3.3　饱和偶碳脂肪酸的 β-氧化

1904 年，Knoop 用不能被机体分解的苯基标记脂肪酸的 ω 甲基，依次喂养犬或兔，发现如喂标记偶数碳的脂肪酸，尿中排出的代谢物均为苯乙酸（$C_6H_5CH_2COOH$），如喂标记奇数碳的脂肪酸则尿中发现的代谢物均为苯甲酸（C_6H_5COOH）。据此他提出脂肪酸在体内

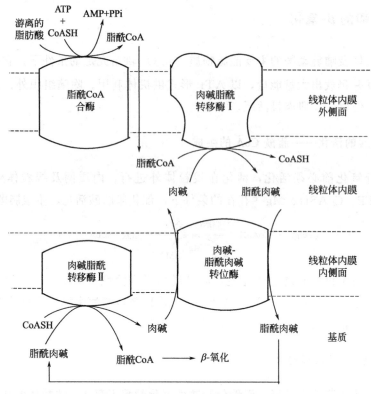

图 6-2　脂酰 CoA 进入线粒体的机制

的氧化分解是从羧基端 β-碳原子开始，每次断裂 2 个碳原子的"β-氧化学说"。在 20 世纪 50 年代，脂肪酸的 β-氧化过程已基本阐明（图 6-3）。

脂酰 CoA 进入线粒体基质后，在一系列参与 β-氧化的酶的催化下，从脂酰基的 β-碳原子开始，依次进行脱氢、加水、再脱氢及硫解等四步连续反应，脂酰基断裂生成 1 分子比原来少 2 个碳原子的脂酰 CoA 及 1 分子乙酰 CoA。

脂肪酸 β-氧化的过程如下。

（1）脱氢　脂酰 CoA 在脂酰 CoA 脱氢酶的催化下，α、β 碳原子各脱下一个氢原子，生成 Δ^2-反式烯脂酰 CoA（符号 Δ^2 表示双键的位置）。脱下的 2 个氢原子由 FAD 接受生成 $FADH_2$。

$$R-CH_2-CH_2-CH_2-\overset{O}{\underset{}{C}}\sim SCoA \xrightarrow{\ FAD\quad FADH_2\ } R-CH_2-\overset{H}{\underset{H}{C}}=\overset{}{C}-\overset{O}{\underset{}{C}}\sim SCoA$$

脂酰CoA　　　　　　　　　　　　　　　　　　　Δ^2-反式烯脂酰CoA

（2）水化　Δ^2-反式烯脂酰 CoA 在烯脂酰 CoA 水化酶的催化下，加水生成 L（＋）-β-羟脂酰 CoA。

$$R-CH_2-\overset{H}{\underset{H}{C}}=\overset{}{C}-\overset{O}{\underset{}{C}}\sim SCoA \underset{H_2O}{\overset{H_2O}{\rightleftharpoons}} R-CH_2-\overset{OH}{\underset{H}{C}}-\overset{H}{\underset{H}{C}}-\overset{O}{\underset{}{C}}\sim SCoA$$

Δ^2-反式烯脂酰CoA　　　　　　　　　　　　L(+)-β-羟脂酰CoA

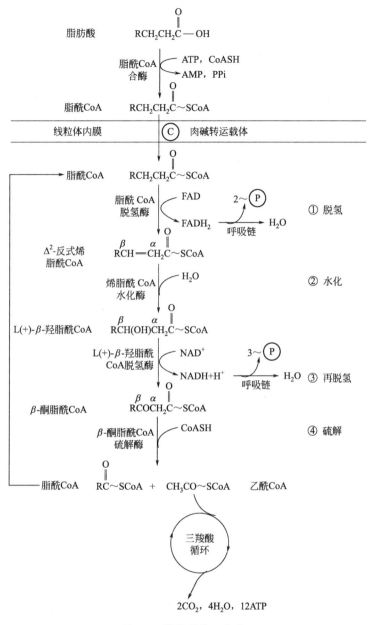

图 6-3 脂肪酸的 β-氧化

（3）再脱氢　L$(+)$-β-羟脂酰 CoA 在 β-羟脂酰 CoA 脱氢酶的催化下，脱下 2H 生成 β-酮脂酰 CoA，脱下的 2 个氢原子由 NAD^+ 接受，生成 NADH 及 H^+。

$$R-CH_2-\overset{\underset{\displaystyle H}{|}}{\overset{\displaystyle OH}{C}}-\overset{\underset{\displaystyle H}{|}}{\overset{\displaystyle H}{C}}-\overset{\displaystyle O}{C}\sim SCoA \quad \xrightarrow[\text{NAD}^+\quad\text{NADH+H}^+]{} \quad R-CH_2-\overset{\displaystyle O}{C}-CH_2-\overset{\displaystyle O}{C}\sim SCoA$$

L$(+)$-β-羟脂酰 CoA β-酮脂酰 CoA

（4）硫解　β-酮脂酰 CoA 在 β-酮脂酰 CoA 硫解酶催化下，加 CoASH 使碳链断裂，生成 1 分子乙酰 CoA 和少 2 个碳原子的脂酰 CoA。

$$R-CH_2-\overset{O}{\overset{\|}{C}}-CH_2-\overset{O}{\overset{\|}{C}}\sim SCoA + CoASH \rightleftharpoons R-CH_2-\overset{O}{\overset{\|}{C}}\sim SCoA + CH_3-\overset{O}{\overset{\|}{C}}\sim SCoA$$

以上生成的比原来少 2 个碳原子的脂酰 CoA，再进行脱氢、水化、再脱氢及硫解反应。如此反复进行，直至最后生成丁酰 CoA，后者再进行一次 β-氧化，即完成脂肪酸的 β-氧化。

脂肪酸经 β-氧化后生成大量的乙酰 CoA。乙酰 CoA 一部分在线粒体中通过三羧酸循环彻底氧化，另一部分在线粒体中缩合生成酮体，通过血液运送至肝外组织氧化利用。

总结脂肪酸的 β-氧化作用共有四个要点。

① 脂肪酸仅需一次活化，其代价是消耗 1 个 ATP 分子的 2 个高能磷酸键，活化是在线粒体外经脂酰 CoA 合酶催化实现的。

② 活化的长链脂酰 CoA 需经肉碱携带，在肉碱转移酶的催化下进入线粒体氧化。

③ 所有脂肪酸 β-氧化需要的酶都存在于线粒体。

④ β-氧化包括脱氢、水化、再脱氢、硫解 4 个重复的步骤。

6.3.3.4 饱和偶碳脂肪酸 β-氧化过程中的能量贮存

脂肪酸氧化是体内能量的重要来源。以软脂酸为例，进行 7 次 β-氧化，生成 7 分子 $FADH_2$、7 分子 NADH 和 H^+ 及 8 分子乙酰 CoA。每分子 $FADH_2$ 通过呼吸链氧化产生 1.5 分子 ATP，每分子 NADH 和 H^+ 氧化产生 2.5 分子 ATP，每分子乙酰 CoA 通过三羧酸循环氧化产生 10 分子的 ATP。因此 1 分子软脂酸彻底氧化共生成 $7 \times 1.5 + 7 \times 2.5 + 8 \times 10 = 108$ 个 ATP。减去脂肪酸活化时耗去的 2 个高能磷酸键，相当于 2 个 ATP，净生成 106 分子 ATP 或释放 3237kJ/mol（106×30.54）。1mol 软脂酸在体外彻底氧化成 CO_2 和 H_2O 时的自由能为 9790kJ。故其能量利用效率为：$3237/9790 \approx 33\%$。即软脂酸在体内氧化生成的能量 33% 储存在 ATP 的高能磷酸键中，其余以热量形式丧失。脂肪酸和葡萄糖一样都是机体的重要能源，且以重量计脂肪酸产生的能量比葡萄糖多。

6.3.3.5 不饱和脂肪酸的 β-氧化

不饱和脂肪酸的 β-氧化需要异构酶和差向酶参与，异构酶可改变双键的位置和构型。例如棕榈油酸（$18:1$，Δ^9）的氧化，该脂肪酸在 C9 和 C10 之间有一个双键，经 3 轮 β-氧化后剩下 Δ^3-顺-烯脂酰 CoA，此物不是酰基 CoA 脱氢酶的底物。C3 和 C4 双键的存在妨碍 C2 和 C3 双键的形成。异构酶的存在解决了这一难题。见如下反应：

油脂酰CoA Δ^3-顺-烯脂酰CoA

Δ^3-顺-烯脂酰CoA Δ^2-反-烯脂酰CoA

$$\xrightarrow[\substack{烯脂酰CoA\\水化酶}]{H_2O} \text{D-}\beta\text{-羟脂酰CoA} \xrightarrow[\substack{羟脂酰CoA\\差向酶}]{} \text{L-}\beta\text{-羟脂酰CoA}$$

$$\xrightarrow[]{\substack{5CoASH\quad 5CH_3COSCoA}} CH_3COSCoA$$

6.3.3.6　奇数碳原子脂肪酸的 β-氧化

具有奇数碳原子的脂肪酸，仍先按照 β-氧化降解，最后剩下丙酰 CoA。丙酰 CoA 羧化生成琥珀酰 CoA 可直接进入三羧酸循环，反应过程如下。

$$CH_3-CH_2-\overset{O}{\underset{}{C}}-OH \xrightarrow[硫激酶]{\substack{CoASH\ ATP\ AMP\ PPi}} CH_3-CH_2-\overset{O}{\underset{}{C}}-SCoA \xrightarrow[丙酰CoA羧化酶]{\substack{CO_2\ ATP\ ADP\ Pi}}$$

丙酸　　　　　　　　　　　　　丙酰CoA

D-甲基丙二酸单酰CoA $\xrightarrow[\substack{甲基丙二酸单\\酰CoA差向酶}]{}$ L-甲基丙二酸单酰CoA $\xrightarrow[\substack{甲基丙二酸单酰\\CoA变位酶}]{辅酶B_{12}}$ 琥珀酰CoA $\longrightarrow$ 三羧酸循环

6.3.4　脂肪酸的其他氧化方式

6.3.4.1　脂肪酸的 α-氧化

脂肪酸在一些酶的催化下，其 α-碳原子也可以发生氧化，结果生成一分子 CO_2 和比原来少一个碳原子的脂肪酸，这种氧化作用称为脂肪酸的 α-氧化作用。

α-氧化作用是 Stumpf 于 1956 年在植物种子和叶子组织中首先发现，后来在动物的脑和肝细胞中也发现了这种氧化作用。在这个系统中，仅游离脂肪酸作为底物，而且直接涉及分子氧，产物可以是 D-α-羟脂肪酸，也可以是含少一个碳原子的脂肪酸。当脂肪酸进行 α-氧化时，每一次氧化经脂肪酸羧基端只失去一个碳原子，产生缩短一个碳原子的脂肪酸和二氧化碳。

$$RCH_2COOH \xrightarrow[Fe^{2+},\ 抗坏血酸]{\substack{O_2,\ NADPH+H^+\\单加氧酶}} R-\underset{OH}{CH}-COOH \xrightarrow[\substack{NAD^+\quad NADH+H^+}]{脱氢酶} R-\underset{O}{CH}-COOH$$

脂肪酸　　　　　　　　　L-α-羟脂肪酸　　　　　　　　α-酮脂酸

$$\xrightarrow[脱羧酶]{\substack{ATP,\ NAD^+,\ 抗坏血酸}} RCOOH\ +\ CO_2$$

脂肪酸
(少一个碳原子)

α-氧化对降解支链脂肪酸、奇数脂肪酸或过分长链脂肪酸（如脑中 C_{22}、C_{24} 长链脂肪酸）有重要作用。

6.3.4.2 脂肪酸的 ω-氧化

ω-氧化是指链长小于 12 个碳原子的脂肪酸在氧化时其末端的碳原子先被氧化，生成 α，ω-二羧酸。二羧酸活化后再分别从两端进行 β-氧化。

ω-氧化作用尽管在脂肪酸分解代谢中不占主要地位，但由于其在理论和实践中具有重要意义，故受到重视。目前已经发现一些需氧微生物，能快速降解烃及脂肪酸成水溶性产物，而这种降解作用的起始反应就是 ω-氧化作用。如溢出到海洋表面的大量石油，可经某些浮游细菌 ω-氧化，把烃转变为脂肪酸，降解海面的浮油，其氧化速度可高达每天 $0.5 g/m^2$。

6.4 脂肪的合成代谢

生物体脂肪的合成是十分活跃的，特别是在高等动物的肝脏、脂肪组织和乳腺中尤为突出。脂肪酸合成的碳源主要来自糖酵解产生的乙酰辅酶 A。脂肪酸的合成步骤和氧化降解步骤完全不同。脂肪酸合成在胞液中进行，需要 CO_2 和柠檬酸参加，而脂肪酸氧化在线粒体中进行。脂肪酸合成酶系、酰基载体、供氢体也与脂肪酸氧化各不相同。

6.4.1 乙酰辅酶 A 的转运

大部分脂肪酸合成定位于细胞质中，而脂肪酸 β-氧化作用仅在线粒体中发生。脂肪酸合成所需的碳源来自乙酰辅酶 A。无论是丙酮酸脱羧、氨基酸氧化还是脂肪酸 β-氧化产生的乙酰辅酶 A 都是在线粒体基质中，它们不能任意穿过线粒体内膜到胞质中去。但乙酰辅酶 A 可经过以下途径透过膜：乙酰辅酶 A 与草酰乙酸结合形成柠檬酸，然后通过三羧酸载体透过膜，再由膜外柠檬酸裂解酶裂解生成草酰乙酸和乙酰辅酶 A。草酰乙酸又被 NADH 还原成苹果酸再经氧化脱羧产生 CO_2、NADPH 和丙酮酸，丙酮酸进入线粒体后，在羧化酶催化下形成草酰乙酸，又可参加乙酰辅酶 A 转运循环，如图 6-4 所示。

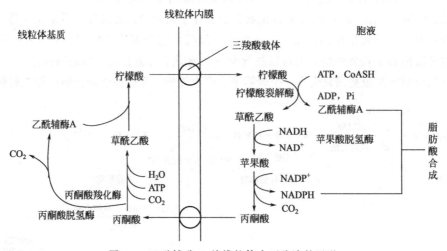

图 6-4 乙酰辅酶 A 从线粒体内至胞液的运送

6.4.2　胞浆合成——全程合成途径

全程合成途径是指从二碳单位开始的脂肪酸合成过程。脂肪酸合成酶系共有 7 种蛋白质，并以没有酶活性的酰基载体蛋白（acyl carrier protein，ACP）为中心组成一簇。

脂肪酸的合成过程如下（以软脂酸为例）。

6.4.2.1　乙酰 CoA 羧化生成丙二酸单酰 CoA

在乙酰 CoA 羧化酶催化下，乙酰 CoA 被羧化生成丙二酸单酰 CoA，此酶以生物素为辅因子，并需 Mn^{2+} 参与，包括以下两步化学反应，即

$$酶·生物素+HCO_3^-+ATP \longrightarrow 酶·生物素·COO^-+ADP+Pi$$
$$酶·生物素·COO^-+乙酰 CoA \longrightarrow 酶·生物素+丙二酸单酰 CoA$$

总反应为

$$HCO_3^-+ATP+乙酰 CoA \longrightarrow 丙二酸单酰 CoA+ADP+Pi$$

此反应不可逆，是脂肪酸合成的关键步骤。

6.4.2.2　酰基转移反应

脂肪酸的 β-氧化是以 CoASH 为酰基载体，但脂肪酸的合成却以另一种酰基载体蛋白——ACP 携带酰基。因此必须进行酰基转移。先是乙酰 CoA 在 ACP 转酰基酶催化下，生成乙酰S-ACP，反应为

$$乙酰 CoA+ACP-SH \Longleftrightarrow 乙酰-S-ACP+CoASH$$

然后乙酰基再转移到 β-酮脂酰-ACP 合酶的半胱氨酸残基上，反应为

$$乙酰-S-ACP+合酶-SH \Longleftrightarrow ACP-SH+乙酰-S-合酶$$

同时，丙二酸单酰 CoA 在 ACP 丙二酸单酰转移酶（ACP-malonyl transferase）催化下，与 ACP-SH 作用，脱掉 CoA 形成丙二酸单酰-S-ACP。

$$丙二酸单酰-S-CoA+ACP-SH \Longleftrightarrow 丙二酸单酰-S-ACP+CoASH$$

6.4.2.3　缩合反应

这一步由 β-酮脂酰-ACP 合酶催化。

同位素实验证实，此过程释放的 CO_2 的碳原子来自形成丙二酸单酰 CoA 时所羧化的 HCO_3^-，这说明羧化的碳原子并没有渗入脂肪酸，HCO_3^- 在脂肪酸合成中只起催化作用。

$$乙酰-S-合酶+丙二酸单酰-S-ACP \longrightarrow 乙酰乙酰-S-ACP+合酶-SH$$

6.4.2.4　第一次还原反应

在 β-酮脂酰-ACP 还原酶催化下，乙酰乙酰-S-ACP 生成 D-β-羟丁酰-S-ACP，此酶的辅酶为 NADPH。

$$CH_3-\overset{O}{\underset{}{C}}-CH_2-\overset{O}{\underset{}{C}}-S-ACP + NADPH + H^+ \Longleftrightarrow CH_3\overset{OH}{\underset{}{CH}}CH_2\overset{O}{\underset{}{C}}-S-ACP + NADP^+$$

乙酰乙酰-S-ACP　　　　　　　　　　D-β-羟丁酰-S-ACP

6.4.2.5 脱水反应

在 D-β-羟脂酰-ACP 脱水酶催化下，β-羟丁酰-S-ACP 脱水，生成 α,β-丁烯酰-ACP，即巴豆酰-S-ACP。

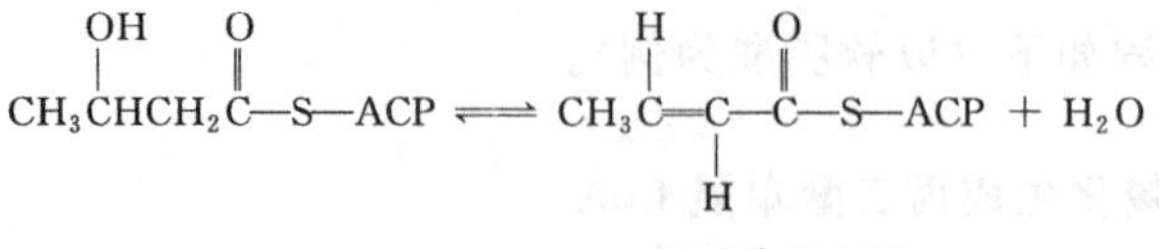

$$CH_3CHCH_2C\text{—}S\text{—}ACP \rightleftharpoons CH_3C\text{=}C\text{—}C\text{—}S\text{—}ACP + H_2O$$

巴豆酰-S-ACP

6.4.2.6 第二次还原反应

在烯脂酰-ACP 还原酶催化下，丁烯酰-ACP 还原为丁酰-S-ACP，由 NADPH 提供氢。

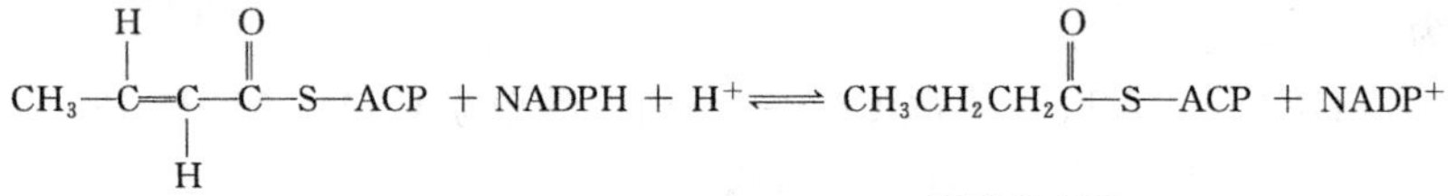

$$CH_3\text{—}C\text{=}C\text{—}C\text{—}S\text{—}ACP + NADPH + H^+ \rightleftharpoons CH_3CH_2CH_2C\text{—}S\text{—}ACP + NADP^+$$

丁酰-S-ACP

丁酰-S-ACP 再与丙二酸单酰-ACP 缩合，重复以上反应，每重复一次延长一个两碳单位，再重复 6 次生成软脂酰-ACP（C16），软脂酰-ACP 与辅酶 A 在转酰基酶催化下生成软脂酰 CoA，后者可作为合成脂肪的原料。

由乙酰 CoA 合成软脂酸的全过程总结见图 6-5。

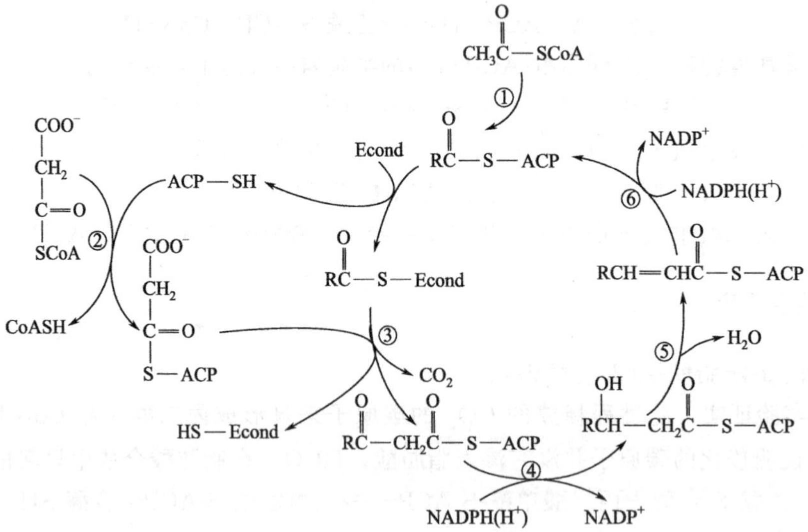

图 6-5 脂肪酸合成的过程

①—乙酰 CoA-ACP 酰基转移酶；②—丙二酸单酰 CoA-ACP 酰基转移酶；③—酮脂酰-ACP 合酶；④—β-酮脂酰-ACP 还原酶；⑤—β-羟脂酰-ACP 脱水酶；⑥—烯脂酰-ACP 还原酶

脂肪酸的全程合成是在细胞质中进行的，合成过程的中间产物都连接在一个酰基载体蛋白（ACP）分子上，并与其—SH 以共价键相连，催化脂肪酸合成的许多酶组成多酶复合体。脂肪酸合成的还原剂是 NADPH。全程合成过程只合成软脂酸，其他脂肪酸碳链的延长和双键的形成是由另外的酶体系催化完成的。

6.4.3 微粒体合成——脂肪酸的加工改造

细胞质中脂肪酸合成酶催化合成的主要产物是软脂酸。在真核生物中，更长的脂肪酸是在软脂酸的基础上加工改造，通过延长碳单位形成的。催化这些反应的酶系结合在内质网膜（亦称微粒体体系）上，以丙二酰 CoA 作为二碳单位的供体，加到饱和或不饱和的脂肪酸的羧基末端上。微粒体中脂肪酸的合成以 NADPH 作为供氢体，以 CoASH 作为酰基载体，中间过程与细胞质中脂肪酸合成酶体系相同。

6.4.4 不饱和脂肪酸的合成

不饱和脂肪酸可由饱和脂肪酸衍生而来（图 6-6）。

亚油酸（18：2 顺-$\Delta^{9,12}$）和亚麻酸（18：3 顺-$\Delta^{9,12,15}$）是哺乳动物体内不能合成的脂肪酸，因为哺乳动物体内没有催化 C_9 以后碳原子上引入双键的酶，所以这两种脂肪酸称为必需脂肪酸（essential fatty acid）。

亚油酸和亚麻酸也可加氢成饱和状态或延长二碳单位衍生出多种脂肪酸。这些多烯脂肪酸在体内具有重要功能（图 6-7）。

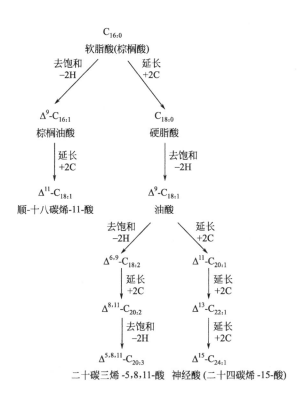

图 6-6 不饱和脂肪酸的形成

（图中脂肪酸的变化以辅酶 A 的硫酯形式进行。脂肪酸符号中前面数字表示双键位置，下角注第一个数字表示碳链长，第二个数字表示双键数目）

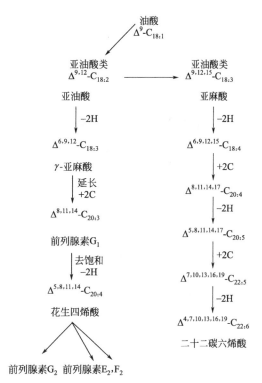

图 6-7 多烯脂肪酸的形成

6.4.5 三脂酰甘油的生物合成

三脂酰甘油合成的原料是 α-磷酸甘油和脂酰 CoA。合成的过程如图 6-8 所示（以哺乳动物肝脏甘油三酯的生物合成为例）。

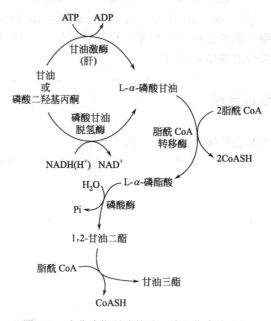

图 6-8 哺乳动物肝脏甘油三酯生物合成途径

6.5 磷脂和胆固醇代谢

6.5.1 磷脂代谢

含磷酸的脂类称磷脂，是构成生物体细胞膜的基本脂类。由甘油构成的磷脂统称为甘油磷脂，由鞘氨醇构成的磷脂称鞘磷脂。体内含量最多的磷脂是甘油磷脂。根据与磷酸相连的取代基团不同，甘油磷脂分为磷脂酰胆碱（卵磷脂）、磷脂酰乙醇胺（脑磷脂）、磷脂酰丝氨酸、磷脂酰甘油、二磷脂酰甘油（心磷脂）及磷脂酰肌醇等，每一类磷脂可因组成的脂酸不同而有若干种。

6.5.1.1 磷脂的分解代谢

磷脂在生物体内，经磷脂酶（phospholipase）催化，被水解为甘油、脂肪酸、磷酸和各种氨基醇（如胆碱、胆胺和丝氨酸）等。

（1）磷脂酶的种类

① 磷脂酶 A_1。最初发现于肝脏中，广泛分布于动物细胞的细胞器、微粒体中，磷脂酶 A_1 可专一地水解磷脂分子内 C_1 位脂肪酸，水解产物是溶血磷脂酸。

② 磷脂酶 A_2。大量存在于蛇毒、蝎毒、蜂毒中，常以酶原的形式存在于胰脏内。该酶只能专一水解 C_2 位脂肪酸。

③ 磷脂酶 C_1。主要存在于动物脑、蛇毒和微生物如韦氏梭菌和蜡状芽孢杆菌中。该酶主要作用于磷脂酸甘油 C_3 的磷脂酰链，反应产物为 1,2-甘油二酯和磷酸胆碱。

④ 磷脂酶 D。主要存在于高等植物组织中。水解产物是磷脂酸和胆碱。

⑤ 磷脂酶 B。能同时水解磷脂 C_1 和 C_2 位上两个脂肪酸。但过去认为，在动物组织中的磷脂酶 B 实际上是磷脂酶 A_1 和 A_2 的混合物，目前已知能同时水解卵磷脂 C_1 和 C_2 位两个脂肪酸的磷脂酶是点青霉磷脂酶。

磷脂的水解产物甘油和磷酸可参加糖代谢，脂肪酸可进一步被氧化，各种氨基醇可参加磷脂的再合成，胆碱可通过转甲基作用变为其他物质。

（2）甘油磷脂的分解代谢　以磷脂酰胆碱（卵磷脂）为例，磷脂酶作用下磷脂分解代谢过程如图 6-9 所示。

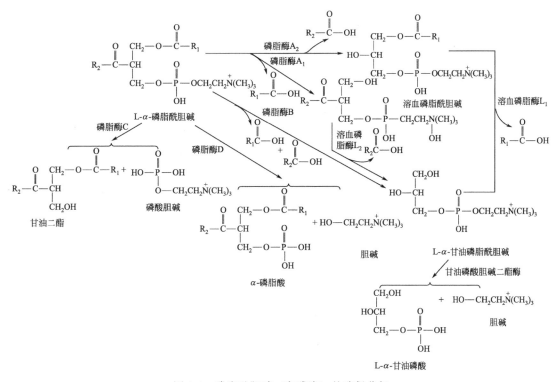

图 6-9　磷脂酰胆碱（卵磷脂）的酶促分解

6.5.1.2　磷脂的合成代谢

由磷脂酸合成磷脂有两条途径，一条在高等动物组织中占优势，另一条主要存在于某些细菌中。两条途径中起载体作用的都是胞嘧啶核苷酸，只是在前一途径中，它是醇基的载体，在后一途径中，它是磷脂酸的载体。磷脂合成的基本过程如下。

（1）甘油二酯合成途径　磷脂酰胆碱及磷脂酰乙醇胺主要通过此途径合成。这两类磷脂在体内含量最多，占组织及血液中磷脂的 75% 以上。甘油二酯是合成途径中的重要中间产物，胆碱及乙醇胺由活化的 CDP-胆碱及 CDP-乙醇胺提供。

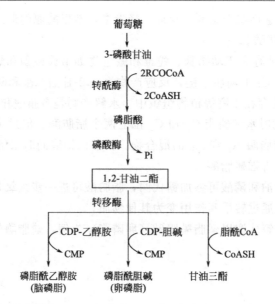

（2）CDP-甘油二酯合成途径　肌醇磷脂、丝氨酸磷脂及心磷脂由此途径合成。由葡萄糖生成磷脂酸与上述途径相同，不同的是磷脂酸不被磷酸酶水解，本身即为合成这类磷脂的前体。然后，磷脂酸由 CTP 提供能量，在磷脂酰胞苷转移酶的催化下，生成活化的 CDP-甘油二酯。CDP-甘油二酯是合成这类磷脂的直接前体和重要中间物，在相应合成酶的催化下，与丝氨酸、肌醇或磷脂酰甘油缩合，即生成磷脂酰丝氨酸、磷脂酰肌醇或二磷脂酰甘油（心磷脂）。

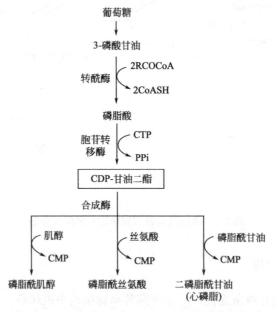

以上是几种磷脂合成的基本过程。此外磷脂酰胆碱亦可由磷脂酰乙醇胺从 S-腺苷甲硫氨酸获得甲基而生成，通过这种方式合成的磷脂占人肝脏中磷脂的 10%～15%。磷脂酰丝氨酸可由磷脂酰乙醇胺羧化或其与丝氨酸交换生成。

甘油磷脂的合成在内质网膜外侧面进行。最近发现，在胞液中存在一类能促进磷脂在细胞内膜之间进行交换的蛋白质——磷脂交换蛋白，该蛋白分子量在 16000～30000 之间。不

同的磷脂交换蛋白催化不同种类的磷脂在膜之间进行交换。合成的磷脂即可通过这类蛋白的
作用转移至不同细胞器膜上，从而更新其磷脂。例如在内质网合成的心磷脂可通过这种方式
转至线粒体内膜，构成线粒体内膜的特征性磷脂。

6.5.2 胆固醇的代谢

6.5.2.1 胆固醇的合成

胆固醇的合成主要在肝脏进行，其合成量几乎占总合成量的四分之三以上。此外，皮
肤、肠黏膜、肾上腺、红细胞和脑组织也能合成胆固醇，在微生物中，以酵母菌合成胆固醇
等固醇物质的能力最强。胆固醇的合成从乙酰 CoA（或乙酸）开始，在胞浆中经一系列酶
的催化，合成 30 碳开链的鲨烯，再由固醇载体蛋白将其转运到内质网（微粒体），在一套氧
化环化酶系作用下，最后生成胆固醇，合成的关键酶是催化 β-羟-β-甲基戊二酰 CoA 生成 3-
甲基-3,5-二羟戊酸的羟甲基戊二酰 CoA 还原酶。整个合成途径如下所示。

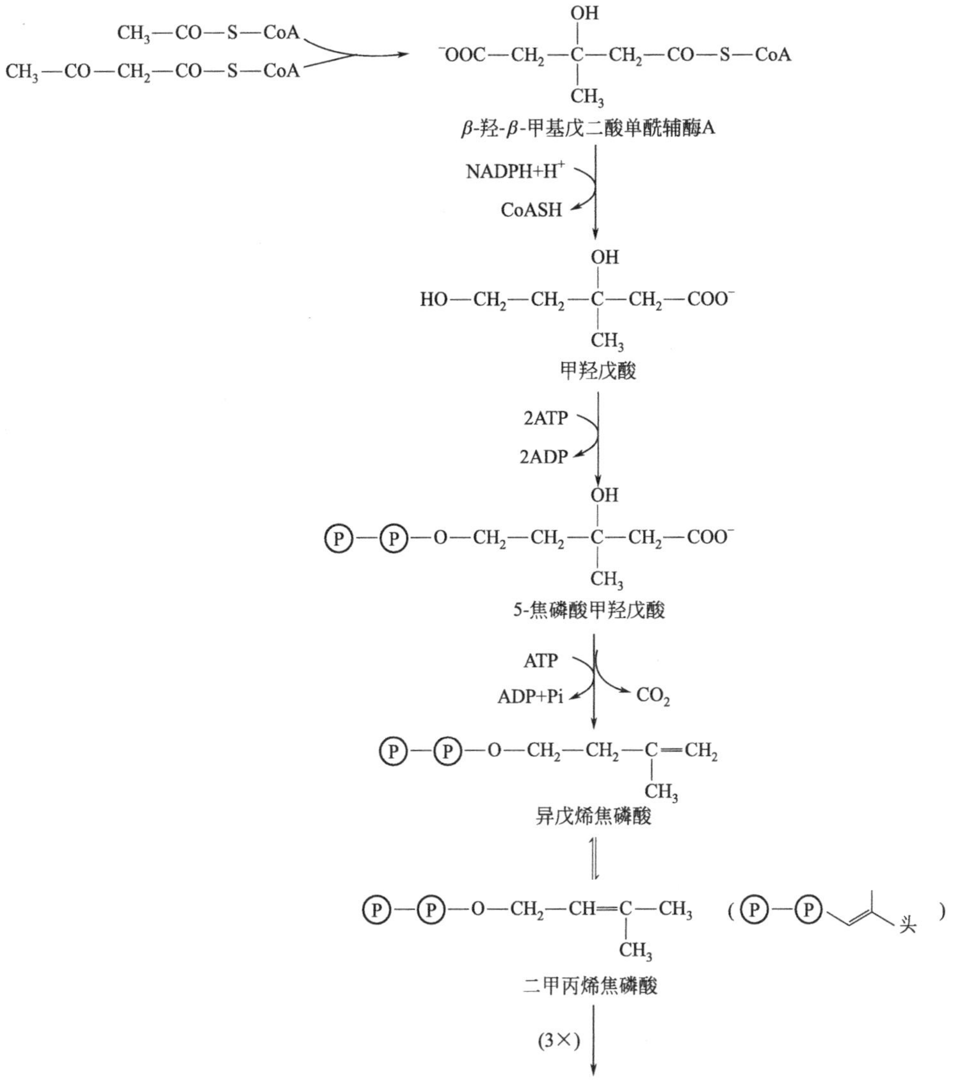

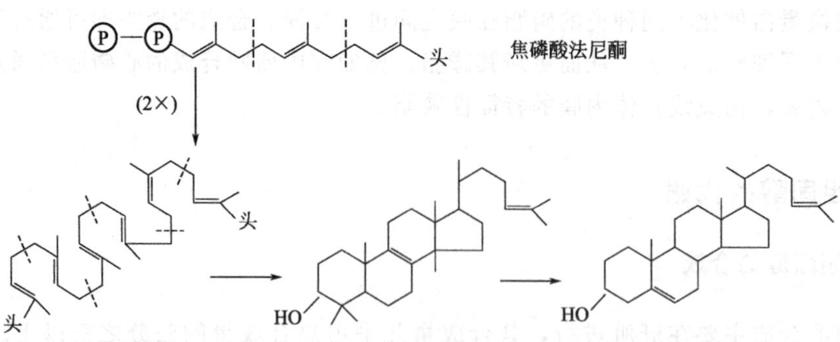

焦磷酸法尼酮

鲨烯　　　　羊毛固醇　　　　胆固醇

6.5.2.2　胆固醇的转化——转变为多种活性物质

生物体内各种类固醇物质大多由胆固醇转化而来。在人体和哺乳动物体内，胆固醇可转化为固醇类激素、胆酸及胆汁酸盐、维生素 D_3 等活性物质。

在植物体内，由鲨烯转变为豆固醇和谷固醇，在酵母和霉菌中由鲨烯转变为麦角固醇，这个转化同动物体内由鲨烯转变为胆固醇一样，都是十分复杂的酶促反应过程，有一些中间反应步骤并未完全搞清楚。

习题

一、名词解释

1. 皂化反应　2. 皂化值　3. β-氧化作用

二、简答

1. 简述脂肪酸氧化分解及生物合成的部位、脂酰基的跨膜转运载体、脂肪酸分解和合成反应中的脂酰基载体各是什么。

2. 简述脂肪酸合成酶复合体的成分。

3. 简述软脂酸 β-氧化分解的生化反应过程及能量产生情况。

4. 简述丁酯酰-ACP 的从头合成过程。

三、计算

2.5g 三软脂酰甘油与 KOH 完全反应，试计算该脂类的皂化值。

7 氨基酸代谢

本章学习目标

1. 了解蛋白质和氨基酸在体内的代谢概况。
2. 掌握氨基酸脱氨作用和脱羧作用的类型和过程。
3. 掌握脂肪族和芳香族氨基酸在体内的生物合成过程。

高等动物体内的氨基酸，不只是构成蛋白质的基本组分，也是许多其他重要生物分子的前体，如激素、嘌呤、嘧啶、卟啉、某些维生素等。本章重点论述氨基酸的合成代谢和分解代谢两方面。

7.1 蛋白质酶促降解

7.1.1 蛋白质营养的重要性

蛋白质是生命的物质基础，在维持细胞的生长、更新、修复，以及催化、运输、代谢调节等过程中发挥重要作用。同时蛋白质也是能源物质，1g 蛋白质在体内氧化分解可释放约 17kJ（4kcal）能量。因此提供足量、优质的蛋白质对维持机体内各种生命活动的正常进行非常重要，对于生长发育的儿童和康复期的病人尤为重要。

7.1.2 蛋白质的需要量和营养价值

7.1.2.1 氮平衡

机体内蛋白质代谢的概况可根据氮平衡（nitrogen balance）实验来确定。蛋白质的含氮量平均约为 16%，食物中的含氮物质绝大部分是蛋白质，因此测定食物的含氮量可估算出所含蛋白质的量。蛋白质在体内分解代谢所产生的含氮物质主要由尿、粪排出。测定尿与粪中的含氮量（排出氮）及摄入食物的含氮量（摄入氮）可以反映人体蛋白质的代谢概况。

（1）氮的总平衡　摄入氮＝排出氮，反映正常成人的蛋白质代谢情况，即氮的"收支"平衡。

（2）氮的正平衡　摄入氮＞排出氮，部分摄入的氮用于合成体内的蛋白质。儿童、孕妇及恢复期病人属于此种情况。

（3）氮的负平衡　摄入氮＜排出氮，见于蛋白质需要量不足，例如饥饿或消耗性疾病患者。

7.1.2.2　生理需要量

根据氮平衡实验计算，在不进食蛋白质时，成人每日最低分解约 20g 蛋白质。由于食物蛋白质和人体蛋白质组成的差异，不可能全部被利用，故成人每日最低需要 30～50g 蛋白质。我国营养学会推荐成人每日蛋白质需要量为 80g。

7.1.2.3　蛋白质的营养价值

在营养方面，不仅要注意膳食蛋白质的量，还必须注意蛋白质的质。有的蛋白质含有体内所需要的各种氨基酸，且含量充足，则此种蛋白质的营养价值高；有的蛋白质缺乏体内所需要的某种氨基酸，或含量不足，则其营养价值较低。人体内有 8 种氨基酸不能靠自身合成。这些体内需要而又不能自身合成，必须由食物供应的氨基酸，称为营养必需氨基酸（essential amino acid）。它们是：缬氨酸、异亮氨酸、亮氨酸、苏氨酸、甲硫氨酸、赖氨酸、苯丙氨酸和色氨酸。其余 12 种氨基酸体内可以合成，不一定需要食物供给，在营养学上称为非必需氨基酸（non-essential amino acid）。组氨酸和精氨酸虽能在人体内合成，但合成量不多，若长期缺乏也能造成氮的负平衡，因此有人将这两种氨基酸也纳入营养必需氨基酸。一般来说，含有必需氨基酸种类多和数量足的蛋白质，其营养价值高，反之营养价值低。由于动物性蛋白质含必需氨基酸的种类和比例与人体需要相近，故营养价值高，与营养价值较低的蛋白质混合食用，则必需氨基酸可以互相补充从而提高营养价值，称为食物蛋白质的互补作用。例如，谷类蛋白质含赖氨酸较少而含色氨酸较多，豆类蛋白质含赖氨酸较多而含色氨酸较少，两者混合食用即可提高营养价值。

7.1.3　蛋白质的消化、吸收和腐败

7.1.3.1　蛋白质的消化

食物蛋白质的消化、吸收是人体氨基酸的主要来源。食物蛋白质的消化在胃中开始，但主要在小肠中进行。

（1）胃中的消化　胃中消化蛋白质的酶是胃蛋白酶，它是由胃蛋白酶原经胃酸激活而生成。胃蛋白酶也能激活胃蛋白酶原转变成胃蛋白酶，称为自身激活作用。胃蛋白酶的最适 pH 为 1.5～2.5，对蛋白质肽键作用的特异性较差。蛋白质经胃蛋白酶作用后，主要分解成多肽及少量氨基酸。胃蛋白酶对乳中的酪蛋白有凝乳作用，这对乳儿较为重要，因为乳液凝成乳块后在胃中停留时间延长，有利于充分消化。

（2）小肠中的消化　食物在胃中停留时间较短，因此蛋白质在胃中消化很不完全。在小

肠中，蛋白质的消化产物及未被消化的蛋白质再受胰液及肠黏膜细胞分泌的多种蛋白酶及肽酶的共同作用，进一步水解成为氨基酸。因此，小肠是蛋白质消化的主要部位。

小肠中蛋白质的消化主要依靠胰酶来完成，这些酶的最适 pH 为 7.0 左右。胰腺细胞最初分泌出来的各种蛋白酶和肽酶均以无活性的酶原形式存在，分泌到十二指肠后迅速被肠激酶激活。胰蛋白酶的自身激活作用较弱。由于胰液中各种蛋白水解酶最初均以酶原形式存在。同时，胰液中还存在胰蛋白酶抑制剂。这些对保护胰组织免受蛋白酶的自身消化作用具有重要意义。胰液中蛋白酶基本上分为两类，即内肽酶（endopeptidase）与外肽酶（exopeptidase）。内肽酶可以水解蛋白质肽链内部的一些肽键，例如胰蛋白酶、糜蛋白酶及弹性蛋白酶等。这些酶对不同氨基酸组成的肽键有一定的专一性。外肽酶主要有羧基肽酶 A 和羧基肽酶 B，它们自肽链的羧基末端开始，每次水解掉一个氨基酸残基，对不同氨基酸组成肽键也有一定专一性。蛋白质在胰酶的作用下，最终产物为氨基酸和一些寡肽。

蛋白质经胃液和胰液中各种酶的水解，所得到的产物中仅有 1/3 为氨基酸，其余 2/3 为寡肽。小肠黏膜细胞的刷状缘及胞液中存在着一些寡肽酶，例如氨基肽酶及二肽酶等。氨基肽酶从肽链的氨基末端逐个水解出氨基酸，最后生成二肽。二肽再经二肽酶水解，最终生成氨基酸。可见，寡肽的水解主要在小肠黏膜细胞内进行。

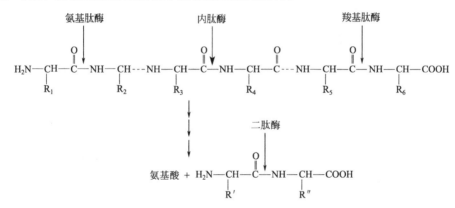

由于各种蛋白水解酶对肽键作用的专一性不同，通过它们的协同作用，蛋白质消化的效率很高。一般正常成人，食物蛋白质的 95% 可被完全水解。

7.1.3.2　氨基酸的吸收

氨基酸的吸收主要在小肠中进行。关于吸收的机制，目前尚未完全阐明，一般认为它主要是一个耗能的主动吸收过程。

（1）氨基酸的吸收载体　实验表明，小肠黏膜细胞膜上具有转运氨基酸的载体蛋白，能与氨基酸及 Na^+ 形成三联体，将氨基酸及 Na^+ 转运入细胞，Na^+ 则借钠钾泵被排到细胞外，并消耗 ATP。

由于氨基酸结构的差异，主动转运氨基酸的载体也不相同。已知人体内至少有 4 种类型的载体，分别参与不同氨基酸的吸收，它们是中性氨基酸载体、碱性氨基酸载体、酸性氨基酸载体、亚氨基酸与甘氨酸载体。其中，中性氨基酸载体为主要载体。

各种载体转运的氨基酸在结构上有一定的相似性，当某些氨基酸共用同一载体时，则它们在吸收过程中将彼此竞争。

上述氨基酸的主动转运不仅存在于小肠黏膜细胞，类似的作用也可能存在于肾小管细胞、肌细胞等细胞膜上，这对于细胞浓集氨基酸具有普遍意义。

（2）γ-谷氨酰基循环对氨基酸的转运作用　除了上述氨基酸的吸收机制外，Meister 提出氨基酸吸收及向细胞内的转运过程是通过谷胱甘肽起作用的，称为"γ-谷氨酰基循环"，其反应过程首先是由谷胱甘肽对氨基酸转运，其次是谷胱甘肽的再合成，由此构建一个循环（图 7-1）。催化上述反应的各种酶在小肠黏膜细胞、肾小管细胞和脑组织中均存在，其中 γ-谷氨酰基转移酶位于细胞膜上，是关键酶。

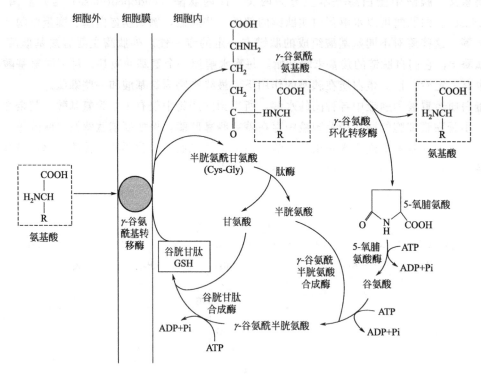

图 7-1　γ-谷氨酰基循环

（3）肽的吸收　肠黏膜细胞上还存在着吸收二肽或三肽的转运体系。此种转运也是一个耗能的主动吸收过程。吸收作用在小肠近端较强，故肽被吸收入细胞甚至先于游离氨基酸。不同二肽的吸收具有相互竞争作用。

7.1.3.3　蛋白质的腐败作用

在消化过程中，有一部分蛋白质不被消化，也有一小部分消化产物不被吸收。肠道细菌对这部分蛋白质及其消化产物所起的作用，称为腐败作用。实际上，腐败作用是细菌本身的代谢过程，以无氧分解为主。腐败作用的大多数产物对人体有害，但也可以产生少量脂肪酸及维生素等可被机体利用的物质。

（1）胺类的生成　肠道细菌的蛋白酶使蛋白质水解成氨基酸，再经氨基酸脱羧基作用，产生胺类（amines）。例如，组氨酸脱羧生成组胺，赖氨酸脱羧生成尸胺，色氨酸脱羧生成色胺，酪氨酸脱羧生成酪胺，苯丙氨酸脱羧生成苯乙胺等。

酪胺和苯乙胺如果不能在肝内分解则进入脑组织，可分别经 β-羟化而生成 β-羟酪胺和苯乙醇胺。

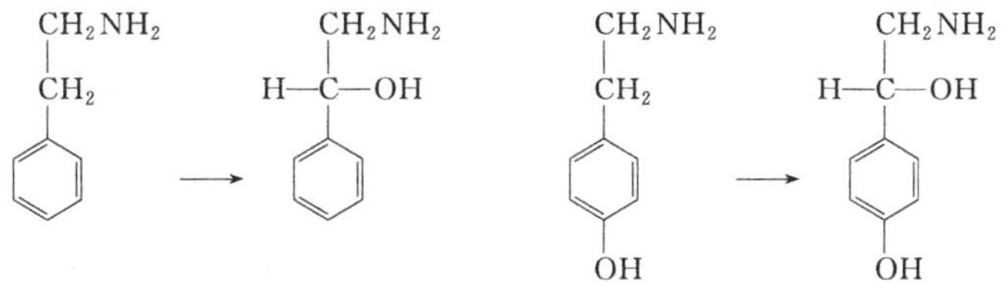

它们的化学结构与儿茶酚胺类似，称为假神经递质。假神经递质增多，可取代正常神经递质儿茶酚胺，但它们不能传递神经冲动，可使大脑发生异常抑制，这可能与肝昏迷症状有关。

（2）氨的生成　肠道中的氨（ammonia）主要有两个来源：一是未被吸收的氨基酸在肠道细菌作用下脱氨基生成；二是血液中尿素渗入肠道，被肠道菌尿素酶水解生成氨。这些氨均可被吸收入血液，在肝内合成尿素。降低肠道的 pH，可减少氨的吸收。

（3）其他有害物质的生成　除了胺类和氨以外，通过腐败作用还可产生其他有害物质，例如苯酚、吲哚、甲基吲哚及硫化氢等。

正常情况下，上述有害物质大部分随粪便排出，只有小部分被吸收，经肝代谢发生转变而解毒，故不会发生中毒现象。

7.2　氨基酸的分解代谢

人体内的蛋白质处于不断降解与合成的动态平衡之中。成人体内每天有 $1\%\sim2\%$ 的蛋白质被降解。不同蛋白质的寿命差异很大，短则数秒，长则数月。蛋白质的寿命常用半衰期 $t_{1/2}$ 表示，即蛋白质的浓度降低一半所需要的时间。例如，人血浆蛋白质的 $t_{1/2}$ 约为 10d，肝中大部分蛋白质的 $t_{1/2}$ 为 $1\sim8$d，结缔组织中的一些蛋白质的 $t_{1/2}$ 可达 180d 以上。许多关键性的调节酶的 $t_{1/2}$ 均很短。

体内蛋白质的降解也是由一系列蛋白酶和肽酶完成的。真核细胞中蛋白质的降解有两条途径。一条途径是不依赖 ATP 的过程，在溶酶体内进行，主要降解外源性蛋白质、膜蛋白和长寿命的细胞内蛋白质。另一条途径是依赖 ATP 和泛素的过程，在胞液中进行，主要降解异常蛋白质和短寿命的蛋白质。后一过程在不含溶酶体的红细胞中尤为重要。

蛋白质的降解离不开泛素的参与，后者是一种普遍存在于真核细胞，分子质量为 8.5kDa（含 76 个氨基酸残基）的小分子蛋白质，其一级结构高度保守，酵母与人的泛素比较只有 3 个氨基酸的差别。在蛋白质降解的过程中，泛素与被降解的蛋白质形成共价连接，从而使后者激活。这种蛋白质的降解实际上是以一种极大的复合体（分子量 10^6）形式进行的，其具体作用机制尚不清楚。

食物蛋白质经消化而被吸收的氨基酸（外源性氨基酸）与体内组织蛋白质降解产生的氨基酸（内源性氨基酸）混在一起，分布于体内各处，参与代谢，称为氨基酸代谢库。氨基酸代谢库通常以游离氨基酸总量计算。氨基酸由于不能自由通过细胞膜，所以在体内的分布也是不均匀的。例如，肌肉中氨基酸占总代谢库的 50% 以上，肝约占 10%，肾约占 4%，血浆占 $1\%\sim6\%$。由于肝、肾体积较小，实际上它们所含游离氨基酸的浓度很高，氨基酸的代谢也很旺盛。

被消化吸收的大多数氨基酸如丙氨酸、芳香族氨基酸等主要在肝中分解，但支链氨基酸的分解代谢主要在骨骼肌中进行。血浆氨基酸是体内各组织之间氨基酸转运的主要形式。虽然正常人血浆氨基酸浓度并不高,但其更新却很迅速,平均 $t_{1/2}$ 约为 15min,表明一些组织器官不断向血浆释放和摄取氨基酸。肌肉和肝在维持血浆氨基酸浓度的相对稳定中起着重要的作用。

体内氨基酸的主要功能是合成蛋白质和多肽,还可以合成其他含氮物质。氨基酸在体内的分解代谢实际上是氨基、羧基和侧链 R 基团的分解代谢,主要在肝脏中进行。在氨基和羧基这两个基团上,各氨基酸(脯氨酸和羟脯氨酸除外)都有共同的代谢规律,称为氨基酸的一般代谢:脱氨基生成氨和相应的 α-酮酸,脱羧基生成 CO_2 和胺。胺在体内可经胺氧化酶作用,进一步分解生成氨和相应的醛和酸。氨在体内主要合成尿素排出体外。由于不同氨基酸结构的差异(侧链 R 基团不同),个别氨基酸还有其特殊的代谢途径。体内氨基酸代谢的概况如图 7-2 所示。

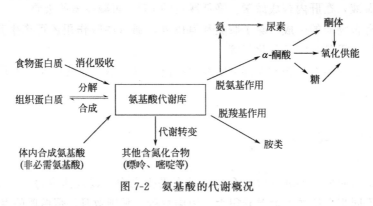

图 7-2 氨基酸的代谢概况

7.2.1 氨基酸的脱氨基作用

氨基酸的脱氨基作用是氨基酸分解代谢的最主要反应。α-氨基酸脱去氨基生成 α-酮酸的过程叫作脱氨基作用。体内氨基酸可以通过多种方式脱去氨基,如氧化脱氨基作用、转氨基作用、联合脱氨基作用及非氧化脱氨基作用等。

7.2.1.1 氧化脱氨基作用

氧化脱氨基作用是指氨基酸在酶的催化下氧化脱氨,同时释放出氨气的过程。催化氨基酸氧化脱氨基的酶有 D-氨基酸氧化酶、L-氨基酸氧化酶和 L-谷氨酸脱氢酶等。D-氨基酸氧化酶催化 D-氨基酸氧化脱氨,以 FAD 为辅酶;L-氨基酸氧化酶催化 L-氨基酸氧化脱氨,以 FMN 和 FAD 为辅酶。这两种酶都是需氧脱氢酶,催化氨基酸脱氢,以分子氧为直接受体生成 H_2O_2,H_2O_2 再经 H_2O_2 酶催化分解为 H_2O 和 O_2。由于 L-氨基酸氧化酶在体内分布不广,活性较低,而 D-氨基酸氧化酶活性虽高,但组成蛋白质的天然氨基酸绝大多数是 L-氨基酸,所以这两种氨基酸氧化酶在体内都不起主要作用。

在氧化脱氨基反应中具有重要意义的酶是 L-谷氨酸脱氢酶。该酶是一种不需氧脱氢酶,以 NAD^+ 或 $NADP^+$ 为辅酶,在动植物及大多数微生物中普遍存在,且活性很强。L-谷氨酸脱氢酶的专一性很高,只对 L-谷氨酸起催化作用:催化 L-谷氨酸脱氢生成亚谷氨酸,然后水解生成 α-酮戊二酸和 NH_3。

$$
\begin{array}{ccc}
\underset{\text{L-谷氨酸}}{\overset{\displaystyle \text{NH}_2}{\underset{\displaystyle (\text{CH}_2)_2-\text{COOH}}{\mid\text{CH}-\text{COOH}}}} & \xrightarrow[\text{NAD}^+\ \ \text{NADH+H}^+]{\text{L-谷氨酸脱氢酶}} & \underset{\text{亚谷氨酸}}{\overset{\displaystyle \text{NH}_2}{\underset{\displaystyle (\text{CH}_2)_2-\text{COOH}}{\mid\text{C}-\text{COOH}}}} & \underset{-\text{H}_2\text{O}}{\overset{+\text{H}_2\text{O}}{\rightleftharpoons}} & \underset{\alpha\text{-酮戊二酸}}{\overset{\displaystyle \text{O}}{\underset{\displaystyle (\text{CH}_2)_2-\text{COOH}}{\mid\text{C}-\text{COOH}}}} & +\ \text{NH}_3
\end{array}
$$

上述反应是可逆反应，L-谷氨酸脱氢酶既可催化 L-谷氨酸氧化脱氨又可催化 α-酮戊二酸和氨合成谷氨酸。一般情况下，反应偏向于谷氨酸的合成，但当谷氨酸浓度高而 NH_3 浓度低时，则有利于 α-酮戊二酸的生成。

谷氨酸脱氢酶是一种变构酶，由 6 个相同的亚基聚合而成，每个亚基的分子量为56000。已知 GTP 和 ATP 是此酶的变构抑制剂，而 GDP 和 ADP 是变构激活剂。因此当体内 GTP 和 ATP 不足时，谷氨酸加速氧化脱氨，生成的 α-酮戊二酸可进入三羧酸循环彻底氧化分解产生能量。

7.2.1.2　转氨基作用

转氨基作用是指在转氨酶或称氨基转移酶的催化下，α-氨基酸的 α-氨基转移到 α-酮酸的酮基上，使酮酸生成相应的 α-氨基酸，而原来的氨基酸则失去氨基转变成相应的 α-酮酸。

$$
\underset{\text{COOH}}{\overset{\text{R}_1}{\text{H-C-NH}_2}} + \underset{\text{COOH}}{\overset{\text{R}_2}{\text{C=O}}} \xrightleftharpoons{\text{转氨酶}} \underset{\text{COOH}}{\overset{\text{R}_1}{\text{C=O}}} + \underset{\text{COOH}}{\overset{\text{R}_2}{\text{H-C-NH}_2}}
$$

转氨酶种类很多，至今已发现有 50 多种，在动物、植物以及微生物中分布很广。其中大多数的转氨酶都优先以 α-酮戊二酸为氨基的受体。最重要的转氨酶是谷丙转氨酶（glutamic pyruvic transaminase，GPT）和谷草转氨酶（glutamic oxaloacetic transaminase，GOT）（表 7-1）。前者在肝细胞中含量最高，后者在心肌细胞中含量最高。正常时上述转氨酶在血清中含量很低，但是当肝脏或心脏出现炎症时，由于细胞膜通透性增高，转氨酶可大量进入血液，造成血清中转氨酶活性明显升高。例如，急性肝炎患者血清中 GPT 活性显著升高，心肌梗死患者血清中 GOT 活性明显升高。临床上可作为肝脏或心肌疾病的辅助诊断指标。

表 7-1　正常成人各组织中 GOT 及 GPT 活性

组织	GOT/(u/g)	GPT/(u/g)	组织	GOT/(u/g)	GPT/(u/g)
心	156 000	7 100	胰腺	28 000	2 000
肝	142 000	44 000	脾	14 000	1 200
骨骼肌	99 000	4 800	肺	10 000	700
肾	91 000	19 000	血清	20	16

$$\text{谷氨酸+丙酮酸} \xrightleftharpoons{\text{谷丙转氨酶}} \alpha\text{-酮戊二酸+丙氨酸}$$

$$\text{谷氨酸+草酰乙酸} \xrightleftharpoons{\text{谷草转氨酶}} \alpha\text{-酮戊二酸+天冬氨酸}$$

转氨酶的辅酶都是维生素 B_6 的磷酸酯，即磷酸吡哆醛，它以共价键形式结合于转氨酶活性中心赖氨酸的 ε-氨基上。在转氨基过程中，磷酸吡哆醛先从氨基酸接受氨基转变为磷酸吡哆胺，同时氨基酸则转变成 α-酮酸。磷酸吡哆胺进一步将氨基转移给另一种 α-酮酸而生成相应的氨基酸，同时磷酸吡哆胺又变回磷酸吡哆醛。在转氨酶的催化下，磷酸吡哆醛与磷酸吡哆胺的这种相互转变，起着传递氨基的作用。

$$\alpha\text{-氨基酸} \quad 磷酸吡哆醛 \qquad Schiff 碱$$

$$\alpha\text{-酮酸} \quad 磷酸吡哆胺 \qquad Schiff 碱异构体$$

　　体内绝大多数氨基酸通过转氨基作用脱氨。参与蛋白质合成的 20 种 α-氨基酸中，除甘氨酸、赖氨酸、苏氨酸和脯氨酸不参加转氨基作用，其余均参加。虽然转氨基作用在生物体内普遍存在，但是由于通过转氨基作用产生的仍是氨基酸和酮酸，所以并无净氨的生成，本质上并不能最终脱去氨基酸的氨基。

7.2.1.3　联合脱氨基作用

　　转氨基作用并不能最终脱去氨基酸的氨基，而氧化脱氨基作用仅限于 L-谷氨酸脱氨基作用，其他氨基酸不能直接通过这一途径脱氨，所以实际上生物体内主要的脱氨基方式是联合脱氨基作用。联合脱氨基作用有两种反应途径。

　　(1) 转氨酶和 L-谷氨酸脱氢酶共同参与的联合脱氨基作用　这类联合脱氨基作用首先是进行转氨基作用，氨基酸在转氨酶催化下将 α-氨基转移到 α-酮戊二酸上生成谷氨酸，而后进行氧化脱氨基作用，在 L-谷氨酸脱氢酶作用下将谷氨酸氧化脱氨生成 NH_3 和 α-酮戊二酸，而 α-酮戊二酸又继续参加转氨基作用，见图 7-3。可见 α-酮戊二酸在联合脱氨基作用中担任传递氨基的作用，其本身并不被消耗。

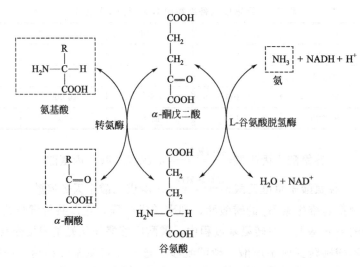

图 7-3　联合脱氨基作用（以谷氨酸脱氢酶为中心）

（2）转氨酶和腺苷酸脱氨酶催化的联合脱氨基作用　骨骼肌和心肌中 L-谷氨酸脱氢酶的活性弱，难以进行以上方式的联合脱氨基过程。目前认为这些组织主要发生转氨酶和腺苷酸脱氨酶催化的联合脱氨基作用。

在此过程中，氨基酸首先通过连续的转氨基作用将氨基转移给草酰乙酸，生成天冬氨酸，天冬氨酸又将此氨基转移给次黄嘌呤核苷酸（IMP）生成腺苷酸代琥珀酸，后者经过裂解，释放出延胡索酸并生成腺嘌呤核苷酸（AMP）。AMP 在腺苷酸脱氨酶（此酶在肌组织中活性较强）催化下脱去氨基，生成氨和 IMP，最终完成氨基酸的脱氨基作用。IMP 可以再循环继续参加前面的反应，所以转氨酶和腺苷酸脱氨酶催化的联合脱氨基作用又称为嘌呤核苷酸循环，如图 7-4 所示。

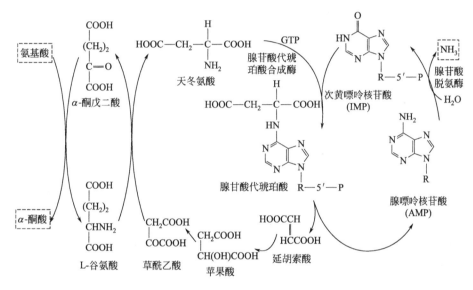

图 7-4　通过嘌呤核苷酸循环的联合脱氨基过程

7.2.1.4　非氧化脱氨基作用

非氧化脱氨基作用主要存在于微生物中，有以下几种方式。

（1）还原脱氨基作用　在严格无氧的条件下，某些含有氢化酶的微生物能用还原脱氨基方式使氨基酸脱去氨基，反应式如下。

$$\underset{\text{氨基酸}}{\overset{R}{H_3\overset{+}{N}-CH}-COO^-} + 2H \xrightarrow{\text{氢化酶}} \underset{\text{脂肪酸}}{\overset{R}{CH_2}-COOH} + NH_3$$

（2）水解脱氨基　氨基酸在水解酶的作用下，产生羟酸和氨。

$$\underset{\text{氨基酸}}{\overset{R}{H-C-\overset{+}{N}H_3}} + H_2O \xrightarrow{\text{水解酶}} \underset{\text{羟酸}}{\overset{R}{H-C-OH}} + NH_3$$

（3）脱水脱氨基　L-丝氨酸和L-苏氨酸的脱氨基是利用脱水方式完成的。催化该反应的酶以磷酸吡哆醛为辅酶，反应生成丙酮酸和氨。

$$
\begin{array}{c}
\underset{\text{丝氨酸}}{\underset{\displaystyle \begin{matrix}CH_2OH\\ |\\ CHNH_3^+\\ |\\ COO^-\end{matrix}}{}}
\xrightarrow[-H_2O]{\text{L-丝氨酸脱水酶}}
\underset{\text{α-氨基丙烯酸}}{\underset{\displaystyle \begin{matrix}CH_2\\ \|\\ C-NH_3^+\\ |\\ COO^-\end{matrix}}{}}
\xrightarrow{\text{分子重排}}
\underset{\text{亚氨基丙酸}}{\underset{\displaystyle \begin{matrix}CH_3\\ |\\ C-NH_2^+\\ |\\ COO^-\end{matrix}}{}}
\xrightarrow[+H_2O]{\text{自发水解}}
\underset{\text{丙酮酸}}{\underset{\displaystyle \begin{matrix}CH_3\\ |\\ C=O\\ |\\ COOH\end{matrix}}{}}
+ NH_3
\end{array}
$$

（4）脱硫氢基脱氨基作用　半胱氨酸在脱硫氢基酶的催化下生成丙酮酸和氨。

$$
\begin{array}{c}
\underset{\text{L-半胱氨酸}}{\underset{\displaystyle \begin{matrix}SH\\ |\\ CH_2\\ |\\ HC-NH_3^+\\ |\\ COO^-\end{matrix}}{}}
\xrightarrow[-H_2S]{\text{脱硫氢基酶}}
\underset{\text{α-氨基丙烯酸}}{\underset{\displaystyle \begin{matrix}CH_2\\ \|\\ C-NH_3^+\\ |\\ COO^-\end{matrix}}{}}
\xrightarrow{\text{分子重排}}
\underset{\text{亚氨基丙酸}}{\underset{\displaystyle \begin{matrix}CH_3\\ |\\ C-NH_2^+\\ |\\ COO^-\end{matrix}}{}}
\xrightarrow[+H_2O]{\text{自发水解}}
\underset{\text{丙酮酸}}{\underset{\displaystyle \begin{matrix}CH_3\\ |\\ C=O\\ |\\ COOH\end{matrix}}{}}
+ NH_3
\end{array}
$$

（5）氧化还原脱氨基作用　两个氨基酸互相发生氧化-还原反应，分别形成有机酸、酮酸和氨。

$$
\begin{matrix}R\\ |\\ HC-NH_3^+\\ |\\ COO^-\end{matrix}
+
\begin{matrix}R'\\ |\\ HC-NH_3^+\\ |\\ COO^-\end{matrix}
+ H_2O
\xrightarrow{\text{酶}}
\underset{\text{酮酸}}{\begin{matrix}R\\ |\\ C=O\\ |\\ COOH\end{matrix}}
+
\underset{\text{有机酸}}{\begin{matrix}R'\\ |\\ CH_2\\ |\\ COOH\end{matrix}}
+ 2NH_3
$$

（6）脱酰胺基脱氨基作用　谷氨酰胺和天冬酰胺可在谷氨酰胺酶和天冬酰胺酶的作用下，分别发生脱酰胺基作用而形成相应的氨基酸。

$$
\underset{\text{谷氨酰胺}}{\begin{matrix}CONH_2\\ |\\ (CH_2)_2\\ |\\ CHNH_2\\ |\\ COOH\end{matrix}}
+ H_2O
\xrightarrow{\text{谷氨酰胺酶}}
\underset{\text{谷氨酸}}{\begin{matrix}COOH\\ |\\ (CH_2)_2\\ |\\ CHNH_2\\ |\\ COOH\end{matrix}}
+ NH_3
$$

$$
\underset{\text{天冬酰胺}}{\begin{matrix}CONH_2\\ |\\ CH_2\\ |\\ CHNH_2\\ |\\ COOH\end{matrix}}
+ H_2O
\xrightarrow{\text{天冬酰胺酶}}
\underset{\text{天冬氨酸}}{\begin{matrix}COOH\\ |\\ CH_2\\ |\\ CHNH_2\\ |\\ COOH\end{matrix}}
+ NH_3
$$

7.2.2　氨基酸的脱羧基作用

氨基酸在氨基酸脱羧酶催化下脱去羧基生成 CO_2 和相应胺的过程称为氨基酸的脱羧基作用。机体内部分氨基酸可进行脱羧基作用，脱羧酶的辅酶为磷酸吡哆醛，其所催化的反应如下。

$$\begin{array}{c} \text{R} \\ | \\ \text{H—C—NH}_2 \\ | \\ \text{COOH} \end{array} + \begin{array}{c} \text{H} \\ | \\ \text{O=C} \\ | \\ \text{R} \end{array} \longrightarrow \begin{array}{c} \text{R}\quad\text{H} \\ |\quad| \\ \text{H—C—N—C} \\ | \\ \text{COOH}\quad\text{R} \end{array} + \text{H}_2\text{O}$$

α-氨基酸　　　磷酸吡哆醛　　　　醛亚胺
　　　　　　　（脱羧酶）

$$\downarrow \text{CO}_2$$

$$\begin{array}{c} \text{R} \\ | \\ \text{H—C—NH}_2 \\ | \\ \text{H} \end{array} + \begin{array}{c} \text{H}_2\text{O} \\ \text{O=C} \\ | \\ \text{R} \end{array} \longleftarrow \begin{array}{c} \text{R}\quad\text{H} \\ |\quad| \\ \text{H—C—N—C} \\ | \\ \text{H}\quad\text{R} \end{array}$$

一级胺　　　　　磷酸吡哆醛

氨基酸脱羧酶的专一性很高，一般是一种氨基酸一种脱羧酶，而且只对 L-氨基酸起作用。在脱羧酶中只有组氨酸脱羧酶不需要辅酶。

氨基酸的脱羧反应普遍存在于微生物、高等动物和高等植物组织中。动物的肝、肾、脑中都发现有氨基酸脱羧酶，脑组织中富有 L-谷氨酸脱羧酶，能使 L-谷氨酸脱羧形成 γ-氨基丁酸。氨基酸脱羧后形成的胺，有许多具有重要的生理作用。如上述的 γ-氨基丁酸是重要的神经介质；组氨酸脱羧形成的组胺（histamine）又称组织胺，有降低血压的作用，又是胃液分泌的刺激剂；酪氨酸脱羧形成的酪胺（tyramine）有升高血压的作用。绝大多数胺类对动物是有毒的，但体内存在胺氧化酶，能将胺氧化为醛和氨。醛可进一步氧化成酸，氨可合成尿素等，又可形成新的氨基酸。

7.2.3　α-酮酸的代谢

氨基酸脱氨基后生成的 α-酮酸可以进一步代谢，主要有以下三方面的代谢途径。

7.2.3.1　经氨基化生成非必需氨基酸

过程如前，不再赘述。

7.2.3.2　转变为糖和脂类

在体内，α-酮酸可以转变为糖及脂类。实验发现，用各种不同的氨基酸饲养人为造成糖尿病的犬时，大多数氨基酸可使尿中排出的葡萄糖量增加，少数几种则可使葡萄糖及酮体排出量同时增加，而亮氨酸和赖氨酸只能使酮体排出量增加。由此，将在体内可以转变为糖的氨基酸称为生糖氨基酸，能转变成酮体的氨基酸称为生酮氨基酸，二者兼有者称为生酮兼生糖氨基酸（表 7-2）。

表 7-2　氨基酸生糖及生酮性质的分类

类　　别	氨　基　酸
生糖氨基酸	甘氨酸、丝氨酸、缬氨酸、组氨酸、精氨酸、半胱氨酸、脯氨酸、羟脯氨酸、丙氨酸、谷氨酸、谷氨酰胺、天冬氨酸、天冬酰胺、甲硫氨酸
生酮氨基酸	亮氨酸、赖氨酸
生糖兼生酮氨基酸	异亮氨酸、苯丙氨酸、酪氨酸、苏氨酸、色氨酸

7.2.3.3 氧化供能

α-酮酸在体内可以通过三羧酸循环与生物氧化体系彻底氧化成 CO_2 和水，同时释放能量供生理活动的需要。可见，氨基酸也是一类能源物质。

综上可见，氨基酸的代谢与糖和脂肪的代谢密切相关。氨基酸可转变成糖与脂肪；糖也可以转变成脂肪及多数非必需氨基酸的碳骨架部分；三羧酸循环是物质代谢的总枢纽，通过它可使糖、脂肪酸及氨基酸完全氧化，也可使其彼此相互转变，构成一个完整的代谢体系。

7.3 氨基酸合成代谢

氨基酸根据能不能被机体合成可分为两类：必需氨基酸和非必需氨基酸。不同氨基酸的生物合成途径各异，但许多氨基酸的生物合成都与机体的几个中心代谢环节有密切联系，例如糖酵解途径、磷酸戊糖途径、三羧酸循环等。因此可将这些代谢环节中的几个与氨基酸生物合成密切关联的物质，看作氨基酸生物合成的起始物，并以这些起始物作为氨基酸生物合成途径的分类依据，将氨基酸生物合成分为若干类型。

① α-酮戊二酸衍生类型　指的是某些氨基酸是由三羧酸循环的中间产物 α-酮戊二酸衍生而来，属于这种类型的氨基酸有 L-谷氨酸、L-谷氨酰胺、L-脯氨酸、L-精氨酸。由 α-酮戊二酸衍生的氨基酸又可称为谷氨酸类型氨基酸。

② 草酰乙酸衍生类型　指的是某些氨基酸由草酰乙酸衍生而来，属于此种类型的氨基酸有 L-天冬氨酸、L-天冬酰胺、L-甲硫氨酸、L-苏氨酸、L-异亮氨酸，在细菌和植物（除真菌外）中还有 L-赖氨酸。由草酰乙酸衍生的氨基酸又称为天冬氨酸类型氨基酸。

③ 丙酮酸衍生类型　属于这一类型的氨基酸有 L-丙氨酸、L-缬氨酸。此外，丙酮酸还为 L-亮氨酸、L-异亮氨酸和以天冬酰胺为起始物形成 L-赖氨酸的反应提供碳原子。所以异亮氨酸和赖氨酸既属于草酰乙酸衍生类型又属于丙酮酸衍生类型氨基酸。

④ 3-磷酸甘油酸衍生类型　属于这一类型的氨基酸有 L-丝氨酸、L-半胱氨酸、甘氨酸。这些氨基酸又称为丝氨酸类型氨基酸。

上述的四种类型包括了 16 种氨基酸，此外，在合成蛋白质的氨基酸中还有三种芳香族氨基酸，即苯丙氨酸、酪氨酸和色氨酸，及比较特殊的组氨酸。前三种氨基酸的生物合成起始物来源于磷酸戊糖途径中的中间物赤藓糖-4-磷酸和糖酵解途径的中间物磷酸烯醇式丙酮酸（PEP）。色氨酸除需要赤藓糖-4-磷酸和 PEP 外，还需要磷酸核糖焦磷酸（PRPP）以及丝氨酸。

组氨酸的生物合成途径和其他氨基酸之间没有联系。它的合成也需要 PRPP，还需要从 ATP 分子上取下 N—C 基团，因此组氨酸的合成途径也可认为是嘌呤核苷酸代谢的一个分支。

7.3.1 脂肪族氨基酸的生物合成

7.3.1.1 α-酮戊二酸衍生类型（谷氨酸类型）

以 α-酮戊二酸为起始物可合成谷氨酸、谷氨酰胺、脯氨酸和精氨酸等非必需氨基酸。

（1）合成谷氨酸、谷氨酰胺 α-酮戊二酸在转氨酶作用下同氨基酸发生转氨基作用生成谷氨酸；还可与氨经 L-谷氨酸脱氢酶（辅酶为 NADPH 或 NADH）的氨基化作用，生成 L-谷氨酸；L-谷氨酸与氨在谷氨酰胺合成酶催化下，消耗 ATP 形成谷氨酰胺。

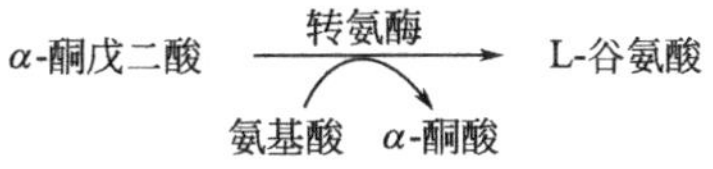

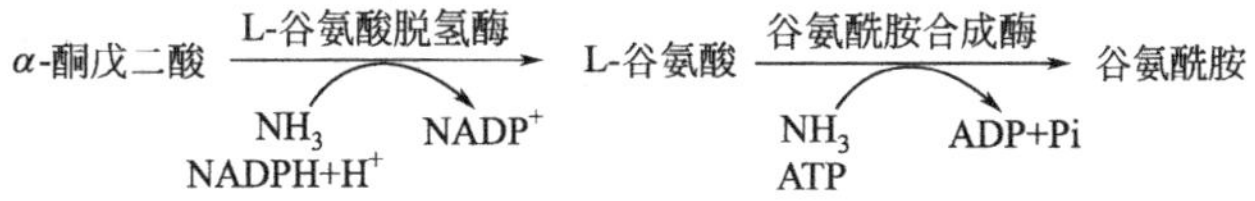

$$\alpha\text{-酮戊二酸} \xrightarrow[\text{氨基酸} \quad \alpha\text{-酮酸}]{\text{转氨酶}} \text{L-谷氨酸}$$

$$\alpha\text{-酮戊二酸} \xrightarrow[\substack{NH_3 \quad NADP^+ \\ NADPH+H^+}]{\text{L-谷氨酸脱氢酶}} \text{L-谷氨酸} \xrightarrow[\substack{NH_3 \quad ADP+Pi \\ ATP}]{\text{谷氨酰胺合成酶}} \text{谷氨酰胺}$$

（2）合成脯氨酸 由 α-酮戊二酸转变来的 L-谷氨酸还原成谷氨酸半醛，然后环化成二氢吡咯-5-羧酸，再由二氢吡咯-5-羧酸还原酶催化还原成 L-脯氨酸，如图 7-5 所示。另外中间产物谷氨酸半醛在鸟氨酸氨基转移酶催化下可直接转氨生成鸟氨酸。

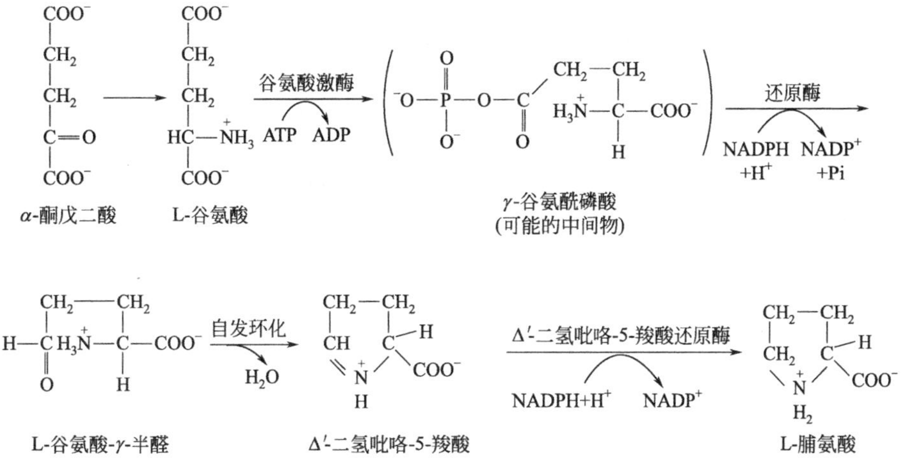

图 7-5 L-脯氨酸的生物合成途径

（3）合成精氨酸 L-谷氨酸也可在转乙酰基酶催化下乙酰化生成 N-乙酰谷氨酸，再经激酶作用，消耗 ATP 后转变成 N-乙酰-γ-谷氨酰磷酸，然后在还原酶催化下由 NADP 供氢被还原成 N-乙酰谷氨酸-γ-半醛。最后经转氨酶作用，由谷氨酸提供 α-氨基而生成 α-N-乙酰鸟氨酸，经去乙酰化后转变为鸟氨酸，再经鸟氨酸循环生成精氨酸，见图 7-6。

（4）合成赖氨酸 人和哺乳动物体内不能合成赖氨酸，微生物和植物有两条途径可以合成。大多数真菌以 α-酮戊二酸为起始物合成赖氨酸，属于 α-酮戊二酸衍生类型的氨基酸合成，如图 7-7 所示；细菌和绿色植物则以天冬氨酸为起始物，属于天冬氨酸型的氨基酸合成。

7.3.1.2 草酰乙酸衍生类型（天冬氨酸类型）

以草酰乙酸为起始物可合成 L-天冬氨酸、L-天冬酰胺、L-赖氨酸、L-甲硫氨酸、L-苏

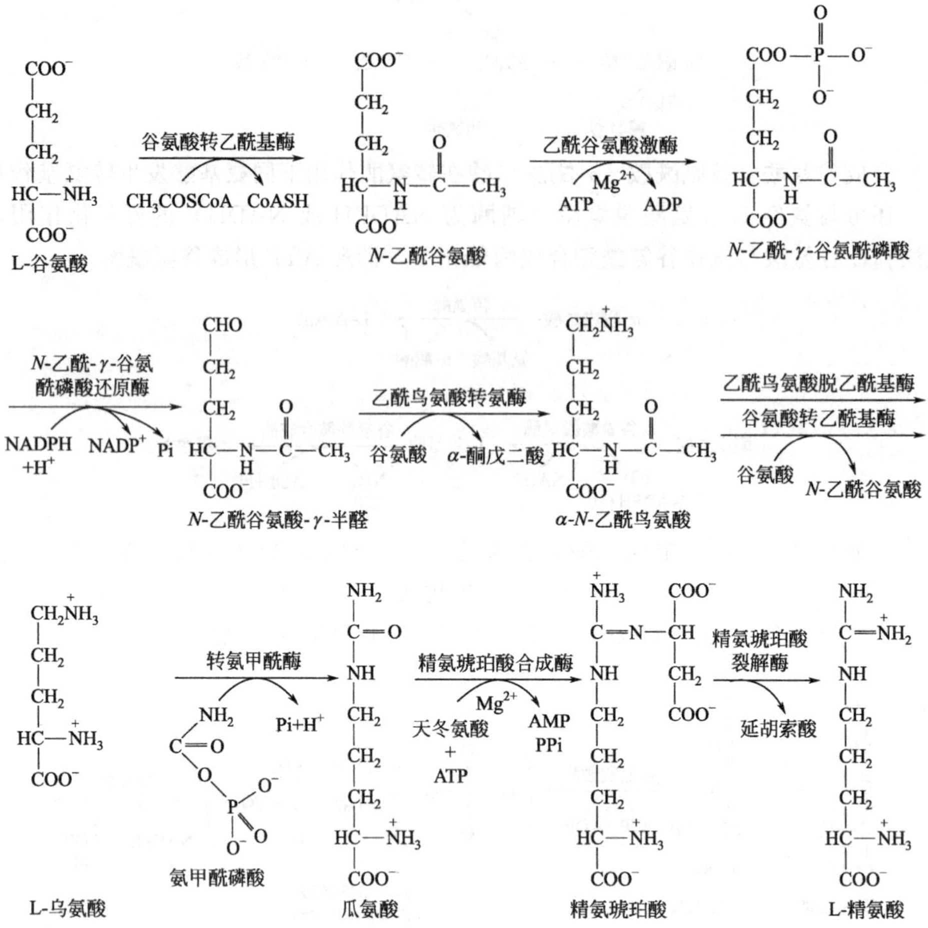

图 7-6 精氨酸的生物合成途径

氨酸、L-异亮氨酸。

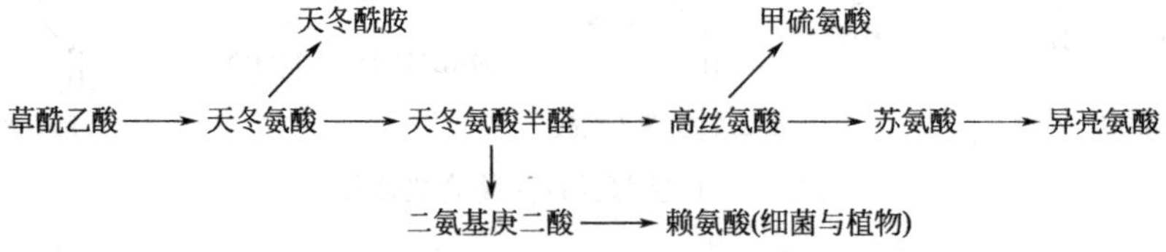

(1) 合成天冬氨酸、天冬酰胺 在谷草转氨酶催化下，草酰乙酸接受谷氨酸转来的氨基生成 L-天冬氨酸。

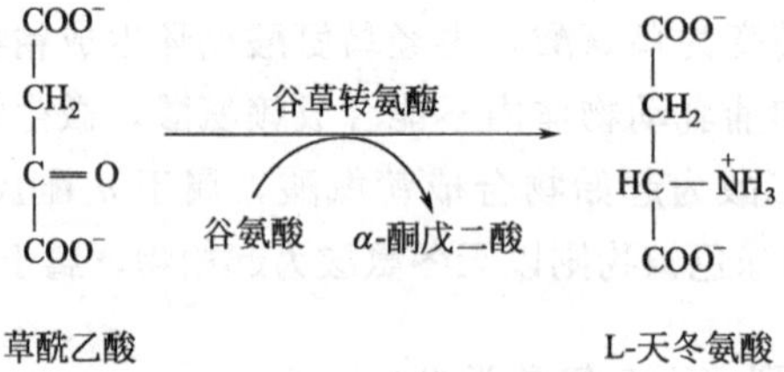

草酰乙酸　　　　L-天冬氨酸

天冬氨酸经天冬酰胺合成酶催化，消耗 ATP，从谷氨酰胺上获取酰胺基而形成 L-天冬酰胺。

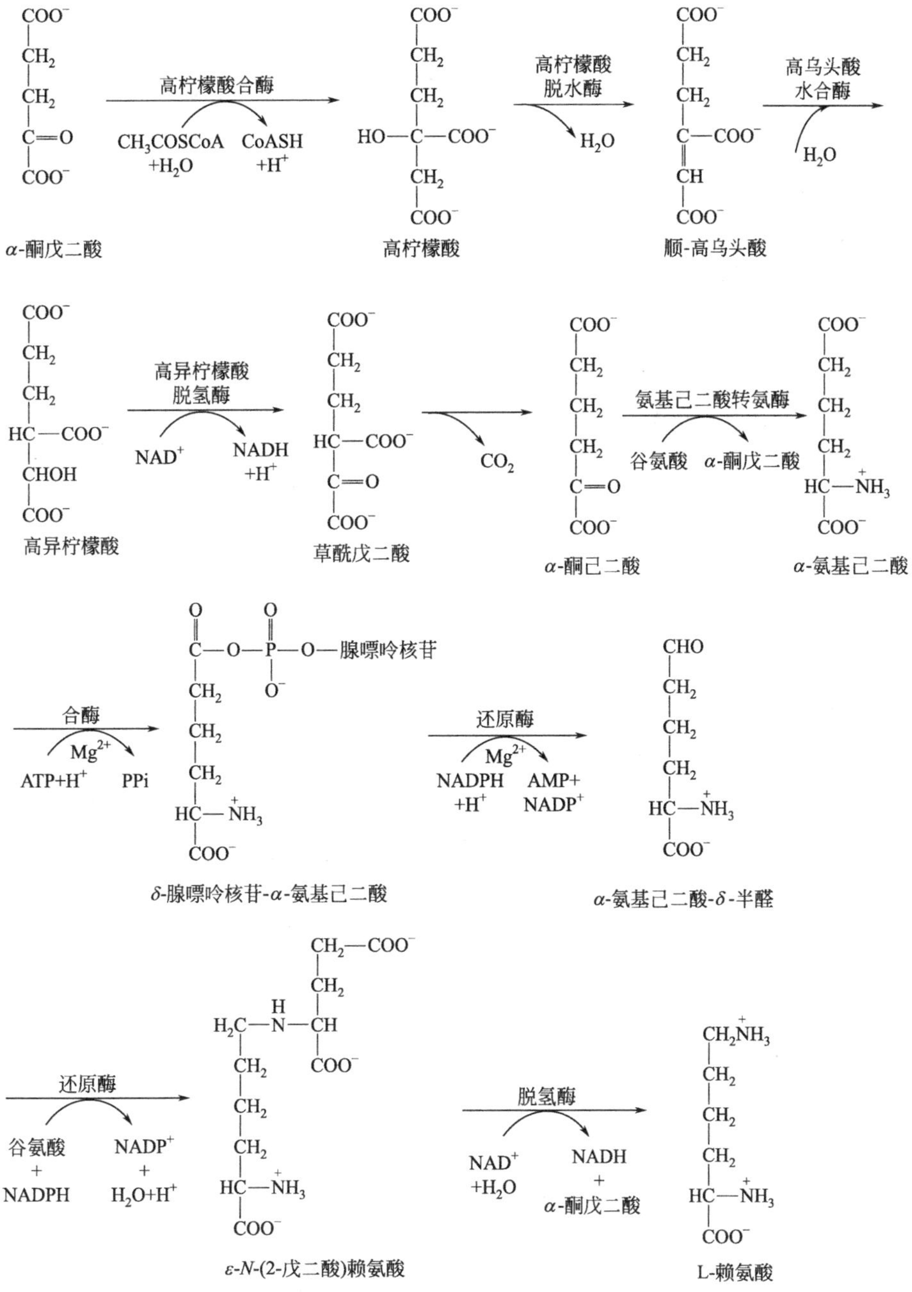

图 7-7　L-赖氨酸的生物合成途径

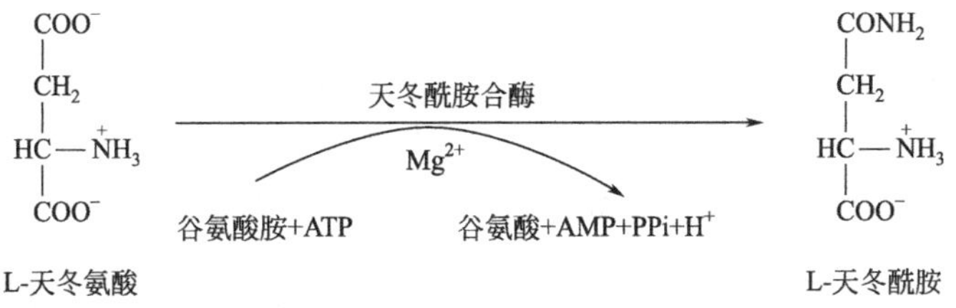

植物和细菌在形成天冬酰胺时，其酰胺基由 NH_4^+ 提供。

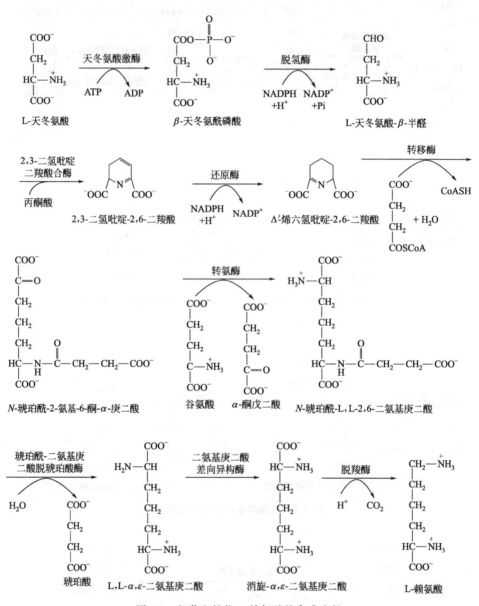

（2）合成赖氨酸、苏氨酸、甲硫氨酸和异亮氨酸

① 赖氨酸。细菌和植物可以以 L-天冬氨酸为起始复合物合成赖氨酸（见图 7-8）。

图 7-8　细菌和植物 L-赖氨酸的合成途径

② 苏氨酸。以天冬氨酸为起始复合物合成的天冬氨酸半醛还可以在脱氢酶作用下还原为高丝氨酸，高丝氨酸经激酶和苏氨酸合酶催化生成苏氨酸（图 7-9）。

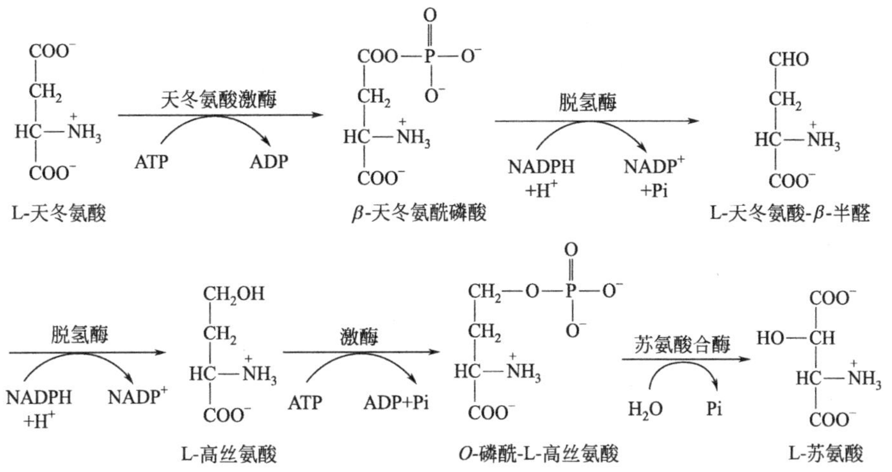

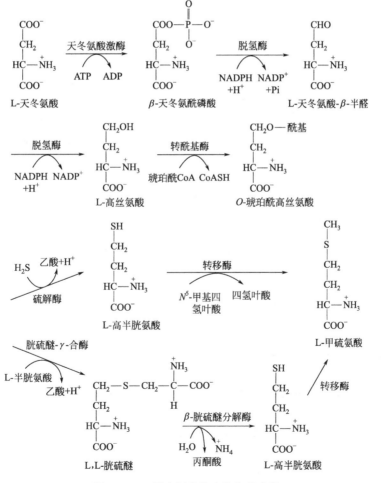

图 7-9　L-苏氨酸的生物合成途径

③ 甲硫氨酸。以天冬氨酸为起始复合物合成的高丝氨酸还可以经转酰基酶作用形成 *O*-琥珀酰高丝氨酸，再经过不同途经生成高半胱氨酸，高半胱氨酸接受四氢叶酸的甲基形成甲硫氨酸。见图 7-10。

图 7-10　L-甲硫氨酸的生物合成途径

④ 异亮氨酸。L-天冬氨酸与丙酮酸作用进而合成异亮氨酸。鉴于异亮氨酸的合成同缬氨酸合成（丙酮酸衍生类型）中的 4 种酶相同，将在后面一起讨论。

7.3.1.3　丙酮酸衍生类型

以丙酮酸为起始物可合成 L-丙氨酸、L-缬氨酸、L-亮氨酸。

（1）合成丙氨酸　丙酮酸经转氨基作用生成丙氨酸。

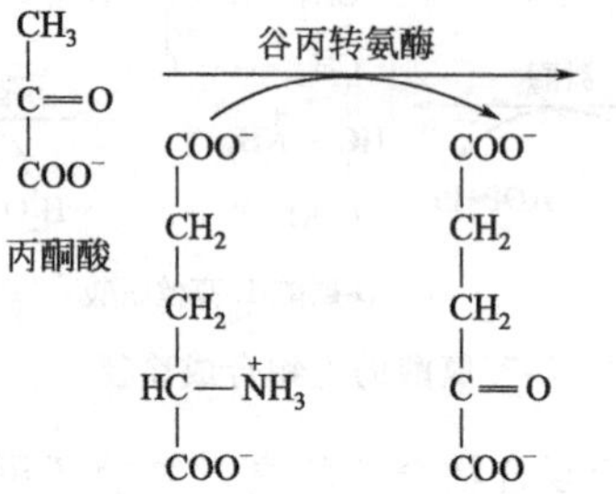

（2）合成缬氨酸、异亮氨酸和亮氨酸　以丙酮酸为起始物生成的 α-酮戊二酸可在 α-异丙基苹果酸合酶作用下，接受乙酰 CoA 的酰基形成 α-异丙基苹果酸，α-异丙基苹果酸再经异构、脱氢、脱羧生成 α-酮异己酸，最后经转氨基作用形成亮氨酸。

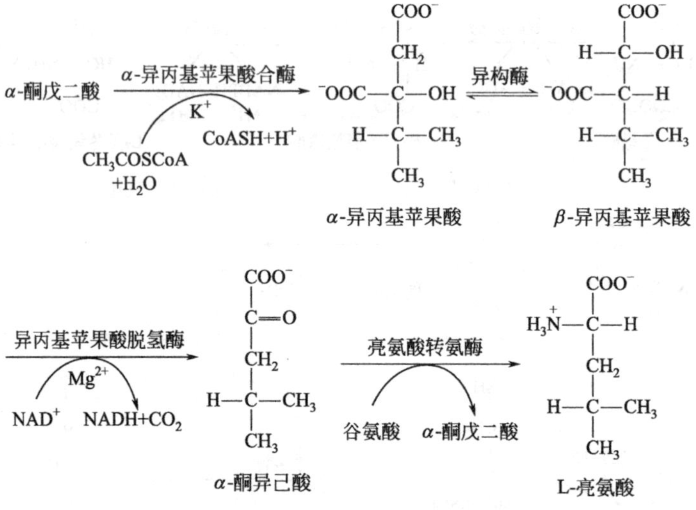

丙酮酸还可以转变为 α-酮异戊酸和 α-酮-β-甲基戊酸，再经转氨基作用生成缬氨酸和异亮氨酸（图 7-11）。

7.3.1.4　3-磷酸甘油酸衍生类型（丝氨酸类型）

以 3-磷酸甘油酸为起始物可以合成丝氨酸、甘氨酸和半胱氨酸。

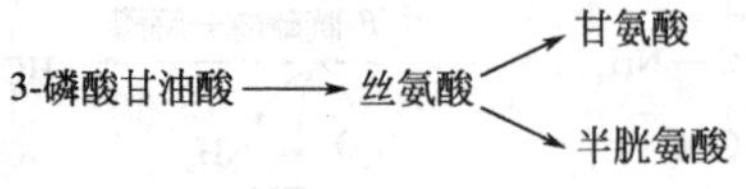

（1）合成丝氨酸　3-磷酸甘油酸在脱氢酶作用下脱氢生成 3-磷酸羟基丙酮酸，再同 L-谷氨酸发生转氨基作用形成 3-磷酸丝氨酸。最后在磷酸丝氨酸磷酸酶作用下去磷酸生成 L-

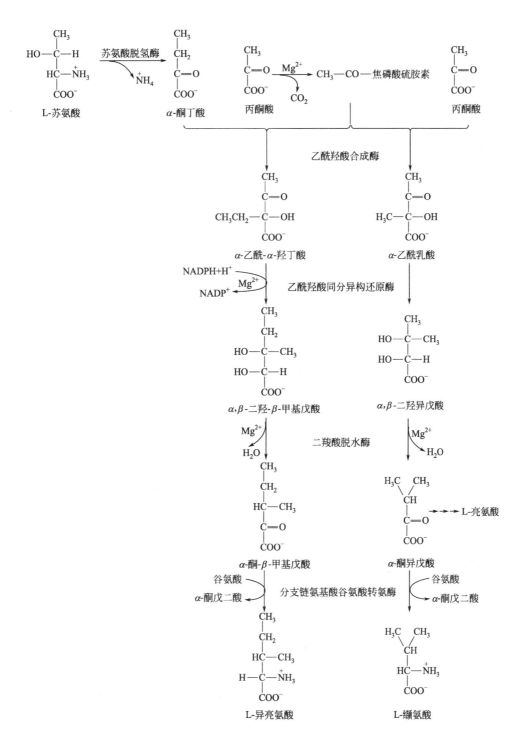

图 7-11 异亮氨酸和缬氨酸的生物合成途径

丝氨酸。丝氨酸也可经另一途经生成：3-磷酸甘油酸的磷酸基先发生水解，再经氧化和转氨基作用生成丝氨酸。

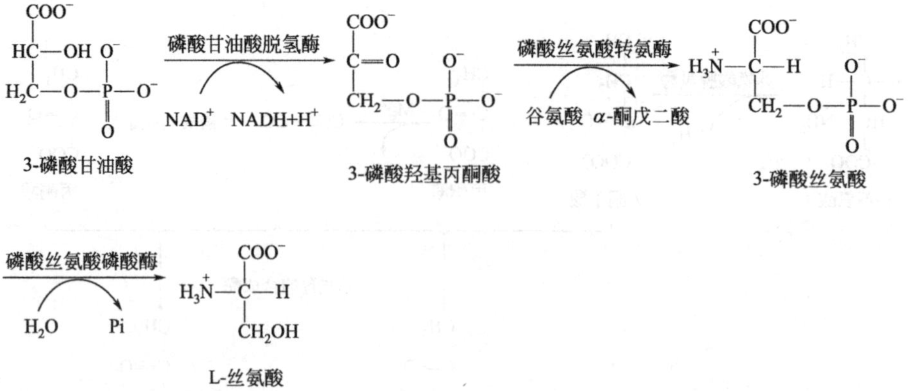

（2）合成甘氨酸和半胱氨酸　L-丝氨酸在丝氨酸转羟甲基酶作用下，以四氢叶酸为辅酶，脱去羟甲基即生成甘氨酸。

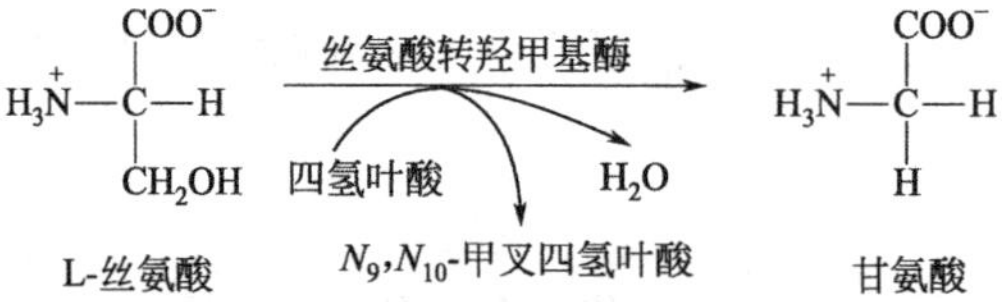

大多数植物和微生物可以把乙酰CoA的乙酰基转给丝氨酸而生成O-乙酰丝氨酸，反应由丝氨酸转乙酰基酶催化。乙酰基再被巯基取代生成半胱氨酸。

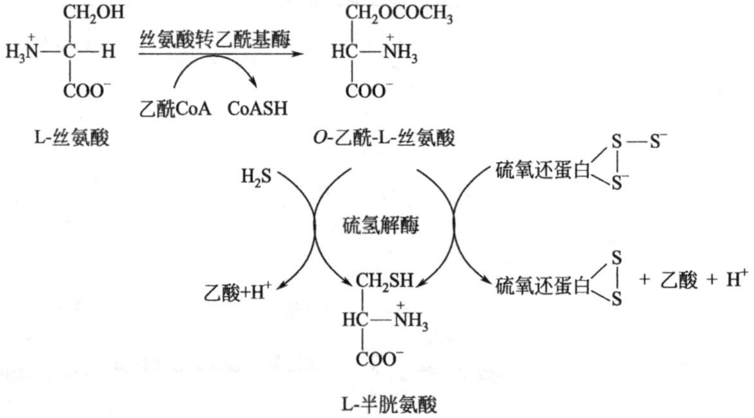

7.3.2　芳香族氨基酸的生物合成

微生物和植物可以4-磷酸赤藓糖和磷酸烯醇式丙酮酸为起始物合成苯丙氨酸、酪氨酸和色氨酸。

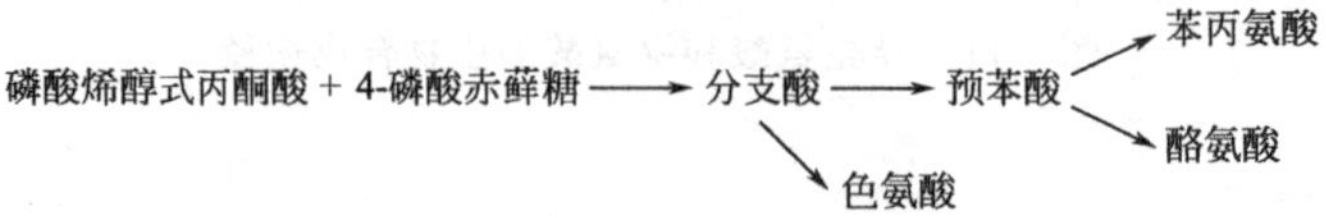

　　4-磷酸赤藓糖和磷酸烯醇式丙酮酸缩合，形成的七碳糖再经脱磷酸环化、脱水、加氢等作用产生莽草酸。蟀草酸经磷酸化后，与磷酸烯醇丙酮酸反应，再经分支酸合成酶作用生成分支酸（图 7-12）。

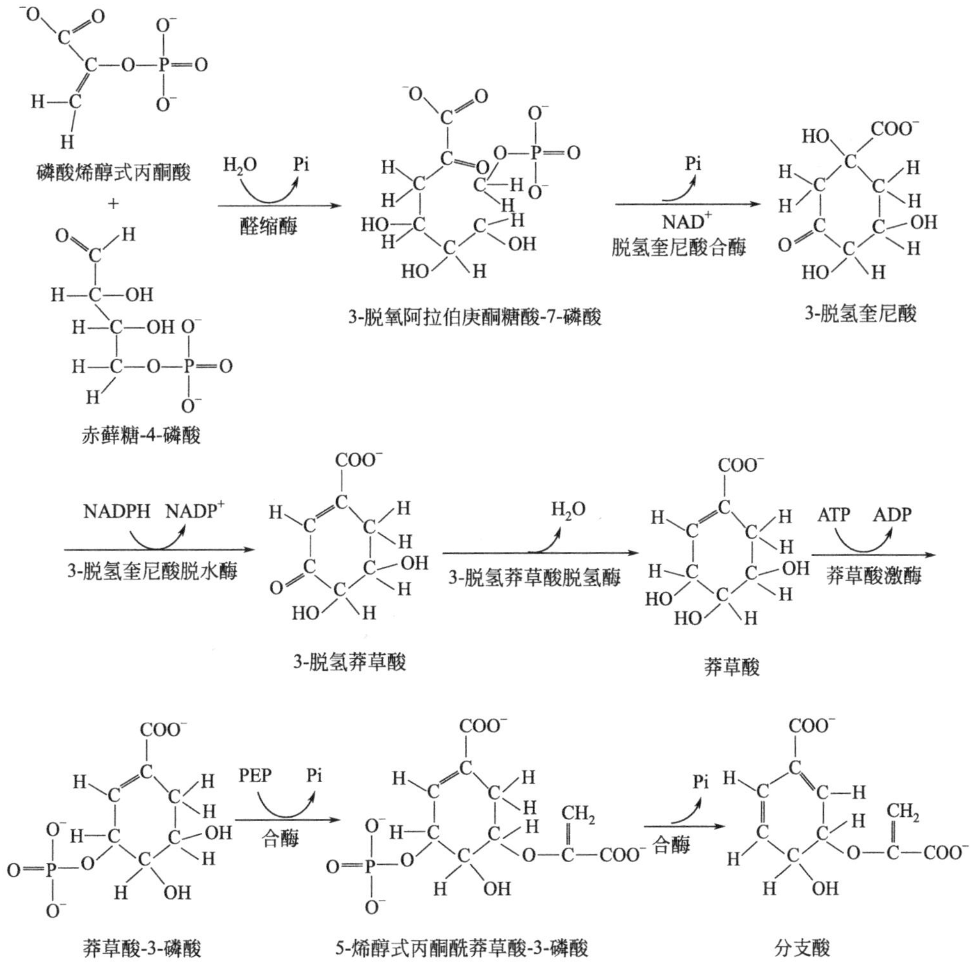

图 7-12　由赤藓糖-4-磷酸和磷酸烯醇式丙酮酸合成莽草酸进而合成分支酸的途径——
苯丙氨酸、酪氨酸和色氨酸生物合成的共经途径

　　分支酸经氨基苯甲酸合成酶作用可转变成邻氨基苯甲酸，最后生成色氨酸（图 7-13）。分支酸还可以在变位酶催化下转变成预苯酸，再经预苯酸脱水酶作用转变成苯丙酮酸，最后形成苯丙氨酸。或者再在预苯酸脱氢酶作用下生成对羟基苯丙酮酸，最后生成酪氨酸（图 7-14）。酪氨酸也可以由苯丙氨酸羟基化形成。

7.3.3　组氨酸的生物合成

　　组氨酸的合成途径，最初是通过对微生物的研究得到的。组氨酸的生物合成途径非常复杂。首先由磷酸核糖焦磷酸与 ATP 缩合形成磷酸核糖 ATP，再进一步转化为咪唑甘油磷酸，然后形成组氨醇，由组氨醇再转化为组氨酸（图 7-15）。

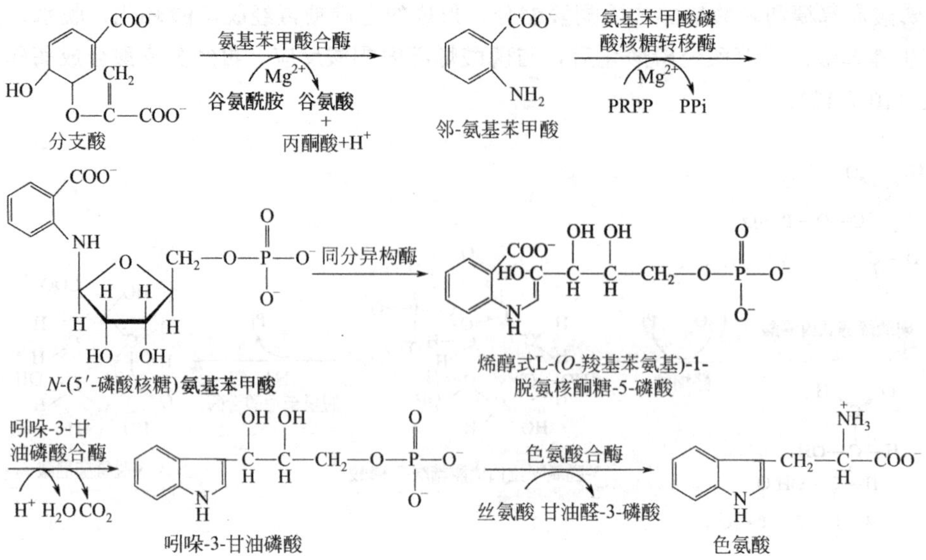

图 7-13　由分支酸形成色氨酸的途径

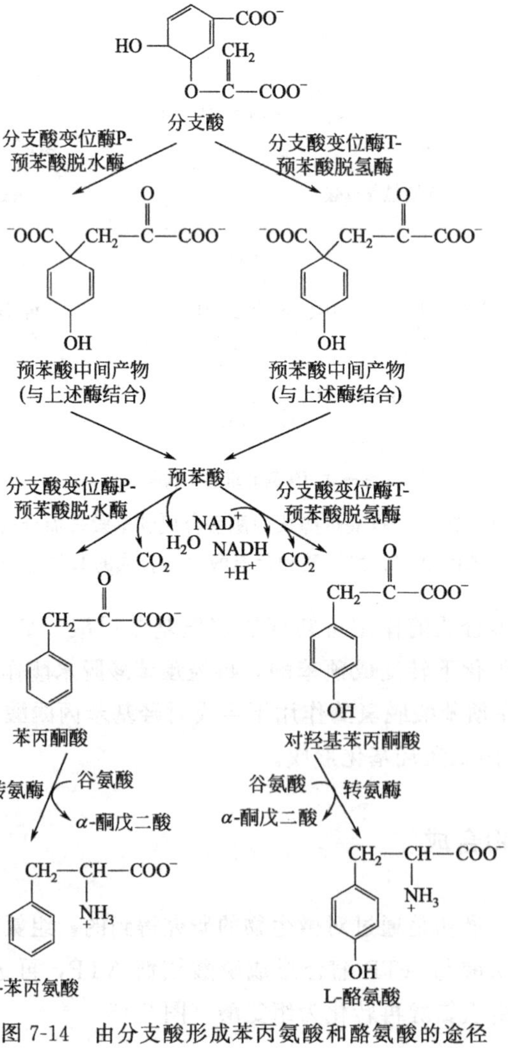

图 7-14　由分支酸形成苯丙氨酸和酪氨酸的途径

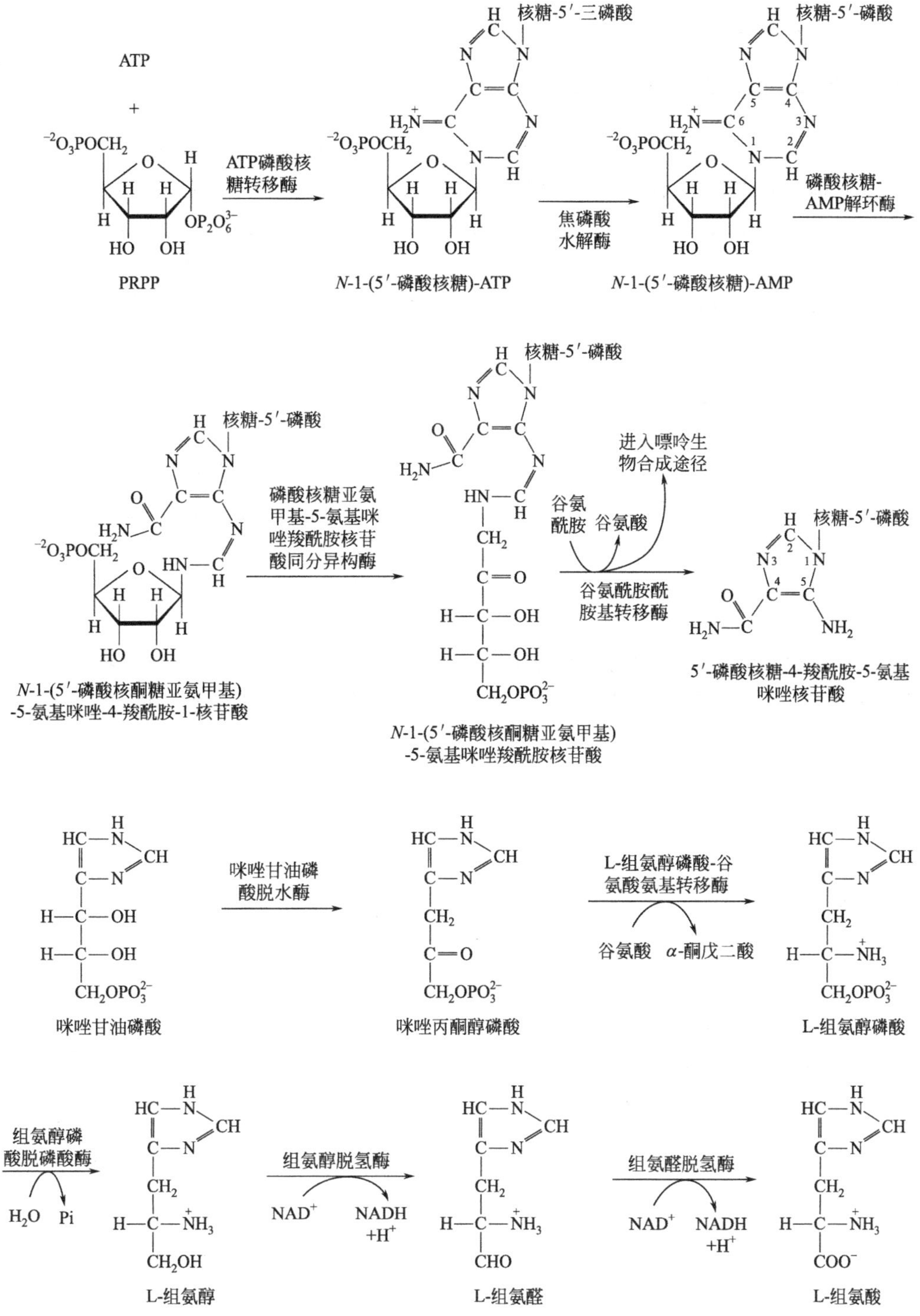

图 7-15 组氨酸的生物合成途径

7.3.4 氨基酸生物合成的调节

氨基酸合成可通过控制酶生成量、酶活性及代谢过程中的代谢物来调节。

7.3.4.1 氨基酸生物合成的反馈抑制调节

谷氨酸生成谷氨酰胺的反应由谷氨酰胺合成酶催化。该酶的分子量为 51600，由 12 个相同亚基对称排列成 2 个六面体环状结构。它是催化氨转变为有机含氮物的主要酶，其活性受到机体对含氮物需求状况的灵活控制。已知有 8 种含氮物对该酶有不同程度的别构抑制效应，这 8 种含氮物是葡萄糖胺-6-磷酸、色氨酸、丙氨酸、甘氨酸、组氨酸、胞嘧啶核苷三磷酸、AMP 以及氨甲酰磷酸。除了甘氨酸和丙氨酸外，其余 6 种所含的氮都直接来源于谷氨酰胺。

7.3.4.2 酶生成量的改变调节氨基酸的生物合成

酶生成量的调控主要是通过对相关酶的编码基因的活性进行调节来实现的。在某些氨基酸的生物合成中，如某种氨基酸合成的量超过需要量时，则该合成途径的酶的编码基因的转录受阻遏，酶的合成也被抑制。而当合成的氨基酸产物浓度下降时，则该合成途径的有关酶的编码基因转录阻遏被解除，酶的合成又开始，氨基酸的生物合成也随之启动。可见这种调控是发生在基因表达水平上。

在生物体内，20 种氨基酸在蛋白质生物合成中的需要量都以准确的比例提供，因此生物机体不仅存在个别氨基酸合成的调控机制，而且存在使各种氨基酸合成中比例相互协调的调控机制。

习 题

一、名词解释
1. 脱氨基作用　2. 脱羧基作用　3. 联合脱氨基作用

二、简答题
1. 简述氨基酸脱氨基的方式。

2. 在氨基酸合成中哪些氨基酸与三羧酸循环有联系？哪些氨基酸和糖酵解过程及磷酸戊糖途径有直接联系？

8　核苷酸和核酸

本章学习目标

1. 掌握核酸的化学组成。
2. 掌握 DNA 与 RNA 的一级结构、二级结构及其三级结构与功能的关系。
3. 掌握核酸的理化性质和研究方法。

8.1　核酸概述

核酸（nucleic acid）是与蛋白质、多糖、脂质复合物并列的四类生物大分子之一，是分子生物学研究的重要领域。组成生命体的这四类生物大分子相互依赖，相互影响，共同实现了各种生命活动。多糖和脂质复合物由蛋白酶催化合成，又与蛋白质结合在一起，增加了蛋白质的结构与功能的多样性；蛋白质的合成则取决于核酸，而核酸的合成亦有赖于蛋白质的作用。本章将对核酸的组成、结构、性质及其功能分别予以介绍。

8.1.1　核酸的发现

1868—1869 年，瑞士的一位年轻科学家 F. Miescher 从脓细胞中提取到一种富含磷元素的酸性化合物，因存在于细胞核中而将它命名为"核素"（nuclein）。F. Miescher 当时所分离得到的核素含有我们现在所说的脱氧核糖核酸（deoxyribonucleic acid，DNA），在核素中所占比例为 30% 左右。但核酸（nucleic acids）这一名词于 Miescher 发现核素 20 年后才被正式启用。他的继任者 R. Altmann 于 1889 年在研究如何从酵母和动物组织中提取不含蛋白质的核酸的方法时，首次使用"核酸"一词。之后又陆续证明，任何有机体，包括病毒、细菌、动植物等都含有核酸。逐渐地，核酸的作用才为人所认识。

8.1.2　核酸遗传物质的确立

早期的研究仅将核酸看作细胞中的一般化学成分，没有人注意到如"它在生物体内有什么功能"这样重要的问题。1885 年，细胞学家 O. Hertwig 提出，核素可能负责受精和传递遗传性状。1895 年，遗传学家 E. B. Wilson 推测，染色体与核素为同一物质，可作为遗传物质的基础。1902 年，E. Fischer 研究糖和嘌呤获得诺贝尔化学奖。核酸中的碱基大部分由 Kossel 及其同事所鉴定，其本人也因核酸化学研究中的成就而获得 1910 年诺贝尔生理学或医学奖。但 Kossel 却认为决定染色体功能的是蛋白质，因此转而研究染色体蛋白质，偏离了最初正确的方向。

直到 1944 年，Avery 等为了寻找细菌转化的原因，发现从 S 型肺炎球菌中提取的 DNA 与 R 型肺炎球菌混合后，能使某些 R 型菌转化为 S 型菌，且转化率与 DNA 纯度呈正相关，若将 DNA 预先用 DNA 酶降解，转化就不发生。从而得出的结论是：S 型菌的 DNA 将其遗传特性传给了 R 型菌，DNA 就是遗传物质。从此核酸是遗传物质的重要地位才被确立，人们把对遗传物质的注意力从蛋白质移到了核酸上。

8.1.3 DNA 双螺旋结构的发现及模型建立

J. D. Watson 和 F. Crick 于 1953 年提出 DNA 双螺旋结构模型是 20 世纪自然科学中最伟大的成就之一，它给生命科学带来深远的影响，并为分子生物学的发展奠定了基础。

20 世纪上半叶，数理学科被引入生物学，给生物学科带来了新的理论思想和新的实验方法。DNA 双螺旋结构模型是建立在对 DNA 的三方面认识的基础之上：①核酸化学研究中所获得的 DNA 化学组成及结构单元的知识，特别是 E. Chargaff 于 1950—1953 年根据发现的 DNA 化学组成的新事实提出了 Chargaff 法则，DNA 中四种碱基的比例关系为 A/T＝G/C＝1；②X 射线衍射技术对 DNA 结晶的研究中所获得的一些原子结构的最新参数，如 W. T. Astbury 及 R. Franklin 的研究；③遗传学研究所积累的有关遗传信息的生物学属性知识。

综合这三方面的知识所创立的 DNA 双螺旋结构模型，不仅阐明了 DNA 分子的结构特征，而且提出了 DNA 作为执行生物遗传功能的分子，从亲代到子代的 DNA 复制过程中，遗传信息的传递方式及高度保真性。1958 年，Meselson 和 Stahl 的 DNA 半保留复制实验证实了其准确性。DNA 双螺旋结构模型的确立为遗传学进入分子水平奠定了基础，是现代分子生物学的里程碑。

8.1.4 核酸的现代研究进展

自 20 世纪 70 年代以来，核酸研究的进展日新月异，几乎涉及生命科学的各个领域，现代分子生物学的发展使人类对生命本质的认识进入了一个崭新的天地。双螺旋结构创始人之一的 F. Crick 于 1958 年提出的分子遗传中心法则（central dogma）揭示了核酸与蛋白质间的内在关系，以及 RNA 作为遗传信息传递者的生物学功能，并指出了信息在复制、传递及表达过程中的一般规律。遗传信息以核苷酸顺序的形式贮存在 DNA 分子中，它们以功能单位在染色体上占据一定的位置构成基因（gene）。因此，DNA 顺序的确定无疑非常重要。1975 年 F. Sanger 建立了 DNA 测序（DNA sequencing）技术，为确定 DNA 顺序起了关键性的作用。由此而发展起来的大片段 DNA 顺序快速测定技术——Maxam-Gilbert 化学降解法（1977 年）和 F. Sanger 的末端终止法（1977 年），已是核酸结构与功能研究中不可缺少的分析手段。我国学者洪国藩于 1982 年提出了非随机的有序 DNA 测序新策略，对 DNA 测序技术的发展作出了重要贡献。

1986 年，诺贝尔奖获得者 H. Dulbecco 在《科学》杂志上率先提出一项以探明自身基因组（genome）全部核苷酸顺序（含 3×10^9 碱基对）为目标的宏伟计划——"人类基因组图谱制作计划"（human genome mapping project，HGP）。而在 2003 年 4 月 15 日，DNA 双螺旋结构模型发表 50 周年前夕，中、美、日、英、法、德六国政府首脑签署文件，六国科学家联合宣布：人类基因组序列图完成。此项计划的实现，是人类探索自身奥秘史上的一个重要里程碑，将对全人类的健康产生巨大影响。

Watson-Crick 模型创立 36 年后的 1989 年，一项新技术——扫描隧道显微镜（scanning tunneling microscope，STM）使人类首次能直接观测到近似自然环境中的单个 DNA 分子的结构细节，观测数据的计算机处理图像能在原子级水平上精确度量出 DNA 分子的构型、旋转周期、大沟（major groove）及小沟（minor groove）。这一成果是对 DNA 双螺旋结构模型真实性的最直接而可信的证明。此项技术无疑会对人类最终完全解开遗传之谜提供有力的帮助。随着人类基因组研究的迅速进展，生物技术产业将获得空前规模的发展。

8.2 核酸的组成成分

核酸是生物体内的一种高分子化合物，包括脱氧核糖核酸（deoxyribonucleic acid，DNA）和核糖核酸（ribonucleic acid，RNA）两大类。核酸的基本结构单位为核苷酸（nucleotide），由碳、氢、氧、氮、磷 5 种元素组成。将核苷酸进一步分解，可得到核苷（nucleoside）及磷酸。其中核苷可再进一步分解成碱基（base）和戊糖。核酸的结构组成如图 8-1 所示。

组成核苷的戊糖有两类：D-核糖（D-ribose）和 D-2-脱氧核糖（D-2-deoxyribose）。核酸的类别是以戊糖的种类来进行划分，分别称为核糖核酸和脱氧核糖核酸。

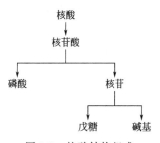

图 8-1 核酸结构组成

8.2.1 碱基

构成核苷酸的碱基分为嘌呤碱（purine base）和嘧啶碱（pyrimidine base）两类。

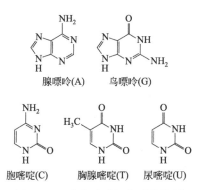

腺嘌呤(A)　鸟嘌呤(G)

胞嘧啶(C)　胸腺嘧啶(T)　尿嘧啶(U)

图 8-2 五种常见碱基分子结构图

嘌呤碱主要有：腺嘌呤（adenine，A）和鸟嘌呤（guanine，G），DNA 和 RNA 中均含有这两种碱基。嘧啶碱主要有：胞嘧啶（cytosine，C）、胸腺嘧啶（thymine，T）和尿嘧啶（uracil，U），其中胞嘧啶存在于 DNA 和 RNA 中，胸腺嘧啶只存在于 DNA 中，尿嘧啶则只存在于 RNA 中。这五种碱基的分子结构如图 8-2 所示。嘌呤环上的 N_9 或嘧啶环上的 N_1 是构成核苷酸时与核糖（或脱氧核糖）形成糖苷键的位置。

此外，核酸分子中还发现数十种修饰碱基（themodifiedcomponent），又称稀有碱基（unusualcomponent)。它是指上述五种碱基环上的某一位置被一些化学基团修饰后（如甲基化、甲硫基化等）的衍生物（图8-3）。一般这些碱基在核酸中的含量稀少，在各种类型核酸中的分布也不均一。DNA 中的修饰碱基主要见于噬菌体 DNA，RNA 中以 tRNA 含修饰碱基最多。

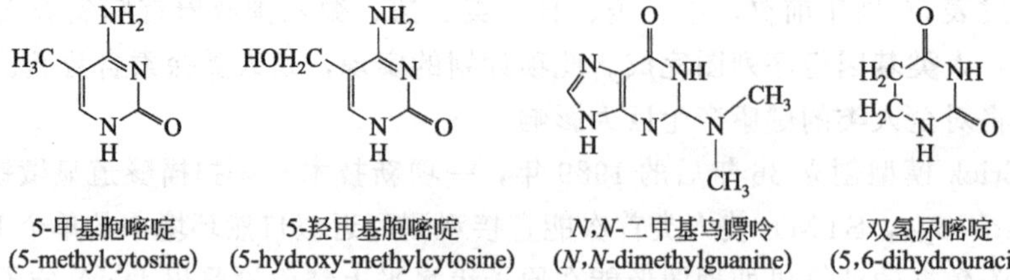

5-甲基胞嘧啶
(5-methylcytosine)

5-羟甲基胞嘧啶
(5-hydroxy-methylcytosine)

N,N-二甲基鸟嘌呤
(N,N-dimethylguanine)

双氢尿嘧啶
(5,6-dihydrouracil)

图 8-3　核酸中的稀有碱基

8.2.2　核苷

核苷是由 D-核糖或 D-2-脱氧核糖与嘌呤或嘧啶通过糖苷键缩合而成的化合物。糖环上的 C_1 与嘧啶碱的 N_1 或嘌呤碱的 N_9 相连。

核苷中的 D-核糖与 D-2-脱氧核糖均为呋喃型环状结构，糖环中的 C_1 为不对称碳原子，因此有 α 及 β 两种构型。而核苷分子中的糖苷键均为 β 型糖苷键。经 X-衍射分析证明，核苷中的碱基与戊糖环平面互相垂直。核酸中的主要核苷有八种，其分子结构及种类如图8-4及表8-1所示。

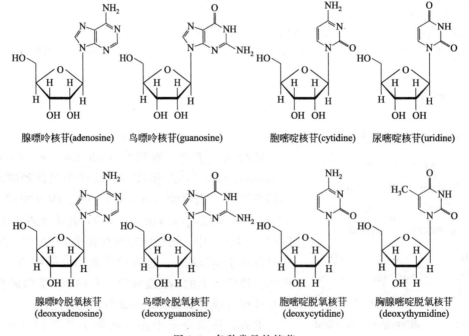

腺嘌呤核苷(adenosine)　　鸟嘌呤核苷(guanosine)　　胞嘧啶核苷(cytidine)　　尿嘧啶核苷(uridine)

腺嘌呤脱氧核苷
(deoxyadenosine)

鸟嘌呤脱氧核苷
(deoxyguanosine)

胞嘧啶脱氧核苷
(deoxycytidine)

胸腺嘧啶脱氧核苷
(deoxythymidine)

图 8-4　各种常见的核苷

表 8-1　主要核苷种类

碱基	核糖核苷	脱氧核糖核苷
腺嘌呤	腺嘌呤核苷(adenosine)	腺嘌呤脱氧核苷(deoxyadenosine)
鸟嘌呤	鸟嘌呤核苷(guanosine)	鸟嘌呤脱氧核苷(deoxyguanosine)
胞嘧啶	胞嘧啶核苷(cytidine)	胞嘧啶脱氧核苷(deoxycytidine)
尿嘧啶	尿嘧啶核苷(uridine)	—
胸腺嘧啶	—	胸腺嘧啶脱氧核苷(deoxythymidine)

8.2.3 核苷酸

核苷酸是指核苷与磷酸残基构成的化合物，即核苷的磷酸酯。核苷酸是核酸分子的结构单元。核酸分子中的磷酸酯键是在戊糖 C-3′ 和 C-5′ 所连的羟基上形成的，故构成核酸的核苷酸可视为 3′-核苷酸或 5′-核苷酸。生物体内存在的游离核苷酸多为 5′-核苷酸。与核苷的种类相对应，DNA 分子中是含有 A、G、C、T 四种碱基的脱氧核苷酸；RNA 分子中则是含 A、G、C、U 四种碱基的核苷酸，其分子结构及种类如图 8-5 及表 8-2 所示。

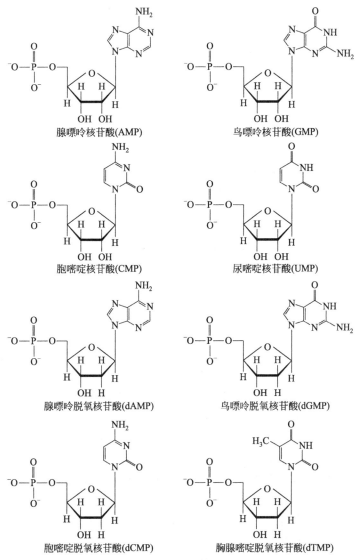

图 8-5　各种常见的核苷酸

表 8-2　主要核苷酸种类

碱基	核糖核苷酸	脱氧核糖核苷酸
腺嘌呤	腺嘌呤核苷酸（adenosine monophosphate，AMP）	腺嘌呤脱氧核苷酸（deoxyadenosine monophosphate，dAMP）
鸟嘌呤	鸟嘌呤核苷酸（guanosine monophosphate，GMP）	鸟嘌呤脱氧核苷酸（deoxyguanosine monophosphate，dGMP）
胞嘧啶	胞嘧啶核苷酸（cytidine monophosphate，CMP）	胞嘧啶脱氧核苷酸（deoxycytidine monophosphate，dCMP）
尿嘧啶	尿嘧啶核苷酸（uridine monophosphate，UMP）	—
胸腺嘧啶	—	胸腺嘧啶脱氧核苷酸（deoxythymidine monophosphate，dTMP）

根据磷酸基团的多少，可将核苷酸分为：一磷酸核苷、二磷酸核苷、三磷酸核苷。表 8-2 中所列出的都为一磷酸核苷。核苷酸在体内除构成核酸外，尚有一些游离核苷酸参与物质代谢、能量代谢与代谢调节。如三磷酸腺苷（ATP）是体内重要能量载体；三磷酸尿苷（UTP）参与糖原的合成；三磷酸胞苷（CTP）参与磷脂的合成；环腺苷酸（cAMP）和环鸟苷酸（cGMP）作为第二信使，在信号传递过程中起重要作用；核苷酸还参与某些生物活性物质的组成，如尼克酰胺腺嘌呤二核苷酸（NAD^+）、尼克酰胺腺嘌呤二核苷酸磷酸（$NADP^+$）和黄素腺嘌呤二核苷酸（FAD）。

8.3　DNA 的结构

8.3.1　DNA 的化学组成

参与 DNA 组成的碱基主要有四种，分别为：腺嘌呤（A）、鸟嘌呤（G）、胞嘧啶（C）和胸腺嘧啶（T），此外，分子中也含有少量稀有碱基。而组成 DNA 的戊糖为脱氧核糖。DNA 及 RNA 的基本化学组成如表 8-3 所示。

表 8-3　DNA 和 RNA 的基本化学组成

类别	DNA	RNA
基本单位	脱氧核糖核苷酸	核糖核苷酸
碱基	腺嘌呤(A)，鸟嘌呤(G) 胞嘧啶(C)，胸腺嘧啶(T)	腺嘌呤(A)，鸟嘌呤(G) 胞嘧啶(C)，尿嘧啶(U)
戊糖	D-2-脱氧核糖	D-核糖
酸	磷酸	磷酸

Chargaff 等在 20 世纪 50 年代应用纸层析及紫外分光光度法对各种生物 DNA 的碱基组成进行了定量测定，发现如下规律。

① 所有 DNA 中腺嘌呤与胸腺嘧啶的物质的量相等，即 A＝T；鸟嘌呤与胞嘧啶的物质的量也相等，即 G＝C。故嘌呤总数与嘧啶总数相等，即 A＋G＝C＋T。

② DNA 的碱基组成具有特异性，即不同生物中的 DNA 具有自己独特的碱基组成，不随其生长、营养及环境条件的改变而改变。

由于规律①的发现，提示了 A 与 T，G 与 C 之间碱基互补的可能性，为以后 DNA 双螺旋结构的建立提供了重要的依据。

目前已明确各种不同生物的 DNA 碱基组成，且每一种均不同于其他种（表 8-4）。

表 8-4　不同生物的 DNA 碱基组成

来源	碱基组成/%			
	G	A	C	T
藤黄八叠球菌	37.1	13.4	37.1	12.4
粪产碱杆菌	33.9	16.5	32.8	16.8
大肠杆菌 K12	24.9	26.0	25.2	23.9
小麦胚	22.7	27.4	22.8①	27.1
牛胸腺	21.5	28.2	22.5①	27.8
人肝脏	19.5	30.3	19.9	30.3
酿酒酵母	18.3	31.7	17.4	32.6
产气荚膜梭状芽孢杆菌	14.0	36.9	12.8	36.3

① 胞嘧啶＋甲基胞嘧啶

8.3.2　DNA 的一级结构

DNA 的一级结构是由数量庞大的四种脱氧核糖核苷酸通过 $3',5'$-磷酸二酯键聚合而成的直线形或环形多聚体。组成 DNA 的脱氧核糖核苷酸主要是腺嘌呤脱氧核苷酸（dAMP）、鸟嘌呤脱氧核苷酸（dGMP）、胞嘧啶脱氧核苷酸（dCMP）和胸腺嘧啶脱氧核苷酸（dTMP）。核酸链具有方向性，有两个末端分别是 $5'$ 末端与 $3'$ 末端。$5'$ 末端含磷酸基团，$3'$ 末端含羟基。核酸链内前一个核苷酸的 $3'$ 羟基和下一个核苷酸的 $5'$ 磷酸形成 $3',5'$-磷酸二酯键，故核酸中的核苷酸被称为核苷酸残基。而由于脱氧核糖中 $C_{2'}$ 上不含有羟基，$C_{1'}$ 又与碱基相连，所以唯一可形成的键是 $3',5'$-磷酸二酯键。因此，DNA 不存在支链。通常将小于 50 个核苷酸残基组成的核酸称为寡核苷酸（oligonucleotide），大于 50 个核苷酸残基的称为多核苷酸（polynucleotide）。

对于一条核苷酸链的简写方式有几种，如图 8-6 所示。图 8-6(a) 为一段核苷酸链的具体分子结构；图 8-6(b) 为线条式缩写。其中竖线表示（脱氧）核糖的碳链，A、C、T、U、G 表示不同的碱基，P 代表磷酸。由 P 引出的斜线一端与 $C_{3'}$ 相连，另一端与 $C_{5'}$ 相连；图 8-6(c) 为字符式缩写。用英文大写字母缩写符号代表碱基，用小写英文字母 P 代表磷酸残基。核酸分子中的糖基、糖苷键和酯键等均省略不写，将碱基和磷酸相间排列即可。有时磷酸也可进一步省略，只在 $5'$ 端写一个即可。

DNA 的分子量非常大，通常一个染色体就是一个 DNA 分子，染色体 DNA 最大可超过 10^8 bp，即分子量超过 1×10^{11}。如此大的分子能够编码的信息量十分巨大，而生物体的遗传信息就贮存于 DNA 的核苷酸序列中。生物界之所以有个体与种群间的差异，主要是由四种核苷酸的不同排列引起的。

8.3.3　DNA 的空间结构

Watson 与 Crick 对 DNA 双螺旋结构及模型（图 8-7）的建立不仅揭示了 DNA 的二级结构，也开创了生命科学研究的新时期。

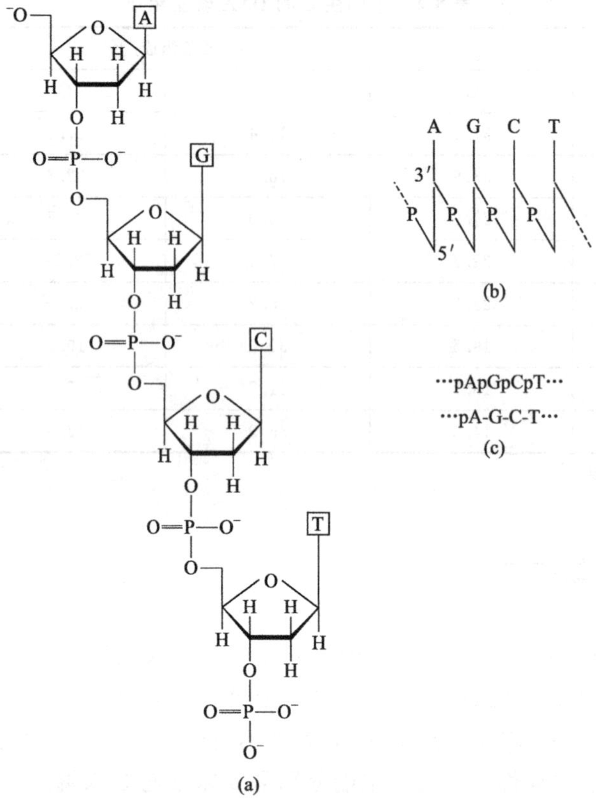

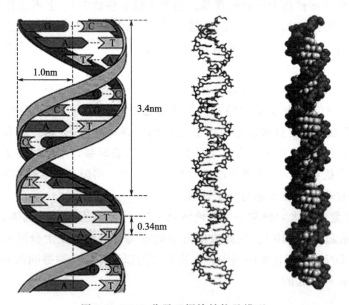

图 8-6　多核苷酸片段及缩写

···pApGpCpT···

···pA-G-C-T···

(c)

图 8-7　DNA 分子双螺旋结构及模型

8.3.3.1　DNA 的二级结构——双螺旋结构

直接测定生物大分子结构的方法是采用 X 射线晶体衍射。但由于 DNA 分子太大，当时的条件还不可能得到 DNA 分子晶体，因此，Watson-Crick 的 DNA 分子模型数据来自在相对湿度为 92％时所得到的 DNA 钠盐纤维，这种 DNA 称为 B 型 DNA（B-DNA）。在相对湿度低于 75％时获得的 DNA 钠盐纤维结构与 B-DNA 不同，称为 A 型 DNA（A-DNA），两者都为右手双螺旋 DNA。还有 C 型、D 型、E 型，同样为右手双螺旋。除此之外，也发现了 Z 型 DNA 的存在，这种 DNA 为左手双螺旋结构。而生物体内自然状态的 DNA 构型几乎都是 B 型 DNA（B-DNA）。

B-DNA 双螺旋结构具有以下五点特征。

① 两条反向平行的多核苷酸链围绕同一中心轴相互缠绕，两条链均为右手螺旋。

② 嘌呤与嘧啶碱位于双螺旋的内侧。脱氧核糖和磷酸间隔相连而成的亲水骨架在螺旋分子的外侧，而疏水的碱基对则在螺旋分子内部，碱基平面与螺旋轴垂直。多核苷酸链的方向取决于核苷酸间磷酸二酯键的走向。一般以 $C_{3'} \rightarrow C_{5'}$ 为正向（图 8-8）。两条链均为右手螺旋。双螺旋的表面存在一个大沟和一个小沟。大沟宽 1.2nm，深 0.85nm；而小沟宽 0.6nm，深 0.75nm。蛋白质分子通过这两个沟与碱基相识别。

③ 双螺旋的平均直径为 2nm，相邻的碱基对之间相距的高度，即碱基堆积距离为 0.34nm，并有一个 36°的夹角，这样，螺旋沿中心轴旋转一周正好为 10 个碱基对，螺距为 3.4nm。

④ 两条 DNA 链依靠彼此碱基之间形成的氢键而结合在一起。根据碱基结构特征，只能形成嘌呤与嘧啶配对，即 A 与 T 相配对，形成 2 个氢键；G 与 C 相配对，形成 3 个氢键。因此 G 与 C 之间的连接较为稳定（图 8-8）。这就被称为碱基互补原则（base complementary）。当一条多核苷酸链的序列被确定后，即可推知另一条互补链的序列。碱基互补原则具有很重要的生物学意义。DNA 的复制、转录、反转录等过程的进行都依赖于碱基互补原则。

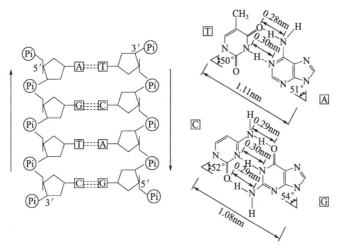

图 8-8 DNA 中碱基互补配对

⑤ DNA 双螺旋结构比较稳定。维持这种稳定性主要靠碱基对之间的氢键以及碱基的堆集力（base stacking force）。

A-DNA 也是由反向的两条多核苷酸链组成的双螺旋，但与 B-DNA 不同在于螺体宽而短，碱基对与中心轴的夹角也不同。Z 型 DNA（Z-DNA）是 1979 年 Rich 等在研究人工合成的 CGCGCG 的晶体结构时发现的。Z-DNA 的特点是两条反向平行的多核苷酸互补链组成的螺旋呈锯齿形，其表面只有一条深沟，每旋转一周是 12 个碱基对。研究表明在生物体内的 DNA 分子中确实存在 Z-DNA 区域，其功能可能与基因表达的调控有关。图 8-9 及表 8-5 分别对三种 DNA 分子的构型及主要特性进行了比较。

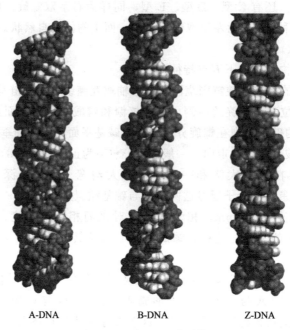

A-DNA   B-DNA   Z-DNA

图 8-9   三种 DNA 分子模型

表 8-5   A 型、B 型和 Z 型 DNA 主要特性的比较

项　　目	螺旋类型		
	A	B	Z
外形	粗短	适中	细长
碱基对间距离/nm	0.23	0.34	0.38
螺旋直径/nm	2.55	2.37	1.84
螺旋方向	右手	右手	左手
糖苷键构型	反式	反式	C、T 反式，G 顺式
每匝螺旋碱基对数目	11	10.4	12
螺距/nm	2.46	3.32	4.56
碱基与中心轴间夹角/(°)	19	1	9
大沟	狭,很深	很宽,较深	平坦
小沟	很宽,浅	狭,深	较狭、很深

　　1957 年，Felsenfeld 等首次在人工合成的寡核苷酸中发现了由两条多聚尿苷酸和一条多聚腺苷酸组成的三链复合物；K. Hoogsteen 于 1963 年提出了 DNA 三股螺旋结构的概念，但当时并未在天然核酸中发现这种结构。直到 1987 年，Mirkin 等在质粒的酸性溶液中发现了分子内的三股螺旋 DNA，将此种构型的 DNA 称为 H-DNA。它是双螺旋 DNA 分子中一条链的某一节段，通过链的折叠与同一分子中 DNA 嘌呤嘧啶双螺旋（其中一条链只有嘌呤 AG，另一条链只有嘧啶 CT）节段结合而形成的（图 8-10）。DNA 形成一种分子间的三股螺旋 DNA，从而可在转录水平上阻止基因的转录，这就是反基因策略，或称反基因技术。

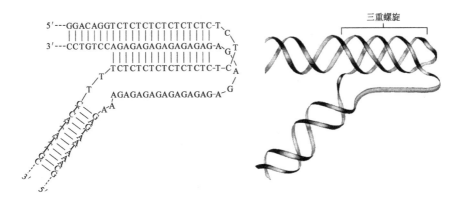

图 8-10　H-DNA 结构

8.3.3.2　DNA 的三级结构——超螺旋结构

DNA 三级结构是指 DNA 链进一步扭曲盘旋形成超螺旋结构，包括不同二级结构单元间的相互作用、单链与二级结构单元间的相互作用以及 DNA 的拓扑特征。

生物体内有些 DNA 是以双链环状 DNA 形式存在，如有些病毒 DNA，某些噬菌体 DNA，细菌染色体与细菌中质粒 DNA，真核细胞中的线粒体 DNA、叶绿体 DNA 都是环状的。20 世纪 60 年代，J. Vinograd 在环形 DNA 的研究上有很大贡献。环状 DNA 分子可以是共价闭合环，即环上没有缺口，也可以是缺口环，环上有一个或多个缺口。在 DNA 双螺旋结构基础上，共价闭合环 DNA（covalently close circle DNA）可以进一步扭曲形成超螺旋 DNA（superhelix DNA）。根据螺旋的方向可分为正超螺旋和负超螺旋。当两股以右旋方向缠绕的螺旋，在外力往紧缠的方向捻转时，会产生一个左旋的超螺旋，以解除外力捻转造成的胁变。这样形成的螺旋为正超螺旋。反之称为负超螺旋。正超螺旋使双螺旋结构更紧密，双螺旋圈数增加，而负超螺旋可以减少双螺旋的圈数。几乎所有天然 DNA 中都存在负超螺旋结构。

从能力学的观点来说，超螺旋 DNA 更易形成。超螺旋 DNA 具有更为致密的结构，可以将很长的 DNA 分子压缩在一个极小的体积内。在生物体内，绝大多数 DNA 都以超螺旋的形式存在的。由于超螺旋 DNA 有较大的密度，在离心场中移动较线型或开环 DNA 要快，在凝胶电泳中泳动的速度也较快。应用超速离心及凝胶电泳可以很容易地将不同构象的 DNA 分离开来。

应用拓扑学（topology）原理可以加深对 DNA 超螺旋构象的了解。拓扑学是数学的一个分支，专门研究物体变形后仍然保留下来的结构特性。以一段由 260 碱基对组成的线型 B-DNA 为例，图 8-11(a) 中为一段长 260 碱基对的 B-DNA。这段 DNA 的螺周数应为 25（260/10.4＝25）。当将此线型 DNA 连接成环状时，此环状 DNA 称为松弛型 DNA（relaxed DNA）[图 8-11(b)]。但是将上述线型 DNA 的螺旋先拧松两周再连接成环状时，可以形成两种环状 DNA。一种称解链环状 DNA（unwounded circle DNA）[图 8-11(c)]，它的螺周数为 23，还含有一个解链后形成的突环；另一种环状 DNA 称超螺旋 DNA（superhelix DNA）[图 8-11(d)]，它的螺周数仍为 25，但同时具有两个螺旋套螺旋，即超螺旋。

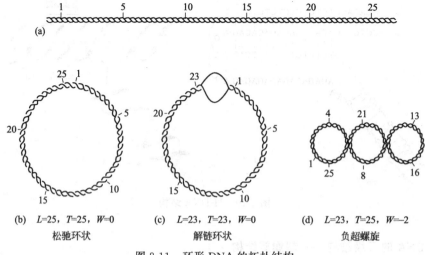

图 8-11　环形 DNA 的拓扑结构

环状 DNA 有一些重要的拓扑学特性。

① 连环数（linking number）。这是环状 DNA 的一个很重要的特性。连环数指的是：在双螺旋 DNA 中，一条链以右手螺旋绕另一条链缠绕的次数，以字母 L 表示。在上述松弛环状 DNA 中，$L=25$，在解链环状分子中及超螺旋分子中 L 值皆为 23。这三种环状 DNA 分子具有相同的结构，但 L 值不同，所以称它们为拓扑异构体（topoisomer）。拓扑异构酶可以催化拓扑异构体之间的转换。

② 扭转数（twisting number）。指 DNA 分子中的 Watson-Crick 螺旋数，以 T 表示。上述解链环状与超螺旋 DNA 虽都具有相同的 L 值，但它们却具有不同的 T 值。前者 $T=23$，后者 $T=25$。

③ 超螺旋数（number of turns of superhelix）。也称缠绕数（writhing number），以 W 表示。上述解链环状和超螺旋 DNA 的 W 值也是不同的，前者为 0，后者为 -2。

L、T、W 三者之间的关系为：$L=T+W$

T 与 W 值可以是小数，但 L 值必须是整数。L 值相同的 DNA 之间可以不经链的断裂而互相转变。

拓扑异构体之间的 L 值相差为 1 时，即可以用琼脂糖凝胶电泳将它们分开。

④ 比连环差（specific linking difference）。表示 DNA 的超螺旋程度，用 λ 表示。

$$\lambda=(L-L_0)/L_0$$

式中，L_0 指松弛环形 DNA 的 L 值。天然 DNA 的超螺旋密度一般在 $-0.03\sim-0.09$ 之间。负号代表超螺旋为左手螺旋。

8.3.3.3　DNA 的四级结构——DNA 与蛋白质形成复合物

在真核生物中，其基因组 DNA 要比原核生物大得多，如原核生物大肠杆菌的 DNA 约为 4.7×10^3 kb，而人的基因组 DNA 约为 3×10^6 kb，因此真核生物基因组 DNA 通常与蛋白质结合，在有丝分裂期可以经过多层次反复折叠，压缩近 8000～10000 倍后，以染色体形式存在于平均直径为 $5\mu m$ 的细胞核中（图 8-12）。线性双螺旋 DNA 折叠的第一层次是形成核小体（nucleosome）。犹如一串念珠，核小体由直径为 11nm×5.5nm 的组蛋白核心和盘绕在核心上的 DNA 构成。核心由组蛋白 H2A、H2B、H3 和 H4 各 2 分子组成，称为八聚体；146 bp 长的 DNA 以左手螺旋盘绕在组蛋白的核心 1.75 圈，形成核小体的核心颗粒，各核心颗粒间有一个连接区，约由 60 bp 双螺旋 DNA 和 1 个分子组蛋白 H1 构成。平均每个核小体重复单位约占 DNA 200 bp。DNA 组装成核小体其长度约缩短为 1/7。在此基础上核小体又进一步盘绕折叠，最后形成染色体。

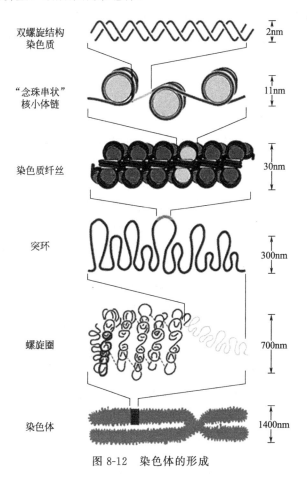

图 8-12　染色体的形成

8.4　DNA 与基因组

8.4.1　基因的概念

基因（gene）在现代分子生物学上是指具有特定生理功能的染色体上包含遗传信息的一段 DNA 片段。通过基因的表达，能够使上一代的性状准确地在下一代中表现出来。一个基因通常包括编码蛋白质多肽链或 RNA 的编码序列，保证转录和加工所必需的调控序列和 5′端、3′端非编码序列。另外在真核生物基因中还有内含子等核酸序列。

人们对基因的认识是不断发展的。19 世纪 60 年代，遗传学家孟德尔就提出了生物的性状是由遗传因子控制的观点，但这仅仅是一种逻辑推理的产物。到了 20 世纪初期，遗传学家摩尔根通过果蝇的遗传实验，认识到基因存在于染色体上，并且在染色体上呈线性排列，从而得出了染色体是基因载体的结论。

20 世纪 50 年代以后，随着分子遗传学的发展，尤其是 Watson 和 Crick 提出双螺旋结构以后，人们才真正认识了基因的本质，即基因是具有遗传效应的 DNA 片断。研究结果还表明，每条染色体只含有 1～2 个 DNA 分子，每个 DNA 分子上有多个基因，每个基因含有成百上千个脱氧核苷酸。由于不同基因的脱氧核苷酸的排列顺序（碱基序列）不同，因此，不同的基因就含有不同的遗传信息。1994 年中科院曾邦哲提出了系统遗传学概念与原理，探讨"猫之为猫、虎之为虎"的基因逻辑与语言，提出基因之间相互关系与基因组逻辑结构及其程序化表达的发生研究。

8.4.2 基因的特点

基因有两个特点：一是能忠实地复制自己，以保持生物的基本特征；二是基因能够"突变"。绝大多数突变会导致疾病，但另外一小部分属于非致病突变。非致病突变给自然选择带来了原始材料，使生物可以在自然选择中被选择出最适合自然的个体。

含特定遗传信息的核苷酸序列，是遗传物质的最小功能单位。除某些病毒的基因由核糖核酸（RNA）构成以外，多数生物的基因由脱氧核糖核酸（DNA）构成，并在染色体上作线状排列。基因一词通常指染色体基因。在真核生物中，由于染色体都在细胞核内，所以又称为核基因。位于线粒体和叶绿体等细胞器中的基因则称为染色体外基因、核外基因或细胞质基因，也可以分别称为线粒体基因、质粒和叶绿体基因。

早在 1913 年，A. H. Sturtevant 已在果蝇中证明了基因在染色体上作线状排列，20 世纪 50 年代对基因精细结构和顺反位置效应等研究的结果也说明基因在染色体上是一个接着一个排列而并不重叠。但是 1977 年，F. Sanger 在测定噬菌体 φ×174 的 DNA 的全部核苷酸序列时，却意外地发现基因 D 中包含着基因 E。基因 E 的第一个密码子从基因 D 中央的一个密码子 TAT 的中间开始。因此，两个部分重叠的基因所编码的两个蛋白质非但大小不等，而且氨基酸也不相同。在某些真核生物病毒中也发现有重叠基因。

1977 年也发现了断裂基因，它是内部包含一段或几段最后不出现在成熟的 mRNA 中的片段的基因。这些不出现在成熟的 mRNA 中的片段称为内含子，出现在成熟的 mRNA 中的片段则称为外显子。在几种哺乳动物的核基因、酵母菌的线粒体基因以及某些感染真核生物的病毒中都发现了断裂的基因。

8.4.3 基因组

基因组（genome）是指一个细胞或病毒所有基因及间隔序列，储存了一个物种所有的遗传信息。在病毒中通常是一个核酸分子的碱基序列，单细胞原核生物是它仅有的一条染色体的碱基序列，而多细胞真核生物是一个单倍体细胞内所有的染色体。如人单倍体细胞的23 条染色体的碱基序列。多细胞真核生物起源于同一个受精卵，其每个体细胞的基因组都是相同的。

迄今为止，已经测定基因组序列的生物有近百种之多，包括病毒、大肠杆菌、酵母、果蝇、拟南芥、玉米、水稻及人类自身。病毒基因组较小，但十分紧凑，有些重叠基因。细菌的基因是连续的，无内含子，功能相关的基因组成操纵子，有共同的调节和控制序列，调控序列所占比例较小，很少有重复序列。真核生物的基因是断裂的，有内含子，调控序列所占比例大，有大量重复序列。重复序列可分为低拷贝重复，中等程度重复和高度重复，回文结构也即反向重复。越是高等的真核生物其调控序列和重复序划的比例越大。

人类基因组的大小为 3.2×10^9 bp，其中 2.95×10^9 bp 为常染色质。真正用于编码蛋白质的序列仅占基因组的 1.1% 到 1.4%。这就是说，只有 28% 的序列能转录成 RNA，其中 5% 是编码蛋白质的序列。基因组中超过一半是各种类型的重复序列，其中 45% 为各种寄生的 DNA（包括转座子和逆转座子等），3% 为少数碱基的高度重复序列，5% 为近期进化中倍增的 DNA 片段。编码蛋白质的基因大约为 25000 个。与人类基因组相比，酵母细胞的编码基因为 6000 个，果蝇为 13000 个，蠕虫为 18000 个，而一些植物的编码基因数甚至超过 26000 个。

8.5 RNA 的结构与功能

8.5.1 RNA 的类型

生物体中的 RNA 主要有三类：转运 RNA（transfer RNA，tRNA）、核糖体 RNA（ribosomal RNA，rRNA）和信使 RNA（messenger RNA，mRNA）。真核细胞中还含有少量核内小 RNA（small nuclear RNA，snRNA）。表 8-6 中列出了大肠杆菌中三类 RNA 的主要特征。无论是原核生物或是真核生物都有这三类 RNA，两者 tRNA 的大小和结构基本相同，rRNA 和 mRNA 却有明显的差异。原核生物核糖体小亚基含 16 S rRNA，大亚基含 5 S rRNA 和 23 S rRNA；高等真核生物核糖体小亚基含 18 S rRNA，大亚基含 5 S、5.8 S 和 28 S rRNA，低等真核生物的小亚基含 17 S rRNA，大亚基含 5 S、5.8 S 和 26 S rRNA。其中 S 为大分子物质在超速离心沉降中的一个物理学单位，可间接反应分子量的大小。原核生物的 mRNA 结构简单，由于功能相近的基因组成操纵子作为一个转录单位，产生多顺反子 mRNA（polycistronic mRNA）。真核生物 mRNA 结构复杂，有 $5'$ 端帽子，$3'$ polyA 尾巴，以及非翻译区调控序列，但功能相关的基因不形成操纵子，不产生多顺反子 mRNA。真核生物细胞器有自身的 tRNA、rRNA 和 mRNA。

表 8-6　大肠杆菌中的 RNA 类型及特征

RNA 类型	相对含量/%	沉降系数/S	分子质量/kDa	分子长度(核苷酸个数)
rRNA	80	23	1.2×10^3	3700
		16	0.55×10^3	1700
		5	3.6×10^1	120
tRNA	15	4	2.5×10^1	75
mRNA	5	—	变化范围很大	—

8.5.2 RNA 的一级结构

RNA 也是无分支的线性多聚核苷酸，主要由腺嘌呤核糖核苷酸、鸟嘌呤核糖核苷酸、胞嘧啶核糖核苷酸和尿嘧啶核糖核苷酸组成。这四种核糖核苷酸中的戊糖为核糖，也包括了

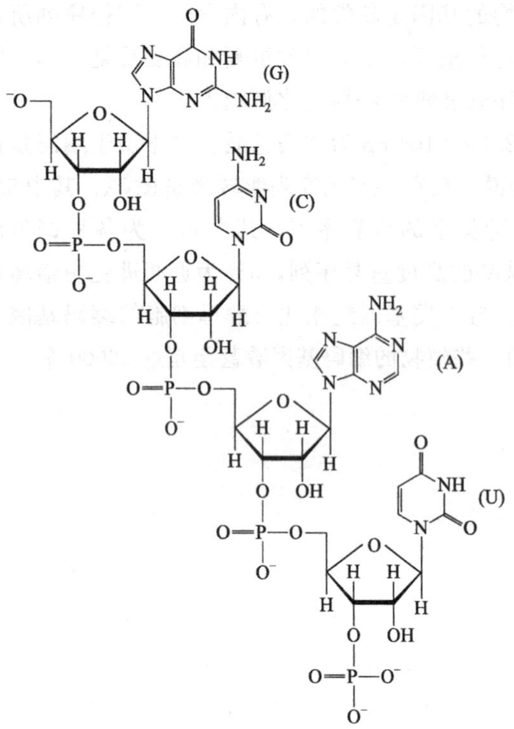

一些稀有碱基。RNA 的一级结构是指多聚核糖核苷酸链中核糖核苷酸的排列顺序，其核苷酸残基数目在数十至数千之间，分子量一般在数百至数百万之间。图 8-13 代表 RNA 分子中的一小段结构。

组成 RNA 的核苷酸也是以 $3',5'$-磷酸二酯键链接起来的。尽管 RNA 分子中核糖 $C_{2'}$ 上有一羟基，但并不形成 $2',5'$-磷酸二酯键。用牛脾磷酸二酯键酶降解天然 RNA 时，降解产物中只有 $3'$-核苷酸，并无 $2'$-核苷酸。这一实验证实了 RNA 结构中无 $2',5'$-磷酸二酯键的存在。

图 8-13　RNA 分子中的一小段结构

8.5.3　RNA 的高级结构

生物体内的 RNA 一般都是以 DNA 为模板合成的。某些 RNA 病毒中，RNA 复制酶也可以催化以 RNA 为模板的 RNA 合成。天然 RNA 不像 DNA 那样都是双螺旋结构，而是单链线性分子，只有局部区域为双螺旋结构。但主要是由于 RNA 单链分子通过自身回折使互补碱基对相遇，形成氢键而成，同时形成双螺旋结构。不能配对的区域形成突环（loop），被排斥在双螺旋结构之外（图 8-14）。这种短的双螺旋区域和环状突起称为发夹结

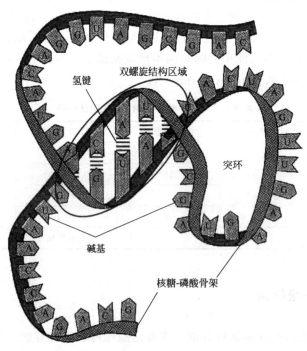

图 8-14　RNA 分子自身回折形成的双螺旋区域

构。RNA 中的双螺旋结构类似于 A-DNA，每一段双螺旋区需要至少 4～6 个碱基对才能保持稳定。一般这种结构占 RNA 分子的 50%。RNA 在二级结构的基础上进一步弯曲折叠就形成各自特有的三级结构。除了 tRNA 外，几乎全部细胞中的 RNA 都与蛋白质形成核蛋白复合物（四级结构）。

RNA 复合物承担着重要的细胞功能，如核糖体（ribosome）、信息体（informosome）、信号识别颗粒（signal recognition particle，SRP）、拼接体（spliceosome）、编辑体（editosome）等。RNA 病毒是具有感染性的 RNA 复合物。

8.5.3.1 tRNA 的高级结构

tRNA 含 70～100 个核苷酸残基，是分子量最小的 RNA，占 RNA 总量的 16%，现已发现有 100 多种。tRNA 的主要生物学功能是转运活化了的氨基酸，参与蛋白质的生物合成，在 DNA 反转录合成中及其他代谢和基因表达调节中也起重要的作用。

各种 tRNA 的一级结构互不相同，但它们的二级结构都呈三叶草形 [图 8-15(a)]。由于其双螺旋结构所占比例较大，故 tRNA 的二级结构非常稳定。这种三叶草形结构的主要特征是含有四个螺旋区、三个环和一个附加叉。

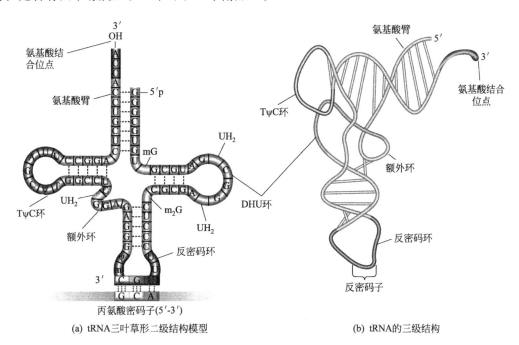

(a) tRNA 三叶草形二级结构模型   (b) tRNA 的三级结构

图 8-15 tRNA 的高级结构及模型

① 氨基酸臂（amino acid arm） 含有 3′末端的螺旋区称为氨基酸臂，由 7 对碱基组成，富含鸟嘌呤。此臂的 3′-末端都是 C-C-A-OH 序列，可与氨基酸连接。

② 二氢尿嘧啶环（dihydrouridine loop，DHU 环） 由 8～12 个核苷酸组成，具有两个二氢尿嘧啶，通过 3～4 对碱基组成双螺旋区，也称二氢尿嘧啶臂。

③ 反密码环（anticodon loop） 由 7 个核苷酸组成，顶端含有由三个碱基组成的反密码子，称为反密码环；次黄嘌呤核苷酸（肌苷酸，缩写为 I）常出现于反密码子中。反密码子可识别 mRNA 分子上的密码子，在蛋白质生物合成中起重要的翻译作用。反密码环通过 5

对碱基组成双螺旋区，为反密码臂。

④ 额外环（extra loop） 由 3～18 个核苷酸组成，往往富含稀有碱基。不同的 tRNA 具有不同大小的额外环，也是 tRNA 分类的重要指标。

⑤ TψC 环（TψC loop） 由 7 个核苷酸组成，因含有胸苷（T）、假尿苷（ψ）及胞苷（C）而得名，此环通过 5 对碱基组成双螺旋区，为 TψC 臂。TψC 环可能与结合核糖体有关。

tRNA 在二级结构的基础上进一步折叠成三级结构。20 世纪 70 年代初，Kim（1973）及 Robertus（1974）用 X 光衍射技术分析发现 tRNA 的三级结构为倒 L 形 ［图 8-15（b）］。tRNA 三级结构的特点是氨基酸臂与 TψC 臂构成 L 的一横，—CCAOH3′末端就在这一横的端点上，是结合氨基酸的部位，而二氢尿嘧啶臂与反密码臂及反密码环共同构成 L 的一竖，反密码环在一竖的端点上，能与 mRNA 上对应的密码子识别，二氢尿嘧啶环与 TψC 环在 L 的拐角上。形成三级结构的很多氢键与 tRNA 中不变的核苷酸密切有关，这就使得各种 tRNA 三级结构都呈倒 L 形。在 tRNA 中碱基堆积力是稳定 tRNA 构型的主要因素。

tRNA 的生物学功能与其三级结构有密切的关系。目前认为，氨酰 tRNA 合成酶是结合于倒 L 形的侧臂上的。tRNA 被甲基化修饰时，加甲基的部位也可能与其三级结构有关，并增加了 tRNA 的识别功能。tRNA 分子中稀有碱基的数量是所有核酸分子中比例最高的，这些稀有碱基的来源是转录之后经过加工修饰形成的。

8.5.3.2 mRNA 的高级结构

mRNA 是以 DNA 为模板合成的，而 mRNA 又是蛋白质合成的模板。每一种多肽都有一种特定的 mRNA 负责编码，所以细胞内 mRNA 的种类很多。但每一种 mRNA 的含量又很低。原核生物中 mRNA 转录后一般不需加工，直接进行蛋白质翻译。mRNA 转录和翻译不仅发生在同一细胞空间，而且这两个过程几乎是同时进行的。真核细胞成熟 mRNA 是由其前体核内不均一 RNA（heterogeneous nuclear RNA，hnRNA）剪接并经修饰后才能进入细胞质中参与蛋白质合成。所以真核细胞 mRNA 的合成和表达发生在不同的空间和时间。

（1）原核生物 mRNA 结构特点 原核生物的 mRNA 结构简单，往往含有几个功能上相关的蛋白质的编码序列，可翻译出几种蛋白质，为多顺反子。在原核生物 mRNA 中编码序列之间有间隔序列，可能与核糖体的识别和结合有关。在 5′端与 3′端有与翻译起始和终止有关的非编码序列，原核生物 mRNA 中没有修饰碱基，5′端没有帽子结构，3′端没有多聚腺苷酸的尾巴（polyadenylate tail，polyA 尾巴）。原核生物的 mRNA 的半衰期比真核生物的要短得多，现在一般认为，转录后 1min，mRNA 降解就开始。

（2）真核生物 mRNA 结构特点 真核生物 mRNA 为单顺反子结构，即一个 mRNA 分子只包含一条多肽链的信息。在真核生物成熟的 mRNA 中 5′端有 $m^7G5′ppp5′Np$ 的帽子结构，称为 5′-帽子（cap），5′末端的鸟嘌呤 N_7 被甲基化（图 8-16）。帽子结构可保护 mRNA 不被核酸外切酶水解，并且能与帽结合蛋白结合，然后识别核糖体并与之结合，与翻译起始有关。3′端有一段长度为 20～250 个腺苷酸的 polyA 尾巴，是在转录后经 polyA 聚合酶的作用添加上去的，其功能可能与 mRNA 的稳定性有关，少数成熟 mRNA 没有 polyA 尾巴，如组蛋白 mRNA，它们的半衰期通常较短。

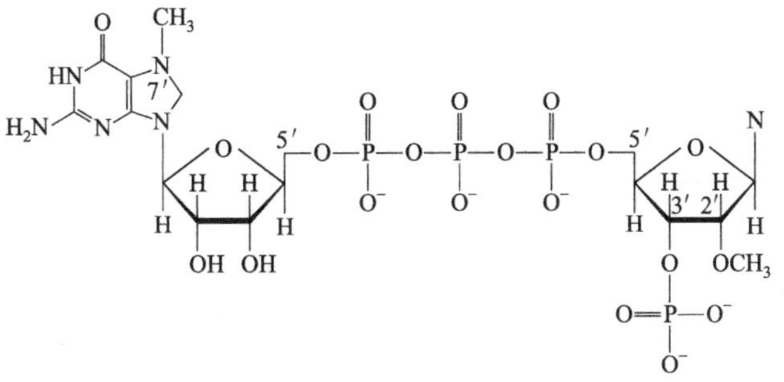

图 8-16 mRNA 的 5′-帽子结构

8.5.3.3 rRNA 的高级结构

蛋白质的生物合成是细胞代谢中最复杂、最核心的过程，涉及 200 多种生物大分子。而由于核糖体是蛋白质合成的工厂，因此其结构一直备受关注。rRNA 占细胞总 RNA 的 80% 左右，rRNA 分子为单链，局部有双螺旋区域，具有复杂的空间结构，原核生物主要的 rRNA 有三种，即 5S、16S 和 23S rRNA，如大肠杆菌的这三种 rRNA 分别由 120、1542 和 2904 个核苷酸组成。真核生物则有 4 种，即 5S、5.8S、18S 和 28S rRNA，如小鼠，它们相应含 121、158、1874 和 4718 个核苷酸。rRNA 分子作为骨架与多种核糖体蛋白（ribosomal protein）装配成核糖体。

所有生物体的核糖体都由大小不同的两个亚基所组成，原核生物与真核生物核糖体组成如图 8-17 所示。原核生物核糖体为 70S，由 50S 和 30S 两个大小亚基组成。30S 小亚基含 16S 的 rRNA 和 21 种蛋白质，50S 大亚基含 23S 和 5S 两种 rRNA 及 31 种蛋白质。真核生物核糖体为 80S，是由 60S 和 40S 两个大小亚基组成。40S 的小亚基含 18S rRNA 及 33 种蛋

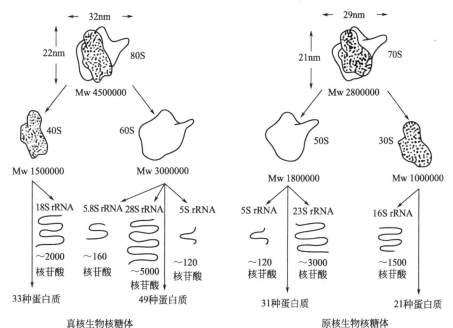

图 8-17　原核生物与真核生物核糖体组成

白质，60S 大亚基则由 28S、5.8S 和 5S 3 种 rRNA 及 49 种蛋白质组成。以大肠杆菌和小鼠肝为例，各亚基所含 rRNA 和蛋白质的种类和数目如表 8-7 所示。图 8-18 为大肠杆菌 16S rRNA 的二级结构和三级结构。

表 8-7　核糖体中包含的 rRNA 和蛋白质

来源	亚基	rRNA 种类	蛋白质种类数
原核生物(大肠杆菌)	大亚基(50S)	5S、23S	31
	小亚基(30S)	16S	21
真核生物(小鼠肝)	大亚基(60S)	5S、5.8S、28S	49
	小亚基(40S)	18S	33

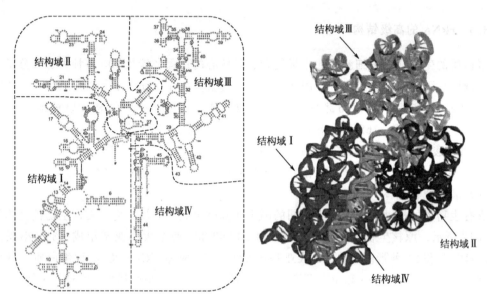

图 8-18　大肠杆菌 16S rRNA 的二级结构和三级结构

过去认为，大亚基的蛋白质具有酶的活性，促使肽键形成，故称为转肽酶（peptidyl transferase）。直到 20 世纪 90 年代初，H. F. Noller 等才证明核糖体是一种核酶，从而根本改变了传统的观点。它催化肽链合成的是 rRNA，蛋白质只是起稳定 rRNA 构象的辅助作用。

8.5.3.4　其他 RNA 分子的高级结构

20 世纪 80 年代以后由于新技术不断产生，人们发现 RNA 有许多新的功能和新的 RNA 基因。细胞核内小分子 RNA（small nuclear RNA，snRNA）是细胞核内核蛋白颗粒（small nuclear ribonucleoprotein particles，snRNPs）的组成成分，参与 mRNA 前体的剪接以及成熟的 mRNA 由核内向胞浆中转运的过程。核仁小分子 RNA（small nucleolar RNA，snoRNA）是一类新的核酸调控分子，参与 rRNA 前体的加工以及核糖体亚基的装配。胞质小分子 RNA（small cytosol RNA，scRNA）的种类很多，其中 7S LRNA 与蛋白质一起组成信号识别颗粒（signal recognition particle，SRP），SRP 参与分泌性蛋白质的合成，反义 RNA（antisense RNA）由于可以与特异的 mRNA 序列互补配对，阻断 mRNA 翻译，能调节基因表达。核酶是具有催化活性的 RNA 分子或 RNA 片段，目前在医学研究中已设计了针对病毒的致病基因 mRNA 的核酶，抑制其蛋白质的生物合成，为基因治疗开辟新的途径，核酶的发现也推动了生物起源的研究。微 RNA（micro RNA，miRNA）是一种具有茎环结构的非编码 RNA，长度一般为 20～24 个核苷酸，在 mRNA 翻译过程中起到开关作用，它可以与靶 mRNA 结合，产生转录后基因沉默作用（post-transcriptional gene silencing，PTGS），在一定条件下能释放，这样 mRNA 又能翻译蛋白质，由于 miRNA 的表达具有阶段特异性和组织特异性，它们在基因表达调控和控制个体发育中起重要作用。

8.5.4 RNA 组

随着基因组研究不断深入，蛋白组学研究逐渐展开，RNA 的研究也取得了突破性的进展，发现了许多新的 RNA 分子，人们逐渐认识到 DNA 是携带遗传信息分子，蛋白质是执行生物学功能分子，而 RNA 既是信息分子，又是功能分子。人类基因组研究结果表明，在人类基因组中有 30000～40000 个基因，其中与蛋白质生物合成有关的基因只占整个基因组的 2%，对不编码蛋白质的 98% 的基因的功能有待进一步研究。因此，20 世纪末科学家在提出蛋白质组学后，又提出 RNA 组学。RNA 组学研究细胞的全部 RNA 基因和 RNA 的分子结构与功能。目前 RNA 组的研究尚处在初级阶段，RNA 组的研究将在探索生命奥秘中做出巨大贡献。

8.6 核酸的性质

8.6.1 核酸的化学和物理性质

8.6.1.1 核酸的化学性质

（1）酸效应 在强酸和高温下，核酸完全水解为碱基、核糖或脱氧核糖和磷酸。在浓度略稀的无机酸中，最易水解的化学键被选择性地断裂，一般为连接嘌呤和核糖的糖苷键，从而产生脱嘌呤核酸。如 DNA 在 pH 2.8，100℃下加热 1h，可完全除去嘌呤碱。

（2）碱效应 对于 DNA 而言，当 pH 超出生理范围（pH 7～8）时，对 DNA 结构将产生更为微妙的影响。碱效应使碱基的互变异构态发生变化。这种变化影响到特定碱基间的氢键作用，结果导致 DNA 双链的解离，称为 DNA 的变性。

对于 RNA 而言，pH 较高时，同样的变性发生在 RNA 的螺旋区域中，但通常被 RNA 的碱性水解所掩盖。这是因为 RNA 存在的 $2'$-OH 参与到对磷酸酯键中磷酸分子的分子内攻击，从而导致 RNA 的断裂。

（3）化学变性 一些化学物质能够使 DNA 或者 RNA 在中性 pH 条件下变性。由堆积的疏水键形成的核酸二级结构在能量上的稳定性被削弱，则核酸变性。

8.6.1.2 核酸的物理性质

（1）黏性 DNA 的高轴比等性质使得其水溶液具有高黏性，很长的 DNA 分子又易于被机械力或超声波损伤，同时黏度下降。

（2）浮力密度 可根据 DNA 的密度对其进行纯化和分析。在高浓度的盐溶液（CsCl）

中，DNA 具有与溶液大致相同的密度，将溶液高速离心，则 CsCl 趋于沉降于底部，从而建立密度梯度，而 DNA 最终沉降于其浮力密度相应的位置，形成狭带，这种技术称为平衡密度梯度离心或等密度梯度离心。

8.6.1.3 核酸的光谱学性质

（1）减色性 发生变性的 DNA 复性形成双螺旋结构后，其 260nm 紫外吸收会降低，这种现象叫减色效应（hypochromic effect）。反之，由于 DNA 变性引起的光吸收增加称为增色效应（hyperchromic effect），也就是变性后 DNA 溶液的紫外吸收作用增强的效应。dsDNA（双链 DNA）相对于 ssDNA（单链 DNA）是减色的，而 ssDNA 相对于 dsDNA 是增色的。

（2）核酸纯度 核酸类物质都具有共轭双键系统，能吸收紫外光。DNA 和 RNA 的紫外吸收高峰在 260nm 波长处。同时，蛋白质和核苷酸等也有紫外吸收，通常蛋白质的吸收高峰在 280nm 波长处，而在 260nm 处吸收值仅为核酸的 1/10 或更低。因此，RNA 的 260nm 与 280nm 吸收比值在 2.0 以上，DNA 的 260nm 和 280nm 吸收比值在 1.9 左右，当样品中蛋白质含量较高时，比值下降。

8.6.1.4 核酸的热力学性质

（1）热变性 dsDNA 与 RNA 的热力学表现不同，随着温度的升高 RNA 中双链部分的碱基堆积会逐渐地减少，其吸光值也逐渐不规则地增大。较短的碱基配对区域具有更高的热力学活性，因而与较长的区域相比变性快。而 dsDNA 热变性是一个协同过程。分子末端以及内部更为活跃的富含 A-T 的区域的变性将会使其附近的螺旋变得不稳定，从而导致整个分子结构在解链温度下共同变性。

（2）复性 DNA 的热变性可通过冷却溶液的方法复原。不同核酸链之间的互补部分的复性称为杂交。

8.6.2 核酸的水解

DNA 和 RNA 中的糖苷键与磷酸酯键都能用化学法和酶法水解。在很低 pH 条件下，DNA 和 RNA 都会发生磷酸二酯键水解，且碱基和核糖之间的糖苷键更易被水解，其中嘌呤碱的糖苷键比嘧啶碱的糖苷键对酸更不稳定。在高 pH 时，RNA 的磷酸酯键易被水解，而 DNA 的磷酸酯键不易被水解。

8.6.3 核酸的变性、复性和杂交

8.6.3.1 变性

在一定理化因素作用下，核酸双螺旋等空间结构中碱基之间的氢键断裂，变成单链的现象称为变性（denaturation）。引起核酸变性的常见理化因素有加热、酸、碱、尿素和甲酰胺等。在变性过程中，核酸的空间构象被破坏，理化性质发生改变。由于双螺旋分子内部的碱基暴露，其 A_{260} 值会大大增加。A_{260} 值的增加与解链程度有一定比例关系，这种关系称为增色效应。如果缓慢加热 DNA 溶液，并在不同温度测定其 A_{260} 值，可得到 "S" 形 DNA 熔化曲线

（melting curve），如图 8-19 所示。从图可见，DNA 变性作用是在一个相当窄的温度内完成的。

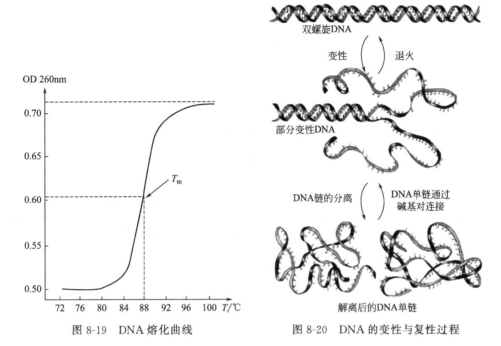

图 8-19　DNA 熔化曲线　　　　图 8-20　DNA 的变性与复性过程

当 A_{260} 值开始上升前 DNA 是双螺旋结构，在上升区域分子中的部分碱基对开始断裂，其数量随温度的升高而增加，在上部平坦的初始部分尚有少量碱基对使两条链还结合在一起，这种状态一直维持到临界温度，此时 DNA 分子最后一个碱基对断开，两条互补链彻底分离。图 8-20 反映了 DNA 变性的这个过程。通常把加热变性时 DNA 溶液 A_{260} 升高达到最大值一半时的温度称为该 DNA 的熔解温度（melting temperature，T_m），T_m 是研究核酸变性很有用的参数。T_m 一般在 $85 \sim 95 ℃$ 之间，T_m 值与 DNA 分子中 GC 含量成正比。

8.6.3.2　复性

变性 DNA 在适当条件下，可使两条分开的单链重新形成双螺旋 DNA 的过程称为复性（renaturation），图 8-20 同样显示了 DNA 复性的整个过程，它与 DNA 的变性在一定程度上是可逆的。热变性的 DNA 经缓慢冷却后复性称为退火（annealing）。DNA 复性是非常复杂的过程，影响 DNA 复性速度的因素很多：DNA 浓度高，复性快；DNA 分子大复性慢；高温会使 DNA 变性，而温度过低可使误配对不能分离等。最佳的复性温度为 T_m 减去 $25 ℃$，一般在 $60 ℃$ 左右。离子强度一般在 $0.4 mol/L$ 以上。

8.6.3.3　杂交

具有互补序列的不同来源的单链核酸分子，按碱基配对原则结合在一起称为杂交（hybridization）。杂交可发生在 DNA-DNA、RNA-RNA 和 DNA-RNA 之间。杂交是分子生物学研究中常用的技术之一，利用它可以分析基因的组织表达和定位等，常用的杂交方法有 Southern 印迹法（图 8-21）、Northern 印迹法和原位杂交（in situ hybridization）等。

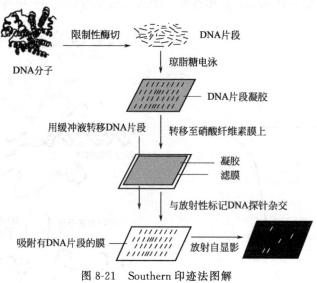

图 8-21　Southern 印迹法图解

习 题

一、名词解释

1. 基因与基因组　2. 密码子与反密码子　3. 增色效应与减色效应　4. 外显子和内含子

5. DNA 变性和复性　6. DNA 的熔解温度　7. 退火

二、问答题

1. 简述真核生物 RNA 的种类、结构及其主要功能。

2. 简述 tRNA 的结构特征及其作用与作用机制。

3. 试述 DNA 组装成染色体的基本过程。

4. 简述真核生物与原核生物基因组结构的主要差异。

5. 写出真核生物 mRNA 的帽子结构式。真核生物 mRNA 的 3′末端有一段 polyA，5′末端有一个"帽子"，"帽子"的结构特点是什么？比较原核 mRNA 和真核 mRNA 的区别。

6. 比较 DNA 和 RNA 在化学组成、分子结构及生物学功能上的特点。

7. 描述 DNA 的双螺旋结构模型的特点并分析说明这一结构所包含的重要生物学意义。

8. Sanger 双脱氧链终止 DNA 序列分析法得到下列电泳片子，请写出待测序的单链 DNA 的序列。

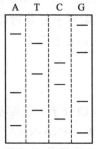

9. 请列举两项有关核酸研究而获得诺贝尔奖的成果以及获奖者。

9 核苷酸代谢

本章学习目标

1. 掌握核酸的分解代谢。

2. 掌握 DNA 合成的基本过程及所需要的各种蛋白质、酶和因子。掌握 DNA 复制的一般规律：半不保留复制、半不连续复制。

3. 掌握 RNA 转录的基本过程及所需要的各种蛋白质、酶和因子。

生物体内的核酸，大多以核蛋白的形式存在。核蛋白在酸性条件下可分解为核酸和蛋白质。核酸在核酸酶的作用下水解为寡核苷酸或单核苷酸，单核苷酸可进一步降解为碱基、戊糖和磷酸（图 9-1）。生物体也能利用一些简单的前体物质合成嘧啶核苷酸和嘌呤核苷酸。核苷酸不仅是核酸的基本成分，而且也是一类生命活动不可缺少的重要物质。

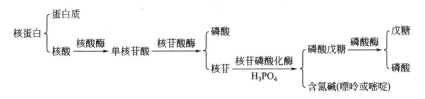

图 9-1　核酸的酶促降解过程

9.1　核苷酸分解代谢

核酸分解的第一步是水解核苷酸之间的磷酸二酯键。在高等动植物中都有作用于二酯键的核酸酶，不同来源的核酸酶，其专一性和作用方式都有所不同。有些核酸酶只能作用于 DNA，称为脱氧核酸酶（DNase）；有些核酸酶只作用于 RNA，称为核糖核酸酶（RNase）；有些核酸酶专一性较低，既能作用于 DNA 也能作用于 RNA，统称为核酸酶（nuclease）。根据核酸酶作用的位置不同，又可将核酸酶分为核酸内切酶（endonuclease）和核酸外切酶

（exonuclease）。

9.1.1 核苷酸分解代谢主要涉及的酶

（1）核酸外切酶　有些核酸酶能从 DNA 或 RNA 链的一端逐个水解下单核苷酸，称为核酸外切酶。只作用于 DNA 的核酸外切酶称为脱氧核糖核酸外切酶；只作用于 RNA 的核酸外切酶称为核糖核酸外切酶；也有一些核酸外切酶可作用于 DNA 或 RNA。核酸外切酶从 5′ 端开始逐个水解核苷酸，称为 5′→3′ 外切酶，例如，牛脾磷酸二酯酶即是一种 5′→3′ 外切酶，水解产物为 3′-核苷酸；核酸外切酶从 3′ 端逐个水解核苷酸，称为 3′→5′ 外切酶，例如，蛇毒磷酸二酯酶即是一种 3′→5′ 外切酶，水解产物为 5′-核苷酸。

（2）核酸内切酶　核酸内切酶催化水解多核苷酸内部的磷酸二酯键。一些核酸内切酶仅水解 5′-磷酸二酯键，把磷酸基团留在 3′ 位置上，称为 5′-内切酶；有些只水解 3′-磷酸二酯键，把磷酸基团留在 5′ 位置上，称为 3′-内切酶（图 9-2）。还有一些核酸内切酶对磷酸酯键一侧的碱基有专一性要求，例如，胰核糖核酸酶（RNase A）即是一种高度专一性核酸内切酶，它作用于嘧啶核苷酸的 $C_{3'}$ 上的磷酸根和相邻核苷酸的 $C_{5'}$ 之间的键，产物为 3′ 嘧啶单核苷酸或以 3′ 嘧啶核苷酸结尾的低聚核苷酸（图 9-3）。

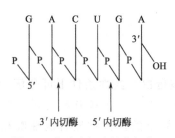

图 9-2　核酸内切酶的水解位置

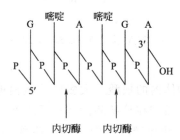

图 9-3　胰脏核酸内切酶的水解位置

一类核酸内切酶能够专一性地识别并水解双链 DNA 上的特异核苷酸序列，称为限制性核酸内切酶（restriction endonuclease）。当外源 DNA 侵入细菌后，限制性核酸内切酶可将外源 DNA 水解成片段，从而限制了外源 DNA 在细菌细胞内的表达，而细菌本身的 DNA 由于在该特异核苷酸序列处被甲基化酶修饰，不被水解而得到保护。目前已纯化的限制性核酸内切酶有 100 多种，许多已成为基因工程研究中必不可少的工具酶。限制性核酸内切酶可被分成三种类型。Ⅰ型和Ⅲ型限制酶水解 DNA 需要消耗 ATP，全酶中的部分亚基有通过在特殊碱基上补加甲基基团对 DNA 进行化学修饰的活性。Ⅱ型限制酶水解 DNA 不需 ATP，也不以甲基化或其他方式修饰 DNA，能在所识别的特殊核苷酸序列内或附近切割 DNA。因此，限制酶水解被广泛用于 DNA 分子克隆和序列测定。

9.1.2 核苷酸的酶促降解

（1）核苷酸的降解　核酸经核酸酶降解后产生的核苷酸还可进一步分解。生物体内广泛存在的核苷酸酶（磷酸单酯酶）可催化核苷酸水解，产生磷酸和核苷。核苷酸酶的种类很多，特异性也不同。有些非特异性核苷酸酶对所有核苷酸都能作用，无论磷酸基在核苷的 2′ 位、3′ 位还是 5′ 位上。有些核苷酸酶具有特异性，如有的酶只能水解 3′-核苷酸，称为 3′-

核苷酸酶，有的酶只能水解 5′-核苷酸，称为 5′-核苷酸酶。

$$核苷酸 \xrightarrow{核苷酸酶} 核苷＋磷酸$$

核苷酸酶水解产生的核苷可在核苷酶作用下进一步分解为戊糖和碱基。核苷酶的种类很多，按底物不同可将核苷酶分为嘧啶核苷酶和嘌呤核苷酶，按催化反应的不同可将核苷酶分为核苷水解酶（nucleoside hydrolase）和核苷磷酸化酶（nucleoside phosphorylase）。核苷磷酸化酶催化核苷分解生成含氮碱基和戊糖的磷酸酯，此酶对两种核苷都能起作用；而核苷水解酶可将核苷分解生成含氮碱和戊糖，而此酶对脱氧核糖核苷不起作用。核苷酸分解产生的嘧啶碱和嘌呤碱在生物体中还可以继续进行分解。

$$核苷＋H_3PO_4 \underset{核苷磷酸化酶}{\rightleftharpoons} 嘌呤碱或嘧啶碱＋戊糖-1′-P$$

$$核苷＋H_2O \underset{核苷水解酶}{\rightleftharpoons} 嘌呤碱或嘧啶碱＋戊糖$$

（2）嘌呤的降解 在生物体内，嘌呤在脱氨酶的作用下可脱去氨基被降解（图 9-4）。腺嘌呤经脱氨酶脱氨后生成次黄嘌呤（hypoxanthine），然后次黄嘌呤在黄嘌呤氧化酶（xanthine oxidase）作用下氧化成黄嘌呤（xanthine）。鸟嘌呤经脱氨酶脱氨后直接生成黄嘌呤，黄嘌呤进一步氧化为尿酸（uric acid），尿酸在尿酸氧化酶（urate oxidase）作用下降解为尿囊素（allantoin）和 CO_2，尿囊素在尿囊素酶（allantoinase）作用下水解为尿囊酸（allantoic acid），尿囊酸进一步在尿囊酸酶的作用下分解为尿素和乙醛酸。

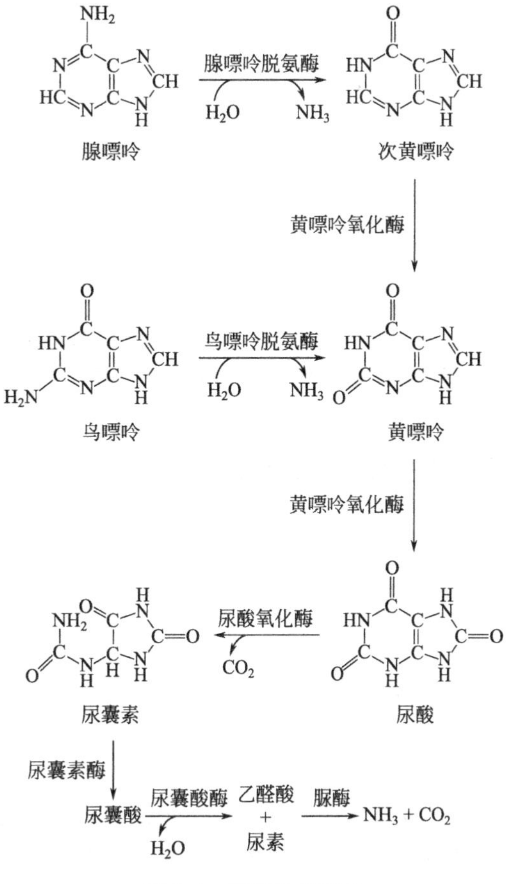

不同种类生物不仅降解嘌呤碱基的能力不同，而且代谢产物的形式也各不相同。

人类、灵长类、鸟类、爬虫类及大多数昆虫体内缺乏尿酸氧化酶，嘌呤代谢的最终产物是尿酸；人类及灵长类以外的其他哺乳动物体内存在尿酸氧化酶，尿酸氧化酶可将尿酸氧化为尿囊素，故尿囊素是其体内嘌呤代谢的终产物；某些硬骨鱼体内存在尿囊素酶，可将尿囊素氧化分解为尿囊酸；大多数鱼类和两栖类体内存在尿囊酸酶，可将尿囊

图 9-4 腺嘌呤的降解

酸进一步分解为尿素及乙醛酸；甲壳类和海洋无脊椎动物等体内存在脲酶，可将尿素分解为氨和二氧化碳。

植物和微生物体内嘌呤代谢的途径与动物相似。尿囊素酶、尿囊酸酶和脲酶在植物体内广泛存在，进入衰老期的植物体内的核酸会发生降解，产生的嘌呤碱分解成尿囊酸，尿囊酸从叶子内运输到贮藏器官，而不是排出体外。微生物一般能将嘌呤类物质分解为氨、二氧化碳及有机酸（甲酸、乙酸和乳酸等）。此外，嘌呤的降解也可在核苷或核苷酸的水平上进行

（图 9-5）。

（3）嘧啶的降解　在生物体内，嘧啶碱可在脱氨、氨化、还原、水解和脱羧等作用下被降解。不同种类生物分解嘧啶的过程不同，在大多数生物体内嘧啶的降解过程如图 9-6 所示。

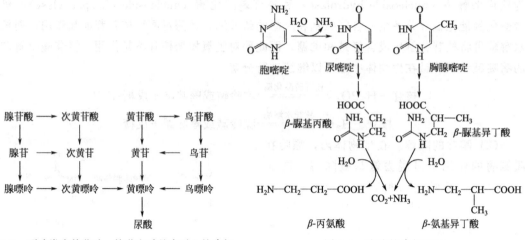

图 9-5　嘌呤类在核苷酸、核苷和碱基水平上的降解　　　　图 9-6　嘧啶的降解过程

胞嘧啶的降解是先经水解脱氨作用转变为尿嘧啶。尿嘧啶或胸腺嘧啶降解的第一步是加氢还原反应生成二氢尿嘧啶或二氢胸腺嘧啶，然后经连续两次水解作用，尿嘧啶可降解为 NH_3、CO_2 和 β-丙氨酸，胸腺嘧啶可降解为 NH_3、CO_2 和 β-氨基异丁酸。β-丙氨酸和 β-氨基异丁酸经脱氨作用转变为相应的酮酸，并进入三羧酸循环进一步代谢。

9.2　核苷酸合成代谢

生物体内的核苷酸可直接利用细胞中自由存在的碱基和核苷合成，核苷酸也可以氨基酸和某些小分子物质为原料经一系列酶促反应从头合成。

9.2.1　嘌呤核苷酸的生物合成

嘌呤核苷酸的合成有两类基本途径，一类是利用氨基酸、磷酸核糖、CO_2 和 NH_3 这些化合物合成核苷酸，此途径不经过碱基和核苷的中间阶段，故又称为"从头合成"途径。另一类途径是利用核酸分解产生的嘌呤碱基和核苷转变成核苷酸，此途径又称为"补救"途径。"从头合成"途径是生物体合成嘌呤核苷酸的主要途径。

9.2.1.1　"从头合成"途径

（1）嘌呤碱的合成　除了某些细菌外，几乎所有的生物体都能合成嘌呤碱。此途径主要是以甲酸盐、甘氨酸、天冬氨酸、谷氨酰胺和二氧化碳为原料合成嘌呤环（图 9-7）。

同位素示踪实验证明，嘌呤环中第 1 位 N 来自天冬氨酸的氨基氮，第 3 位及第 9 位 N 来自谷氨酰胺的酰胺基，第 2 位及 8 位 C 来自甲酸盐，第 6 位 C 来自 CO_2，第 4 位 C、5 位

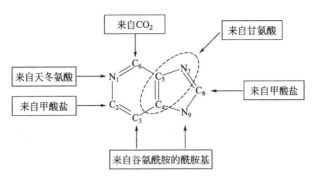

图 9-7 嘌呤环中各原子的来源

C 及 7 位 N 来自甘氨酸。

（2）嘌呤核苷酸的合成　嘌呤核苷酸的合成是从形成次黄嘌呤核苷酸（inosinic acid，IMP）开始的，然后进一步转变为其他的嘌呤核苷酸。嘌呤核苷酸的合成分为三个阶段。

① 从 5-磷酸核糖形成 5-氨基咪唑核苷酸合成次黄嘌呤核苷酸是从 5-磷酸核糖-1-焦磷酸（PRPP）的形成开始的，PRPP 是由 ATP 和 5-磷酸核糖在磷酸核糖焦磷酸激酶（也称 PRPP 合成酶）催化下合成的，5-磷酸核糖主要由戊糖磷酸途径提供。PRPP 接受谷氨酰胺的酰胺基生成 5-磷酸核糖胺（PRA），然后 PRA 与甘氨酸结合生成甘氨酰胺核苷酸（GAR）。GAR 中甘氨酸残基的 α-氨基被亚甲四氢叶酸甲酰化生成 α-N-甲酰甘氨酰胺核苷酸，然后又进一步被谷氨酰胺氨基化生成甲酰甘氨脒核苷酸（FGAM），FGAM 再脱水环化生成 5-氨基咪唑核苷酸（AIR），这个中间产物含有嘌呤骨架的完整的五元环（图 9-8）。

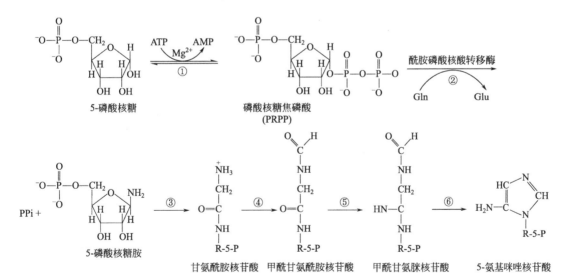

图 9-8 5-磷酸核糖形成 5-氨基咪唑核苷酸

①PRPP 合成酶；②磷酸核糖焦磷酸转酰胺酶；③甘氨酰胺核苷酸合成酶；④甘氨酰胺核苷酸转甲酰酶；
⑤甲酰甘氨脒核苷酸合成酶；⑥氨基咪唑核苷酸合成酶

② 5-氨基咪唑核苷酸形成次黄嘌呤核苷酸在氨基咪唑核苷酸羧化酶催化下经羧化生成 5-氨基咪唑-4-羧酸核苷酸（CAIR），CAIR 与天冬氨酸缩合生成 5-氨基咪唑-4-N-琥珀酸氨甲酰核苷酸，其脱去延胡索酸生成 5-氨基咪唑-4-氨甲酰核苷酸（AICAR），AICAR 的 5-氨

基又从 N^{10}-甲酰四氢叶酸接受甲酰基并脱水闭环而形成次黄嘌呤核苷酸（图 9-9）。

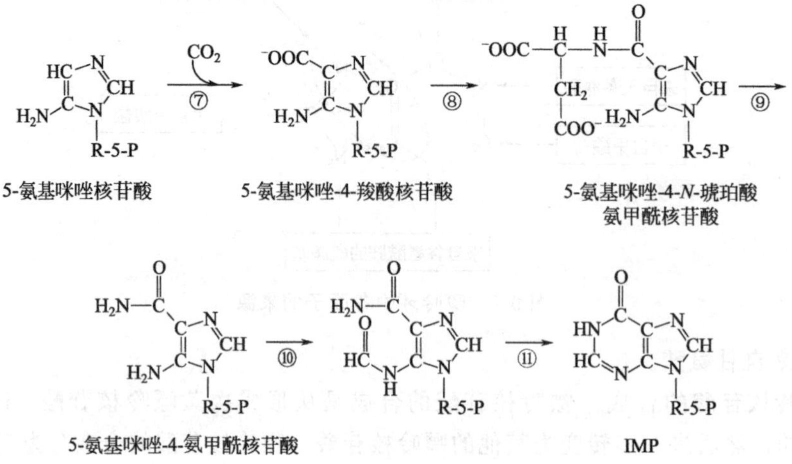

图 9-9　5-氨基咪唑核苷酸形成次黄嘌呤核苷酸

⑦氨基咪唑核苷酸羧化酶；⑧氨基咪唑琥珀基甲酰胺核苷酸合成酶；⑨腺苷酸琥珀酸裂合酶；
⑩氨基咪唑甲酰胺核苷酸转甲酰基酶；⑪次黄苷酸环化脱水酶

③ 由天冬氨酸提供氨基，GTP 提供能量，次黄嘌呤核苷酸经氨基化可形成腺苷酸。次黄嘌呤核苷酸在脱氢酶的作用下可生成黄嘌呤核苷酸（XMP）。由谷氨酰胺的酰胺基作为氨基供体，ATP 提供反应所需能量，XMP 再氨基化可生成鸟苷酸（图 9-10）。

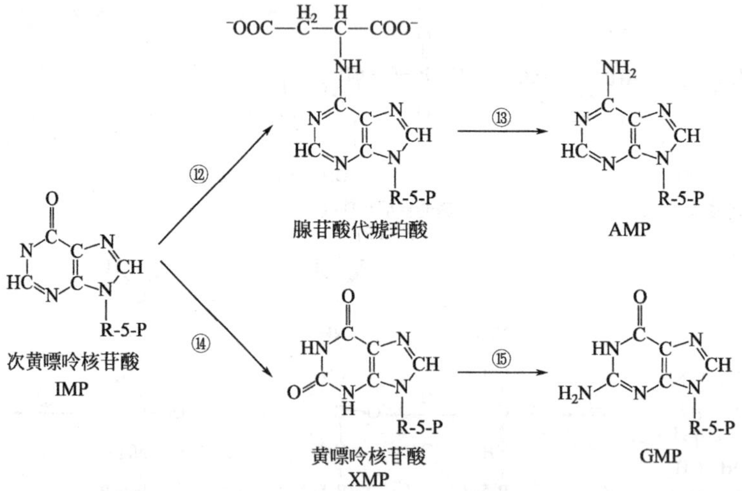

图 9-10　由次黄嘌呤核苷酸转变为腺苷酸和鸟苷酸

⑫腺苷酸代琥珀酸合成酶；⑬腺苷酸代琥珀酸裂解酶；⑭脱氢酶；⑮鸟苷酸合成酶

9.2.1.2　"补救"途径

嘌呤核苷酸也可通过"补救"途径合成（图 9-11）。在补救反应中 PRPP 的核糖磷酸部分转移给嘌呤形成相应的核苷酸。腺嘌呤磷酸核糖转移酶和次黄嘌呤-鸟嘌呤磷酸核糖转移酶可催化补救途径发生，这两种酶的专一性不同，催化生成的产物也不同。腺嘌呤磷酸核糖转移酶催化腺苷酸的形成，而次黄嘌呤-鸟嘌呤磷酸核糖转移酶催化次黄苷酸和鸟苷酸的形成。

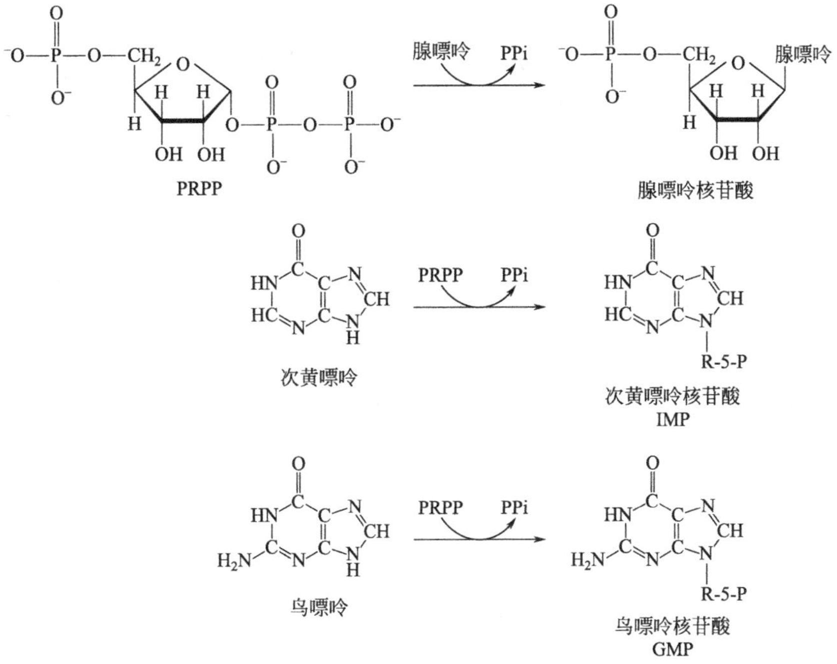

图 9-11　嘌呤核苷酸合成的"补救"途径

9.2.2　嘧啶核苷酸的生物合成

嘧啶核苷酸的合成也涉及"从头合成"途径和"补救"途径。

9.2.2.1　从"从头合成"途径

（1）嘧啶碱的合成　合成嘧啶的原料主要是 NH_3、CO_2 和天冬氨酸。同位素示踪实验表明，嘧啶环中的第 3 位 N 来自 NH_3，第 2 位 C 来自 CO_2，其余第 1 位 N 及第 4、5 和 6 位 C 来自天冬氨酸（图 9-12）。

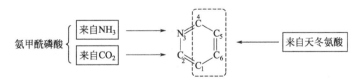

图 9-12　嘧啶环中各原子的来源

（2）嘧啶核苷酸的合成　嘧啶核苷酸与嘌呤核苷酸的合成方式有所不同。生物体先利用一些小分子化合物形成嘧啶环，然后嘧啶环再与核糖磷酸结合形成嘧啶核苷酸。首先形成的化合物是尿苷酸，然后尿苷酸再转变为其他的嘧啶核苷酸。尿苷酸的合成是从氨甲酰磷酸与天冬氨酸合成氨甲酰天冬氨酸开始的，由天冬氨酸转氨甲酰基酶（aspartate transcarbamylase，ATCase）催化，然后经环化、脱水生成二氢乳清酸，进一步经脱氢作用形成乳清酸，至此已形成嘧啶环。*N*-氨甲酰天冬氨酸与 PRPP 提供的 5-磷酸核糖结合，生成乳清酸核苷酸，再经脱羧作用就生成了尿苷酸。整个过程如图 9-13 所示。

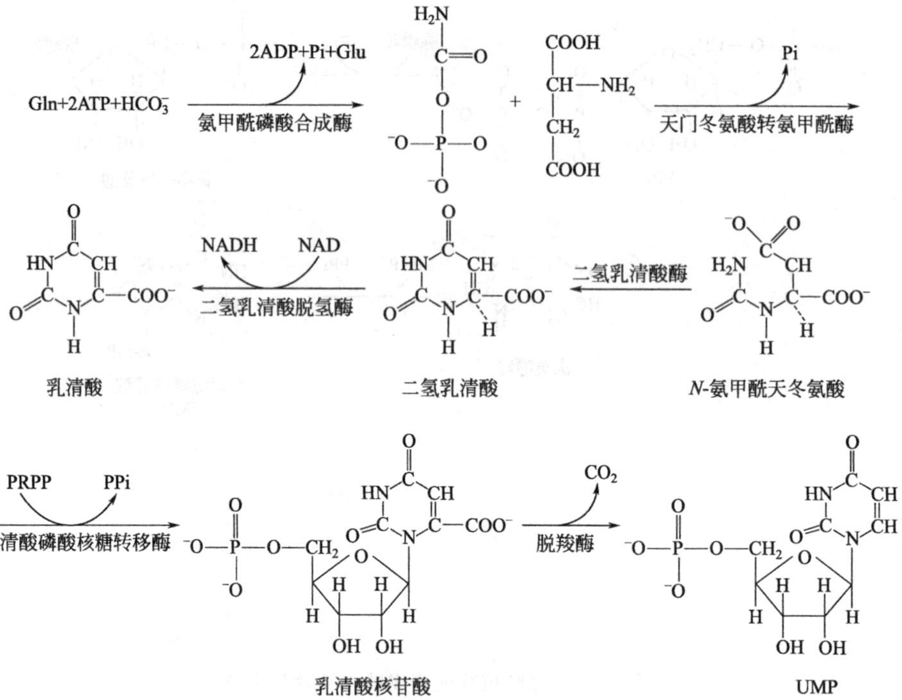

图 9-13　嘧啶核苷酸的合成过程

尿苷酸向胞苷酸的转化是在核苷三磷酸的水平上进行的。尿苷酸在尿苷酸激酶的作用下可生成尿嘧啶核苷二磷酸（UDP），UDP 在尿嘧啶核苷二磷酸激酶的作用下生成尿嘧啶核苷三磷酸（UTP），然后经氨基化生成胞嘧啶核苷三磷酸。

$$UMP+ATP \underset{尿嘧啶核苷酸激酶}{\rightleftharpoons} UDT+ADP$$

$$UDP+ATP \underset{核苷二磷酸激酶}{\rightleftharpoons} UTP+ADP$$

$$UTP+谷氨酰胺+ATP+H_2O \xrightarrow{CTP 合成酶} CTP+谷氨酸+ADP+Pi$$

9.2.2.2 "补救"途径

动物及微生物细胞中的尿嘧啶磷酸核糖转移酶可催化尿嘧啶和 PRPP 反应产生尿苷酸。此酶不能催化胞嘧啶生成胞苷-5′-磷酸。此外，尿苷激酶也可催化尿苷生成尿苷酸。

$$尿嘧啶+PRPP \underset{UMP 磷酸核糖转移酶}{\rightleftharpoons} 尿苷-5′-磷酸+PPi$$

$$尿苷+ATP \underset{尿苷激酶}{\rightleftharpoons} 尿苷-5′-磷酸+ADP$$

尿苷及胞苷均可作为尿嘧啶磷酸核糖转移酶的底物，但次黄苷不能作为此酶的底物。

9.2.3　脱氧核糖核苷酸的生物合成

（1）核糖核苷酸还原酶　脱氧核糖核苷酸是由相应的核糖核苷酸通过还原酶催化作用生

成的。这种还原反应是在核苷二磷酸水平上进行的，核糖核苷二磷酸核糖部分的 $2'—OH$ 在核糖核苷酸还原酶作用下被氢原子取代，转变成脱氧核糖核苷二磷酸。总反应式为

$$核糖核苷二磷酸＋NADPH＋H^+ \longrightarrow 脱氧核苷二磷酸＋NADP^+＋H_2O$$

核糖核苷酸还原酶是由核苷二磷酸还原酶、硫氧还蛋白和硫氧还蛋白还原酶组成的。其中，核苷二磷酸还原酶由 R1 和 R2 两个亚基组成。R1 是一个分子量为 172000 的二聚体，每条肽链除含有巯基外还有与核苷酸底物及变构效应物相结合的结合部位，巯基作为核糖单位还原的直接电子供体；R2 是一个分子量为 87000 的铁-硫蛋白二聚体，它与 R1 共同组成此酶的活性部位参与催化作用。

$$核苷二磷酸＋硫氧还原蛋白\text{-}(SH)_2 \xrightarrow[ATP, Mg^{2+}]{核苷二磷酸还原酶} 脱氧核苷二磷酸＋硫氧还原蛋白\text{-}S_2＋H_2O$$
$$\text{（还原型）} \qquad\qquad\qquad\qquad \text{（氧化型）}$$

硫氧还蛋白是将电子由 NADPH 转移到核苷酸还原酶催化部位巯基的载体，它具有两个紧密靠近的半胱氨酸残基。氧化型硫氧还蛋白在硫氧还蛋白还原酶的作用下被 NADPH 还原而再生。硫氧还蛋白还原酶是一个黄素蛋白。

$$硫氧还原蛋白\text{-}S_2＋NADPH＋H^+ \xrightarrow{硫氧还蛋白还原酶} 硫氧还原蛋白\text{-}(SH)_2＋NADP^+$$
$$\text{（氧化型）} \qquad\qquad\qquad\qquad \text{（还原型）}$$

（2）脱氧胸苷酸的生物合成　脱氧胸苷酸是由脱氧尿苷酸经甲基化生成的。催化此反应所需的酶是胸苷酸合成酶，甲基的供体是 N^5, N^{10}-亚甲四氢叶酸。

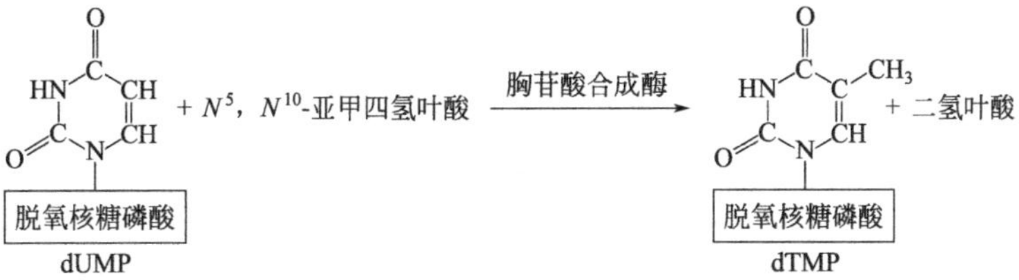

产生的二氢叶酸可在二氢叶酸还原酶的催化作用下得到再生，还原剂为 NADPH

$$二氢叶酸＋NADPH＋H^+ \longrightarrow 四氢叶酸＋NADP^+$$

9.2.4　核苷三磷酸的生物合成

RNA 合成的底物是 4 种核糖核苷三磷酸，DNA 合成的底物是 4 种脱氧核糖核苷三磷酸，它们都可从核苷一磷酸或脱氧核苷一磷酸（NMP 或 dNMP）由相应的核苷一磷酸激酶催化，经核苷二磷酸（NDP 或 dNDP）生成

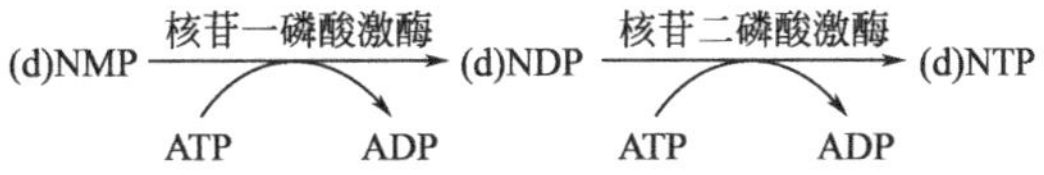

这两种酶催化的反应均为可逆反应，并都需 ATP 作为磷酸基团的供体。以嘌呤核苷一磷酸为底物的核苷一磷酸激酶的专一性较严格。例如 AMP 激酶只能催化 AMP 的磷酸化，GMP 激酶只能催化 GMP 和 dGMP 的磷酸化。嘧啶核苷一磷酸激酶的专一性较差，核苷二磷酸激酶的底物专一性很广，几乎可催化各种核苷二磷酸与核苷三磷酸之间的磷酸基团的转移。

核苷酸的合成及相互关系如图 9-14 所示。

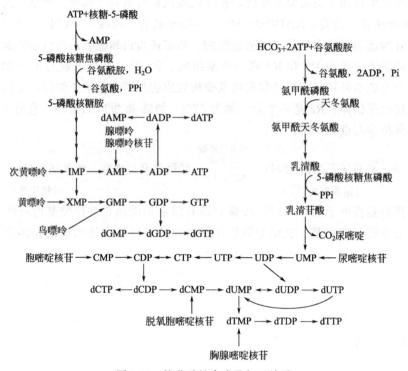

图 9-14　核苷酸的合成及相互关系

习 题

问答题

1. 核酸酶有哪些种类？举例说明它们的作用方式和特异性？
2. 比较不同生物嘌呤分解代谢产物的差别。
3. 生物体内嘌呤环及嘧啶环是如何合成的？有哪些氨基酸直接参与核苷酸的合成？

10　核酸的生物合成

本章学习目标

1. 掌握 DNA 生物合成的原理和基本过程，理解 DNA 复制的规律。
2. 掌握转录的基本过程和所需要的各种蛋白质和酶，理解转录的规律及调控方式。

10.1　DNA 的生物合成

遗传信息存在于 DNA 分子中，并且 DNA 也是遗传信息的载体。在 DNA 合成时，决定其结构特异性的遗传信息只能来自自身。因此必须由原来的 DNA 分子作模板合成新的 DNA 分子。新合成的 DNA 分子是模板 DNA 的复制品，通过复制，亲代 DNA 分子将分子上的遗传信息准确地传给子代 DNA。

10.1.1　DNA 复制所需要的酶

DNA 的复制可分成起始、延长和终止三个阶段。起始过程有许多蛋白质因子和酶参加，它们有的能识别起始位点，有的能打开 DNA 双螺旋，有的能稳定解开 DNA 单链。延长过程主要由 DNA 聚合酶催化，同时复制部位上游也需拓扑异构酶等参与，来解开复制过程中形成的 DNA 超螺旋。DNA 复制也有一定的终止位点，复制终止过程中形成 DNA 小片段需连接酶将其连接成完整的大分子。整个复制过程是个非常复杂的过程，需要解链酶、单链结合蛋白、拓扑异构酶、引发酶、DNA 聚合酶和 DNA 连接酶等。

（1）DNA 聚合酶　DNA 聚合酶是催化以脱氧核苷三磷酸（dNTP）为底物合成 DNA 的一类酶，原核细胞和真核细胞 DNA 聚合酶的种类和作用有所不同。

1956 年 Kornberg 等在大肠杆菌中发现了第一个 DNA 聚合酶，即 DNA 聚合酶Ⅰ（pol Ⅰ），该酶以 DNA 为模板催化 DNA 合成，称为依赖 DNA 的 DNA 聚合酶。DNA 合成必须以 dATP、dGTP、dCTP 和 dTTP 等为底物。DNA 聚合酶Ⅰ分子量为 103000，含一条多肽链，含有一个锌原子。酶分子为球状分子，直径约 6.5nm，约为 DNA 直径的 3 倍。DNA 聚合酶Ⅰ在有底物和模板时可将脱氧核糖核苷酸逐个加到含有 3′—OH 末端的多核苷酸链上。DNA 聚合酶 I 是一种多功能酶，不仅可以催化 5′→3′聚合，还有 3′→5′核酸外切酶活性和 5′→3′核酸外切酶活性。DNA 聚合酶 I 的 3′→5′核酸外切酶活性与其 5′→3′聚合酶活性正好相反，当存在与模板错配的核苷酸时，这种活性可切除配错的核苷酸，然后再继续进行聚合反应。

1969 年，DeLucia 和 Cairns 分离得到的一株大肠杆菌变异菌株的 DNA 聚合酶 I 活性特别低，进一步发现 DNA 聚合酶 I 不是复制酶，而是修复酶。1970 年和 1971 年，Kornberg 和 Gefter 先后分离出 DNA 聚合酶 II 和 DNA 聚合酶 III（pol II 和 pol III），这两种酶都具有 5′→3′DNA 聚合酶活性和 3′→5′核酸外切酶活性，但没有 5′→3′核酸外切酶活性，催化反应条件与 pol I 基本相同。pol II 主要在 DNA 损伤修复中发挥作用。pol III 活性较强，是 DNA 复制中链延长反应的主导聚合酶。pol II 和 pol III 促进 DNA 合成的基本性能与 pol I 相同，即需模板指导，以四种脱氧核糖核苷三磷酸为底物，并需要 3′-羟基引物链存在，聚合反应按 5′→3′方向进行。

真核细胞主要有五种 DNA 聚合酶（polα、polβ、polε、polγ 和 polσ），其中 polα 和 polσ 合成细胞核 DNA，相当于大肠杆菌的 DNA 聚合酶 III。polα 有引物酶与之相连，无 3′→5′的核酸外切酶活性。polσ 有 3′→5′的核酸外切酶活性。polγ 主要参与线粒体 DNA 复制。polβ 和 polε 主要参与 DNA 的复制。

（2）DNA 连接酶　1967 年在不同的实验室同时发现了 DNA 连接酶，DNA 连接酶催化双链 DNA 切口处的 5′-磷酸基和 3′-羟基生成磷酸二酯键（图 10-1）。连接酶催化的是 DNA 复制中最后反应步骤，连接反应需要能量。大肠杆菌和其他细菌的 DNA 连接酶以 NAD 为能源，动物细胞和噬菌体的连接酶则以 ATP 为能源。

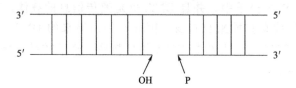

图 10-1　5′-磷酸基和 3′-羟基的位置

（3）旋转酶与解旋酶　DNA 旋转酶，即 DNA 拓扑异构酶，其作用就是消除 DNA 的超螺旋，根据其作用于 DNA 的方式，将 DNA 旋转酶分为 DNA 旋转酶 I 和 DNA 旋转酶 II 两类。DNA 旋转酶 I 能使 DNA 的一条链发生断裂和再连接，反应无须供给能量。旋转酶催化反应可维持 DNA 超螺旋的作用力释放，而解除超螺旋。DNA 旋转酶 II 能使 DNA 的两条链发生断裂和再连接，当它引入超螺旋时需要 ATP 供能。DNA 复制时，首先要由解旋酶作用解开 DNA 双螺旋成为单链，单链 DNA 才能作为 DNA 聚合酶的模板。解旋酶借 ATP 水解提供的能量来解开 DNA 双链，每解开一对碱基，需要消耗 2 分子 ATP。

（4）引发酶和单链结合蛋白　引发酶是指各种 DNA 复制开始时都需要引物，在引物的基础上才能进行 DNA 聚合反应。通常情况下，引物是在复制前先合成的一小段 RNA，它的合成是 RNA 聚合酶与复制起点结合后，以 DNA 为模板而催化合成的。因此。催化 RNA 引物合成的 RNA 聚合酶就是引发酶，它与 DNA 复制起点双链的解开有关，常与解旋酶等紧密连接，形成"引发体"协调催化解旋和引发反应。

单链结合蛋白（SSB）主要功能是稳定 DNA 解开的单链，阻止复性并保护单链部分不被核酸酶降解。SSB 对单链 DNA 有很高的亲和力。DNA 复制时，一旦双链分开，SSB 就会结合到单链上，使它们稳定，当 DNA 合成后，它们被代替，离开双链 DNA 分子。

10.1.2 DNA 的复制方式

（1）半保留复制 DNA 分子是由两条互补的多核苷酸链组成的，一条链上核苷酸的排列顺序可由另一条链上的核苷酸顺序决定。DNA 在复制过程中首先是两条链间的氢键断裂，然后双链解开。接着再以每一条链为模板，按照碱基互补配对原则（A-T，G-C），由 DNA 聚合酶催化合成新的互补链。这样新形成的两个 DNA 分子与原来的 DNA 分子的碱基序列完全相同，每个子代 DNA 中的一条链来自亲代 DNA，另一条链则是新合成的（图 10-2），这种复制方式称为半保留复制。

1958 年，Meselson 和 Stahl 利用氮的同位素^{15}N 标记 *E.coli* DNA，首先证明了半保留复制。实验证明，在 DNA 复制时原来的 DNA 分子

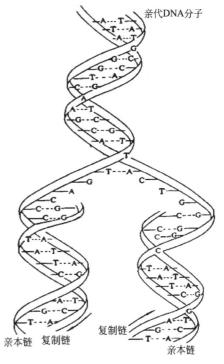

图 10-2 双螺旋复制模型

被分成两个亚单位，分别构成子代的一半，这些亚单位经过许多代复制仍保持着完整性（图 10-3）。

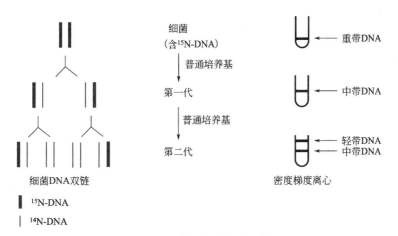

图 10-3 半保留复制的证据

1963 年，Cairns 用放射自显影的方法第一次观察到完整的正在复制的大肠杆菌染色体 DNA。DNA 半保留机制可说明其在代谢上的稳定性，但这种稳定性是相对的。它也需对损伤进行修复。在发育和分化过程中，DNA 的特定序列还可进行修饰、删除、扩增和重排。从进化角度看，DNA 处于不断变异和发展中。DNA 分子两条链是反向平行的，一条链走向为 $5'→3'$，另一条链是 $3'→5'$，而所有已知的 DNA 聚合酶的合成方向都是 $5'→3'$。在 DNA 复制时两条链如何能同时作为模板而合成互补链呢？日本学者冈崎等提出了 DNA 的半不连

续复制模型，认为新链为 $3'→5'$ 走向的 DNA 实际上是由许多 $5'→3'$ 方向合成的片段连接起来的。

（2）半不连续复制　1968 年冈崎用 ^{3}H-脱氧核苷酸标记的噬菌体 T4 感染大肠杆菌，研究其 DNA 合成，通过碱性密度梯度离心发现，短时间内首先合成的是较短的 DNA 片段，后来才出现较大的片段，这些短的 DNA 片段后来被称为冈崎片段（图 10-4）。冈崎片段由连接酶连接成大分子 DNA，在细菌和真核细胞中的 DNA 复制中普遍存在。冈崎片段长度在原核细胞中一般为 1000～2000 个核苷酸残基，而在真核细胞中为 100～200 个核苷酸。在 $5'→3'$ 模板上先形成冈崎片段，解决了两条反向模板上新链合成的协调性，使 DNA 的复制体现自身特点，即半不连续复制。

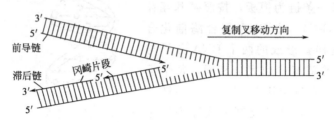

图 10-4　半不连续复制

10.1.3　DNA 复制的过程

（1）DNA 复制的起始　大肠杆菌细胞分裂前首先必须完成 DNA 的复制，DNA 复制的起始需要细胞增长到一定的大小，并合成某些必需蛋白。大肠杆菌 DNA 是环状 DNA，其复制只有一个起始点，并具有富含 A-T 的专一序列。复制的开始，这个富含 A-T 的专一序列首先被一个蛋白 DnaA 所识别，这种蛋白可使 DNA 双链分开，然后，另一种蛋白 DnaB（解链酶）连接到分开的双链上，使双链向两个方向解旋，称为单起点双向复制（图 10-5）。

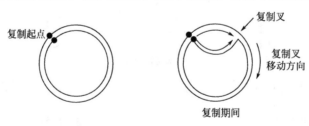

（a）单向复制（只有一个复制叉）

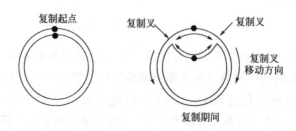

（b）双向复制（有两个复制叉）

图 10-5　DNA 单向和双向复制

　　DNA 聚合酶不能直接起始 DNA 链的合成，因此在合成 DNA 之前必须由引物酶合成一小段 RNA 作为引物，该引物的长度为 2～10 个核苷酸。主导链仅结合一个引物酶，而合成一段 RNA 后，DNA 聚合酶能将 dNTP 按模板要求一个接一个地接到引物 3′端，使复制顺利进行。随从链的每一条冈崎片段都是先由引物酶合成 RNA 引物，再合成小片段 DNA 的。合成随从链的 pol Ⅲ 以 β 亚基形成一个环形夹结合到模板 DNA 单链上，并环绕该 DNA 单链滑行，使 DNA 新链延长。复制随从链的 DNA 聚合酶在到达下一个引物时停止滑行，并从模板 DNA 上脱落。此时 pol Ⅰ 发挥 5′-核酸外切酶活性，水解引物 RNA，然后再催化 DNA 合成来代替脱落的 RNA。pol Ⅰ 在 DNA 合成时还能发挥校对作用，它具有 3′→5′核酸外切酶活性，若在合成 DNA 时加入的碱基与模板链不能配对，pol Ⅰ 就能将它切除。pol Ⅰ 在 DNA 链上的停留时间较 pol Ⅲ 在 DNA 链上的停留时间短，非常容易从 DNA 链上脱落下来，这就保证了新合成的 DNA 链受 pol Ⅰ 切除。pol Ⅰ 脱离 DNA 后，在两段新合成的 DNA 片段中间留下间隙，连接酶可以封闭这个间隙。pol Ⅲ 也有 3′→5′核酸外切酶活性，也有校对作用，一般来说，pol Ⅲ 催化聚合反应是非常准确的，但有时也会不可避免地发生错误，其概率为 10^{-6}～10^{-5}。这种不匹配的碱基也可由 pol Ⅲ 校对。

　　真核细胞 DNA 合成通常在 S 期进行，不同细胞 S 期长短不同，一般占细胞周期的 1/3。细胞外的生长因子提供细胞分裂信号，细胞进入 S 期。真核细胞 DNA 大多为线性分子，长度相对较长。复制时常有多个起始位点（图 10-6）。真核细胞 DNA 复制基本原则接近于大肠杆菌，但在细节上尚有不同之处。原核细胞是由同一个 DNA 聚合酶来同时合成主导链和随从链，而真核细胞是由不同的 DNA 聚合酶来合成主导链和随从链的。真核细胞具有五种 DNA 聚合酶，其中 polα 和 polδ 形成复制聚合体，polδ 合成主导链，polα 合成随从链。在酵母细胞中 polδ 与一个环形滑行夹（增殖细胞核抗原，PCNA）聚合在一起，这个 PCNA 可使 polδ 不易从 DNA 单链上脱落。polγ 负责合成线粒体 DNA，而 polβ 和 polε 主要参与 DNA 修复。

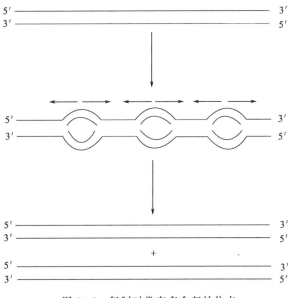

图 10-6　复制时常有多个起始位点

　　一些低等生物非染色质 DNA（如质粒染色质）复制时采取滚环式复制的方式（图 10-7）。

环状 DNA 双链的一股首先打开一个缺口，按 5′端向外伸展，在伸展出的单链上进行不连续复制，而没有打开的另一股可一边滚动一边进行连续复制。开环与不开环的两股链均可直接作为模板，不需要另外合成引物，最后同样可合成两个环状的子双链。

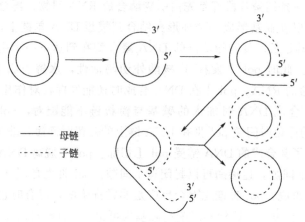

图 10-7　环式复制的方式

（2）延伸　在 DNA pol Ⅲ（真核为 α 酶）的催化下，根据模板链 3′→5′的核苷酸顺序，在 RNA 引物 3′—OH 末端逐个添加脱氧核苷三磷酸，每形成一个磷酸二酯键，即释放一个焦磷酸，直至合成整个前导链或冈崎片段，两条新链合成的方向都是 5′→3′。在延伸阶段，还有延伸因子、ATP 及其他蛋白的参与（图 10-8）。

基因组能够独立进行复制的单位称为复制子，每个复制子都有复制起点，还可能有复制终点。原核生物的染色体和质粒与真核生物的细胞器 DNA 都是环状双链分子。它们都在一个固定的点开始复制，复制方向为双向，形成两个复制叉，分别向两侧进行复制。少数进行单向复制，只形成一个复制叉。复制通常是对称的，有些是不对称的，一条链复制后再进行另外一条链的复制。

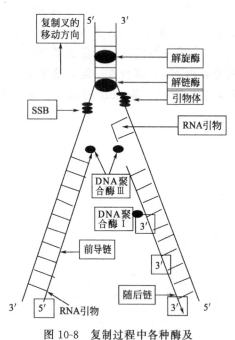

图 10-8　复制过程中各种酶及蛋白因子的作用

（3）终止　细菌环状染色体的两个复制叉向前推移，最后在终止区相遇并停止复制，该区含有多个约为 22bp 的终止子。大肠杆菌有 6 个终止位点，分别称为 terA、terB、terC、terD、terE、terF。停止复制，则复制体解体，其间有 50～100bp 未被复制。其后两条链解开，通过修复方式填补空缺。DNA 复制的起点是固定和严格的，但终止点不是很严格。每个冈崎片段 5′端的引物由特异核酸酶 RNase H 和 pol Ⅰ（5′→3′外切酶活性）切除引物，然后由 pol Ⅰ的 5′→3′聚合酶活性填补缺口，最后由 DNA 连接酶催化连接 DNA 片段完成新链的合成。

新生 DNA 分子还需在旋转酶的作用下形成具有空间结构的 DNA，实际上是边复制边螺旋化。复制完成时，两个环状的染色体相互接触，称为连锁体。

10.1.4　DNA 的修复

DNA 是储存遗传信息的物质。从生物遗传角度来讲，要求在复制过程中保持遗传密码的稳定性，物种才能得以延续。在物种进化的长河中，DNA 复制的次数更是难以计数，而且生物体内外环境都存在着使 DNA 损伤（DNA damage）的因素。可见，除 DNA 复制的高度真实性外，还要求有某种修复 DNA 损伤的机制。每一遗传信息都以不同拷贝储存在 DNA 两条互补链上。因此，若一条链有损伤，可被修复酶切除，并以未损伤的信息重新合成与原来相同的序列，这就是 DNA 修复（DNA repair）的基础。但是在漫长的进化过程中，DNA 的序列还是会发生改变，通过复制传递给子代成为永久的，这种 DNA 的核苷酸序列永久的改变称为突变（mutation）。若发生的突变有利于生物的生存则保留下来，这就是进化，若不适应自然选择（nature selection）则被淘汰，因此生物的进化可以看成是一种主动的基因改变过程，这是物种多样性的原动力。所以，生物的变异是绝对的，修复是相对的。

10.1.4.1　造成 DNA 损伤的因素

造成 DNA 损伤的因素有生物体内自发的、有外界物理和化学等因素。

（1）自发的因素　由于 DNA 分子受到周围环境溶剂分子的随机热碰撞，鸟嘌呤或腺嘌呤与脱氧核糖间的 N-糖苷键可以断裂，使 G 或 A 脱落。人体细胞中 DNA 每天每个细胞要脱落约 5000 个嘌呤碱，每天每个细胞约有 100 个胞嘧啶自发脱氨而生成尿嘧啶。

（2）物理因素

① 由于嘧啶环与嘌呤环都含有共轭双键，可吸收紫外线而引起紫外线损伤。嘧啶碱引起的损伤比嘌呤碱大 10 倍。损伤是由于嘧啶二聚体的产生（图 10-9），即 2 个相邻嘧啶碱的 C_5 和 C_6 共价交联。

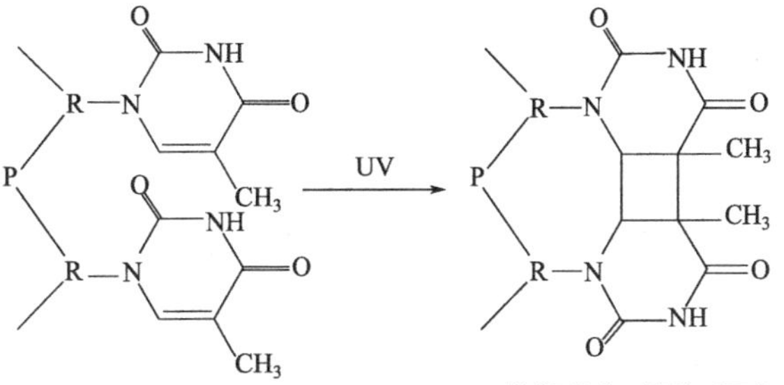

图 10-9　紫外线照射引起的二聚体的生成

② X 射线和 γ 射线辐射能量可直接对 DNA 产生影响，或 DNA 周围的溶剂分子吸收了辐射能，对 DNA 产生损伤作用，这就是电离辐射损伤。电离辐射损伤产生碱基的破坏、单链的断裂、双链的断裂、分子间的交联、碱基脱落或核糖的破坏等。

（3）化学因素　化学因素对 DNA 损伤的认识最早来自对化学武器杀伤力的研究，以后对癌症化疗、化学致癌作用的研究使人们更重视突变剂或致癌剂对 DNA 的作用。

① 碱基类似物　碱基类似物是指与 DNA 正常碱基结构类似的化合物，在 DNA 复制时

碱基类似物可取代正常碱基掺入新链。一旦它们发生互变异构，则复制时改变配对碱基，引起碱基对的置换。

5-溴尿嘧啶（BU）是 T 的类似物，通常为酮式结构，能与 A 配对。由于溴原子负电性很强，烯醇式发生率较高，结果使 AT→GC，或使 GC→AT。

2-氨基嘌呤（AP）是 A 的类似物，常态下与 T 配对，但变成亚氨基状态则与 C 配对，而引起 AT→GC 及 GC→AT。

② 碱基修饰剂　DNA 碱基被某些化学诱变剂修饰后可改变配对性质。

亚硝基能脱去碱基上的氨基。A 脱氨后变成 I（次黄嘌呤），改与 C 配对；C 脱氨后成为 U，改与 A 配对；G 脱氨后成为 X（黄嘌呤），仍与 C 配对，经 DNA 复制后立即恢复正常，并不引起碱基的置换。

羟胺只与 C 作用生成 4-羟胺胞嘧啶，而与 A 配对。

烷基化试剂使 DNA 碱基的氮原子烷基化，引起分子电荷分布的变化而改变碱基配对性质。常见的是 G 的第 7 位氮原子的烷基化。常见的烷基化试剂有氮芥、硫芥、乙基甲烷磺酸（EMS）、乙基乙烷磺酸（EES）和亚硝基胍（NTG）等。7-甲基鸟嘌呤与 A 配对。氮芥和硫芥可使 DNA 同一条链或不同链的 G 连接成二聚体，阻止正常的修复。亚硝基胍可引起DNA 在复制叉部位出现多个紧密靠近的一簇突变，在适宜条件下可使每个大肠杆菌都发生一个以上的突变。

③ 嵌入染料　可以插入 DNA 的碱基对之间的一些结构为稠环分子的染料。如吖啶橙、原黄素、溴化乙啶等。它们插入 DNA 后将碱基对间的距离撑大约 1 倍，正好占据 1 个碱基对的位置。嵌入染料插入碱基重复位点处可造成两条链错位，在 DNA 复制时可引起核苷酸的插入或损失，造成移码突变。

10.1.4.2　DNA 损伤的类型

根据 DNA 分子的改变可把突变分为下面四种主要类型。

（1）点突变　点突变（point mutation）是 DNA 分子上一个碱基的变异，可分为：①转换同型碱基，如一种嘌呤代替另一种嘌呤，或一种嘧啶代替另一嘧啶。②颠换异型碱基，即嘌呤变嘧啶，或嘧啶变嘌呤。点突变可根据发生在 DNA 分子的部位不同产生不同的结果。如发生在启动子或剪接信号部位可以影响整个基因的功能。若发生在编码序列，有的可改变蛋白质的功能，如引起镰状细胞贫血；有的则为中性变化，即编码氨基酸虽变化，但功能不受影响；有的甚至是静止突变，碱基虽变但编码氨基酸种类不变。

（2）缺失　缺失（deletion）是一个碱基或一段核苷酸链乃至整个基因，从 DNA 大分子上丢失。如某种地中海贫血是由于 α-珠蛋白基因缺失。

（3）插入　插入（insertion）是一个原来没有的碱基或一段原来没有的核苷酸序列插入到 DNA 大分子中去，或有些芳香族分子如吖啶（acridine）嵌入 DNA 双螺旋碱基对中，可以引起移码突变（frameshift mutation），影响三联体密码的阅读方式。

（4）倒位　DNA 链内部重组，使其一段方向颠倒。

10.1.4.3　修复机制

（1）光修复机制　这种机制主要存在于低等生物，可在不需光复活酶及光复活酶存在的情况下发生光修复机制。

① 不需光复活酶 光复活酶也称为 DNA 光修复酶（photolyase）。当 280nm 紫外线照射 DNA 产生的嘧啶二聚体，在短波 239nm 照射下，二聚体即分解成单体。

② 需要光复活酶 紫外线照射使光复活酶激活，能解聚嘧啶二聚体（图 10-10）。

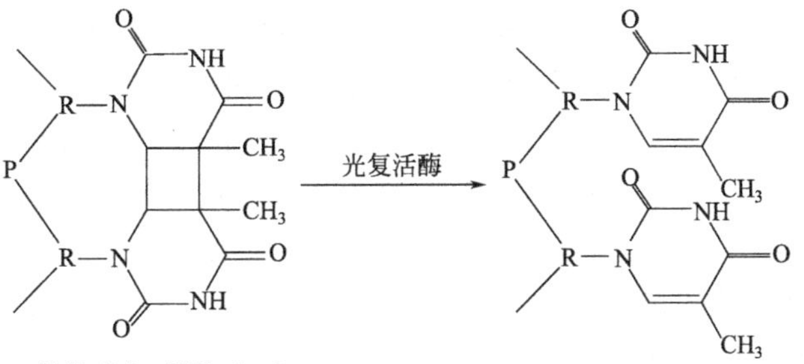

胸腺嘧啶二聚体（TT）

图 10-10　光复活酶解聚嘧啶二聚体

（2）切除修复　切除修复因不需光照射，也称暗修复。DNA 的大的损伤，包括嘧啶二聚体、嘧啶/环丁烷二聚体、几个其他类型的碱基加合物、在 DNA 中形成的苯并芘尿嘧啶等，一般由切除修复（excision repair）系统修复。该修复途径对所有生物的生存是关键的。在大肠杆菌中，有一种 UV 特异的切割酶（excinuclease 或 UVrABC enzyme），能识别经 UV 照射产生的二聚体部位。并在远离损伤部位 5′端 8 个核苷酸处及 3′端 4 个核苷酸处各做一切口。像外科手术"扩创"一样，将含损伤的一段 DNA 切掉。DNA 聚合酶 I 进入此缝隙，从 3′—OH 开始，按碱基配对原则以另一条完好链为模板进行修复。最后由 DNA 连接酶将新合成的 DNA 片段与原来 DNA 链连接而封口（图 10-11）。真核细胞的切割核酸酶的作用和机制是以与细菌的酶完全类似的方式对嘧啶二聚体切割。切除修复是人体细胞的重要修复形式，有些遗传性疾病如着色性干皮病（xeroderma pigmentosum），是常染色体隐性遗传性疾病。纯合子患者的皮肤对阳光或紫外线极度敏感，皮肤变干、真皮萎缩、角化、眼睑结疤、角膜溃疡，易患皮肤癌。此病是由于缺乏 UV 特异内切核酸酶造成的。

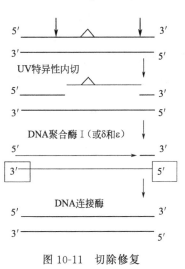

图 10-11　切除修复

（3）碱基切除修复　每个细胞都有一类 DNA 糖苷酶（DNA glycosylase），每一种酶能识别一种 DNA 分子中改变的碱基，能水解该改变的碱基与脱氧核糖间的糖苷键，使改变的碱基脱落，在 DNA 上产生一个缺嘌呤或缺嘧啶的位点（apurinic or apyrimidinic site，AP site），再由切除修复机制进行修复。现知至少有 20 种不同的 DNA 糖苷酶，各具特异性，能识别胞嘧啶脱氨生成的尿嘧啶、腺嘌呤脱氨基产物、开环的碱基、不同烷基化类型的碱基等。

碱基切除修复（base excision repair）步骤（图 10-12）如下。

① DNA 糖苷酶识别损伤的碱基，在碱基和脱氧核糖之间切割。

② AP 核酸内切酶切 AP 位置附近的磷酸二酯键。

③ DNA 聚合酶 β 用它的 $5'→3'$ 外切酶活性除去损伤链，从缺口的 $3'$—OH 起始修复合成，用新合成的 DNA 替代。

④ 最后缺口由 DNA 连接酶封口。

（4）错配修复　DNA 复制是一个高保真过程，但其正确性毕竟不是绝对的，复制产物中仍会存在少数未被校出的错配碱基。通过对错配碱基的修复，将使复制的精确性提高 $10^2～10^3$ 倍。现已在大肠杆菌、酵母和哺乳动物中都发现了错配修复系统。复制错配中的错配碱基存在于新合成的子代链中，错配修复是按模板的遗传信息来修复错配碱基的，因此该修复系统必须有一种能在复制叉通过之后识别模板链与新合成 DNA 链的机制，以保证只从新合成的 DNA 链中去除错配碱基。在大肠杆菌中主要通过对模板链的甲基化来区分新合成的 DNA 链。大肠杆菌中存在一种 Dam 甲基化酶，它通常首先对 DNA 模板链的 $5'$-GATC 序列中腺嘌呤的 N^6 位置进行甲基化，当复制完成后，在短暂的时间内（几秒或几分钟），只有模板链是甲基化的，而新合成的链是非甲基化的。正是子代 DNA 链中的这种暂时半甲基化，可以作为一种链的识别标志，以区别模板链和新合成的链，从而使存在于 GATC 序列附近的复制错配将以亲代链为模板进行修复。几分钟后新合成链也将在 Dam 甲基化酶作用下被甲基化，从而成为全甲基化 DNA。一旦两条链都被甲基化，这种错配修复过程几乎不再发生。由于甲基化 DNA 成为识别模板链和新合成链的基础，且错配修复发生在 GATC 的邻近处，故这种修复也称为甲基指导的错配修复（methyl-directed mismatch repair）。

（5）重组修复　重组修复是 DNA 复制过程中所采用的一种有差错的修复方式。含有嘧啶二聚体或其他结构损伤的 DNA 在修复前仍可进行复制，但新合成的子链中与模板损伤部位对应的地方因复制受阻而留下缺口。在重组酶的作用下，带缺口的 DNA 与完整的姐妹双链进行重组交换，用相应的 DNA 片段填补子链上的缺口，而在另一条亲链产生的缺口则由 DNA 聚合酶以与其互补的完整子链为模板进行修复合成，最后由连接酶将缺口封好（图 10-13）。

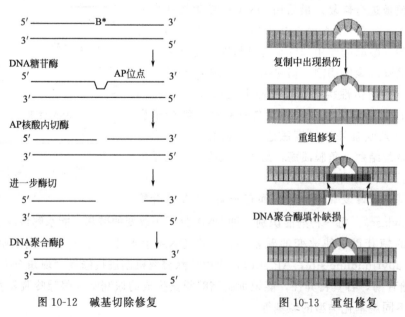

图 10-12　碱基切除修复

图 10-13　重组修复

（6）SOS 修复　SOS 修复是一种在 DNA 分子受到较大范围损伤并且使复制受到抑制时出现的修复机制。DNA 分子受到长片段高密度损伤，使 DNA 复制过程在损伤部位受到抑制。损伤诱导一种特异性较低的新的 DNA 聚合酶以及重组酶等的产生，由这些特异性较低的酶继续催化损伤部位 DNA 的复制，复制完成后，保留许多错误的碱基，从而造成突变。

10.2 RNA 的生物合成

遗传信息以碱基排列顺序的方式存储于 DNA 分子中，其表达产物蛋白质才是遗传特性的表现者。DNA 不是蛋白质合成的直接模板。存储于 DNA 分子中的遗传信息需要转录成 RNA 的碱基序列，才能作为蛋白质合成的模板，并决定氨基酸的顺序。通常把遗传信息从 DNA 到 RNA 的转移过程称为转录，即 RNA 的生物合成。

在生物界，RNA 合成有两种方式：一种是 DNA 指导的 RNA 合成，此为生物体内的主要合成方式；另一种是 RNA 指导的 RNA 合成，此种方式常见于病毒。转录产生的初级转录本是 RNA 前体（RNA precursor），需经加工过程才具有生物学活性。

10.2.1 转录

转录过程是在 DNA 指导下由 RNA 聚合酶催化进行的。反应是以 DNA 为模板，在 RNA 聚合酶催化下，以四种三磷酸核苷（NTP）即 ATP、GTP、CTP 及 UTP 为原料，各种核苷酸之间是以 $3'$，$5'$-磷酸二酯键相连进行的聚合反应。合成反应的方向为 $5' \rightarrow 3'$。反应体系中还有 Mg^{2+} 和 Mn^{2+} 等参与，反应中不需要引物参与。碱基互补原则为 A-U、G-C，在 RNA 中 U 替代 T 与 A 配对。

$$\left. \begin{array}{l} n_1\,ATP \\ n_2\,GTP \\ n_3\,UTP \\ n_4\,CTP \end{array} \right. \xrightarrow[\substack{Mn^{2+}\ 或\ Mg^{2+} \\ DNA\ 为模板}]{RNA\ 聚合酶} \left[\begin{array}{l} n_1\,ATP \\ n_2\,GTP \\ n_3\,UTP \\ n_4\,CTP \end{array} \right] + (n_1+n_2+n_3+n_4)PPi$$

产物RNA

转录的模板：合成 RNA 需要 DNA 作模板，所合成的 RNA 中核苷酸（或碱基）的顺序和模板 DNA 的碱基顺序有互补关系。

DNA 分子双链结构中只有一条链可作为有效的转录模板，称之为模板链，它能指导合成互补的 RNA 链。虽然另一条 DNA 链无转录功能，但其序列与新合成的 RNA 链相对应，这条 DNA 链也称为编码链。在一个包含许多基因的双链 DNA 分子中，各个基因的模板链并不一定是同一条链。对于某些基因，以某一条链为模板进行转录，而对于另一些基因则可由另一条链为模板链，这种转录方式称为不对称转录。

DNA 在进行转录时，部分结构是不稳定的，很可能会发生局部解开。当 RNA 合成后离开 DNA，解开的 DNA 链又重新形成双链结构。

DNA 模板有转录单位，但在转录起始之前，有特殊核苷酸顺序组成的启动基因，这是 RNA 聚合酶识别并与之结合的部位。末段也有特异的结构作为终止部位，使转录在起始和终止部位之间的范围进行。

10.2.2 参与转录的酶——RNA 聚合酶

催化转录作用的酶是 RNA 聚合酶，这类酶在原核细胞和真核细胞中广泛存在。

（1）原核生物 RNA 聚合酶　　大肠杆菌 RNA 聚合酶是由五个亚基组成，为两条 α 链，一条 β 链，一条 β′ 链和一条 σ 因子链，$\alpha_2\beta\beta'$ 四个亚基组成核心酶，加上 σ 因子后成为全酶 $\alpha_2\beta\beta'\sigma$。σ 因子与核心酶的结合不紧密，容易脱落。RNA 聚合酶 β 亚基有促进聚合反应中磷酸二酯键生成的作用。β′ 亚基是酶与模板结合时的主要部分。σ 因子没有催化活性，它可以识别 DNA 模板上转录的起始部位。

RNA 聚合酶具有多种功能。①它可从 DNA 分子中识别转录的起始部位。②促进与酶结合的 DNA 双链分子打开 17 个碱基对。③催化适当的 NTP 以 3′,5′-磷酸二酯键相连接，如此连续进行聚合反应完成一条 RNA 转录本的合成。④识别 DNA 分子中转录终止信号，促使聚合反应的停止。RNA 聚合酶还参与了转录水平的调控。

原核生物 RNA 聚合酶的几个特点：①聚合速度比 DNA 复制的聚合反应速率要慢；②缺乏 3′→5′ 外切酶活性，无校对功能，RNA 合成的错误率比 DNA 复制高很多；③原核生物 RNA 聚合酶的活性可以被利福霉素及利福平所抑制，这是由于它们可以和 RNA 聚合酶的 β 亚基相结合，而影响到酶的作用。

（2）真核生物的 RNA 聚合酶　　真核细胞有多种 RNA 聚合酶，不同的 RNA 聚合酶可以转录不同的基因。根据 α-鹅膏蕈碱对 RNA 酶的特异抑制作用，可将 RNA 聚合酶分为三种，分别称 RNA 聚合酶 I、II 和 III。RNA 聚合酶 I 存在于核仁中，主要催化 rRNA 前体的合成。RNA 聚合酶 II 存在于核质中，转录生成 hnRNA 和 mRNA，是真核生物中最活跃的 RNA 聚合酶。RNA 聚合酶 III 存在于核质中，催化小分子量的 RNA（如 tRNA 的和 5S rRNA 的生成）。

10.2.3　转录过程

RNA 的转录过程分为三个阶段：起始、延伸和终止。

（1）起始　　转录开始时，RNA 聚合酶（全酶）与 DNA 模板的启动基因结合，启动基因也称启动子。启动子或启动部位是指在转录开始进行时，RNA 聚合酶 σ 因子与模板 DNA 分子结合的特定部位。这特定部位在转录作用的调节中是有作用的。每一个基因均有自己特有的启动子。原核生物的启动子大约有 55 个碱基对，其中包含有转录的起始点和两个区——结合部位及识别部位。起始点是 DNA 模板链上开始进行转录作用的位点，标以 +1，转录是从起始点开始向模板链的 5′ 末端方向即编码链 3′ 末端方向进行。在 DNA 模板上，从起始点开始顺转录方向的区域称为下游；从起始点逆转录方向的区域称为上游。识别部位约有 6 个碱基对，其中心位于上游 -35bp 处。所以称为 -35 区，其共有序列为 5′-TTGACA-3′。结合部位是指在 DNA 分子上与 RNA 聚合酶核心酶紧密结合的序列。结合部位的长度大约是 7 个碱基对，其中心位于起始点上游的 -10bp 处，因此将此部位称为 -10 区。多种启动子的 -10 区具有高度的保守性和一致性；它们有一个共有序列或共同序列，为 5′-TATAAT-3′，又称为 Pribnow 盒。由于在 Pribnow 盒中碱基组成全是 A-T 配对，缺少 G-C 配对，而前者的亲和力只相当于后者的十分之一，所以 T_m 值较低。因此此区域的 DNA 双链容易解开，利于 RNA 聚合酶的进入而促使转录作用的起始。原核生物的启动子示意图如下。

一个真核基因按功能可分为两部分，即调节区和结构基因。结构基因的 DNA 序列指导 RNA 转录，如果该 DNA 序列转录产物为 mRNA，则最终翻译为蛋白质。调节区由两类元件组成，一类元件决定基因的基础表达，又称为启动子，另一类元件决定组织特异性表达或对外环境及刺激应答，两者共同调节表达。

RNA 聚合酶Ⅱ识别的启动子与原核生物的启动子相似，也具有两个高度保守的共有序列。其一是在 −25 区附近的一段 AT 富集序列，其共有序列是 TATA，称为 TATA 盒。TATA 盒与原核的 Pribonow 盒相似，是转录因子与 DNA 分子结合的部位，决定转录起始的精确位置。其二是在多数启动子中，−75 区附近共有序列 CAAT 区，称为 CAAT 盒，决定转录效率。除以上两个区域外，有些启动子上游中含有 GC 盒，此 GC 盒与 CAAT 盒多位于 −40〜110 区之间，它们可影响转录起始的频率。另外，有少量基因缺乏 TATA 盒，而由起始序列与 RNA 聚合酶Ⅱ直接作用启动基础转录的开始。启动子决定了被转录基因的启动频率与精确性，同时启动子在 DNA 序列中的位置和方向是严格固定的，是由 5′ 到 3′ 方向。其示意图如下。

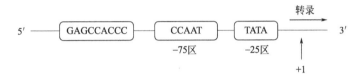

增强子是长 100〜200bp 的序列，它们与启动子不同，可以位于转录起始位点的上游，也可位于其下游。有些增强子和静息子在 DNA 序列中的方向是严格由 5′ 到 3′ 方向排列，而另外一些则是自 3′ 向 5′ 方向排列。增强子和静息子与其他调节元件的 DNA 序列是互相重叠的。增强子具有增强启动子的作用，与启动子都可视为基因表达调控中的顺式作用元件，可与转录因子和 RNA 聚合酶结合，启动并调节基因转录。

转录作用开始时，根据 DNA 模板链上的核苷酸序列，NTP 根据碱基互补原则依次进入反应体系。在 RNA 聚合酶的催化下，起始点处相邻的前两个 NTP 以 3′,5′-磷酸二酯键相连接。随后，σ 因子从模板及 RNA 聚合酶上脱落下来，于是 RNA 聚合酶的核心酶沿着模板向下游移动，转录作用进入延长阶段。脱落下的 σ 因子可以再次与核心酶结合而循环使用。

（2）延伸　起始发生以后，链的延伸是通过模板链上下一个碱基互补的核苷三磷酸相继结合，随着焦磷酸的释放形成键，以及聚合酶沿着模板链向前一个碱基转位而进行的。延伸的方向是 5′ 至 3′。一旦 RNA 链延伸了约 10 个碱基后，σ 因子即可从全酶上解离而产生核心酶，核心酶继续延伸反应直到遇到终止信号为止。释放出来的 σ 因子可与游离的核心酶重新结合而形成能与启动子结合并起始一条新的 RNA 链的全酶。

在体内，mRNA 合成的速度大约为每秒 45 个核苷酸，这与每秒翻译 15 个氨基酸的速度恰好相匹配。rRNA 以 2 倍于 mRNA 的速度合成。

当聚合酶移动时，它必须继续使 DNA 链打开或分离，以便单链 DNA 模板可处在酶的活性部位。另外，很可能在新生的 RNA 和 10 个碱基长的未配对 DNA 区域之间形成一个短暂的瞬间 RNA-DNA 杂交双链并帮助 RNA 维持在延伸着的复合物上。

（3）终止　DNA 分子中停止转录作用的部位，称为终止子。终止部位在结构上有些特点，终止部位中有一段 GC 富集区，随之又有一段 AT 富集区。在 GC 区内有一段是反向重复序列，以致转录作用生成的 mRNA 在其相应序列中形成互补的发卡式结构。对于 DNA 分子的 AT 富集区，转录生成的 mRNA 的 3′ 末端中相应地有一连串 U 序列。还有一种蛋白质 ρ 因子，它对于 RNA 聚合酶识别终止信号有辅助作用，又称为终止因子。

强终止子有回文结构，不依赖于 ρ 因子。强终止子序列有两个明显的特征：①在终止点之前有一段富含 GC 的回文区域；②富含 GC 的区域之后是一连串的 dA 碱基序列，它们转录的 RNA 链的末端为一连串 U（连续 6 个）。

弱终止子也有回文结构，但 GC 含量少，转录后形成的发卡结构不稳定。需要 ρ 因子帮助，ρ 因子能与 RNA 聚合酶结合但不是酶的组分，它的作用是阻止 RNA 聚合酶向前移动，于是转录终止，并释放出已转录完成的 RNA 链。见图 10-14。

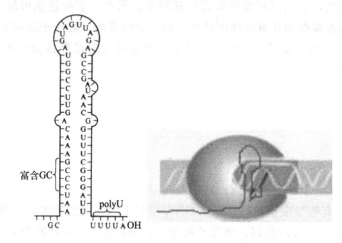

(a) 强终止子

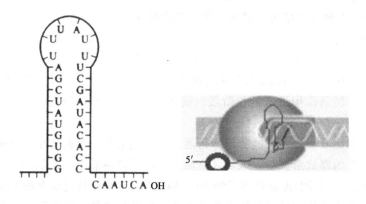

(b) 弱终止子

图 10-14 终止子结构及终止机制

10.2.4 基因转录的调节

10.2.4.1 原核细胞转录水平的调节

特定的基因在特定的时间和部位进行表达，是生物体正常生长繁殖的重要条件。原核基因组中，由几个功能相关的调控结构基因及其调控区组成一个基因表达的协同单位，这个单位称为操纵子（operon）。调控区由上游的启动子（promoter）和操纵区（operator）组成。启动子是结合 RNA 聚合酶的部位，操纵区是控制 RNA 聚合酶能否通过的"开关"。在调控区的上游常存在产生阻遏物的阻遏基因。阻遏物是影响操纵区的调控因素。操纵子有两种类型。一类是诱导操纵子，即诱导基因，能因环境中某些物质的出现而被活化。许多负责糖代谢的基因都属于这种类型。另一类是阻遏操纵子，即阻遏基因，一般情况下处于表达状态，但当其产物大量出现时即关闭，合成氨基酸的操纵子属于这一类型。

（1）乳糖操纵子　乳糖操纵子由 Z、Y 和 A 三个结构基因及调控区组成。

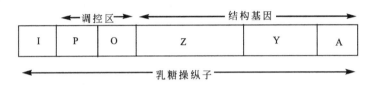

乳糖操纵子的阻遏基因（I）位于调控区的上游，是约 1kb 的 DNA 片段，表达产生的阻遏物分子量为 155000，可牢牢地结合在操纵区（O）。调控区由启动子和操纵区组成，是一段 122bp 的 DNA。启动子可覆盖约为 70bp 的区域，是结合 RNA 聚合酶的 DNA 序列。操纵区位于启动子和结构基因之间，覆盖了约为 35bp 的区域，它可结合阻遏物，是 RNA 聚合酶能否通过的开关。此外启动子上游还有一段短序列是分解代谢基因活化蛋白（CAP）的结合区。CAP 的结合，有利于推动 RNA 聚合酶前移的作用，是一种正调控方式。

结构基因区的三个基因分别编码三种酶，Z 基因编码 β-半乳糖苷酶，Y 基因编码通透酶，A 基因编码半乳糖苷乙酰化酶。无乳糖时，I 基因表达产生的阻遏物可与操纵区结合，从而挡住 RNA 聚合酶前移的通路，结构基因无法转录，细胞不表达以上三种酶。当乳糖存在时，乳糖本身可做诱导物与阻遏物结合，并使阻遏物发生变构，使其不能与操纵区结合，从而结构基因开放，三种参与消耗乳糖的酶立即开始表达。

（2）色氨酸操纵子　色氨酸操纵子含有五个结构基因，A、B、C、D 和 E 基因。A 和 B 基因共同产生色氨酸合成酶，C 基因产物是吲哚甘油磷酸合成酶，D 和 E 基因共同产生邻氨基苯甲酸合成酶。色氨酸调控基因 R 的产物称辅助阻遏蛋白，无结合操纵区的能力。因为色氨酸是细菌生长所必需的，因此通常此操纵子是开放的。色氨酸过量时可作为辅助阻遏物和辅助阻遏蛋白结合并改变其构型，变构后的蛋白称为阻遏蛋白，由它封闭操纵区，使转录不再进行。这实际上是基因水平上终产物的反馈抑制作用。

10.2.4.2　真核细胞基因转录调节

（1）顺式作用原件　真核细胞基因转录从起始阶段开始，一个基因表达的强度取决于启动子和增强子，如 TATA 盒、GC 盒和 CAAT 盒等的位置、结构和数目及组合。通过启动子和增强子等 DNA 元件控制基因转录的调节方式称为顺式调节。存在于 DNA 上的特定调控序列，称为顺式作用原件。

（2）反式作用因子　与顺式作用原件进行特异性结合的蛋白质因子称为反式作用因子。真核细胞 RNA 聚合酶需许多因子才能结合到 DNA 上起始转录，如 TATA 盒元件结合启动转录过程，有些基因无 TATA 盒，其起始复合物的形成就必须利用其他转录因子。许多转录因子具有共同的特征，根据它们的结构特征可把转录因子分成螺旋-转角-螺旋蛋白、亮氨酸拉链蛋白和锌指蛋白等。

螺旋-转角-螺旋蛋白中两个 α 螺旋由短肽转折形成 120°转角（图 10-15），其中一个 α 螺旋称为"识别螺旋"，可与靶序列 DNA 的大沟结合。

研究某些 DNA 结合蛋白的一级结构时，发现有 4～7 个重复出现的亮氨酸均匀分布在其 C 末端区段，每 2 个亮氨酸之间夹着 6 个氨基酸。由于蛋白质的 α 螺旋每旋转一周为 3.6 个氨基酸残基，这种氨基酸序列形成 α 螺旋时，亮氨酸必定分布于螺旋的同一侧，而且是每绕 2 周出现一次。如果两组这样的 α 螺旋平行形成二聚体，其亮氨酸疏水性侧链则刚好相互交错排列成一个拉链结构（图 10-16），称为亮氨酸拉链蛋白。当其与 DNA 结合时，蛋白质二聚体中的一个亚基沿 DNA 大沟向上结合，另一个亚基则向下结合，正好与双对称序列对应。

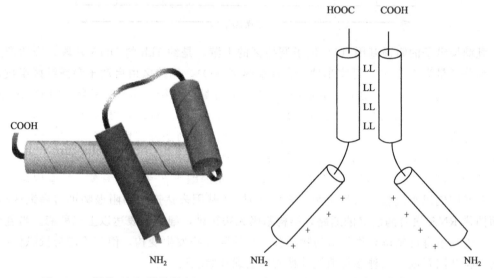

图 10-15　螺旋-转角-螺旋蛋白　　　　　　　图 10-16　亮氨酸拉链蛋白

锌指蛋白是含锌的蛋白质，可能是真核细胞中最大的一类 DNA 结合蛋白。锌以 4 个配价键和 4 个半胱氨酸（或 2 个半胱氨酸和 2 个组氨酸）相结合（图 10-17），每个指含有 12～13 个氨基酸，整个蛋白质就有 2～9 个这样的锌指重复单位。每个单位又可将其"指"部伸入 DNA 双螺旋的大沟接触 5 个脱氧核苷酸。

10.2.5　基因转录的方式

根据 RNA 转录模板的不同，基因转录可分为以下几种。

（1）不对称转录　DNA 两条链中只有一条链作为模板，转录生成 RNA，这种方式称为不对称转录。在转录过程中，作为模板的那条 DNA 链称为模片链或转录链，另一条链称为编码链，又称为信息链，该链具有维持 DNA 完整性和构象的作用，有利于 RNA 聚合酶不断产生 RNA。

（2）对称转录　许多不同的 RNA 聚合酶与互补的 DNA 两条单链识别并在每条模板上按照 $3'→5'$ 合成 RNA 链，RNA 链延伸方向都是 $5'→3'$，这种转录方式称为对称转录。

（3）逆转录　遗传信息可从 DNA 传递给 RNA，还可以从 RNA 传递给 DNA，这种信息传递方式称为逆转录。逆转录过程是由依赖于 RNA 的 DNA 聚合酶（逆转录酶，RDDP）

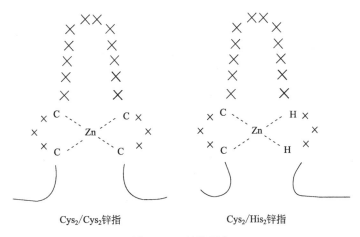

图 10-17　锌指蛋白

以 RNA 单链为模板催化 DNA 的生物合成，底物是 4 种脱氧核苷三磷酸，需要的引物是一种 tRNA，DNA 新链延伸方向也是 $5'\to3'$，逆转录结果是形成 RNA-DNA 分子。最后由依靠 DNA 的 DNA 聚合酶催化，使杂合分子中的单链 DNA 合成为双链分子。

10.2.6　RNA 的转录后加工

在细胞内，由 RNA 聚合酶合成的原初转录物质转变为成熟的 RNA 分子需经过一系列变化，包括链的裂解、$5'$ 端与 $3'$ 端的切除和特殊结构的形成、核苷的修饰和糖苷键的改变以及拼接和编辑的过程，此过程称为 RNA 的成熟，或称为转录后加工。

（1）原初转录物的特点　由 RNA 聚合酶合成的最初的 RNA 链大多是不成熟的，一般不具有生物学功能，这种 RNA 链称为 RNA 前体，这些前体需经过一系列酶促"加工"或修饰过程才能成为有功能的成熟的 RNA。

（2）加工修饰的共性　原核生物的 mRNA 通常一经转录立即进行翻译，一般不进行转录后加工。真核生物的大多数基因都被内含子分隔成断裂基因，转录后需经断裂和拼接才能使编码区域成为连续序列。真核 mRNA 的前体为 hnRNA，它经过酶的作用切去 80%～90% 的非信息部分，剩余的 10%～20% 的信息部分才能转变为 mRNA。rRNA 的前体在有关酶的作用下发生 $5'$ 端或 $3'$ 端的部分切除，然后修饰转化为成熟的 rRNA。tRNA 前体中的多余核苷酸（包括分子两端及分子内部的插入序列）被专一切除后才转变为成熟的 tRNA。

不同 RNA 的加工特点如下。

① mRNA 的加工形成。mRNA 前体的剪接由核酸内切酶、ATP 酶和解链酶等催化完成。真核细胞 mRNA 的 $5'$ 端有一个甲基化的"帽"结构（m^7G），它是由 RNA 三磷酸酯酶、RNA 鸟苷酸转移酶（又称加帽酶）、RNA 鸟嘌呤-7-甲基转移酶、RNA 核苷 2-O-甲基转移酶催化完成。大多数真核 mRNA 的 $3'$ 端有一个多聚核苷酸"尾"结构（polA），它是由特异性酶切除一段 10～30 个核苷酸片段后，在一个分子量为 300000 的 RNA 末端腺苷酸转移酶催化下，将 ATP 逐个加聚到 mRNA 切后的 $3'$ 端上形成的。

② rRNA 转录后加工。原核生物 rRNA 30S 前体由 RNAase Ⅲ、RNAase E、RNAase F 和 RNAase P 在特定点将各 rRNA 及 tRNA 分开，分开的 rRNA 前体在 RNAase M16、

RNAase M23 和 RNAase M5 的作用在 3′端和 5′端进行修剪，就成为成熟的 16S、23S 和 5S 的 rRNA。

原核生物 rRNA 有多个甲基修饰化成分，包括甲基化碱基和甲基化核糖，尤为常见的是 2′-甲基核糖。16S rRNA 约含 10 个甲基，23S rRNA 约含有 20 个甲基，5S rRNA 中一般无修饰成分，不进行甲基化反应。

不同真核生物的 rRNA 前体大小不同。哺乳动物的 18S、5.8S 和 28S rRNA 基因构成一个转录单位，转录产生 45S rRNA 前体。与原核生物类似，真核生物 rRNA 前体也是先甲基化，然后被切割。真核生物 rRNA 甲基化程度比原核生物 rRNA 甲基化程度高。

③ tRNA 的转录后加工。原核生物 tRNA 前体先被 RNAase O 切割分开，然后在 RNAase P、RNAase E 和 RNAase D 作用下生成有活性的 tRNA。

习 题

一、名词解释

1. 半保留复制　　2. 半不连续复制　　3. 复制原点　　4. 冈崎片段　　5. 转录
6. 逆转录　　　　7. 操纵子　　　　　8. 启动子　　　9. 终止子　　10. 增强子
11. 终止因子　　12. 顺式作用元件　　13. 反式作用因子

二、问答题

1. 简述复制叉处发生的反应。
2. DNA 复制的方式有哪些？
3. DNA 复制的高保真性是如何实现的？
4. 简述原核生物和真核生物 DNA 聚合酶种类及作用。
5. 简述 DNA 损伤修复的机制。
6. 简述原核生物和真核生物 RNA 聚合酶种类及作用。
7. 简述原核生物启动子的结构及功能。
8. 简述真核生物 RNA 聚合酶Ⅱ识别的启动子的结构及功能。
9. 简述原核生物转录的起始过程。
10. 试述终止子的结构、种类和终止机制。
11. 简述反式作用因子的常见结构及其特点。

11 蛋白质的生物合成

本章学习目标

1. 掌握蛋白质生物合成过程中遗传密码的作用和性质。了解核糖体、tRNA 的结构与功能。
2. 掌握蛋白质生物合成的分子机制。了解真核生物与原核生物蛋白质合成的差异。

蛋白质生物合成是生命科学重大的研究课题之一，在细胞代谢、生物活性物质的产生和基因工程产物的表达等方面占有重要地位。蛋白质生物合成的本质是基因的表达，核心是氨基酸排列顺序的确定。基因表达涉及 DNA、RNA 和蛋白质 3 种生物大分子，DNA 分子上的结构基因（structural gene）决定 RNA 和蛋白质的结构，结构基因转录的 mRNA 作为模板指导合成蛋白质称为翻译（translation）。1958 年，DNA 结构的确立者、诺贝尔奖获得者 Crick 总结了遗传信息在这 3 种分子间传递的过程和相互关系，提出了遗传信息传递的中心法则（central dogma），并在后来又做了进一步说明（图 11-1）。

$$\underset{\text{反转录}}{\overset{\text{转录}}{DNA \underset{\longleftarrow}{\rightleftharpoons} RNA}} \xrightarrow{\text{翻译}} 蛋白质$$

图 11-1　遗传信息传递的中心法则

中心法则指的是：蕴藏在核酸中的遗传信息可传向蛋白质，遗传信息一旦传递给蛋白质即不能逆转。核酸分子中的遗传信息可以通过 DNA 的复制或转录传向 DNA 或 RNA，这是生物在繁殖中的信息传递。在细胞分化及基因表达中，DNA 分子中的遗传信息可以传向 RNA，这便是多数生物中的转录，而 RNA 再传向蛋白质即为翻译。DNA 储存的遗传信息通过转录和翻译传给了蛋白质，最后以蛋白质来表现生物性状。至于 DNA 的遗传信息是否可以不经 RNA 而直接传递给蛋白质，迄今没有任何实验依据。1970 年，Howard Temin 和 David Baltimore 发现了反转录（reverse transcription）现象，这是一种比较稀有的传递方式，仅存在于一些反转录病毒（retroviruses）中，说明遗传信息也可以从 RNA 传向 DNA。病毒中遗传信息的传递方式如图 11-2 所示。

$$RNA \xrightarrow{\text{反转录}} DNA \xrightarrow{\text{转录}} RNA \xrightarrow{\text{翻译}} 蛋白质 \longrightarrow 生物性状$$

图 11-2　病毒中遗传信息的传递方式

蛋白质的生物合成在细胞代谢中占有十分重要的地位，同时蛋白质的生物合成过程又是一个十分复杂的过程，几乎涉及细胞内所有种类的 RNA 和几十种蛋白质因子，其中包括核糖体、mRNA、tRNA，还包括氨酰 tRNA 合成酶（aminoacyl-tRNA synthetase）等多种酶以及许多辅助蛋白因子，即起始因子（initiation factor，IF）、延伸因子（elongation factor，EF）、释放因子（releasing factor，RF）等。

11.1 遗传密码

决定蛋白质肽链中氨基酸的 mRNA 中的核苷酸三联体（triplet）称为遗传密码（genetic code）。

11.1.1 密码子

经多方面的证实，确认 mRNA 中 3 个连续的核苷酸代表 1 个氨基酸，这 3 个核苷酸组成 1 个密码子（codon），又称为三联体密码（triplet code）。

因为组成 mRNA 的核苷酸有 4 种，因此从理论上讲，密码子有 64（4^3）个，如果仅是 1 个密码子编码 1 种氨基酸，将有较多剩余密码子，实验证明有些氨基酸有 2 个或多个密码子。

从 1961 年起，Nirenberg 和 Khorana 等人用人工合成的 mRNA 与核糖体、放射性同位素标记的氨基酸、ATP 和氨酰 tRNA 合成酶共同保温 37℃，探讨在大肠杆菌的无细胞蛋白质合成系统中氨基酸与三联体密码子的对应关系。历经 5 年，于 1966 年确定了编码 20 种氨基酸的全部密码子，共计 64 个。表 11-1 是 64 个密码子的字典。

由表 11-1 可知，64 个密码子中，有 61 个密码子编码 20 种氨基酸，称为编码子（有义密码子）；UAA、UAG、UGA 3 个密码子不编码任何氨基酸，又称为无义密码子（nonsense codon），是肽链合成的终止密码子（termination codon）；密码子中编码 Met 的 AUG 同时又是肽链合成的起始信号，称为起始密码子。

表 11-1 遗传密码子的字典

第一位碱基（5′端）	第二位碱基（中间）				第三位碱基（3′端）
	U	C	A	G	
U	Phe	Ser	Tyr	Cys	U C
	Leu		终止	终止	A
			终止	Trp	G
C	Leu	Pro	His	Arg	U C
			Gln		A G
A	Ile	Thr	Asn	Ser	U C
	Met		Lys	Arg	A G
G	Val	Ala	Asp	Gly	U C
			Glu		A G

11.1.2 遗传密码的基本特性

11.1.2.1 通用性

各种低等和高等生物，包括病毒、细菌及真核生物，几乎都共用同一套遗传密码，称为密码的通用性（universal）。但在不同生物中，不同密码子的使用频率不同。例外的是真核生物线粒体内蛋白质合成所用的遗传密码与通用的遗传密码表不完全相同。例如，代表亮氨酸的 CUA 和异亮氨酸的 AUA 在线粒体蛋白质合成系统中分别代表苏氨酸和甲硫氨酸。

11.1.2.2　简并性

同一种氨基酸有 2 个或 2 个以上密码子的现象称为密码子的简并性（degeneracy）。对应于同一种氨基酸的不同密码子称为同义密码子（synonymous codon）。只有色氨酸与甲硫氨酸仅有 1 个密码子。密码子的简并性主要表现在密码子的第三位核苷酸可以变化，如组氨酸的密码子为 CAU、CAC，丙氨酸的密码子为 GCU、GCC、GCA、GCG 等。这一现象称为密码子的变偶性。密码子的简并性具有重要的生物学意义，它可以降低有害突变，稳定物种。

11.1.2.3　不重叠性

肽链翻译时密码的阅读必须从起始密码子开始，按一定的读码框（reading frame）连续读下去，直至终止密码子为止，具有不重叠性（nonoverlapping）。

11.1.2.4　连续性

连续性（continuance）指密码子之间是连续的，无任何核苷酸隔开。若插入或删除一个核苷酸，就会使以后的读码发生错位，称为移码突变。

11.1.2.5　方向性

在翻译时，密码子的阅读方向是从 mRNA 的 $5'\rightarrow3'$。

11.1.2.6　起始密码子的兼职性

AUG 既是起始密码子，又是甲硫氨酸（真核生物）或甲酰甲硫氨酸（原核生物）的密码子。

在遗传密码表中，氨基酸的极性通常由密码子的第 2 位（中间）碱基决定，简并性由第 3 位碱基决定。这种分布使得密码子中一个碱基被置换，其结果或是仍然编码相同的氨基酸，或是被理化性质最接近的氨基酸取代，从而使基因突变造成的危害降至最低程度。

11.2　核糖体

核糖体（ribosome）是为蛋白质的生物合成提供场所的细胞器，呈颗粒状，在细胞中数量相当多。在蛋白质生物合成过程中，氨基酸在核糖体的作用下加入多肽链中。

11.2.1　核糖体的组成

核糖体是一种复杂的核糖核酸蛋白质颗粒，由 rRNA 和蛋白质组成，两者的质量分数分别占核糖体组成的 60% 和 40%。核糖体由大、小两个亚基组成，两个亚基都含有蛋白质和 rRNA，但其种类和数量各不相同。当镁离子浓度为 10mmol/L 时，大、小亚基聚合；镁离子浓度下降到 0.1mmol/L 时，则大、小亚基解聚。

原核生物和真核生物的核糖体也不同，主要区别见表 11-2。

表 11-2　核糖体的分类与组成

核糖体来源	大小	亚基	
		小亚基	大亚基
真核生物细胞质	80S	40S;34 种蛋白质,18S rRNA	60S;50 种蛋白质,28S、5.8S、5S rRNA
哺乳动物线粒体	55S~60S	30S~35S;12S rRNA	40S~45S;16S rRNA
		70~100 种蛋白质	
高等植物细胞质	77S~80S	40S;19S rRNA	60S;25S、5S rRNA
		70~75 种蛋白质	
植物叶绿体	70S	30S;20~24 种蛋白质,16S rRNA	50S;34~38 种蛋白质,23S、5S、4.5S rRNA
原核生物(如大肠杆菌)	70S	30S;21 种蛋白质,16S rRNA	50S;34 种蛋白质,23S、5S rRNA

可将核糖体看作是一个巨大的多酶复合体，它所含的蛋白质有些在蛋白质多肽链合成过程中起酶的作用，还有一些起辅助蛋白或调节蛋白的作用。构成核糖体的所有成分都参与了蛋白质的合成。

11.2.2　核糖体的功能

核糖体有 3 个基本功能：识别 mRNA 上的起始位点并开始翻译；使密码子（codon）与 tRNA 上的反密码子（anticodon）正确配对；合成肽键。

核糖体的大、小亚基结合 mRNA、tRNA 的特性不同。如大肠杆菌的小亚基能单独与 mRNA 结合形成复合体，进而与 tRNA 专一地结合；大亚基不能单独与 mRNA 结合，但能非专一地与 tRNA 结合。核糖体具有多个活性中心或活性部位，这些活性部位比较大，占据了核糖体的相当大部分，不像酶的活性中心只占酶分子的小部分。肽键形成的催化中心位于大亚基上，在起始阶段 mRNA 的专一性结合发生在小亚基上。

在大亚基上有两个 tRNA 结合位点，即 A 位和 P 位。A 位即氨酰基位点（aminoacyl site），结合新掺入的氨酰-tRNA（除起始氨酰-tRNA 外）；P 位即肽酰基位点（peptidyl site），结合延伸的多肽酰-tRNA。A、P 位点位于大、小亚基接触面上。核糖体上还有许多结合起始因子、延伸因子、释放因子和转移酶（transferase）等的位点。

mRNA 与核糖体的结合是在小亚基靠近大亚基的接触面上。在细胞内，一个 mRNA 分子常与一定数目的单个核糖体结合形成念珠状，称为多聚核糖体（polyribosome），如图 11-3所示。每两个核糖体之间有一段裸露的 mRNA。每个核糖体可独立进行蛋白质肽链的合成全过程，即在多聚核糖体上可以同时进行多条肽链的合成，以提高遗传信息表达的效率。这些蛋白质主要是胞质中存在的各种酶。

每一条 mRNA 链上所"串联"的核糖体数目与生物种类有关，如家兔网织细胞是 5~6 个，细菌中含有 4~20 个，在个别例子中也有多达 100 个核糖体的（例如与细菌的丝氨酸合成酶有关的多聚核糖体）；核糖体之间的距离也随生物种类而异，一般为 5~10nm。多聚核

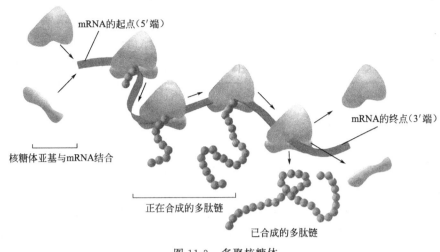

图 11-3　多聚核糖体

糖体是生物体合成蛋白质最经济的一种形式，因为这样既可避免每一条多肽链需要一条 mRNA 链，也可避免由于合成过多的同种 mRNA 造成错误而导致突变。这也是体内蛋白质种类和数量很多，而 mRNA 的量并不很大（占 5%）的原因。

11.3　氨基酸的活化——氨酰 tRNA 的合成

tRNA 在蛋白质合成中是氨基酸的携带者，氨基酸与 tRNA 连接实际上是氨基酸的活化。游离氨基酸不能进入核糖体，只有与 tRNA 结合后即活化后被携带进入核糖体，才能用于合成肽链。

11.3.1　氨基酸与 tRNA 的反应

氨基酸与 tRNA 连接形成氨酰 tRNA 的反应包括两步：①氨酰 tRNA 合成酶催化它所识别的氨基酸与 ATP 反应，生成活化的氨酰腺苷酸（AA～AMP），氨基酸的 α-羧基与腺苷酸的磷酸基是以高能键连接；②在氨酰 tRNA 合成酶催化下，氨基酸由 AA～AMP 转移给 tRNA 生成氨酰 tRNA。

$$AA+ATP \xrightleftharpoons{\text{氨酰 tRNA 合成酶}} AA\sim AMP+PPi$$

$$AA\sim AMP+tRNA \xrightleftharpoons{\text{氨酰 tRNA 合成酶}} AA\sim tRNA+AMP$$

以上两步反应可总结如下：

$$AA+ATP+tRNA \xrightleftharpoons{\text{氨酰 tRNA 合成酶}} AA\sim tRNA+AMP+PPi$$

总反应的平衡常数接近于 1，自由能降低极少，说明 tRNA 与氨基酸之间的键是一个高能酯键，这个键水解时的 ΔG 为 $-30.51kJ/mol$。由此可见，氨基酸与 tRNA 的连接（氨基酸的活化）是一个耗能过程，由 ATP 分解提供能量。氨基酸与 tRNA 之间形成的高能酯键对于蛋白质合成中肽键的形成十分重要。

携带 20 种氨基酸的 tRNA 各不相同，每一种氨基酸都有自己特有的 tRNA，而且有的氨基酸可以被几种 tRNA 携带。携带同一种氨基酸的几种 tRNA 称为同工受体（isoacceptor）或同工 tRNA。这是一种氨基酸有几个密码子的缘故，通常有一个密码子就有一个 tRNA，有几个密码子就有几个 tRNA。携带氨基酸的 tRNA 称为氨酰 tRNA 或负载 tRNA，通常用下列方法表示：将所携带的氨基酸符号写在 tRNA 的右上角，若有负载，则将氨基酸符号写在 tRNA 的前面（或后面），如 Ala-tRNA^{Ala}、Phe-tRNA^{Phe} 等。

11.3.2　氨酰 tRNA 合成酶

上述氨基酸与 tRNA 连接的两步反应都是由同一个酶，即氨酰 tRNA 合成酶（aminoacyl-tRNA synthetase）所催化。氨酰 tRNA 合成酶分子量都较大，大多在 85000～110000 之间，有的仅一条肽链，有的由几个亚基组成，活性中心有巯基。每一种氨酰 tRNA 合成酶既能够识别相应的氨基酸，又能识别与此氨基酸相对应的一个或多个 tRNA 分子。

氨基酸在与 tRNA 连接时，因为 tRNA 3′端的腺苷核糖有 2′和 3′位上两个游离羟基，究竟与哪个羟基生成酯键呢？就其机制而言，可以分为两类氨酰 tRNA 合成酶（表 11-3）。对于 I 类酶，氨酰基最初转到 tRNA 3′端的腺苷酸残基的 2′羟基上，然后通过转酯化反应被转移到 3′羟基上。对于 II 类酶，氨酰基直接转移到 tRNA 末端腺苷的 3′羟基上（图 11-4）。

表 11-3　两类氨酰 tRNA 合成酶

I 类	II 类	I 类	II 类
Arg	Ala	Leu	Lys
Cys	Asn	Met	Phe
Gln	Asp	Try	Pro
Glu	Gly	Tyr	Ser
Ile	His	Val	Thr

氨酰 tRNA 合成酶所催化的第一步反应氨基酸的酰化并不是严格专一的。例如，大肠杆菌的异亮氨酰 tRNA 合成酶也可催化亮氨酰～AMP 或缬氨酰～AMP 的合成，缬氨酰 tRNA 合成酶也可催化苏氨酰～AMP 的合成。但是由此酶催化的第二步酯化反应却表现出高度专一性。因为氨酰 tRNA 合成酶具有校正功能，能以很快的速度水解非正确组合的氨基酸和 tRNA 之间形成的共价联系。如缬氨酸与异亮氨酸只差一个甲基，较难区别，异亮氨酰 tRNA 合成酶也偶尔会生成 Val-tRNA^{Ile}，但异亮氨酰 tRNA 合成酶会很快将 Val-tRNA^{Ile} 水解为 tRNA^{Ile} 和 Val。因此，从总的反应来看，氨基酸与其相应 tRNA 的连接是高度专一的。氨酰 tRNA 合成酶的这种专一性有十分重要的生理意义，可以避免 tRNA 携带错误的氨基酸掺入蛋白质合成，使翻译过程的错误率小于万分之一。

11.3.3　氨酰 tRNA 合成酶可识别特定底物

氨酰 tRNA 合成酶的底物包括氨基酸和 tRNA 两类化合物。一种 tRNA 只能携带一种氨基酸，氨酰 tRNA 合成酶既能识别相应的氨基酸，又能识别与此氨基酸相对应的一个或

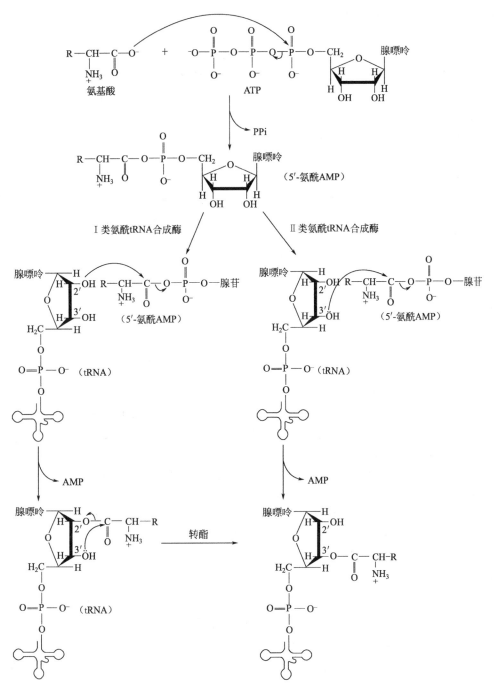

图 11-4   氨酰 tRNA 合成酶作用下的 tRNA 的氨酰化

多个 tRNA。根据氨酰 tRNA 合成酶识别 tRNA 反密码子的专一性，可将氨酰 tRNA 合成酶分为两类：一类可识别反密码子，另一类则不能。这是因为有的 tRNA 在遗传上其反密码子发生了改变，但其氨酰 tRNA 合成酶对它的识别却没有发生变化。

酶分子上有两个识别位点，一个识别并结合特异氨基酸，另一个识别并结合特异 tRNA。氨酰 tRNA 合成酶能在 20 种氨基酸中区分和活化专一的氨基酸，但一些氨基酸类似物也可被氨酰 tRNA 合成酶活化。利用这一性质可研究氨基酸与酶的结合部位。研究较多的是大肠杆菌苯丙氨酰 tRNA 合成酶对苯丙氨酸类似物的活化与结合。实验结果表明，该酶的一个疏水区与苯丙氨酸的苯环相结合。

对于氨酰 tRNA 合成酶与 tRNA 结合部位的研究，涉及酶的结构和 tRNA 结构两个方面，主要有两种研究方法。一是采用特异化学试剂处理 tRNA，使 tRNA 分子中某些区域的碱基改变，然后观察它与酶的亲和力。实验发现，氨酰 tRNA 合成酶可以使不同来源的 tRNA 氨酰化。例如，酵母苯丙氨酰 tRNA 合成酶可以使大肠杆菌 tRNA^{Met}、tRNA^{Ile}、tRNA^{Val} 等氨酰化。分析这些 tRNA 的一级结构，发现其二氢尿嘧啶环的茎部有几个核苷酸排列顺序相同。该顺序是 tRNA 与氨酰 tRNA 合成酶相结合所必需的。二是用核酸水解酶处理氨酰 tRNA 合成酶与 tRNA 形成的复合物。酶与 tRNA 结合的部分不被核酸酶水解，而 tRNA 中未结合的部分被水解掉。用这种方法发现苯丙氨酰 tRNA 合成酶与 tRNA^{Phe} 的反密码区和二氢尿嘧啶区结合，酵母丝氨酰 tRNA 合成酶同 tRNA^{Ser} 的反密码区结合，而大肠杆菌甲硫氨酰 tRNA 合成酶与 tRNA^{Met} 的反密码区、3′ 端茎部的一部分以及附加区有关。由此可推测，不同 tRNA 与氨酰 tRNA 合成酶的结合部位可能不同。

11.4　起始密码子与起始 tRNA

11.4.1　起始密码子

蛋白质合成中翻译的开始需要在 mRNA 分子上选择合适位置的起始密码子 AUG。这一过程可通过核糖体小亚基与 mRNA 的结合来完成。原核和真核生物在识别合适的起始密码子上有所差别，这种差别源于原核和真核生物 mRNA 的差异。对于真核生物 mRNA 而言，它通常只编码一个蛋白质，而原核生物 mRNA 通常可为多个蛋白质编码。

真核生物的 mRNA 中，最靠近 5′ 端的 AUG 序列通常是起始密码子。核糖体小亚基首先结合在 mRNA 的 5′ 端，然后向 3′ 端移动，直到 AUG 序列被 tRNA$_i$^{Met} 上的反密码子识别。除酵母以外的高等真核生物中，这种识别为类似 GCCGCCpurCCAUGG 片段序列所加强，核糖体与它进行识别的过程目前尚不清楚，但可以肯定，如果没有类似片段序列，40S 小亚基将不能识别 AUG，而是继续向 3′ 端移动，识别到类似序列的 AUG 时翻译才开始。

原核细胞中，起始 AUG 可以在 mRNA 上的任何位置，并且一个 mRNA 上可以有多个起始位点，为多个蛋白质编码。原核细胞中的核糖体通过 SD 序列对 mRNA 分子内众多的 AUG 起始位点进行识别。细菌的 mRNA 通常在起始密码子 AUG 上游 10 个碱基左右位置存在一段以 AGGA 或 GAGG 为核心的长 8～13 nt 并富含嘌呤的共同序列，通常为 AGGAGGU，现被称为 SD 序列（Shine-Dalgarno sequence），以帮助从起始 AUG 处开始翻译。

11.4.2　起始 tRNA

所有蛋白质的翻译开始于甲硫氨酸的参与，细胞中有两种 tRNA 可携带甲硫氨酸：一种在翻译起始时使用，这个 tRNA 可简写为 tRNA$_i$^{Met}，它对选择在 mRNA 上什么位置开始翻译起重要作用；另一种 tRNA 在肽链延伸中使用，携带甲硫氨酸掺入到蛋白质内部，写作 tRNA$_e^{Met}$。由此可见，细胞中可存在两种甲硫氨酰 tRNA，但只有一种甲硫氨酰 tRNA 合成酶参与这两种甲硫氨酰 tRNA 的合成。对这两种甲硫氨酰 tRNA 的识别是由参与蛋白质合成的起始因子和延伸因子决定的，起始因子识别 tRNA$_i^{Met}$，而延伸因子识别 tRNA$_e^{Met}$。

在原核细胞中，负责起始的甲硫氨酰 tRNA 写为 tRNA$_i^{fMet}$，或写为 tRNA^{fMet}，当其携带了甲硫氨酸后由甲酰化酶（transformylase）催化，由 N^{10}-甲酰四氢叶酸提供甲酰基（—CHO），使 Met 的 α-氨基被甲酰化（formylation），甲酰化使参与起始的 tRNA$_i^{Met}$ 不再参与肽链的延伸过程。而在真核细胞中，由于缺乏甲酰化酶，这种识别过程在进化过程中逐渐消失。因此，甲酰化过程在真核细胞中是不存在的。

$$\text{Met-tRNA}^{fMet} + N^{10}\text{-甲酰 FH}_4 \xrightarrow{\text{甲酰化酶}} \text{fMet-tRNA}^{fMet} + \text{FH}_4$$

原核细胞中，负责转运肽链内 Met 的 tRNA 也写为 tRNA$_e^{Met}$。tRNA$_i^{fMet}$ 和 tRNA$_e^{Met}$ 在一级结构上有几个核苷酸不同，但其反密码子相同，都是 $3'$ UAC$5'$。在大肠杆菌中，tRNA$_i^{fMet}$ 约占 70%，tRNA$_e^{Met}$ 约占 30%。

11.5　翻译过程

蛋白质的合成方向是从氨基端开始向羧基端延伸的，其过程可分为肽链合成起始、肽链延伸和肽链合成终止三个阶段。

11.5.1　密码子的识别

tRNA 的反密码子通过碱基配对识别 mRNA 的密码子。对密码子的识别是由 tRNA 分子本身决定的，其 $3'$ 末端携带的氨基酸对识别密码子没有影响。

11.5.2　肽链合成的起始

虽然在肽链合成的起始（initiation）上原核生物和真核生物有一定差异，但也有三个共同点：一是由核糖体的小亚基来结合起始 tRNA；二是 mRNA 上必须要有合适的起始密码子；三是小亚基、起始 tRNA 和 mRNA 形成复合物后，大亚基必须与该复合物结合。

11.5.2.1　30S 起始复合物的形成

大肠杆菌中有 3 种起始因子（initiation factor，IF），即 IF1、IF2 和 IF3，它们都是特殊蛋白质，其分子量分别为 9000、82000～120000 和 200000。由两个亚基（30S，50S）组成的无活性核糖体（70S）首先被起始因子 IF3 激活，IF3 将两个亚基分离，并与 30S 小亚基结合。激活后的 30S 亚基（30S-IF3 复合物）首先与 mRNA 结合，然后与负载的起始氨酰 tRNA^{fMet} 结合（需要 IF1、IF2 和 GTP）形成起始复合物（initiation complex）。起始复合物含有 mRNA、核糖体 30S 亚基、起始因子 IF1 和 IF2，以及 fMet-tRNA^{fMet}（图 11-5）。tRNA^{fMet} 的反密码子与 mRNA 上的起始密码子（AUG）相对应，这一步结合作用主要由 IF1 和 IF2 起作用。另外，IF2 还具有 GTP 酶活性，水解 GTP 以提供能量。IF3 具有双重功能，既能使已结束蛋白质合成的核糖体的30S和50S亚基解离，又能与30S亚基结合，激活30S亚基，促进其与 mRNA 结合。

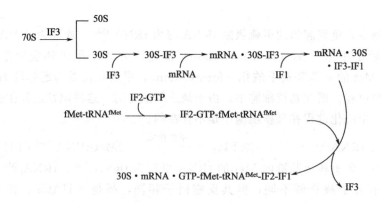

图 11-5　原核生物蛋白质合成 30S 起始复合物的形成

11.5.2.2　50S 亚基与 30S 起始复合物的结合

前面已经谈到核糖体上有两个特殊部位，一个是接受氨酰 tRNA 的部位，称为 A 位 (aminoacyl site) 或受位（acceptor site），另一个是肽酰 tRNA 结合的部位，称为 P 位 (peptidyl site)。当起始复合物形成后，50S 亚基即可结合上去，使负责起始的甲酰甲硫氨酰 tRNA 处于 P 位，同时 tRNA^{fMet} 的反密码子与 mRNA 的 AUG 配对。起始复合物与50S 亚基一旦结合，起始因子（IF1、IF2）即从 30S 亚基中释放出来，它们又可用于另一个核糖体的起始作用。肽链合成的起始如图 11-6 所示。

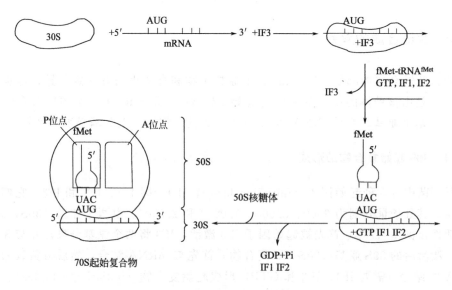

图 11-6　原核生物蛋白质合成的起始

50S 亚基与 30S 起始复合物形成的产物称为 70S 起始复合物，可见一旦 70S 起始复合物形成后，fMet-tRNA^{fMet}就进入 50S 亚基的 P 位，同时 tRNA^{fMet}的反密码子就与 mRNA 的 AUG（起始密码子）配对。

11.5.3 肽链的延伸

肽链的延伸（elongation）包括进位、转肽和移位 3 个步骤。当起始过程结束后，mR-NA 上起始密码子后的密码子的翻译由这 3 个反应重复进行来完成每个氨基酸的掺入。

11.5.3.1 进位

在肽链合成的起始阶段，由于 fMet-tRNA^{fMet}进入了核糖体大亚基的 P 位，而 A 位空载，此时对应于 mRNA 上第 2 个密码子的 AA-tRNA 就进入 A 位，因此这个步骤称为进位（entrance）。进位过程是一个需能过程，由 GTP 提供能量，此外还需要两个蛋白因子 EF-Tu 和 EF-Ts 的参与。

tRNA^{fMet}和其他氨酰 tRNA 不同，它不能和 EF-Tu、EF-Ts 结合，这也是 tRNA^{fMet}不能进入肽链内部的原因。

EF-Tu、EF-Ts 以及下面要讲到的移位酶（G 因子）统称为肽链延伸因子（peptide chainelongation factor，EF）。EF-Tu 和 EF-Ts 为延伸因子 EF-T 的两个亚基。Ts 对热稳定，Tu 对热不稳定。EF-Tu-GTP 复合物与第 2 个氨酰 tRNA 形成复合物，从而进入核糖体 A 位。一旦第 2 个氨酰 tRNA 与 A 位结合，即释放出 EF-Tu-GDP 复合物。肽链延伸中的氨酰 tRNA 进位过程如图 11-7 所示。

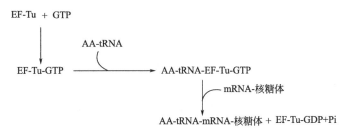

图 11-7　肽链延伸中的氨酰 tRNA 进位

EF-Tu-GDP 复合物在延伸因子 EF-Ts 的催化下，释放 GDP，结合 GTP，重新形成 EF-Tu-GTP 复合物，为结合下一个氨酰 tRNA 作准备。

11.5.3.2 转肽

转肽（transpeptidation）是延伸因子从核糖体上解离下来后马上形成肽键的过程，此步需要 Mg^{2+}、K$^+$等离子的参与，由于肽酰转移酶（peptidyl transferase）催化，使一个酯键变成一个肽键。转肽反应不需要 GTP 或 ATP 参与，肽链和 tRNA 间高能酯键的水解提供形成肽键所需要的能量。

A 位新加入的氨酰 tRNA 上氨基酸的氨基对 P 位的 fMet-tRNA^{fMet}上的氨基酸与核糖连接的酯键发动亲核攻击，使酯键转变为肽键，在 A 位形成二肽酰 tRNA，fMet 离开 P 位，P 位上的 tRNA^{fMet}变为空载（图 11-8）。

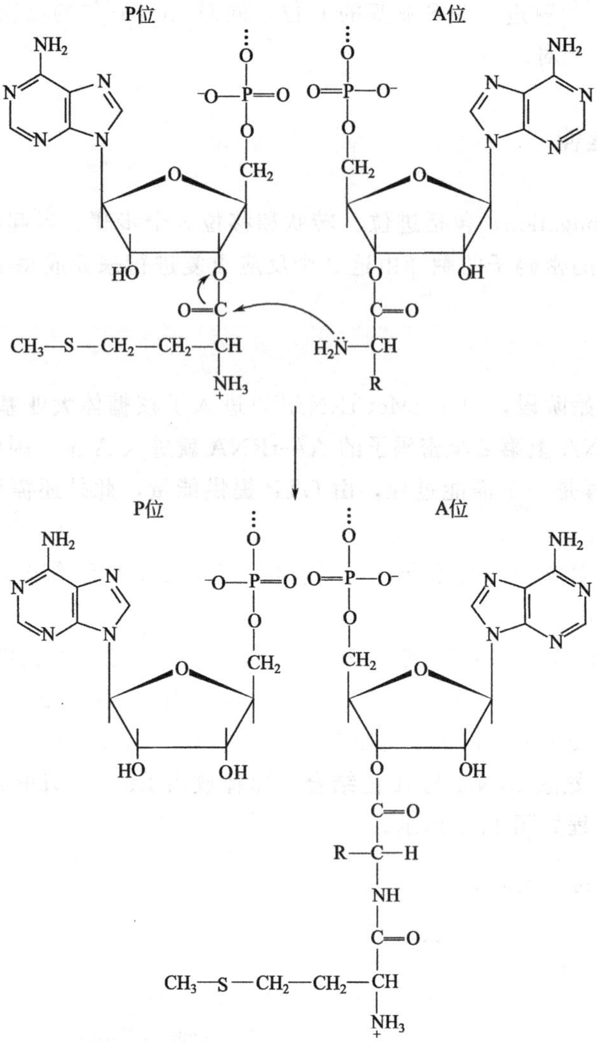

图 11-8　肽链合成中第一个肽键的形成

11.5.3.3　移位

移位（translocation）是带有二肽的二肽酰 tRNA 从核糖体的 A 位移动到 P 位的过程。此过程由移位酶（translocase，或称 G 因子）催化，并必须由 GTP 提供能量（图 11-9）。携带着肽酰基的 tRNA 连同 mRNA 移动一个三联体密码子的距离（由 mRNA $5' \rightarrow 3'$ 的方向）。与此同时，P 位上原有的空载 tRNA 被释放出来。

移位的目的是使核糖体沿 mRNA 移动，使下一个密码子暴露出来，以供继续翻译。如此反复地进行进位、转肽和移位的"循环"，肽链被延长，直至 mRNA 的终止密码子出现在核糖体的 A 位为止。

11.5.4　肽链合成的终止

如图 11-10 所示，当肽链合成进行到 mRNA 的终止密码子出现在核糖体的 A 位时，由

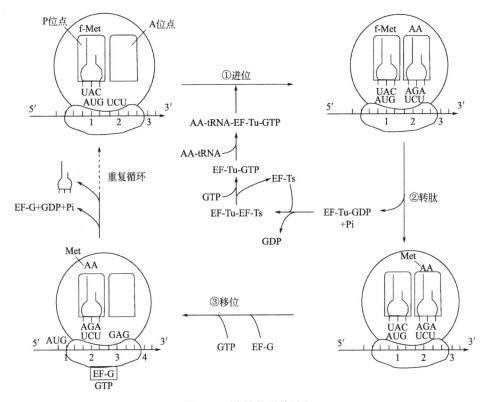

图 11-9　肽链的延伸过程

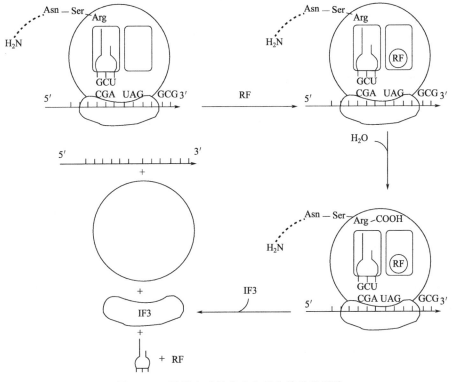

图 11-10　肽链合成的终止和新生肽链的释放

于 tRNA 不含有可识别终止密码子的反密码子，肽链合成不再继续下去，此时，释放因子（release factor，RF）可识别终止密码子。释放因子 RF 分为 RF1、RF2 和 RF3 三种。RF1 识别终止密码子 UAA 和 UAG，RF2 则识别 UGA 和 UAA。RF3 并不识别终止密码子，但对 RF1、RF2 的活性有促进作用，并促进无负载的 tRNA 从核糖体释放。目前所知，多肽合成的释放因子 RF1、RF2 和 RF3 都是酸性蛋白质，分子量分别为 44000、49000、46000。真核生物只发现一种释放因子 RF（分子量 150000～250000），具有原核生物三种释放因子的活性。

当 RF 因子结合到 A 位后，将肽酰转移酶的活性转变成酯酶活性，该酶水解 P 位上的肽酰 tRNA 中 tRNA 和 C 末端氨基酸的酯键，使肽链释放；该酶还促使 tRNA 从核糖体中释放。一旦 tRNA 与核糖体脱离，核糖体的大、小亚基立即解聚，并从 mRNA 上释放出来。接着 IF3 就与 30S 亚基结合，防止大、小亚基立刻重新结合，而 IF3-30S 亚基又可用于新的多肽链合成的起始，这样就构成核糖体循环（ribosomal cycle）。

总之，肽链的合成是 N 端→C 端，核糖体是 5′→3′ 依次"阅读"mRNA 上的密码子。在真核细胞中蛋白质合成过程与原核细胞基本相似，但某些步骤更复杂，涉及的蛋白因子也更多。

11.6　翻译后修饰加工

肽链合成后要经过加工修饰才能变成有活性的蛋白质，这种加工处理过程称为翻译后修饰作用（post-translational modification）。它相当于蛋白质生物合成的第四大阶段，包括肽链的末端修饰、共价修饰及水解修饰，分泌性蛋白质还涉及肽链的分拣及分泌等。此阶段主要在细胞质内的高尔基体、内质网等处进行。翻译后加工过程使得蛋白质组成更加多样化，从而导致蛋白质结构上呈现更大的复杂化。

11.6.1　N 末端甲硫氨酸的切除

原核细胞多肽的合成都以 N-甲酰甲硫氨酰-tRNA（fMet-tRNA^{fMet}）的形式起始。照此，原核细胞合成的蛋白质 N 末端应为甲酰甲硫氨酸，但事实并非如此。在大肠杆菌中的蛋白质多肽链其 N 末端 45％以甲硫氨酸开始，30％以丙氨酸开始，15％以丝氨酸开始，其余 10％为其他氨基酸。这是由于肽链在以甲酰甲硫氨酸开始的合成完成后，其 N 末端经过酶的修饰才形成以不同氨基酸为 N 末端的肽链。在大肠杆菌中发现两种酶参与这种末端修饰：一种为脱甲酰酶（deformylase），可水解甲酰甲硫氨酸的甲酰基；另一种为特异氨基肽酶（aminopeptidase），可自 N 末端逐个切去几个氨基酸残基。这种修饰作用不一定在肽链合成终止后进行，也可边合成边修饰。

真核生物中蛋白质 N 末端不含甲硫氨酸，其甲硫氨酸的切除可能是在 N 末端切除多个氨基酸残基时随同切掉。

11.6.2　二硫键的形成

肽链内或肽链间的二硫键是在肽链形成后由专门的酶催化，通过氧化巯基而生成的，它在维持蛋白质分子的空间构象中起重要作用。

11.6.3　氨基酸残基的修饰

由于不同蛋白质的结构与功能不同，其后修饰作用也就有所不同。这种差异常常表现在不同残基的共价修饰上，通常在细胞的内质网中进行。有的蛋白质需要羧基化或磷酸化（如糖原磷酸化酶等），有的要乙酰化（如组蛋白）或甲基化（如细胞色素 c 等），有些要接上各种糖基（各种糖蛋白），才能由无活性的前体变成活性形式。活性形式是具有特定空间构象的，因此"修饰"过程在构象形成前完成，即在多肽链形成的同时就进行着氨基酸残基的修饰。如胶原蛋白合成中，有些氨基酸残基的羟化是在专一的羟化酶催化下修饰的。

11.6.4　肽链的水解修饰

在高等动物和人体中，一些活性肽或蛋白质常常由其前体经过特殊的酶水解切除部分肽链后产生。如胰岛素刚合成出来时是一条有 100 多个氨基酸残基的肽链，称为前胰岛素原（preproinsulin），切除信号肽和称为 C 链的肽段后，才形成了有活性的含 51 个氨基酸残基，并具有 A、B 两条肽链的胰岛素。

11.6.5　与辅助物结合

对需要辅助物的蛋白质，它们的辅助因子必须结合在蛋白质上，蛋白质才具有生物活性，如血红蛋白中血红素与多肽链的共价连接。

11.6.6　亚单位的聚合

对于具有四级结构的蛋白质，还必须进行肽链合成修饰后的亚基间的聚合，如血红蛋白四聚体的形成。

11.7　蛋白质的分泌和转运

核糖体上新合成的多肽被有目的地、定向地送往细胞的各个部位的过程称为蛋白质转运，以行使各自的生理功能。大肠杆菌新合成的多肽，一部分仍停留在胞浆内，一部分则被送到质膜、外膜或质膜与外膜之间的空隙（即周质），有的也可分泌到胞外。真核细胞中一部分核糖体以游离状态停留在胞浆中，它们只合成供装配线粒体及叶绿体膜的蛋白质；另一部分核糖体受新合成多肽 N 端上的信号肽所控制而进入内质网，使原来表面平滑的内质网（smooth ER）变成有局部凸起的粗面内质网（rough ER）。与内质网相结合的核糖体可合成三类主要的蛋白质：溶酶体蛋白、分泌到胞外的蛋白和构成质膜骨架的蛋白。通过短时间的在粗面内质网加工后，分泌蛋白形成被膜包裹的转运小泡，转运至高尔基体顺式侧，然后高尔基体将各种多肽进行分类，并转运至溶酶体、分泌粒和质膜等目的地，分类最初发生在高尔基体反式侧。蛋白质应送往何处，是由蛋白质本身的空间结构决定的。

11.7.1 信号肽引导蛋白质的转运

真核生物不但有细胞核、细胞质和细胞膜，而且还有许多膜性结构的细胞器，在细胞质内合成的蛋白质怎样到达细胞的不同部位呢？了解比较清楚的是分泌性蛋白质的转运。

在真核细胞中，需要运输的多肽都含有一段氨基酸序列，称为信号肽序列（signal or leader sequence），引导多肽至不同的转运系统。信号肽的概念首先是由 D. Salatini 和 G. Blobel 所提出的。以后，C. Milstein 和 G. Brownlee 在体外合成的免疫球蛋白肽链的 N 端找到了这种信号肽。当时只是在体外合成的未加工的免疫球蛋白上找到了信号肽，但不能在体内合成的经过加工的成熟免疫球蛋白上找到。因为在体内合成后的加工过程中，信号肽被信号肽酶（signal peptidase）切掉了。许多蛋白质激素就是以前体蛋白形式合成，如胰岛素 mRNA 通过翻译，可得到前胰岛素原蛋白，N 端的 23 个氨基酸残基的信号肽在转运至高尔基体的过程中被切除。以后在很多真核细胞的分泌蛋白中都发现有信号肽。

信号肽序列通常位于被转运肽链的 N 端，这些序列长度为 10～40 个氨基酸残基，氨基端至少含有一个带正电荷的氨基酸，在中部有一段长度为 10～15 个由高度疏水性氨基酸残基组成的肽链，常见的为缬氨酸、丙氨酸、亮氨酸、异亮氨酸和苯丙氨酸。这一疏水区极为重要，其中某一个氨基酸被极性氨基酸置换时，信号肽即失去功能。信号肽的位置也不一定都在新生肽链的 N 端，有些蛋白质（如卵清蛋白）的信号肽位于多肽链的中部，但功能相同。

疏水序列表明，一般蛋白质很难通过膜脂，而信号肽可引导分泌性蛋白至特定的细胞器，并通过膜。目前还没有完全阐明什么样的序列能指导蛋白质转运至什么细胞器。在信号肽的 C 端有一个可被信号肽酶识别的位点，此位点上游通常有一段疏水性较强的五肽，其中第一个和第三个氨基酸残基常为具有一个小侧链的氨基酸（如丙氨酸）。

20 世纪 80 年代中期，Blobel 等在胞浆中发现一种由小分子 RNA 和蛋白质共同组成的复合物，能特异地与信号肽识别，称为信号肽识别体（signal recognition particle，SRP）。SRP 的分子量为 325000，由 1 分子 7SL RNA（小胞浆 RNA，长 300 核苷酸）和 6 个不同的多肽分子组成。7SL RNA 上有两段核苷酸序列，称为 Alu 序列。Alu 序列在哺乳类 DNA 中颇为常见。SRP 有两个亚基：一个亚基用于识别信号肽，在空间上阻止氨酰 tRNA 进入，从而抑制多肽链的延伸，同时抑制肽基转移酶活性；另一个亚基与 GTP 结合并催化其水解。SRP 受体是一个异源二聚体蛋白，由分子量为 69000 的 α 亚基与分子量为 30000 的 β 亚基组成，在定向转移中它既能结合又能水解 GTP。

在起始复合物中，核糖体亚基组装在起始密码子处，并开始蛋白质合成。信号肽与 SRP 的结合发生在蛋白质合成刚开始时，即 N 端的新生肽链刚出现时。SRP 先后与带有新生肽链的核糖体及 GTP 相结合，阻止多肽链的延伸作用。SRP-核糖体复合体就移动到内质网上，并与那里的 SRP 受体停泊蛋白（docking protein）结合，一旦结合，SRP 分离并重新参与循环，同时伴随着 GTP 在 SRP 及受体中水解。蛋白质合成的延伸作用又重新开始，新生肽链通过肽转移复合物进入内质网腔内，信号肽在内质网腔内被信号肽酶切除。核糖体亚基与 mRNA 分离，并参与再循环，过程如图 11-11 所示。

SRP 对翻译阶段作用的重要生理意义在于：分泌性蛋白及早进入细胞的膜性细胞器，能够正确地折叠、进行必要的后期加工与修饰并顺利分泌出细胞。

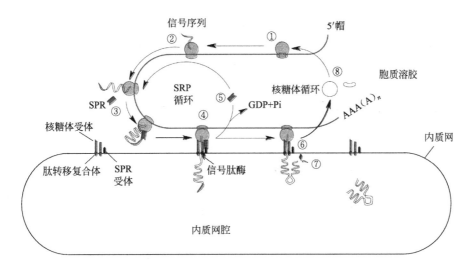

图 11-11　信号肽的识别过程

①核糖体亚基组装在起始密码子处，并开始蛋白质合成。
②新生肽链 N 末端的信号肽被翻译。③信号肽与 SRP 结合，
SRP 先后与带有新生肽链的核糖体及 GTP 相结合，阻止多
肽链的延伸作用。④SRP-核糖体复合体移动到内质网上，
并与那里的 SRP 受体停泊蛋白（docking protein）结合。
⑤SRP 从复合体上分离并重新参与循环。⑥蛋白质合成的
延伸作用又重新开始，新生肽链通过肽转移复合物进入内
质网腔内。⑦信号肽在内质网腔内被信号肽酶切除，
核糖体亚基与 mRNA 分离，并参与再循环。

具有核定位序列（NLS）的蛋白质与输入蛋白 α 和 β 复合物结合，产生的复合物与核孔结合，转运受 Ran GTP 酶的调节。细胞核内，输入蛋白 α 与输入蛋白 β 分离，接着输入蛋白 α 与细胞核蛋白分离。输入蛋白 α 与输入蛋白 β 从细胞核中输出，参与再循环。

11.7.2　线粒体和叶绿体蛋白质的运输

线粒体和叶绿体的 DNA 基因组分别只能编码一小部分线粒体和叶绿体蛋白质，大部分线粒体和叶绿体蛋白质是由细胞核基因组 DNA 编码的。这些蛋白质在胞浆内由游离核糖体合成，然后再输送到这些细胞器中去，因此被称为翻译后运输（posttranslational transport）。在这一过程中，为了穿过线粒体和叶绿体膜，这些蛋白质需要通过多肽链结合蛋白（polypeptide chain binding proteins，PCBs）的帮助进行去折叠。向线粒体进行的翻译后运输还需要 ATP 和质子梯度，以帮助蛋白质去折叠和跨膜。

由核基因组编码的线粒体外膜蛋白的 N 端上也有一段富含带正电荷的氨基酸及丝氨酸、苏氨酸的序列，称为线粒体定向肽，起信号肽作用。线粒体定向肽可与外膜上的相应位点识别。线粒体蛋白前体与胞质伴侣蛋白（热休克蛋白 70 或 MSF）结合，并且传送到 TOM 受体复合物，然后到达由 TOM 和 TIM 通道复合物组成的膜通道。蛋白质前体的转移，既受到线粒体膜基质侧的线粒体热休克蛋白 70 的 ATP 酶作用，又受到内膜跨膜电化学势的驱

动。信号序列在线粒体基质中被除去，蛋白质折叠恢复功能构象。

在胞质中合成的叶绿体蛋白质的运输与线粒体蛋白非常类似，叶绿体新生肽的定向输送也是由 N 端上的一段称为叶绿体转移肽的序列决定的。该序列的第一段导向叶绿体基质，在基质中被除去；第二段导入类囊体中，在那里被除去。

11.7.3 细菌蛋白质的运输

相对真核细胞来说，细菌中新生肽的定向输送较为简单。多肽在细胞质中合成后，可以在合成部位或被整合到质膜上，或通过质膜分泌出来行使功能。大多数非细胞质细菌蛋白质在核糖体上合成的同时被运送至质膜或跨过膜，这一过程称为翻译运输（co-translational transport）。翻译运输过程需一组帮助多肽分泌的蛋白质参与，有的新生肽链 N 端引导序列（leader sequence）能识别膜蛋白，可将正在翻译的核糖体拉至质膜，使合成的多肽得以转运。引导肽酶（leader peptidase）可将这段引导肽切除，使多肽能够分泌出细胞。

11.8 蛋白质生物合成的抑制剂

多种因素可抑制基因表达，从而抑制蛋白质的生物合成。干扰蛋白质合成的抑制剂主要有抗生素、毒素和抗代谢物等，它们的抑制机理各不相同。对蛋白质合成抑制剂的研究，对于药物设计、疾病防治等具有重要意义。

11.8.1 抗生素

抗生素（antibiotics）主要通过破坏细菌细胞壁，引起溶菌，或通过干扰核酸和蛋白质的生物合成来达到杀菌目的。这里主要介绍破坏蛋白质生物合成的抗生素，分为两类，一类和核糖体 30S 亚基作用，另一类和核糖体 50S 亚基作用。

特异结合于细菌核糖体 30S 亚基的抗生素有链霉素（streptomycin）、土霉素（oxytet-racycline）、金霉素（chlortetracycline）、四环素（tetracycline）和卡那霉素（kanamycin）等。特异结合于细菌核糖体 50S 亚基的抗生素有氯霉素（chloramphenicol）、红霉素（erythromycin）和螺旋霉素（spiramycin）等。链霉素和卡那霉素还阻碍 $fMet\text{-}tRNA^{fMet}$ 与 30S 亚基结合，使翻译不能起始。结核杆菌对这两种抗生素特别敏感。真核生物核糖体对包括土霉素、金霉素在内的四环素族抗生素也是敏感的，但这类抗生素不能通过真核生物的细胞膜，因而不能抑制真核细胞的蛋白质合成。氯霉素主要抑制 50S 亚基的肽酰转移酶，它可与该酶附近的许多蛋白质相互作用，使该酶不能发挥正常功能。此外，氯霉素也抑制氨酰 tRNA 与核糖体的结合。

11.8.2 毒素

干扰素（interferon，IFN）是病毒感染宿主细胞产生的一种多功能蛋白质。例如，人体被病毒感染后可产生 3 种干扰素，即 α-干扰素（白细胞产生）、β-干扰素（成纤维细胞产生）、γ-干扰素（T 淋巴细胞产生），每一类中又有若干亚类。干扰素干扰病毒蛋白质的合成，还对病毒的复制、转录、病毒颗粒的装配等起抑制作用。

白喉毒素（diphtheria toxin）是由白喉杆菌（*Corynebacterium diphtheria*）分泌的一种外毒素，它通过钝化真核细胞蛋白质延伸因子-2（EF-2）抑制蛋白质合成来杀死细胞，是已知的最有潜力的毒素。

11.8.3　抗代谢物

抗代谢物（antimetabolite）是指在结构上与参加反应的天然代谢物相似的物质，它能竞争性地抑制代谢中的某一种酶或反应。有多种物质的结构类似于遗传信息传递中某些反应底物，例如 6-巯基嘌呤（6-mercaptopurine）、5-氟尿嘧啶（5-fluorouracil）等碱基的类似物可抑制 DNA 复制，已用于肿瘤治疗。

嘌呤霉素（puromycin）是白色链霉菌（*Streptomyces alboniger*）产生的一种抗菌素，其结构与 Tyr-tRNA^{Tyr} 十分相似，可替代 Tyr-tRNA^{Tyr} 进入核糖体的 A 位，它结合到肽链后，其他氨基酸不能再进入，肽链合成提前终止。

习 题

一、名词解释

1. 中心法则　　　2. SD 序列　　　3. 信号肽

4. 翻译　　　　　5. 单顺反子　　　6. 翻译起始复合体

二、问答题

1. 已知亮氨酸有 6 个密码子分别为 UUA、UUG、CUU、CUC、CUA 和 CUG，至少可由几个 tRNA 识别这些密码子？如何配对识别的？

2. 简述氨基酸与 tRNA 生成氨酰-tRNA 的过程。

3. 在大肠杆菌菌体中，甲硫氨酸仅有一个密码子的氨基酸，它是如何既能为起始残基编码又能为多肽链内部的 Met 残基编码的？

4. 原核生物起始甲硫氨酰-tRNA 是如何甲酰化的？

5. 蛋白质生物合成起始后，多肽链是如何延长的？

6. 原核生物肽链合成的终止是如何发生的？

7. 简述蛋白质翻译后的加工过程。

8. 为什么读码框密码子是从 5′ 到 3′，而肽链合成是从 N 端向 C 端？

9. 我们知道由 mRNA 的碱基顺序可推出它编码肽链中的氨基酸顺序，那么能不能由一肽链中氨基酸顺序推出为它编码的 mRNA 模板？为什么？

10. 如下给出 mRNA 模板的碱基顺序，请推出它指导合成的肽链氨基酸顺序。

(1) UUU AUG UGG GGU GGC GGA GGG；

(2) AUG GUU GUC GUA UAA GGU GGC。

11. 一段突变基因，它编码的氨基酸残基序列既含有 SRP 识别的信号顺序，又含有核定位顺序（NLS）。能确定多肽最后在细胞中的位置吗？为什么？

12. 简述原核生物的蛋白质合成过程。

13. 如果利用 DNA 的模板链的互补链进行转录和翻译，所得到肽链的氨基酸顺序与正常产物是否相同？有何生物学意义？

14. 根据密码表，下列哪些氨基酸的突变是由于遗传密码的单个碱基改变？

(1) Asp-Glu；　　(2) Phe-Lys；　　(3) Ala-Thr；

(4) His-Glu；　　(5) Ile-Met；　　(6) Phe-Gly。

15. 尽管 IF2、EF-Tu、G 因子和 RF-3 在蛋白质合成中的作用显著不同，然而这四种蛋白质都有一个氨基酸序列十分相似的结构域。此结构域的功能会是什么？

12　物质代谢的调控

本章学习目标

1. 了解物质代谢的相互关系。
2. 掌握生物体内细胞、激素和整体三个不同水平上进行代谢调控的方式和三者间的相互关系。

物质代谢包括合成代谢和分解代谢，是生命现象的基本特征，也是生命活动的物质基础。物质代谢由许多连续的和相关的代谢途径所组成，而代谢途径又是由一系列的酶促化学反应组成的。在正常情况下，各种代谢途径几乎全部按照生理的需求，有节奏、有规律地进行，同时，为适应体内外环境的变化，及时地调整反应速率，保持整体的动态平衡。可见，体内物质代谢是在严密的调控下进行的。细胞内及组织、器官间物质代谢途径高度协调的机制称为代谢调节。代谢调节机制普遍存在于生物界，是生物在长期进化过程中逐步形成的一种适应能力。进化程度越高的生物，其代谢调节的机制越复杂。

人们人为地将生物体内的代谢调节分成细胞水平的调节、激素水平的调节以及整体水平的综合调节三个不同的水平。

① 细胞水平的调节　通过对细胞内酶的调节来实现。
② 激素水平的调节　协调不同细胞、组织与器官之间的代谢。
③ 整体水平的调节　在神经系统参与下由酶和激素共同构成的调节网络。

它们之间是紧密联系的，后一级水平的调节往往通过前一级水平的调节发挥作用，即细胞水平的调节是基础，激素水平的调节往往通过对细胞内酶的调节来进行，而神经系统对代谢的调控在很大程度上是通过激素来发挥作用的，可见代谢调节的复杂性。

单细胞的微生物受细胞内代谢物浓度变化的影响，改变其各种相关酶的活性和酶的含量，从而调节代谢的速度，这是细胞水平的代谢调节，是生物体在进化上较为原始的调节方式。

较复杂的多细胞生物，出现了内分泌细胞。高等动物则出现了专门的内分泌器官，这些器官所分泌的激素可以对其他细胞发挥代谢调节作用。激素可以改变某些酶的催化活性或含量，也可以改变细胞内代谢物的浓度，从而影响代谢反应的速度，这称为激素水平的调节。

高等动物不仅有完整的内分泌系统，而且还有功能复杂的神经系统。在中枢神经的控制下，或者通过神经递质对效应器直接发生影响，或者通过改变某些激素的分泌，来调节某些细胞的功能状态，并通过各种激素的互相协调而对整体代谢进行综合调节，这种调节即为整体水平的调节。

以上所述的细胞水平的调节、激素水平的调节和整体水平的调节在高等动物和人体内全部存在。

12.1　物质代谢的相互关系

机体内各种组织、器官和各种细胞在功能上都不会独立于整体之外，而是处于一个严密的整体系统中。一个组织可以为其他组织提供底物，也可以代谢来自其他组织的物质。这些器官之间的相互联系是依靠神经-内分泌系统的调节来实现的。神经系统可以释放神经递质来影响组织中的代谢，又能影响内分泌腺的活动，改变激素分泌的状态，从而实现机体整体的代谢协调和平衡。

在早期饥饿、饥饿和饱食情况下机体的代谢调节过程各不相同。早期饥饿时，血糖浓度有下降趋势，这时肾上腺素和糖皮质激素的调节占优势，促进肝糖原分解和肝脏糖异生作用，在短期内维持血糖浓度的恒定，以供给脑组织和红细胞等重要组织对葡萄糖的需求。

若饥饿时间继续延长，则肝糖原被消耗殆尽，这时糖皮质激素也参与发挥调节作用，促进肝外组织蛋白分解为氨基酸，便于肝脏利用氨基酸、乳酸和甘油等物质生成葡萄糖，这在一定程度上维持了血糖浓度的恒定。这时，脂肪动员也加强，分解为甘油和脂肪酸，肝脏将脂肪酸分解生成酮体，酮体在此时是脑组织和肌肉等器官重要的能量来源。

在饱食情况下，胰岛素发挥重要作用，它促进肝脏合成糖原和将糖转变为脂肪，抑制糖异生；胰岛素还促进肌肉和脂肪组织的细胞膜对葡萄糖的通透性，使血糖容易进入细胞，并被氧化利用。

不同代谢途径通过共同代谢中间代谢物形成代谢网络；不同的代谢途径通过交叉点上关键的共同中间代谢物得以沟通，形成经济有效、运转良好的代谢网络。

最关键的中间代谢物有 6-磷酸葡萄糖、丙酮酸和乙酰 CoA。各代谢还有与其他代谢相同的中间物：磷酸二羟丙酮、磷酸烯醇式丙酮酸、草酰乙酸、α-酮戊二酸、磷酸核糖等，在沟通代谢网络中也起着重要作用。

12.1.1　糖代谢与脂类代谢的相互关系

糖类和脂类都是以碳氢元素为主的化合物，它们在代谢关系上十分密切。一般来说，在糖供给充足时，糖可大量转变为脂肪贮存起来，导致发胖。糖变为脂肪的大致步骤为：糖经 EMP 途径产生磷酸二羟丙酮，磷酸二羟丙酮可以还原为甘油，也能继续通过糖酵解途径形成丙酮酸，丙酮酸氧化脱羧后转变成乙酰 CoA，乙酰 CoA 可用来合成脂肪酸，最后由甘油和脂肪酸合成脂肪。可见脂肪的每个碳原子都可以从糖转变而来。如果用含糖类很多的饲料喂养家畜，就可以获得肥畜的效果；另外许多微生物可在含糖的培养基中生长，在细胞内合成各种脂类物质，如某些酵母合成的脂肪可达干重的 40%。

　　脂肪转化成糖的过程首先是脂肪在酶的作用下分解成甘油和脂肪酸，然后两者分别经由不同途径生成糖。甘油经甘油激酶的催化磷酸化生成 α-磷酸甘油，再转变为磷酸二羟丙酮，后者经糖异生作用生成糖。脂肪酸经 β-氧化作用，生成乙酰 CoA。在植物或微生物体内形成的乙酰 CoA 经乙醛酸循环生成琥珀酸，琥珀酸再经三羧酸循环形成草酰乙酸，草酰乙酸可脱羧形成丙酮酸，然后通过糖异生作用生成糖。但在人和动物体内不存在乙醛酸循环，通常情况下，乙酰 CoA 都是经三羧酸循环而氧化成 CO_2 和 H_2O，而不能转化成糖。因此对动物而言，只是脂肪中的甘油部分可转化为糖，而甘油占脂肪的量相对很少，所以生成的糖量相对也很少。但脂肪酸的氧化利用可以减少对糖的需求，这样，在糖供应不足时，脂肪可以代替糖提供能量，使血糖浓度不至于下降过多。可见，糖和脂肪不仅可以相互转化，在相互替代供能上关系也是非常密切的。

12.1.2　糖代谢与蛋白质代谢的相互关系

　　糖是生物机体的重要碳源和能源。糖经 EMP 途径产生的磷酸烯醇式丙酮酸和丙酮酸，以及丙酮酸脱羧后经三羧酸循环形成的 α-酮戊二酸、草酰乙酸，它们都可以作为合成氨基酸的碳骨架。通过氨基化或转氨基作用形成相应的氨基酸，进而合成蛋白质。此外，由糖分解产生的能量，也可以为氨基酸和蛋白质合成提供能量。

　　蛋白质可以降解形成氨基酸，氨基酸在体内可以转变为糖。许多氨基酸经脱氨后形成丙酮酸、草酰乙酸、α-酮戊二酸等，这些酮酸可通过三羧酸循环经由草酰乙酸转化为磷酸烯醇式丙酮酸，然后再经糖的异生作用生成葡萄糖。

12.1.3　脂类代谢与蛋白质代谢的相互关系

　　生物体中的脂类除构成生物膜外，大多以脂肪的形式储存起来。脂肪由脂肪酶催化分解产生甘油和脂肪酸，甘油可以进入 EMP 途径转变为丙酮酸，再转变为草酰乙酸及 α-酮戊二酸，然后接受氨基而转变为丙氨酸、天冬氨酸及谷氨酸。脂肪酸可以通过 β-氧化生成乙酰 CoA，乙酰 CoA 与草酰乙酸缩合进入三羧酸循环，可产生 α-酮戊二酸和草酰乙酸，进而通过转氨作用生成相应的谷氨酸和天冬氨酸，从而与氨基酸代谢相联系。

　　但是这种由脂肪酸合成氨基酸碳架结构的可能性是受一定限制的。实际上，当乙酰 CoA 进入三羧酸循环，形成氨基酸时，需要消耗三羧酸循环中的有机酸，如无其他来源补充，反应将不能进行下去。在植物和微生物中存在乙醛酸循环，可以由两分子乙酰 CoA 合成一分子琥珀酸，用于回补三羧酸循环中的有机酸，从而促进脂肪酸合成氨基酸。例如，含有大量油脂的植物种子，在萌发时，由脂肪酸和铵盐形成氨基酸的过程进行得极为强烈。微生物利用醋酸或石油烃类物质发酵生产氨基酸，可能也是通过这条途径。但在动物体内不存在乙醛酸循环。一般来说，动物细胞不易利用脂肪酸合成氨基酸。

　　蛋白质转变为脂肪，在动物体内也能进行。生糖氨基酸，通过丙酮酸，可以转变为甘油，也可以在氧化脱羧后转变为乙酰 CoA，再经丙二酰途径合成脂肪酸。至于生酮氨基酸如亮氨酸、异亮氨酸、苯丙氨酸、酪氨酸等，在代谢过程中能生成乙酰乙酸，由乙酰乙酸再缩合成脂肪酸，最后合成脂肪。另外，丝氨酸在脱去羧基后形成胆胺，胆胺在接受甲硫氨酸给出的甲基后，即形成胆碱，胆碱是合成磷脂的成分。

12.1.4 核酸代谢与糖、脂肪及蛋白质代谢的相互联系

核酸是细胞中重要的遗传物质，它通过控制蛋白质的合成，影响细胞的组分和代谢类型。一般来说，核酸不是重要的碳源、氮源和能源，虽然生物机体也能利用其中的碳、氮和能源。

许多游离核苷酸在代谢中起着重要的作用。例如 ATP 是能量和磷酸基团转移的重要物质。UTP 参与单糖的转变和多糖的合成。CTP 参与卵磷脂的合成。GTP 提供蛋白质肽链合成时所需的能量。

生物机体内，各类物质代谢相互影响、相互转化。核酸代谢与糖、脂肪及蛋白质代谢的相互关系如图 12-1 所示。三羧酸循环不仅是各类物质共同的代谢途径，而且也是它们之间相互联系的渠道。而丙酮酸、乙酰 CoA、α-酮戊二酸和草酰乙酸等代谢物则是各类物质相互转化的重要中间产物。

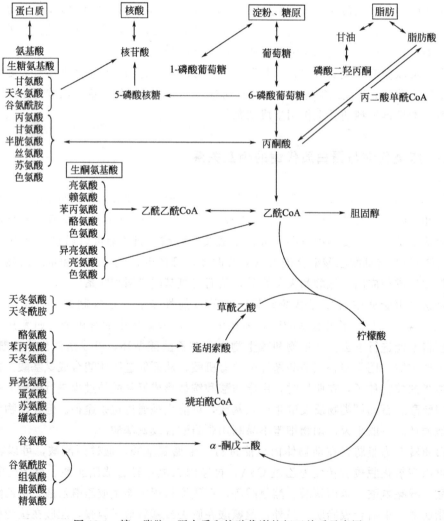

图 12-1　糖、脂肪、蛋白质和核酸代谢的相互关系示意图

12.2　代谢的调节

生命是靠代谢的正常运转维持的。生命有限的空间内同时有那么多复杂的代谢途径在运转，必须有灵巧而严密的调节机制，才能使代谢适应外界环境的变化与生物自身生长发育的需要。当外界条件改变时，生物机体能调整和改变体内的代谢流向，构建新的代谢平衡，以适应变化的环境，因而能生存和发展。调节失灵便会导致代谢障碍，出现病态甚至危及生命。在漫长的生物进化历程中，机体的结构、代谢和生理功能越来越复杂，代谢调节机制也随之更为复杂。

如前所述生物体内的代谢调节通常可分为细胞水平的调节、激素水平的调节和整体水平的调节三种。细胞水平上的代谢调节实质上是酶的调节，主要通过细胞内区域化分布、酶的别构调节、酶的化学修饰及酶含量的改变等方面而实现。这种"酶水平"的调节机制，是基本的调节方式。激素和神经的调节，仍然是通过"酶水平"的调节而发挥作用的。所有这些调节机制都受到生物遗传因素的控制。

12.2.1　细胞水平的调节

（1）细胞内酶的区域化分布对代谢的调节　各种酶促反应是在复杂的膜结构中进行的，各类酶在细胞中有各自的空间分布，即酶的分布具有区域性。因此，酶催化的中间代谢反应不仅得以进行、互不干扰，而且能互相协调和制约。

原核细胞无细胞器，它含有的酶一部分连接在质膜上，一部分存在于细胞液中，如参加呼吸链、氧化磷酸化、脂肪酸生物合成的各种酶类，都存在于原核细胞的质膜上；真核细胞内存在复杂的膜结构，各类酶在细胞内有其特定的分布，即每一条代谢途径内催化各个相关反应的酶限制在细胞的某一区域中。

细胞核是生物的遗传信息贮存场所和信息转录场所，在核质中合成 mRNA 和 tRNA，在核仁中合成 rRNA 和构成核糖体，这些 RNA 分子都是通过核膜上的核孔进入细胞质。

粗糙型内质网膜上有核糖体颗粒，它们是 mRNA 指导的酶、抗体、激素等蛋白质合成的场所。光滑型内质网膜上没有核糖体颗粒，但是它们与糖类和脂肪等的合成相关。

溶酶体是真核细胞中的一种细胞器，为单层膜包被的囊状结构，直径 $0.025\sim0.8\mu m$，内含多种水解酶，目前已发现的有 50 余种，包括蛋白酶、核酸酶、磷酸酶、糖苷酶、脂肪酶、磷酸酯酶及硫酸脂酶等。这些酶控制多种内源性和外源性大分子物质消化分解。因此，溶酶体具有溶解或消化的功能，是细胞内的消化器官。

线粒体具有极为复杂的膜结构，有外膜和内膜之分。在线粒体中进行三羧酸循环、电子传递及氧化磷酸化，以及脂肪酸的 β-氧化。进行这些代谢过程的酶体系都有一定的空间分布。

细胞质则是糖酵解和脂肪酸合成的场所，而糖酵解的酶类则附着在质膜内壁的细胞质中，脂肪酸生物合成的酶类和酰基载体蛋白等，在细胞质中占有一定的位置。

（2）酶含量的调节　直接参加代谢调节的关键性酶类统称调节酶。机体必须使调节酶保持一定含量，防止过剩和不足，这样才能维持机体代谢的正常运行。

通过改变酶分子合成或降解的速度可调节细胞内酶的浓度从而影响代谢速率。

① 酶蛋白合成的诱导与阻遏。酶作用的底物或产物，以及激素或药物都可影响酶的合成。能增强酶合成的作用称诱导作用；反之则称为阻遏作用。底物、激素以及外源的某些药物常对酶的合成有诱导作用，而酶催化作用的产物则往往对酶的合成有阻遏作用。为了适应环境的需要，动物机体的酶合成会出现增强、减弱或停止的协调性反应。如成人和成年哺乳动物的胃液中无凝乳酶，而婴儿和幼龄哺乳类动物的胃液则含大量的凝乳酶，这是因为后者以奶为唯一食物，需要凝乳酶先将奶蛋白凝结成絮状，以利于肠道消化，成人和成年动物的主食不是奶，不需要凝乳酶，故不合成这种酶。

② 酶分子降解速度的调节。改变酶分子降解速度，也能调节细胞内的酶浓度，从而达到调节酶促反应速率的目的。不过这种调节方式的作用不如细胞中酶的诱导和阻遏作用大。

(3) 酶活性的调节　酶活性的调节是以酶分子的结构为基础的。因为酶的活性强弱与其分子结构密切相关。一切导致酶分子结构改变的因素都可影响酶的活性。有的改变使酶活性增高，有的使酶活性降低。机体控制酶活力的方式有多种形式。

① 抑制作用。机体控制酶活力的抑制作用有简单抑制与反馈抑制两类。

简单抑制是指一种代谢产物在细胞内累积多时，可抑制自身的形成。这种抑制作用仅仅是物理化学作用，而未牵涉酶结构上的变化。

反馈抑制是指酶促反应终产物对酶活力的抑制，细胞利用反馈抑制酶活力的情况较为普遍。这种抑制在多酶体系反应中产生，一系列酶促反应的终产物对第一个酶起抑制作用，它既可控制终产物的形成速度，又可避免一系列不需要的中间产物在机体中堆积。

② 活化作用。机体为了使代谢正常也用增进酶活力的方式进行代谢调节。例如酶原的激活，对被抑制物抑制的酶则用活化剂或抗抑制剂解除抑制作用。

③ 别构作用。某些物质如代谢产物，能与酶分子的调节位点结合，使酶蛋白分子发生构象改变，从而改变酶活性（激活或抑制）这类调节称为变构调节或别位调节，能接受这种变构作用的酶称为变构酶或别位酶，能使酶起变构作用的物质称为变构剂，有的起激活作用，有的起抑制作用。变构调节普遍存在于生物界中。代谢途径中的不可逆反应都是潜在的调节位点，且第一个不可逆反应往往是重要的调节位点。而这种酶大部分是受变构调节的。如糖酵解途径中的果糖磷酸激酶，脂肪酸合成途径中的乙酰 CoA 羧化酶等都是变构酶。

④ 共价修饰。共价修饰是指在调节酶分子上以共价键连接或解离某种特殊化学基团所引起的酶分子活性改变。最常见的是磷酸化或去磷酸化与腺苷酸化或去腺苷酸化以及甲基化等共价修饰。例如糖原磷酸化酶的活性可因磷酸化而增高，糖原合成酶的活性则因磷酸化下降。谷氨酰胺合成酶的活性可因腺苷酸化，即连上一个 AMP 而下降。甲基化亦可使某些酶的活性改变。酶的化学共价修饰是由酶催化的。许多调节酶活性都受共价修饰的调节。

(4) 不同酶催化的可逆反应对代谢的调节　在代谢过程中有些可逆反应是由不同的酶催化的。催化合成方向的是一种酶，催化分解方向的则是另一种酶。如在 ATP 存在时，6-磷酸果糖激酶催化 6-磷酸果糖磷酸化形成 1，6-二磷酸果糖（反应 a），而 1，6-二磷酸果糖酯酶则催化 1，6-二磷酸果糖水解形成 6-磷酸果糖（反应 b）。

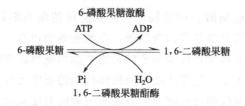

　　ATP 对反应 a 起促进作用，对反应 b 则起抑制作用。细胞利用这种反应的特性来调节其代谢物的合成和分解速度。

12.2.2　激素水平的调节

　　激素调节体内的代谢，是动植物，尤其是高等动物体内代谢调节的主要方式。激素作用的特点是微量、高效、有放大效应，且有较高的组织特异性与作用效应特异性，这都是由于靶细胞上有各种激素的特异性受体。根据激素受体在细胞中的定位，可将激素的作用机理分成两大类。一类是通过与细胞膜上受体结合发挥作用的激素，例如蛋白质或肽类激素、儿茶酚胺类激素等，此类激素多为水溶性，不能通过细胞膜的磷脂双分子层结构而进入靶细胞内。另一类是通过与靶细胞内的受体结合而发挥作用的激素，例如类固醇激素、甲状腺激素等，此类激素多是脂溶性，容易直接通过细胞膜甚至核膜从而进入细胞内直接发挥作用。

　　激素调节代谢反应的作用是通过对酶活性的控制和对酶及其他生化物质合成的诱导作用来完成的。要达到这两种目的，机体需要经常保持一定的激素水平。激素是属于刺激性因素。机体内各种激素含量的不平衡都会使代谢发生紊乱。

　　(1) 激素的生物合成对代谢的调节　激素的产生是受多级控制的，腺体激素的合成和分泌受脑垂体激素的控制，垂体激素的分泌受下丘脑神经激素的控制，丘脑还要受大脑皮质协调中枢的控制。当血液中某种激素含量偏高时，有关激素由于反馈抑制效应即对脑垂体激素和下丘脑释放激素的分泌起抑制作用，降低其合成速度。相反，在浓度偏低时，即起促进作用，加速其合成。通过有关控制机构的相互制约，即可使机体的激素浓度水平正常而维持代谢正常运转。

　　(2) 激素对酶活性的影响　细胞膜上有各种激素受体，激素同膜上专一性受体结合形成的络合物能活化膜上的腺苷酸环化酶。活化后的腺苷酸环化酶能使 ATP 环化形成 cAMP。cAMP 能将激素从神经、底物等得来的各种刺激信息传到酶反应中去，故称 cAMP 为第二信使。如胰高血糖素、肾上腺素、甲状旁腺激素、促黄体生成激素、促甲状腺素、加压素等都是以 cAMP 为信使对靶细胞发生作用的。

　　激素通过 cAMP 对细胞的多种代谢途径进行调节。糖原的分解、合成，脂质的分解，酶的产生，等都受 cAMP 的影响。cAMP 影响代谢的作用机制是它能使参加有关代谢反应的蛋白激酶（例如糖原合成酶激酶、磷酸化酶激酶等）活化。蛋白激酶是由无活性的催化亚单位和调节亚单位所组成的复合物。这种复合物在无 cAMP 存在时无活性，当有 cAMP 存在时，这种复合物即离解成两个亚单位。cAMP 与调节亚单位结合而将催化亚单位释出。被释放出来的催化亚单位即具有催化活性。cAMP 的作用是解除调节亚单位对催化亚单位的抑制。

　　细胞膜上还存在鸟苷酸环化酶。活化后的鸟苷酸环化酶能使 GTP 环化形成 cGMP。cGMP 亦有第二信使作用。只是 cGMP 与 cAMP 在作用上是互为拮抗的。

　　(3) 激素对酶合成的诱导作用　有些激素对酶的合成有诱导作用。如生长激素能诱导蛋白质合成相关酶的合成，甲状腺素能诱导呼吸作用的酶类合成，胰岛素诱导糖代谢中某些酶的合成，性激素类诱导脂代谢酶类的合成等。这些激素与细胞内的受体蛋白结合后即转移到细胞核内，影响 DNA，促进 mRNA 的合成，从而促进酶的合成。

12.2.3 整体水平的调节

正常机体的代谢反应是协调而有规律地进行的，激素与酶直接或间接参加代谢反应。但是整个机体内的代谢反应则由中枢神经系统所控制，这就是整体水平的调节。高等动物不仅有完整的内分泌系统，而且还有功能十分复杂的神经系统。在中枢神经系统的控制下，通过神经组织及其产生的神经递质对靶细胞直接发生作用，或通过某些激素的分泌来调节细胞的代谢及功能，并通过各种激素的互相协调而对机体代谢进行综合调节。

中枢神经系统对代谢作用的控制与调节有直接的，亦有间接的。直接的控制是大脑接受某种刺激后直接对有关组织、细胞或器官发出信息，使它们兴奋或抑制以调节代谢，凡由条件反射所影响的代谢反应都受大脑直接控制。大脑对代谢的间接控制则为大脑接受刺激后通过丘脑的神经激素传到垂体激素，垂体激素再传达到各种腺体激素，腺体激素再传到各自有关的靶细胞对代谢起控制和调节作用。大脑对酶的影响是通过激素来执行的。胰岛素和肾上腺素对糖代谢的调节、类固醇激素对多种代谢反应（水、盐、糖、脂、蛋白质代谢）的调节都是中枢神经系统对代谢反应的间接控制。酶和激素功能的正常是机体正常代谢的基础，而中枢神经系统功能的正常运作则是保证整个机体正常代谢的关键。

下面以饥饿和应激为例说明物质代谢的整体调节。

（1）饥饿时的代谢调节　在某些特殊情况下比如病人不能进食，营养得不到及时补充，这时人体就处在一种饥饿状态。饥饿使体内物质代谢发生变化，此时，血糖浓度的低水平维持，是饥饿时机体综合调节的重要目标。在饥饿期间，虽然体外营养素的供应停止，但体内不能没有葡萄糖。这是因为心肌、骨骼肌等组织尽管可以利用脂肪酸、酮体或氨基酸来氧化分解供能、维持生命，但是少量葡萄糖的存在仍是氧化分解酮体与脂肪酸的必要条件，因为酮体与大量乙酰 CoA 的氧化，还必须依赖来自葡萄糖转变生成的草酰乙酸才能进入三羧酸循环彻底氧化分解。此外，红细胞所需的 ATP 是由血糖在分解代谢过程中产生的，所以其他器官组织中糖的分解代谢逐渐降低，而蛋白质的分解加强以增加糖异生作用；同时三羧酸循环不能不运行以产生 ATP，因此大量动用脂肪进行分解，使体内能量需求得到满足。这些物质代谢的改变都是由某些激素来调节的。人体饥饿时可以发现血中胰岛素水平逐渐下降，胰高血糖素有所提高；还可以看到酮体明显增多，氨基酸水平下降。这无疑是脂肪分解及糖异生作用等增强的结果。总之，饥饿时机体各组织的主要供能物质是脂肪和蛋白质，但大量脂肪的动员分解易引起酮症酸中毒，而组织蛋白质的大量降解、出现负氮平衡也会明显消耗体质、大大降低机体的抵抗力，因此临床上抢救病人时常给饥饿病人输入葡萄糖，这样可以减少由于脂肪的过多动员分解造成的酮症酸中毒，也可以减少病人体内蛋白质的大量消耗。每输入 100g 葡萄糖可减少体内 50g 蛋白质的分解，有利于机体病后的迅速康复。

（2）应激时的代谢调节　应激（stress）是机体在受到创伤、缺氧、寒冷、休克、感染、中毒等强刺激以及在恐慌、强烈情绪激动等情况下所做出的一系列反应的总称。它是一个整体神经综合应答反应调节的过程，其中包括由交感神经兴奋引起的肾上腺皮质激素、胰高血糖素和皮质醇分泌的增加以及胰岛素等分泌的相应减少。这样导致的结果是肝糖原分解，血糖浓度升高，糖异生加速，脂肪动员和蛋白质分解加强，机体呈负氮平衡，同时相应的合成代谢受到抑制，最终使血中葡萄糖、脂肪酸、酮体、氨基酸等浓度相应升高，使机体各组织能及时得到充足能源和营养物质的供应，有效地应付紧急状态，安然渡过险情。但机体消瘦、乏力，氮消耗量大。机体应激的能力是有一定限度的，若长期处在应激状态机体也会衰竭而危及生命。

习 题

问答题

1. 简述糖代谢与脂类代谢的相互关系。
2. 简述糖代谢与蛋白质代谢的相互关系。
3. 简述蛋白质代谢与脂类代谢的相互关系。
4. 简述酶合成调节的主要内容。
5. 以乳糖操纵子为例说明酶诱导合成的调控过程。
6. 简述生物体怎样进行代谢调控。
7. 从代谢角度阐述糖尿病人出现"三高一低"的原因。

13　生命科学新时代——合成生物学

本章学习目标

1. 了解合成生物学的概况和发展历程。
2. 熟悉合成生物学在工程生物学、基因编辑和天然产物合成等领域内的研究进展。

13.1　合成生物学概述

现代生物技术从 20 世纪 70 年代初诞生以来，在世界范围内得到迅猛发展。1996 年度诺贝尔奖获得者、美国化学家罗伯特柯尔说："本世纪是物理学和化学的世纪，下个世纪显然是生物学的世纪。"目前，现代生物技术产业已成为高新技术领域的重要组成部分，现代生物技术的研究已从单个基因的测序转为有计划、大规模地测绘人类、水稻等重要生物体的基因图谱。随着以纳米孔为标志的第三代基因测序技术迅猛发展，测序技术迈向高通量、高精度、低成本与便携性时代。

基于基因组学与系统生物学在 20 世纪 90 年代的兴起，合成生物学于 21 世纪初应运而生，成为近年来发展最为迅猛的新兴前沿交叉学科之一，是生命科学的一个分支学科、交叉学科，涉及生物化学、分子生物学、系统生物学、基因工程、工程学及计算科学等多个领域，是一门通过合成生物功能元件、装置、系统，对生命体进行有目标的遗传学设计、改造，使细胞和生物体产生特定生物功能，乃至合成"人造生命"的学科。与以假说为导向的传统生命科学研究不同，合成生物学以目标为导向，譬如首先设定需要实现的全新的物质识别、信号传导、生化代谢等能力，再以工程化手段设计、改造乃至合成全新生命体，并通过进一步"设计-合成-监测"的手段反复解决问题，实现预定目标。合成生物学研究囊括了生物功能分子合成、基因线路合成、代谢途径合成、基因组合成、单细胞合成、多细胞体系合成、非天然元件合成、生命体系模拟等多个类别。其工程设计与数学工具互相支撑，促使生命科学从观测性、描述性、经验性的科学，跃升为可定量、可预测、可工程化的科学。因此，合成生物学被认为将带来继分子生物学革命和基因组学革命之后的第三次生物科学革命，推动人类实现从"认识生命"到"设计生命"的伟大跨越。

在推动科学革命的同时，合成生物技术正快速向实用化、产业化方向发展。传统植物源化学品、石化产品、新材料、新燃料等都可通过合成生物技术实现人工合成。例如，美国合成生物学家 JayKeasling（Amyris 公司）设计构建了能够生产抗疟疾药物青蒿素的人工酵母细胞，其技术能力已能够以 100 m³ 工业发酵罐替代 5 万亩的农业种植，堪称合成生物技术的重大应用典范。根据麦肯锡预测的 12 项颠覆性技术中，合成生物技术的经济影响力排在移动互联网、人工智能、物联网、云计算、先进机器人和自动化交通工具之后，位居第 7；至 2025 年合成生物技术产品的全球化市场规模将达到 7000 亿～16000 亿美元。美国已经或即将上市的合成生物技术产品有 116 种，包括了对农业种植、石油化工、有机化工等传统路线的颠覆，将创造千亿美元的市场。

合成生物学在我国生物科学研究领域的起步可追溯至 2008 年，香山科学会议第一次专题讨论了合成生物学。十多年来，国内合成生物学研究发展迅猛，硕果累累。2017 年十大国内科技新闻中，两项合成生物学相关成果入选——天津大学、清华大学和华大基因合作完成的真核生物酵母 4 条染色体的从头设计与人工合成，以及广州医科大学附属第三医院首次验证了用 CRISPR-Cas9 基因编辑技术修复人类胚胎的有效性。2018 年十大国内科技新闻中，中国科学院植物生理生态研究所在国际上首次人工创建了单条染色体的真核细胞入选。2019 年国际十大科技新闻中，"基因魔剪"升级，新基因编辑系统问世，美国开发出新型多功能基因组编辑技术，可以精确地编辑基因，而不造成 DNA 双链断裂。其比传统 Cas9 效率更高、副产物更少、脱靶率更低。

美国从 2004 年就开始资助合成生物学领域，盖茨基金会投资 4250 万美元，用于青蒿素的研发，BP 公司，联邦政府的美国能源部、国家科学基金会、国立卫生研究院、国防部等，相继支持合成生物学的基础研究、技术研发等，2010 年之后，美国加强合成生物学的研究，布局了重要规划和计划。欧盟 2014 年发布了《欧洲合成生物学下一步行动——战略愿景》，绘制了基础科学、支撑技术、产业和应用领域的短期（2014—2018）、中期（2019—2025）和长期（2025 年后）的路线图。英国 2016 年发布了《英国 2016 年合成生物学战略计划》。我国"十三五"规划、973 计划和 863 计划都将合成生物学列为重点研究方向，如人工合成细胞工厂、新功能人造生物器件的构建与集成、微生物药物创新与优产人工合成体系、用合成生物学方法构建生物基材料的合成新途径、合成微生物体系的适配性研究、微生物多细胞体系的设计与合成、生物固氮及相关抗逆模块的人工设计与系统优化、环境耐受的工业微生物人工合成体系的构建、若干植物源化合物的人工合成体系构建、若干微生物源药物人工合成体系构建、微生物药物的高效合成生物技术研究与应用、人工合成酵母基因组等，取得了一系列的先进研究成果。

13.2 合成生物学研究进展

13.2.1 工程生物学

美国国家科学基金会（NSF）2006 年出资建立了合成生物学工程研究中心（SynBERC），2019 年 6 月，EBRC（The Engineering Biology Research Consortium）首次发布了《工程生物学：下一代生物经济的研究路线图》，提出了未来 20 年的发展目标。路线图的发布，将为工程学/合成生物学研究和开发提供更好的资源。

（1）合成生物技术主题 路线图的技术主题聚焦在工程生物学研发的 4 个关键领域：

①基因编辑、合成和组装；②生物分子、途径和线路工程；③宿主和工程联合体；④数据整合、建模和自动化。每个技术主题都具有一系列变革性工具和技术，这对于领域的发展是必需的并且具有重大意义。技术路线图制定了 2 年、5 年、10 年和 20 年的里程碑，并且阐述了每个里程碑阶段预期或预想的瓶颈，以及创造性的潜在解决方案。2 年和 5 年的里程碑旨在根据当前或最近实施制定资助计划，以及根据现有基础设施和资源制定能够实现的目标。10 年和 20 年的里程碑是期望达到的目标，由此可能带来重大的技术进步和/或财富、资源的增加以及基础设施的改善。因此，目标和突破能力代表了技术主题 20 年后的愿景。在基因编辑、合成和组装领域，未来有可能实现快速、从头合成全基因组。传统上，工程生物学是将微生物作为生产工具，但是路线图是对植物、动物和多生物复杂系统的工程化展望。实现特定基因组、非天然生物分子线路、定制细胞以及生物体工程化的基础在于整合先进的数据分析、设计和数据建模。

（2）应用和影响领域　路线图重点关注 5 个领域：①工业生物技术；②健康和医药；③食品和农业；④环境生物技术；⑤能源。从解决普遍社会挑战的角度对潜能进行阐述，包括实现和建立更清洁的环境、保障日益增长的人口的健康和幸福、推动产业创新和经济活力。工业生物技术着眼于可持续制造、新产品开发、生物相关产品和材料生产工艺流程的整合。健康和医药注重开发和改良对抗疾病的工具，工程学细胞系统可以为残疾人提供更多选择，以及解决环境对健康的威胁。食品和农业关注生产更多更健康、营养更丰富的食品，包括促进不常用和未充分利用的食品和营养素生产的渠道来源，例如微生物、昆虫、替代植物品种和"清洁肉类"等。环境生物技术将会在生物修复、资源回收、工程化有机体、生物支持的基础设施等方面取得进展，实现更清洁的土地、水和空气。能源关注生产能源密集型和碳中性的生物燃料，以及能够减少能源使用和消耗的工具和产品。

13.2.2　基因编辑技术

基因编辑技术将完全打开癌症研究领域的大门，2016 年 9 月，德国研究人员通过研究发现，扮演癌症驱动分子的突变或许能够被靶向修复，而且这些相关的突变也可以被快速诊断，并被用来改善个体化疗法。基因编辑过程中，寻找并编辑基因的 CRISPR 蛋白有时会靶向作用于错误的基因，从而产生新的问题，如诱导健康细胞发生癌变。2016 年 12 月，美国和加拿大的研究人员发现首批已知的 CRISPR/Cas9 活性"关闭开关"，从而为 CRISPR/Cas9 编辑提供更好的控制。

2019 年 10 月，GP-write 工作组在《科学》杂志发文，总结了基因组编写技术面临的技术挑战，将其分为基因组设计、DNA 合成、基因组编辑、染色体构建 4 个领域，并提出了在未来 10 年这些技术领域需要改进和完善的方向。基因组设计（genome design）、DNA 合成（DNA synthesis）、基因组编辑（genome editing）和染色体构建（chromosome construction）四大新兴技术，以及需要对这些领域中现有技术所做的改进，将在未来 10 年内推动合成基因组学发展。

（1）基因组设计　基因组设计旨在为染色体水平的 DNA 序列制定更高层次的设计准则，这将需要计算机辅助设计（CAD）技术：①可靠地获得期望的表型；②最大限度地在实验反馈和技术可行性方面影响设计；③通过设计信息的处理和交换标准以促进协作。尽管简单的模型足以处理沉默编辑（silent edit），但日益复杂和精准的模型是预测基因组序列改变如何影响基因调控和蛋白质功能所必需的。利用这些模型，有必要使用实验设计工具来实现基因组设计所需的高成本迭代次数的最小化。确保设计好的 DNA 与下游合成、组装、传递和分析阶段的相容性。

（2）DNA 合成　基因组编写项目依赖于大量长（＞5000bp）和精确的合成 DNA 结构。不过 DNA 的化学合成仍然局限于短的寡核苷酸（寡聚体）的产生，通常长度为 200 bp。尽管寡聚体推动了重组 DNA 技术的重大进展，更大的 DNA 结构需要组装多个寡聚体，这是费力又有损失的过程。因此，需要实现常规生产长而精确的合成 DNA 片段。近年来，商业供应商已经实现了并行和小型的工业化，但全染色体的构建依然费时费力，例如，寡聚体阵列的合成中每核苷酸需要 0.0005 美元，因此，合成 3000 兆碱基的 DNA 需要 150 万美元，这大约是人类基因组的大小。未来需要全新的 DNA 组装、纯化和合成方法，以实现成本降低以及简便程度的实质性进展。

（3）基因组编辑　强大的新型 DNA 编辑工具降低了进行高精密度遗传和表观遗传修饰技术的障碍。完整基因组的复合编辑大大缩短了大规模修饰所需的时间和劳动力，在某些情况下，还可以规避从头开始的合成和染色体组装。目前在可编程核酸酶领域取得了相当大的成功，例如 Cas9、TALEN 和 ZFN 在多种细胞类型中可以进行精确时间和组织特异性的调控，但是基因组规模的编辑仍然具有局限性。单个局部、核酸酶诱导的双链断裂可以用来提高每个位点的编辑效率，但是多个同时断裂常常引起细胞毒性。为了避免毒性，对"碱基编辑"酶进行改造，将核酸酶替换为碱基修饰酶，使用少数引导序列同时对人体细胞中 13000 多个 Alu 重复序列进行编辑。

（4）染色体构建　基因组学面临的最关键障碍是将合成染色体进行组装并引导其进入宿主细胞。如何将所有需要的 DNA 片段缝合在一起从而构建一个全功能染色体？一旦建成，应该如何控制染色体定位和结构，从而确保细胞存活？如何替换多倍体中的所有染色体拷贝？由于大多数独立生活的生物体基因组大于 2 兆碱基，需要常规操作大型 DNA 片段的方法。

尽管 DNA 合成和体外克隆最近有所发展，这种方法对于完整染色体的构建不太有效。通过体内同源重组在酵母菌中进行长度至少为 1 兆碱基的染色体高级折叠组装，这是一项稳健的技术，可以用于迄今为止所有报道过的合成染色体，包括病毒、细菌、酵母、藻类染色体以及小鼠和人类基因组片段。

13.2.3　天然产物合成

天然产物来源于自然界，其化学结构和功能是在自然界长期的进化过程中得以选择和优化的结果，是生物活性前体化合物和药物发现的重要源泉。自然界的天然产物有 10 万余种，结构千差万别。天然产物生物合成研究把这些包罗万象的结构从生源上进行系统分类，理清了这些天然产物内在的联系。

天然药物化学的任务之一是阐明具有生物活性的天然产物的结构及进行全合成，生物合成的理论有助于天然产物合成的设计和结构的推导，通过生源合成途径研究，天然产物化学和分子生物学的发展和融合为基础的化学生物学（chemical biology）和合成生物学（synthetic biology）的诞生将催生下一次生物技术革命。近年来，基于合成生物学原理设计人工合成细胞工厂发酵生产天然产物的研究，已经取得了一系列坚定领域发展信心的成绩，如青蒿素、β-榄香烯、番茄红素、人参皂苷及吗啡等细胞工厂的成功创建。相比传统生产方式，这种新的资源获取策略在资源可持续利用和经济效益等方面均具有很显著的优势，因而作为一种革新模式崭露头角。

13.2.4　前景与展望

利用合成生物学技术，有可能解决长期困扰基因治疗和生物治疗的一系列技术难题，为癌症、糖尿病等复杂疾病开发出更多有效的药物和治疗手段；也有可能突破生物燃料发展的技术瓶颈，模拟乃至设计出更加简单高效的生物过程，生产出更复杂的天然产品，合成出更多的有机化工产品。

在医疗领域，除目前已广为关注的 CAR-T 等细胞治疗技术，设计合成促进细菌入侵肿瘤细胞的线路也是合成生物学理念指导下细胞工程的一个开拓性事例，也是细胞治疗的一个早期例子。此后，工程噬菌体疗法和细胞疗法也不断成熟，如通过工程手段构建益生大肠杆菌，能够识别并消灭绿脓假单胞菌，也可以通过表达异源群体感应信号，阻断霍乱弧菌的毒害。

生物燃料领域，研究人员利用合成拨动开关和群体感应系统，协调生物量扩张和乙醇生产；设计并构建了生产生物柴油的大肠杆菌，并实现了多功能模块的集成，通过在大肠杆菌中引入外源酶，使其同时具有合成脂肪酯、脂肪醇及蜡，并可以简单五碳糖为底物的多种功能，开辟了微生物工程化炼制能源的新途径。

在化学品生物合成方面，基于化学反应特征和胞内调控位点，计算设计与合成表征了满足数百种重要化学品生物合成的功能元件，为化学分子合成途径和高效人工合成细胞创建奠定了物质基础功能元件。利用 DNA 组装和精确表达调控技术，创建和优化了从葡萄糖到丁二酸、戊二胺、己二酸、5-氨基乙酰丙酸等途径。在对光合蓝细菌底盘细胞的生理调控机制进行系统研究和形成较为完整的理解和认识的基础上，构建了一系列获得抗逆性能提高的光合蓝细菌底盘细胞，为发展和利用新的碳资源提供了可能。

合成生物学已经成为世界科学研究的前沿之一，世界各国日益关注和重视合成生物学及其对生产大宗化学品、精细化学品及高附加值生物医药产品的推动作用。2015 年美国将合成生物学列为核心技术。合成生物学对新生物能源的开发、人工合成细菌、微生物改造、合成高活性和高稳定性的新材料、构建生物计算机等各种领域的开发具有不可估量的作用，将会给社会经济发展和人类生活带来难以估量的颠覆性影响。

合成生物技术也是一把双刃剑，相关技术使用可能带来的潜在威胁也引起了科学界的广泛关注。一方面，合成生物学实验操作的偶然失误可能会给环境和人类健康造成威胁，合成生物体一旦泄漏到自然界，可能会引发生态灾难；另一方面，大部分合成生物体在实验室外会有何反应还不得而知，在自然界中可能发生变异和进化，其遗传物质还可能与其他生物发生交换，产生新的物种，这些都将对人类健康、生态环境等构成威胁。

习 题

问答题

1. 什么是合成生物学，合成生物学的目标是什么？

2. 通过生物化学和分子生物学的学习，举例说明，如何通过合成生物学技术和方法，合成某一种天然产物？

3. 试述合成生物学未来的发展前景及应用领域。

参考文献

［1］　王镜岩，朱圣庚，徐长法．生物化学：上册．3版．北京：高等教育出版社，2002.

［2］　靳利娥，刘玉香，秦海峰，等．生物化学基础．2版．北京：化学工业出版社，2019.

［3］　杨荣武．生物化学原理．3版．北京：高等教育出版社，2018.

［4］　朱圣庚，徐长法．生物化学：上册．4版．北京：高等教育出版社，2017.

［5］　王冬梅，吕淑霞．生物化学．2版．北京：科学出版社，2019.

［6］　张洪渊，万海青．生物化学．3版．北京：化学工业出版社，2014.

［7］　Hames D, Hooper N. Biochemistry. 3rd ed. 北京：科学出版社，2003.

［8］　孔繁祚．糖化学．北京：科学出版社，2005.

［9］　吴远彬，黄晶．2017中国生命科学与生物技术发展报告．北京：科学出版社，2018.

［10］　赵国屏．合成生物学：生物工程产业化发展的新时期．生物产业技术，2019，69（01）：2.

［11］　ERASynBio. Next steps for european synthetic biology: A strategic vision from ERASynBio［EB/OL］. 2014-05-22.

［12］　Pawluk A, Amrani N, Zhang Y, et al. Naturally occurring off-swithcs for CRISPR-Cas9. Cell, 2016, 167（7）：1829-1838.

［13］　EBRC（Engineering biology research consortium）. Engineering biology: A research road map for the next - generation bioeconomy.

［14］　Johns N I, Gomes A L C, Yim S S, et al. Metagenomic mining of regulatory elements enables programmable species-selective gene expression. Nature Methods, 2018, 15（5）：323-329.

［15］　Kyrou, K Hammand A, Galizi R, et al. A CRISPR-Cas9 gene drive targeting doublesex causes complete population suppression in caged Anopheles gambiae mosquitoes. Nature Biotechnology, 2018, 36（11）：1062 - 1066.

［16］　Ostrov N, Beal J, Ellis T, et al. Technological challenges and milestones for writing genomes. Science, 2019, 366：310-312.

［17］　库彻，罗尔斯顿，等．生物化学．2版．姜招峰，等译．北京：科学出版社，2002.